猪传染病策略防控大讲堂

——《猪业科学》2005-2008年猪病文章精选

杨 汉 春　主编

中国农业出版社

图书在版编目（CIP）数据

猪传染病策略防控大讲堂：《猪业科学》2005～2008
年猪病文章精选/杨汉春主编. —北京：中国农业出版社，
2008.12
ISBN 978-7-109-13157-6

Ⅰ. 猪… Ⅱ. 杨… Ⅲ. 猪病：传染病—防治—文集
Ⅳ. S852.65-53

中国版书图书馆CIP数据核字（2008）第190260号

中国农业出版社出版
（北京市朝阳区农展馆北路2号）
（邮政编码 100125）
责任编辑 郭永立

中国农业出版社印刷厂印刷　　新华书店北京发行所发行
2009年1月第1版　　2009年1月北京第1次印刷

开本：787mm×1092mm 1/16　　印张20.25
字数：385千字　　印数：1～5000册
定价：68.00元
（凡本版图书出现印刷、装订错误，请向出版社发行部调换）

编 写 委 员 会

主　编：杨汉春

编　委：

崔尚金	丘惠深	冉智光	姚建聪	栾爽艳
周绪斌	邬苏晓	杨亮宇	周彦飞	王玉田
冷和平	辛九庆	赵荣茂	胡成波	唐式校
刘茂军	李凯年	邱　骏	张守发	乔宪凤
李红丽	邓位喜	赵风立	曹　伟	马　健
李　斌	贺东生	郭昌明	梁　桂	杨丽梅
戴香华	肖小勇	朱慧楠	潘保良	张汝照
钟秀会	胡元亮	刘瑞生	曹　进	张金辉
姜家伟	康　登	王　河	乌力吉	王玉田
李　杰	陈学风	邢兰君	毕玉海	

前 言

改革开放30年来，我国养猪业如雨后春笋在祖国大地上兴起，引进大批良种，仅2008年我国就从养猪发达国家引入良种15000头，中国养猪业发生历史性变化，中国养猪业遇到历史性困难。养猪业从千家万户向规模化、集约化的发展过程中，疫病种类也随着增多起来，且疫情复杂、难于诊治，成为困扰养猪业发展的主要瓶颈。

期刊杂志是传播行业发展和协调运作的重要纽带。专业期刊是促进行业发展的重要组成部分。专业、有效的信息传播能够有助于协调互动、整合资源。在我们创办《猪业科学》之初，就定位于提高行业的危机意识，引导广大养猪企业管理者的管理观念从修复灾难向防微杜渐转变。这也是我多年从事猪病防治研究总结出的"养重于防、防重于治、综合防治"理念的具体实践。《猪业科学》自2005年创办以来每年都会安排大量的版面来刊登猪病诊断与防治方面的文章，特别是针对猪病的"主题策划"栏目会针对某一种疾病邀请专家、学者等共同研究探讨，从疫病的病原、流行情况、临床症状、剖检变化、诊断及防治等各个方面进行详细阐述，并提出综合防治方案。我们倡导集思广义，百家争鸣，百花齐放，把一个问题讨论透彻。另外，为增强文章的实用效果，文中搭配大量全彩色、典型的临床及病理图片和大量的详实案例，满足了广大读者更直观、更便捷、更顺畅的阅读需求。应广大读者的要求，更为实现有限资源最大化利用，我们将2005-2008年《猪业科学》杂志中刊登的精华文章整理、编辑成了一本书。

这些年，我走过上百家养猪场，为其提供猪病诊断、防治与净化等方面的咨询服务，这更是我向实践学习的过程。在不断的实践中更让我体会到树立疾病危机发展观的必要性和现实意义。

本书在内容筛选上注重实践性，兼顾理论性，同时又注意内容的系统性、实用性及科学性。除系统介绍一些常见的猪病外，也对常见的药物、疫苗的使用及消毒知识等进行了详细的介绍。力求使其能满足广大养殖场"户"的需要和对养猪生产的专业工作者有一定的参考价值。

真诚地希望接触到本书的同行能够给我们提出更好的意见，帮助我们更好地服务于广大读者。

本书的出版要感谢这本书的60多位作者，是他们对养猪业的关注与热爱才能有此书的出版；感谢我的学生、北京农学院副教授周双海博士在众多稿件中筛选精品构成本书的内容；还要感谢所有关心和帮助我们完成此书的朋友们，感谢他们给予《猪业科学》的支持与帮助！

《猪业科学》执行主编 中国农业大学 教授 杨汉春

2008年12月于北京

目 录

1

在养猪生产中如何合理科学使用药物

猪场寄生虫病的防治

中兽医学在养猪生产中的应用

规模化养猪场的消毒措施

如何有效控制猪瘟

策划：杨汉春

　　猪瘟是猪的最常见的烈性传染病之一，给养猪业造成了巨大的损失。我国将其列为一类传染病。在控制方面虽然采取了以预防接种为主的综合措施也取得了一定成绩，但同时也必须看到，猪瘟仍然是我国流行最广的猪病之一，各类猪场猪瘟的发病率仍然较高，且它的流行形式、发病特点、临床症状及病理变化等方面都发生了较大的变化。典型猪瘟病例已逐渐减少，常以非典型猪瘟出现，表现为慢性和非典型化。面对越来越多的挑战，我们应该如何控制、彻底消灭猪瘟呢？本期主题策划栏目，我们将邀请有关专家、学者共同讨论这个问题。

猪瘟流行现状、分析与思考

崔尚金

(中国农业科学院哈尔滨兽医研究所,哈尔滨 150001)

猪瘟(hog cholera，HC)为猪的急性病毒性疾病，具有很高的传染性及很高的死亡率，发病猪只以高热、全身出血病灶及白细胞减少症为主症。自1900年，本病已在世界各地呈广泛分布，给养猪业造成巨大的经济损失。猪瘟为OIE规定的A类疾病，各国皆将其列为防疫重点，我国将其列为一类疾病。国外如丹麦、英国、美国、加拿大及其他欧美国家，采取停用疫苗、全场扑杀政策，先后完成了猪瘟扑灭工作，并严禁从猪瘟国家或地区进口毛猪及相关畜产品。我国利用猪瘟兔化弱毒疫苗，全面实施预防注射，有效地控制了猪瘟的流行。多年来我国一直将猪瘟的扑灭计划列为当前猪病防治的重点。虽经政府极力地呼吁，养猪经营业者及相关业界、团体积极地充分配合，但至今仍未能将猪瘟扑灭，仍有非典型猪瘟和零星猪瘟发生。猪瘟尚未扑灭，其原因相当复杂，其中与猪瘟病毒在猪体内的持续性感染及病毒在猪场内的循环感染有着密切的关系。虽然在疫苗大规模免疫下，本病可被有效地控制，但许多临床轻微发病猪不易检测，使慢性猪瘟仍长期持续存在于猪场中。在猪瘟清除过程中，将面临疫苗停止使用时期，对污染场而言，可能存在着极大的潜在危险。因此，慢性猪瘟的持续性感染现象，可能成为控制及清除猪瘟过程中最感困难之处。

1　病毒与感染

猪瘟病毒属于黄病毒科瘟病毒属。同属中尚有牛病毒性腹泻病毒及羊的边界

图1　胆囊出血

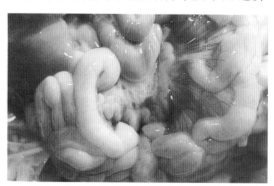

图2　肠系膜所属淋巴结肿大与肠系膜出血

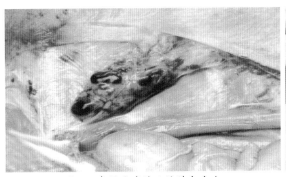 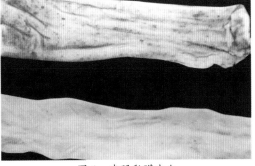

图 3　急性猪瘟淋巴结肿大出血　　　　　　　　图 4　直肠黏膜出血

病病毒。猪瘟病毒依其毒力可区分为强毒、中间毒及弱毒。强毒株感染，无论宿主的年龄及自然抵抗力均可导致大多数猪只死亡；中间毒感染结果则有相当大的变异，此时宿主的抵抗因子扮演相对重要的角色，影响感染的结果，感染猪可能死亡或从感染中恢复；相较之下，对于弱毒株的感染，仅少数抵抗力弱的猪只、小猪或胎儿较易引起发病和死亡，此对免疫计划不健全或饲养管理不良的猪场，可能影响较大；对于无毒力株而言，因其对猪只并无毒性，因此宿主自然抵抗因子的作用并不甚重要。

猪瘟病毒的毒力可因在体外继代或在体内抗体的压力下，产生突变而减弱其原有的毒性。减毒猪瘟病毒的毒力也可因在敏感个体继代感染后而增加或恢复其原有的毒力。因此，在免疫计划不完全的猪场或在免疫注射发生疏忽时，猪场内中间毒、弱毒的猪瘟病毒，可因在易感猪体内相继继代后，毒力转强，而造成较大的疫情，此潜在性危险因子对猪瘟病毒感染的影响不可轻视。

2　猪瘟的病理学变化

对猪瘟病毒感染，病毒为必要因子，病毒的毒力将影响感染结果。在猪瘟流行时间长且疫苗普遍使用的条件下，猪瘟毒株的变异及其毒力在田间可能存在着很大的差异。在宿主因子方面包括宿主年龄、营养状态及自然抵抗力的不同，其与病毒间的相互平衡，亦将影响猪瘟病毒感染的结果，对中毒力病毒株的感染尤为重要。在猪瘟病毒感染后，受上述因子的影响，猪只会呈现不同程度的临床症状与病理变化。依其感染状况可将猪瘟分为急性、慢性及迟发性 3 种形式。

急性猪瘟是由强毒株感染所引起的致死性疾病。病毒感染后 2～4 d 即会发病，猪只会有厌食、精神沉郁、持续高烧及白细胞减少等症状，接着病猪会有先便秘后下痢、神经系统伤害如步履蹒跚、后肢无力或瘫痪等症状，皮肤则呈现出血及发绀，结膜炎、呼吸道及消化道的二次性细菌感染会使病症复杂化。急性猪瘟大约在病毒感染后 10～20 d 内造成猪只死亡，死亡率依猪群免疫状况而异，可达 30%～100%。

急性猪瘟的剖检病变，以全身各脏器的出血为主症（见图 1～5），主要是由病

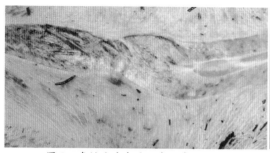
图5　急性猪瘟皮肤及皮下有出血点

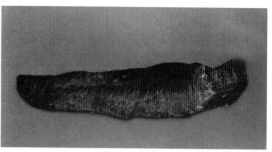
图6　急性猪瘟脾出血梗死灶

毒感染血管内皮细胞引起的变性坏死及凝血缺陷所导致。出血点或出血斑最常发生在淋巴结、肾脏及膀胱、咽喉、皮肤、消化道黏膜及其他脏器的浆膜面（见图6—8）。此外，亦常见脾脏梗塞、结肠纽扣状溃疡及肋骨生长板变宽等病变。在组织病理学上以非化脓性脑膜脑炎、淋巴细胞流失、脾中央动脉的血管病变及间质性肾炎为主症。由于急性猪瘟的临床症状及病理病变均相当明显，在诊断上并无困难。亚急性猪瘟病例与急性猪瘟类似，但症状较轻微，病程亦较长。相对地，慢性猪瘟系由中毒力病毒株感染所致，宿主的抵抗因子在这期间扮演着极其重要的角色，决定着感染的结果。感染发病的猪只病程可达30 d以上而最终死亡。其病程可分为三期：①急性期症状与急性猪瘟类似，会有精神沉郁、高烧及厌食等症状及白细胞减少症；②临床改善期症状会恢复，但白细胞减少症仍持续存在；③恶化期猪只再度呈现严重症状，终至死亡。慢性猪瘟会有严重的生长迟滞现象，但猪瘟的典型出血病变不一定出现，胸腺萎缩、大肠纽扣状溃疡及肋骨的病变则为较常见的病变，这些病例亦会因二次感染，而使病变更复杂化。在组织病理学上亦以非化脓性脑膜脑炎、淋巴细胞流失及间质性肾炎为主症，但这些病变在个体间存在着许多差异。淋巴细胞流失及间质性肾炎的病变在许多其他疾病亦常见，缺少特异性，仅可作为诊断的参考。此时实验室的病毒学诊断就更为必需。

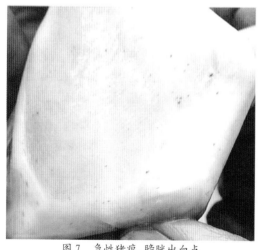
图7　急性猪瘟，膀胱出血点

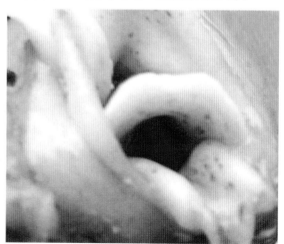
图8　急性猪瘟，喉头出血

迟发性猪瘟系由低毒力猪瘟病毒株感染所致。病毒于母猪怀孕期间经由胎盘感染胎儿，使出生后的胎儿呈现持续性感染现象，初期症状不显著，但随着年龄增加而逐渐出现临床症状。迟发性猪瘟缺乏出血病变，其病变与慢性猪瘟相似。以淋巴细胞流失、胸腺萎缩为主症，伴随着微量的病毒血症，机体对猪瘟病毒缺乏免疫反应，感染末期亦有白细胞减少症，出生后2～11个月才逐渐发病死亡。

一般地说，临床上诊断慢性猪瘟的主要依据是：有体温升高、食欲减退功能废绝、高热稽留等急性猪瘟病史的经过；后又体温正常、消瘦、皮肤有出血点，有的末稍部位发绀，呼吸困难，有的先便秘，后腹泻，或二者交替进行。剖检可以见到脾梗死，回肠、结肠溃疡，形成纽扣状肿（见图9、10），脾有梗死灶，肾有出血点，贫血。死亡率低，现在又一特点是引起猪的繁殖障碍，妊娠母猪不表现任何症状，但不停地排毒，当用ＳＰＡ－ＥＬＩＳＡ检测时抗体水平很低，对猪瘟疫苗免疫应答能力差，有的猪不发情，有的早产、流产，有的分娩时生下死胎、木乃伊胎，弱仔比例大，而肉眼观察正常的仔猪用药物治疗无效，死亡率达９０％。因此，当一个场同时出现上述症状时就应把猪瘟考虑在内。对于慢性猪瘟没有任何治疗价值，故一般不进行治疗。一旦发现，立刻扑杀，同时对猪场的母猪进行普查，以查出野毒感染的猪，然后立刻淘汰。同时进行猪只免疫，母猪在配种前免疫，一年2次；公猪一年2次；仔猪超免，或者25日龄首免，均60日龄二免。

3 致病机制

猪瘟病毒主要经由口鼻接触感染，扁桃腺为病毒最早侵犯的组织，猪瘟病毒首先于扁桃腺隐窝上皮感染增殖后，随淋巴循环而感染局部淋巴结并进行第二次增殖，继而进入血液循环中，造成初期的病毒血症，随着病毒血症的形成，猪瘟病毒在各组织脏器中进行感染与增殖，引致持续性病毒血症。以免疫荧光染色检查，血液、脾脏及各淋巴组织有较高的猪瘟病毒滴度，病毒抗原主要存在于上皮细胞、内皮细胞、淋巴网状细胞以及巨噬细胞，显示这些细胞为猪瘟病毒感染与增殖的主要靶细胞；进一步研究显示猪瘟病毒可持续存在于淋巴组织中。这些资料显示了猪瘟病毒对淋巴网状内皮细胞、淋巴细胞以及其他白细胞的亲嗜性。

对强毒株而言，病毒对血管内皮细胞的伤害、血小板减少症和纤维素原形成

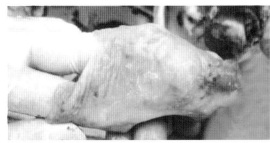

图9　非典型猪瘟回盲口有呈轮层状溃疡

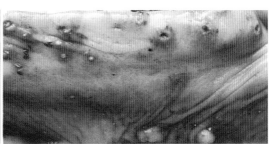

图10　慢性猪瘟大肠纽扣状溃疡

的缺陷，可造成全身的出血病变。此外，猪瘟病毒对免疫细胞的亲嗜性及感染后造成淋巴组织的退行性变化、淋巴细胞流失及淋巴细胞功能的不全，可导致免疫抑制现象，而易遭受二次病原的感染。感染猪只大多未见抗体产生，且多数死亡。慢性猪瘟系由中间毒的感染所致，其感染结果与宿主的自然抵抗力有着密切关系。即在年龄较小、自然抵抗力较低、移行抗体保护不足、营养不良、免疫功能低弱的个体较容易发病死亡。而这类的感染主要以淋巴系统的感染为主，较少呈现出血病灶。在宿主抵抗力较低者，逐渐出现免疫抑制现象和二次病原感染为主症。

4　病毒的持续性感染

当宿主受到病毒感染时，会引起体内的免疫反应，以对抗病毒的攻击并抑制病毒的增殖。若免疫反应能有效产生且抑制病毒增殖，宿主即能耐过病毒攻击而恢复；若无法抑制病毒增殖则会造成宿主发病死亡。但有些病毒利用不同机制躲过宿主体内的防御机制，而形成持续性感染现象。病毒的持续性感染现象可分成三种不同形式。

4.1　慢性病毒感染

如人类免疫缺陷病毒（HIV）感染后，潜伏期很长，伴随着$CD^{4+}T$淋巴细胞的逐渐流失、免疫力低弱及其他临床症状的呈现，最终导致死亡。可因多种机制，尤其是将病毒的基因插入宿主细胞的基因体中以规避宿主的监控及清除机制，使病毒在宿主的组织中能以少量的病毒持续存在。

4.2　潜在性感染

在初次感染病毒后，激发体内免疫反应以进行病毒的清除，但此时病毒以不活化的形式潜伏在不易被免疫反应识别出的组织中，以规避宿主的监控，并持续一段很长的时间。当宿主受到紧迫或免疫力低弱时，病毒再活化而发病。许多疱疹病毒的感染，如伪狂犬病病毒、人类单纯疱疹病毒等，病毒感染后会躲在神经节中，不容易被抗体中和，而造成持续性感染。

4.3　慢性感染

此类病毒感染后，造成宿主的免疫反应不全和低弱，导致病毒在急性感染之后无法被完全清除，病毒会潜伏在宿主的组织及排泄物中，形成长期持续的排毒现象，且常导致宿主死亡。猪瘟中间毒的感染为一种慢性感染病程，使感染猪只成为带毒猪而成为猪场内重要的循环污染源。又如口蹄疫病毒（FMD）在牛之感染可持续排毒3年之久，对绵羊及山羊之感染可持续排毒4～9个月之久。

5　猪瘟病毒的持续性感染现象

猪瘟病毒的持续性感染可分为两种现象来谈：一种为怀孕期间感染低毒力病毒所造成的迟发性感染，另一种为出生后小猪的慢性猪瘟感染。

早在1931年，Michalka观察到猪瘟病毒感染怀孕母猪（尤其在怀孕早期），可造成流产、死产及新生儿早期死亡。以低毒力或减毒的猪瘟活毒疫苗免疫怀孕母猪，也会造成胎儿畸形及多种发育异常现象，如木乃伊胎、死胎、胎儿水肿、新生仔猪死亡及先天性震颤等现象。在怀孕末期感染母猪亦可能造成出生后小猪的迟发性感染现象。仔猪由胎盘感染低毒力猪瘟病毒株后，能健康的出生，不表现任何临床症状，一直到出生数个月后临床症状才逐渐呈现。经胎盘感染的初生仔猪，在未吃初乳前的血液中即有高滴度的病毒血症，但由于初乳中中和抗体的影响，病毒血症会有短暂抑制，在约 2 周后血液中的病毒滴度又会恢复到刚出生时的水平，并持续性排毒于环境中。这些外观正常的仔猪在出生后 9～28 周龄(平均 20 周龄)才逐渐显示出临床症状，平均存活长达 6 个月以上。上述实验大多是在母猪无抗体情况下所观察的结果。

小猪的慢性感染，一般为小猪感染中间毒力病毒而转变为持续性感染，也为带毒猪的主要来源。未免疫母猪所分娩的小猪，在 6 周龄时接种兔化猪瘟活毒疫苗，结果产生持续性病毒血症现象。但以未免疫母猪分娩的 3 月龄小猪，或免疫过母猪分娩的 6 周龄小猪，以相同免疫方式接种疫苗，结果并无持续性病毒血症现象发生。新生仔猪的免疫系统发育不完全，在哺乳前进行兔化猪瘟疫苗免疫，虽然可耐过强毒株的感染，但内脏器官仍可见强毒感染所引起的病变，并易造成猪的持续性感染现象。以上现象充分显示较大月龄的猪只，其免疫系统比较完整，免疫反应良好，可避免持续性感染的产生。

一般而言，猪瘟病毒在猪体外的存活时间并不长，感染猪舍在病猪移开 24 h 后尚可分离出病毒，但 48 h 后即不能分离出病毒。因此，猪瘟病毒是以活体保毒为猪场的主要感染源，一旦猪瘟病毒污染一个猪场之后，即会因为带毒猪的存在，使猪瘟病毒持续地在敏感猪群间循环感染。这种循环感染较容易于母猪及保育猪群间存在。

母猪因长期饲养于猪场内，且可通过胎盘途径感染胎儿，而被认为是猪场的主要污染源。在暴发猪瘟的猪场，可在暴发猪瘟后 2 个月内，由母猪的唾液及血液中分离到猪瘟病毒，2 个月以后，则不易分离到猪瘟病毒，但病毒仍可持续由数头小猪之鼻及肛门拭子分离到。资料显示，在猪瘟暴发期间或稍后一段期间(1～2 个月)可由母猪的分泌物分离到病毒，但稍后则无法分离到病毒。免疫接种良好的母猪个体对猪瘟病毒已建立基础及记忆性免疫系统，虽然无法排除其在感染期可能出现的排毒现象，但在遭受猪瘟病毒感染时，其能有效且快速地刺激二次免疫反应，进而清除病毒，减少胎盘感染及降低迟发性感染几率。因此，田间试验时许多猪场为避免移行抗体对小猪免疫计划的干扰，长期对母猪不做补强免疫，可能增加胎盘感染几率。

潜在猪瘟病毒对猪场的污染率仍相当高，且病毒容易对小猪造成慢性感染，此感染也导致病原在保育猪群间造成循环感染现象。在ＬＰＣ疫苗免疫控制下而未造成明显疫情，但如在免疫疏忽、管理不当、自卫防疫不足或野外其他较强病毒株侵入时，均可能造成较大的疫情和损失。在母猪方面，在疾病流行期间，短期内可能无法完全杜绝母猪的排毒现象，但做好母猪群的免疫，能将其排毒的危险及通过胎盘途径感染胎儿的机会降至最低。筛检带毒母猪进行淘汰，理论正确，但有执行上的困难，且通过淘汰母猪是否经济及是否能快速杜绝病毒在猪场内的循环感染现象也需考虑。在上述的实验及田间的观察当中，病毒主要是在小猪群呈循环感染，尤其在移行抗体低弱的小猪群。

6 猪瘟病毒感染与免疫系统的交互关系

在病毒感染后，可刺激动物体的体液性及细胞性免疫反应，进而清除细胞内及细胞外的病毒。因此，免疫反应的激发，常决定动物体是否能从感染中恢复。猪瘟病毒感染后的免疫反应及其对免疫功能的影响，依病毒株的不同、感染量及猪只年龄与营养状况不同，而有很大的差异。强毒感染会造成急性猪瘟，猪只尚未产生免疫反应即已死亡，中、弱毒力的猪瘟病毒则可诱发抗体的产生。一般而言，抗原性及免疫原性与病毒毒力的强弱有关，强毒株之减毒疫苗经常比弱毒株能诱发较高的中和抗体滴度，此可能与在感染动物体内复制产生的病毒量有关。

猪瘟疫苗免疫后可产生体液性免疫反应，其中以中和抗体在对猪瘟病毒的保护上最为重要。在急性猪瘟感染，中和抗体无法于血液中检测到，但耐过猪只则会产生良好的体液性免疫反应，在感染后 3～4 周达到最高抗体滴度，其持续时间则不一定，通常可维持 6 个月以上。慢性猪瘟病毒感染后 3～6 周，可产生中和抗体，此时猪只临床症状可获得暂时性的改善，但猪只可因病毒对免疫系统的伤害而引起免疫抑制现象，继发二次性感染而死亡。低毒力猪瘟病毒通常是低免疫原性的，可造成不显性感染；但在某些例子中，低毒力猪瘟病毒感染免疫能力完全的猪只，亦可诱发产生相当滴度的中和抗体。仔猪于胎儿时期或出生早期感染猪瘟病毒，则可产生免疫耐受性和病毒持续性感染现象。

一般病毒感染常产生明显的细胞性免疫反应并分泌细胞活素，在免疫调控及防卫体制上扮演着重要角色，其致敏化的毒杀细胞对抑制病毒增殖及清除病毒感染细胞亦扮演着重要角色。但对有关猪瘟病毒感染或免疫后的细胞性免疫反应，包括抗原特异性的淋巴细胞增殖反应及细胞毒杀作用，目前的研究仍相当有限，结果不明显且有分歧，尚无具体结论。但短暂的病毒特异性及非特异性淋巴细胞增殖反应，在免疫后期可被检测到。因此这些抗原特异的细胞性免疫反应，在猪瘟病毒感染后期所扮演的角色，仍有待探讨。

7 猪瘟病毒的免疫抑制现象

免疫系统常因各种不同致病因子，如病原性微生物、毒素、应激、营养不良及免疫抑制药物等，而造成免疫系统的损害以及免疫功能不全或丧失，导致后天性免疫缺陷征候群（AIDS）。引起AIDS的机制相当复杂，可能与B淋巴细胞、T淋巴细胞、自然杀伤细胞及巨噬细胞等免疫细胞的功能失调有密切关系。病毒感染侵犯免疫系统，常可直接或间接地影响免疫功能，而由于致病机制的不同，会有不同的免疫抑制现象。如人类免疫缺陷病毒（HIV）感染，会造成 $CD4^+T$ 淋巴细胞的逐渐减少，因此患者对病原感染无法产生适当的反应；此外，血液中的 $IL-2$ 及 $IFN-\gamma$ 量显著减少，进而影响血液及组织中的自然杀伤细胞与巨噬细胞的功能及相关的免疫反应，增加肿瘤形成及机会性病原感染的机会。伪狂犬病病毒感染猪只可造成淋巴组织的严重坏死，并可感染肺泡巨噬细胞而降低巨噬细胞对多杀性巴氏杆菌的细胞内杀菌作用，因而易继发二次性细菌感染。

猪瘟病毒感染后有明显的白细胞减少症、胸腺萎缩及淋巴细胞流失。在许多的研究显示猪瘟病毒可感染T淋巴细胞、B淋巴细胞及巨噬细胞。Susa等以流式细胞仪及免疫化学染色法，分析血液及淋巴组织中的淋巴细胞，在猪瘟病毒感染后B淋巴细胞亚群在血液、脾脏及淋巴结的比例均有显著减少，病毒抗原主要分布在生发中心。其他相关的研究亦显示猪瘟病毒除对B淋巴细胞外，对T淋巴细胞许多亚群亦有影响，但不如B淋巴细胞的严重，且不同毒力株对免疫细胞的影响亦有差别。猪瘟病毒对巨噬细胞亦具高感受性，在急性感染例中巨噬细胞可呈现高量的病毒及抗原。

急性猪瘟病毒感染会抑制淋巴细胞对分裂原及抗原的增殖反应；即使低毒力猪瘟病毒株感染亦会抑制B淋巴细胞及T淋巴细胞对分裂原的增殖反应。在活体外的试验，亦有相类似的现象。最近的研究亦显示，猪瘟病毒感染早期即可诱发T淋巴细胞凋亡现象，为猪瘟病毒感染后引致白细胞减少症的原因之一。猪瘟病毒可感染骨髓细胞，与血液及淋巴组织所见之淋巴细胞流失现象亦可能有极大的关联。以上的证据显示，猪瘟病毒对免疫细胞的感染、诱发淋巴细胞凋亡及使其免疫功能不全等作用均会造成免疫抑制的现象。最近研究显示猪瘟病毒可感染巨噬细胞，在急性感染时亦呈高感染率，但并不影响巨噬细胞对红细胞的吞噬作用，且不加速诱发巨噬细胞死亡，此与病毒诱使淋巴细胞凋亡的感染现象略有不同。因此，巨噬细胞显然提供一个良好的场所给猪瘟病毒增殖，而病毒却伤害其他部分的免疫系统，无法有效清除病毒。此些机制均可能与猪瘟病毒引起的免疫抑制及持续性感染现象有关。

8 猪瘟仍然流行的原因

猪瘟的预防控制工作已近半世纪，目前仍有零星发生，但慢性猪瘟在牧场的污染率可能相当高，其原因是相当复杂的。从以上资料显示其相关因素可从下列几个方面探讨。

8.1 病毒因子

猪瘟病毒的多样性、对免疫系统的伤害、持续性感染现象，均为病毒较难被清除而呈长期排毒的原因。对宿主的防卫机制而言：各猪场免疫计划实施上的差异及个体的差异，抗体在母猪群及移行抗体在仔猪群间分布参差不齐。因此，很难掌握理想的免疫时期。对猪瘟污染场而言，太早免疫时，部分猪只可能遭遇移行抗体干扰而免疫反应不良，延后免疫亦有部分猪只因移行抗体较早衰退，而面临场内潜在猪瘟病毒感染的危险。

8.2 环境与管理因子

集约式的饲养环境较易造成环境及管理上的应激及降低宿主的防卫力及对疫苗的免疫反应能力。此外集约式饲养，缺乏全进全出的操作系统，环境中潜伏的病毒容易在不同年龄猪群间呈循环感染现象，尤其易在保育猪群中发生。其他影响因子尚包括养猪场本身的自卫防疫能力、态度是否积极、猪瘟疫苗品质及保存等问题，均可能导致免疫不全现象，而降低群体免疫力。对开放式猪场而言，猪只来源复杂掌控不易，在猪瘟防疫上更加困难。因此，在对抗猪瘟病毒的感染绝非仅免疫疫苗就能完事，也须有其他配套措施方可。

9 结语

猪瘟病毒的污染，给猪场防疫带来许多困扰。停用疫苗时期可能引发的潜在性危险，使猪瘟防疫及清除场内潜在的猪瘟病毒，仍为许多猪场当前防疫的首要工作。清除潜在的猪瘟病毒，显然并不是一件容易的事，且是一件辛苦的工作，但并非不可为。如加强群体免疫力（包括母猪及小猪）以抵抗感染及减少排毒，尤其母猪定期免疫可减少胎盘感染的危险；加强淘汰病弱猪，尤其是病弱的保育猪以减少持续排毒及感染源；加强自卫防疫及消毒以阻断病原传染途径；适度改变管理模式，如早期离乳隔离饲养及全进全出，以阻断病原在猪舍内的循环感染机会；再加上饲养者积极的配合，清净场内猪瘟病毒是会成功的。改善饲养环境及流程，则潜在猪瘟污染的问题，甚而呼吸道疾病的问题，均可明显降低且增加保育舍的育成率。因此，清除场内猪瘟病毒是可为的。因此，除了对猪只做好应做的免疫计划外，改善饲养环境，提供一个基本干净的水、空气、生长空间，猪将以快乐健康地成长，回报养殖者。

（注：文中图 1、图 2、图 4 摘自宣长和等主编的《猪病诊断彩色图谱与防治》）

猪瘟检疫技术规范

1 主要内容与适用范围

本标准规定了猪瘟群体检疫、个体检疫、实验室检验、综合判定和检疫后处理的技术规范。

本标准适用于猪瘟的检疫。

2 引用标准

GB 16548-1996 畜禽病害肉尸及其产品无害化处理规程

3 群体检疫

3.1 检查免疫效果

经核实已按规定接种合格的猪瘟疫苗，注射后 1 个月内未发现疑似猪瘟的患猪，并处在免疫有效期内，可认为免疫符合要求。如未接种疫苗，或接种不符合要求，或接种后又发现疑似猪瘟的病猪，必须进行补充免疫接种，至免疫有效期开始未发生异常，或认为免疫合格；如免疫接种后再发生疑似猪瘟患猪，必须进行临床检查、解剖检查和实验室检查，在排除猪瘟染疫的可能性之后，方可认为免疫合格。

3.2 检查全群的健康状况

检查猪只是否有异常表征。如发现猪群中被检猪只体温在 40.5℃ 以上，倦怠，食欲不振，精神委顿，可视黏膜充血、出血或有不正常分泌物、发绀，便秘腹泻交替，或其他疑似猪瘟的症状，作可疑猪瘟对待，全群隔离饲养，做进一步诊断。

此外，仔猪有衰弱、震颤或发育不良等现象时，可怀疑母猪携带猪瘟病毒，应进行实验室确诊。

3.3 对群体中检出的可疑患猪抽样进行解剖检查

下述病变作为综合诊断定性的依据之一：

（1）肾皮质色泽变淡，有点状出血；

（2）淋巴结外观充血肿胀，切面周边出血，呈红白相间的"大理石样"；

（3）脾脏不肿大，边缘发现楔状梗死区；

（4）喉头、膀胱有小点出血；

（5）全身出血性变化，多呈小片或点状；

（6）回盲瓣、回肠、结肠形成"纽扣状肿"（慢性猪瘟）；

（7）公猪包皮积尿。

3.4 确认免疫合格与无猪瘟猪只

经检疫认为免疫合格，临床检查无异常；或发现疑似病例，经解剖检查、实验室检验等综合性诊断，证明不是猪瘟，应作为非猪瘟群对待。但易地饲养时，必须先隔离2周以上，经观察无异常方可与当地猪群混养。

4 个体检疫

猪只作为单个检疫对象时，应进行认真的个体检疫。

4.1 个体检疫的内容包括：

（1）查明产地有否疫情或查验产地检疫证明；

（2）查验防疫证明；

（3）临床检查。

4.2 如上述三项均无疑问，可作为猪瘟非疫猪对待。

4.3 如4.1（3）项无问题，而4.1（1）、（2）两项有问题，可再次补充免疫接种，隔离15日无异常按非猪瘟猪对待。如免疫后有可疑症状，应继续隔离观察，如仍不能确诊，须进行解剖检查和实验室检验。

4.4 如4.1（1）、（2）两项无问题，4.1（3）项有问题应隔离观察，如仍不能确诊，须做解剖检查和实验室检验。

5 实验室检验

5.1 有下列情形之一者应进行实验室检验：

（1）产地定期检疫；

（2）非疫区对从外地引进的猪进行全群检查或抽检；

（3）发现疑似猪瘟患猪或"非典型猪瘟"，母猪繁殖障碍和仔猪先天性痉挛病例须予确诊；

（4）原认为非疫群中或从非疫区引进猪群中发现可疑猪瘟或病毒携带者，须予确诊；

（5）发现疑似猪瘟暴发流行，在采取紧急防治措施的同时须作出确切诊断，或解除封锁前须查明猪体带毒情况；

（6）有重大疫病（如非洲猪瘟）嫌疑须作出鉴别诊断；

（7）交易双方共同要求，或农牧主管部门要求进行确诊；

（8）经群体检疫或个体检疫，需要进一步确诊者。

5.2 下述方法，其试验结果可作为检疫定性的依据之一。

5.2.1 兔体交叉免疫试验，见附录A（补充件）。

5.2.2 免疫酶染色试验，见附录A（补充件）。

5.2.3 病毒分离与增毒试验，见附录C（补充件）。

5.2.4 直接免疫荧光抗体试验，见附录D（补充件）。

6 综合判定

发病不分年龄、季节，临床症状明显，解剖检查病变典型，用5.2中任一试验获阳性结果；或临床症状和发病情况不详，尸体解剖检查病变典型，5.2中所列任一试验获阳性结果；发病情况、临床症状、病理变化不详、不明显或不典型，但5.2中所列试验的两项获阳性结果；这些情况均可判定为猪瘟病毒感染猪。

7 检疫后处理

在群体或个体检疫中，凡经综合判定为猪瘟者，其群体或个体一律按GB 16548处理。

附录A

兔体交叉免疫试验

将病猪的淋巴结和脾脏，磨碎后用生理盐水作1∶10稀释，对3只健康家兔作肌肉注射，5mL/只，另设3只不注射病料的对照兔，间隔5d对所有家兔静脉注射1∶20的猪瘟兔化病毒（淋巴脾脏毒），1mL/只，24h后，每隔6h测体温一次，连续测96h，对照组2/3出现定型热或轻型热，试验成立。试验组的试验结果判定见表A1。

表A1 兔体交叉免疫试验结果判定

接种病料后体温反应	接种猪瘟兔化弱毒后体温反应	结果判定
—	—	含猪瘟病毒
—	+	不含猪瘟病毒
+	—	含猪瘟兔化病毒
+	+	含非猪瘟病毒热原性物质

注："+"表示多于或等于三分之二的动物有反应。

附录B

免疫酶染色试验

B1 解剖检查时采病畜扁桃体、脾、肾、淋巴结作压印片或冰冻切片。标本自然干燥后，在2%戊二醛和甲醛等量混合液中固定10min，干后，置冰箱内待检。

操作方法

B1.1 将标本浸入0.01%过氧化氢或0.01%叠氮钠的Tris-HCL缓冲液中，室温下作用30min。

B1.2 用pH7.4 0.02mol/L磷酸缓冲盐水漂洗5次，每次3min，风干。

B1.3 将标本置于湿盒内，滴加1∶10酶标记抗体，覆盖标本面上，置37℃作用45min。

B1.4 用pH7.4 0.02mol/L磷酸缓冲盐水-1%吐温缓冲液漂洗5次，每次2~3min。

B1.5 将标本放入DAB（4-二甲氨基偶氮苯）Tris-HCL液内，置37℃温箱作用3min。

B1.6 用pH7.4 0.02mol/L磷酸缓冲盐水冲洗3~4次，每次2~3min.，再用无水酒精、二甲苯脱水，封片检查。

B1.7 用显微镜检查，如细胞染成深褐色为阳性；黄色或无色为阴性。猪瘟兔化弱毒接种的猪组织细胞浆成微褐色,与强毒株感染有明显区别。

附录C

病毒分离与增毒试验

本试验可用来分离病毒和扩增病毒数量以提高检疫的敏感性。

C1 将2g扁桃体或脾脏,剪成小块,加上灭菌砂在乳钵中研成匀浆。用Hank's液或MEM配成20%悬液,加上青霉素(使终浓度为500μg/mL)和链霉素(使终浓度为500μg/mL),室温下放置1h,3 000r/min离心15min,取用上清液。

C2 将PK15单层细胞用胰酶消化分散后,800r/min离心10min,用含无BVDV的5%胎牛血清的MEM配成2×10⁶个细胞/mL悬液。

C3 9份细胞悬液(C2)加1份病料悬液(C1)接种于转瓶或微量细胞培养板。另设不加病料的对照若干瓶(孔),于接种后1、2、3d.分别将2瓶(孔)培养物及1瓶(孔)对照用Hank's液或BVDV洗涤2次,每次5min,用冷丙酮固定10min.

C4 进行免疫酶染色或免疫荧光染色,镜检。

附录D

直接免疫荧光抗体试验

D1 采样

群体检疫中,待检可疑猪不少于三例,其中至少二例为早期患猪,剖杀后或从活体摘取口腭扁桃体。后期病猪剖杀后采扁桃体和肾脏。个体检疫中,剖杀可疑猪采扁桃体和肾脏。所采组织样品必须新鲜。

D2 送检

采样后应尽快送检,如当日不能送出,必须冻结保存,避免组织腐败、自溶。

D3 切片

将样品组织块修切出1cm×1cm的面,不经任何固定处理,直接冻贴于冰冻切片托上(组织块太小时,如活摘的扁桃体可用冰冻切片机专用的包埋剂或化学浆糊包埋),进行切片。切片厚度要求5~7μm。将切片展贴于0.8~1mm厚的洁净载玻片上。

D4 固定

将切片置纯丙酮中固定15min,取出立即放入0.01mol/L,pH7.2的磷酸缓冲盐水中,轻轻漂洗3~4次。取出,自然干燥后,尽快进行荧光抗体染色。

D5 荧光抗体染色

将猪瘟荧光抗体滴加于切片表面,置湿盒内于37℃作用30min。取出后放入磷酸缓冲盐水中充分漂洗,再用0.5mol/L,pH9.0~9.5碳酸盐缓冲甘油封固盖片(0.17mm厚)。染色后应尽快镜检。必要时可低温保存待检。

D6 镜检

将染色后的切片标本置激发光为蓝紫光或紫外光的荧光显微镜下观察。

D7 判定

于荧光显微镜视野中,见扁桃体隐窝上皮细胞或肾曲小管上皮细胞浆内呈现明亮的黄绿色荧光,判为猪瘟病毒感染阳性。

(以上资料摘自中华人民共和国国家标准)

猪瘟综合防制

丘惠深

（中国兽药监察所，北京 100081）

1 概述

猪瘟是由猪瘟病毒引起的烈性传染病，流行广泛，发病率及死亡率均高，危害极大，造成严重的经济损失，至今尚无有效的治疗方法。近年来，有人进行过用干扰素、中草药制剂预防和治疗猪瘟的试验，但均未取得成功。抗生素与磺胺类药物基本无效。目前，唯一有效的治疗制剂是猪瘟高免血清，但也只限于对发病前期的猪有效，而对病程进行到中后期的猪无效。

我国一直重视猪瘟的防制，1956 年我国政府制定了以免疫为基础的消灭猪瘟的规划并要求在 12 年消灭猪瘟。但时间整整过去了 50 年，猪瘟的大流行、地方性流行虽然得到控制，但目前仍普遍存在，而且持续存在。据我们近年来用猪瘟荧光抗体技术对我国 14 省、市、自治区的 39 个规模化猪场的 26 418 头种公、母猪进行的检测，共检出 3 215 头带毒猪，阳性率高达 12.17%。

近 20 年，世界各国的猪瘟流行形式和发病特点都发生了很大的变化。我国猪瘟状况也不例外，普遍出现了长期持续存在多点散发性猪瘟，临床上表现为非典型、温和型、亚临床和无症状的隐性感染。特别是持续感染、胎盘垂直传播、初生仔猪先天性带毒和妊娠母猪带毒综合征等非常普遍。其根源主要在于带毒母猪，毫无临床表现的母猪却常常出现流产、早产、产木乃伊胎、死胎和弱仔。不仅带毒母猪妊娠后猪瘟通过胎盘感染胎儿造成垂直传播，而且带毒公猪也可以通过精液感染母猪。因此，种猪群感染猪瘟后，带毒母猪通过胎盘垂直感染胎儿，产下的先天感染的仔猪不断产毒、排毒、污染环境，感染其他健康猪，使那些健康猪发病死亡。同时，先天感染的仔猪又产生后天免疫耐受性，形成持续性感染的带毒猪。如果未经严格的实验室检测，这些猪就会被误作后备种猪培养而形成新的带毒种猪群，继续繁衍带毒后代。带毒种猪在产生垂直传播的同时，又向环境排放病毒，感染其他健康猪。这样由于猪瘟的垂直传播与水平传播在一个猪场不间断地反复、交替进行，而且范围越来越大，情况愈来愈严重，形成了令人头痛的猪瘟感染的恶性循环链锁。这是形成猪瘟持续性感染的根本原因，也是长期困扰着养猪业发展的问题，并造成了严重的经济损失。

2 猪瘟的综合防制技术

控制和消灭猪瘟是一项系统工程，必须多方面密切配合，运用有效的科技手段，坚持不懈的努力才能实现。许多国家为了消灭猪瘟付出了高昂的代价，消耗了大量的人力、物力。欧共体国家按欧盟法规中有关猪瘟条例的规定不能采用疫苗接种，一旦发生猪瘟，立即圈定范围，实施全部扑杀（损失由政府补偿），追踪传染源和可能接触物、限制来往、对受感染的猪场进行消毒。

我国是一个养猪大国，目前经济尚不很发达，还不能实行全部扑杀的计划，长期以来以预防接种猪瘟疫苗作为控制猪瘟的主要手段。近年来，我们把研究与生产紧密结合起来，经反复研究、田间应用、探索出一整套比较符合我国国情、行之有效的猪瘟综合防治技术，取得了很好的效果。基本归纳为如下几个要点：

（1）加强以净化种公、母猪及后备种猪为主的净化措施，及时淘汰带毒种猪，铲除持续感染的根源，建立健康种群，繁育健康后代；

（2）做好免疫，制定科学、合理的免疫程序，以提高群体的免疫力，并做好免疫抗体的跟踪检测；

（3）加强猪场的科学化管理，实行定期消毒；

（4）采用全进全出计划生产，防止交叉感染；

（5）加强对其他疫病的协同防制，如确诊有其他疫病存在，则还需同时采取其他疫病的综合防制措施。

2.1 猪瘟兔化弱毒疫苗的研制及应用

猪瘟的免疫接种，包括被动免疫和主动免疫。被动免疫应用免疫血清，主动免疫则有高免疫血清——血毒同时接种法、灭活结晶紫疫苗和弱毒活疫苗。

高免血清——血毒同时注射法可以产生坚强持久的保护力，但因使用高免血清价格高，且因应用强毒血毒，有造成散毒的危险，已禁止使用。

我国于1974年由马闻天、金惠昌等率先报道了试制猪瘟灭活疫苗，后经试验研究人员从各地筛选的毒株中，挑选出免疫原性最好的石门系毒株作为制苗用种毒，在猪感染病毒发病后，高温稽留期第7d采血毒，减毒6d，苗效最好。1954年经农业部制订国家规程，在全国各生药厂大量投产，推广应用，控制疫情效果显著。由于结晶紫灭活苗需用猪瘟强毒株作为生产种毒，同样存在散毒的危险，且不宜大批量生产，多年前已被猪瘟兔化弱毒疫苗所代替。

弱毒疫苗产生免疫力快，且坚强持久。关键是要选择和培育出一株安全性稳定、免疫性强的弱毒株。许多弱毒株仍保留一定程度的残余致病力，必须同时注射一定量的免疫血清以减轻其反应。就全世界来说，猪瘟弱毒疫苗已广泛应用。经过较长时期的田间应用，公认安全有效，没有残余致病力的弱毒疫苗株有3株：

①中国"54—Ⅲ系"，又称"C株"兔化弱毒；②日本GPE—细胞弱毒株；③法国Thiverval冷变异弱毒株。

中国株猪瘟兔化弱毒：中国兽医药品监察所周泰冲等自1954年开始，相继用4株猪瘟病毒分别诱发家兔感染，经过一系列试验，终于选育出一株能够充分适应于家兔的猪瘟，经兔体连续传代适应后发生变异，充分减弱对猪的致病力，却仍然保持坚强的免疫原性。1956年开始在全国推广应用，对控制猪瘟的发生起到了关键性的作用，且被国外广泛应用。

中国兔化弱毒疫苗的生产工艺也不断改进和提高。我国1957年开始推广兔化弱毒苗，最初提倡就地使用。继而研制真空冷冻干燥苗成功，集中生产，统一供应。冻干苗便于保存，成为我国控制猪瘟的有力工具。开始采用家兔脾淋组织制苗，每只家兔所制疫苗可供300头猪免疫。1964年将兔化弱毒接种乳兔，研制成功乳兔苗，对猪仍保持较好的免疫原性和弱毒性。每只乳兔制苗可供1 500头猪使用，大大提高了产量，降低了成本，1965年在全国推广使用。接着又将猪瘟兔化弱毒接种牛，病毒可在牛体内繁殖，脾淋毒价可达到乳兔毒水平，便于就地制苗或生产厂制冻干苗。1975年开始由中国兽医药品监察所组织全国兽医药品厂进行病毒性疫苗转入细胞培养制苗的技术革新，将兔化弱毒接种原代猪肾细胞进行工厂化制苗。1978—1980年有13个生药厂生产猪肾细胞苗。并用细胞毒配制猪瘟、猪丹毒、猪肺疫三联冻干苗，在全国大量使用。为了避免用同源细胞生产疫苗有污染强毒的危险，1980年研制成功绵羊肾细胞苗，1982年奶山羊肾细胞苗和1985年犊牛睾丸细胞苗研制成功，为猪瘟疫苗生产开辟了一条新路。羊肾和犊牛睾丸细胞苗接种猪后3d可产生免疫力，5d可产生坚强免疫力，免疫期均测定为一年。已被世界公认的突出优点是中国兔化弱毒接种不产生病毒血症和脑炎病变。可以安全地免疫接种任何怀孕期的母猪和哺乳仔猪，不影响受精率及存活率，不引起流产、死胎，可安全地用于建立种猪群。

我国20世纪50年代开始广泛应用兔化弱毒疫苗做预防注射，并在控制我国猪瘟中起到了至关重要的作用。长期以来，我国把猪瘟预防注射作为国策。随着养猪业的不断发展，集约化程度越来越高，规模越来越大，随着不断从国外引进种猪，国内生猪的交易、流通逐日加大等因素，给猪瘟的防治带来不少困难。虽然普遍注射了猪瘟兔化弱毒疫苗，但各地猪瘟仍时有发生，而且多表现为非典型、慢性及隐性状况，并普遍出现猪瘟的持续性感染和妊娠母猪带毒综合征（母猪带毒，垂直传播感染胎儿，造成死胎、弱仔及弱仔先天性震颤等）。持续性感染的根源在于带毒母猪、感染母猪一般不表现任何临床症状，但可导致胎猪的先天性感染，这些猪可长期带毒、排毒感染其他健康猪并具有免疫耐受性。如果这些猪培育成后备种猪又可形成新的传染源。

　　注射疫苗后为什么还不断发生猪瘟呢？这是值得深思及认真对待的问题。前些年有人推测，认为可能是猪瘟兔化弱毒由于多年不断传代而发生变异，位点发生漂移，导致疫苗效力下降，免疫猪不能抵抗野毒的攻击。此外，中国兔化弱毒是否会造成垂直传播？对妊娠母猪及后代是否产生危险？中国兔化弱毒在猪体内保毒时间有多长？

　　我们最近几年对以上问题做了一些初步的研究，现介绍如下：

2.1.1　中国兔化弱毒疫苗的效力试验　用我国生产的猪瘟兔化弱毒牛睾丸细胞苗免疫无猪瘟抗体及抗原的易感猪（每头皮下注射1头份），14d后分别攻击猪瘟野毒（每头注射猪瘟血毒2mL）。结果表明：猪瘟弱毒细胞苗对9株野毒均具有坚强的保护力，免疫组18/18（100%）保护，对照组13/17（76.5%）死亡（见表1）。以猪瘟荧光抗体法（HCFA）检查，攻击前的免疫猪及对照组均为阴性，即不存在猪瘟，而所有对照组猪于攻击后第1周（个别猪第2周）直至试验结束（3~5周）均为阳性，即均带毒（见表2）。此外，我们也进行过用2株、3株甚至4株不同野毒的联合攻击，免疫猪也完全保护，足以证明其具有坚强的保护力。试验发现，由于野毒的毒力高低不同，攻毒后非免疫猪的临床表现、死亡的时间有所不同，最短的12d，一般的20d左右，最长的长达79d，个别甚至不死（但发病、带毒严重）。由此看出，免疫接种猪不但能抵抗所有9株猪瘟野毒的攻击，完全保护，而且在受到野毒攻击后能完全抑制猪瘟野毒在体内的复制，证明中国兔化弱毒疫苗完全有效，完全可以放心使用。

2.1.2　猪瘟兔化弱毒疫苗免疫妊娠母猪的试验　第一次试验分别用2头妊娠86d及96d(妊娠后期)的母猪各免疫20头剂（大剂量）的猪瘟兔化弱毒细胞苗，临产前进行剖腹产。于刚产下、产后第7天及14天从每窝仔猪中各取1头仔猪进行解剖，未见异常，取各种脏器制成匀浆注射健康家兔未产生热反应，1周后以猪瘟兔化弱毒进行攻击，全部家兔为定型热，说明这些脏器样品不存在病毒。对所有仔猪脏器进行HCFA检查，全部为阴性，也说明不含病毒。第二次分别用妊娠30d、60d及90d的3头母猪分别注射2头剂（普通剂量）的猪瘟兔化弱毒细胞苗，自然分娩。同样于刚产下、产后第7天及14天从每窝仔猪中各取1头仔猪进行解剖，采各种脏器进行与第一次完全相同的试验，结果也未分离到疫苗病毒，也未发现HCFA阳性。我们对这两次试验的所有其余同窝仔猪进行跟踪观察，均发育正常。由此可见，不论以大剂量的猪瘟兔化弱毒疫苗注射妊娠后期的母猪或以普通剂量的相同疫苗注射妊娠前、中、后期的母猪，均未引起繁殖障碍，均未在仔猪中分离到疫苗病毒，可以说明猪瘟兔化弱毒C株不通过胎盘传播，对胎儿不产生有害影响。

2.1.3　猪瘟兔化弱毒在猪体内保毒时间的试验　曾用猪瘟兔化弱毒细胞苗注射4头健康猪，每头肌肉注射1头份。于注射后的第4天、7天及14天采扁桃体，以

表1　猪瘟兔化弱毒细胞苗与猪瘟野毒的免疫保护相关性

猪瘟野毒	免疫组		非免疫对照组		
	保护头数	保护率（%）	死亡头数	死亡率（%）	死亡天数
HCV-02	2/2	100	2/2	100	31~34
HCV-03	2/2	100	2/2	100	13~16
HCV-05	2/2	100	2/2	100	18~21
HCV-06	2/2	100	2/2	100	20~25
HCV-08	2/2	100	2/2	100	12~16
HCV-22	2/2	100	2/2	100	21~22
HCV-39	2/2	100	0/2	0	
JL-1	2/2	100	0/1	0	
BG-2	2/2	100	1/2	50	79
合　计	18/18	100	13/17	76.5	

猪瘟荧光抗体法检查，发现第4天及第7天均有病毒，而第14天病毒已消失，又用此疫苗注射另一批的4头健康猪，每头肌肉注射1头剂。于注苗后第4天、7天、11天及14天采扁桃体，以猪瘟荧光抗体法及以组织匀浆液注射家兔检查，结果于第4天、7天、11天均发现病毒于第14天消失。也曾将猪瘟兔化弱毒苗接种健康猪后，跟踪扁桃体及其他脏器（淋巴结、脾、肾、肺等）存在的病毒，发现扁

表2　猪瘟野毒在免疫猪与对照猪的存在状态（HCFA 结果）

攻毒用猪瘟野毒	免疫猪I 攻毒前	攻毒后（周）1	2	3	4	5	免疫猪II 攻毒前	1	2	3	4	5	对照猪I 攻毒前	1	2	3	4	5	对照猪II 攻毒前	1	2	3	4	5
HCV-02	−	−	−	−			−	−	−	−			−	+	+	+			−	+	+	+		
HCV-03	−	−	−				−	−	−					++	+++	+++			−	++	++++	+++		
HCV-05	−	−	−				−	−	−					+++	+++	+++			++	++++	+++	+++		
HCV-06	−	−	−				−	−	−					++	++	++			−	++	++	+++		
HCV-08	−	−	−				−	−	−					+++	+++	+++			+++	++++	+++			
HCV-22	−	−	−				−	−	−					++	+++	+++			−	++	+++	+++		
HCV-39	−	−	−				−	−	−				+	++	+++	+++	+++		−	++	+++	+++	+++	
JL-1	−	−	−	−			−	−	−				−	++	+++	+++								
BH-1	−	−	−	−	−		−	−	−					++	+++	+++			−	++	+++	+++	+++	

注：− 阴性　+ 弱阳性　++ 阳性　+++ 强阳性　++++ 超强阳性

桃体的病毒尚可保留到第13天，而其他脏器组织的病毒仅能保留到第7天。因此，接种猪瘟兔化弱毒疫苗后，病毒在猪体内保留的时间最多14d。这与国外诸多报道的时间大致相同。

2.1.4 其他病毒感染对猪瘟疫苗免疫猪效果的影响试验 猪群中，除了可能出现猪瘟病毒感染的情况外，还经常出现一种或多种其他病毒感染，如猪伪狂犬病病毒（PRV）、猪细小病毒（PPV）、猪繁殖与呼吸综合征（PRRSV）等。为了明确其他病毒感染对猪瘟疫苗免疫效果的影响，我们曾用20头猪瘟敏感猪随机分为6个组，其中4个试验组各3头猪，分别接种PRV、PPV、PRRSV以及3种病毒混合接种。感染这些病毒7d后，连同4头免疫攻毒对照组一起注射猪瘟兔化弱毒细胞苗。13d后，连同另4头非免疫攻毒对照组攻击猪瘟石门系强毒。

结果表明：感染7d后，3个单独感染及混合感染的所有动物均为抗原阳性，说明3种其他病毒感染成功，感染14d后，全部动物的抗体也为阳性。攻击石门毒后14d，4组其他病毒感染的12头猪出现不同程度的临床症状，其中11头猪检查到很强的HCFV阳性，但均存活。由此可见，PRV、PPV及PRRSV单独感染或3种病毒混合感染，对猪瘟疫苗的免疫效果均造成一定程度的影响。攻击石门毒后，这些猪都存活了，但带毒，证明不能阻断猪瘟病毒在体内的复制。而免疫攻毒对照组不但完全存活且不出现猪瘟病毒，说明已完全阻止了病毒的复制，具有坚决的保护力。4头非免疫对照猪不但全部死亡，且均为HCFA强阳性。由此可见，其他病毒感染造成了对猪瘟疫苗免疫效果的较明显的影响。反之，可以推测，猪瘟病毒的感染也将会影响对其他病毒的免疫效果。因此，在养猪生产中对各种疫病的协同防制是十分必要的。

2.1.5 母源抗体对仔猪免疫的影响 由于母猪几乎都注射了猪瘟疫苗，而且剂量大、频率高，基本处于高免状态，其分泌的初乳的抗体水平也较高，仔猪可通过吮吸初乳获得母源抗体。这些母源抗体对仔猪的主动免疫反应将会产生抑制作用。

仔猪的母源抗体能持续多久？何时注苗较为合适？如何尽量避免母源抗体的干扰作用？这是猪瘟免疫中的重要问题。门常平等选取北京市某农场免疫母猪的后代仔猪，分成三组，其中两组的母猪在产前又接种猪瘟兔化弱毒疫苗一次，第三组不注射。三组仔猪于不同日龄用石门系强毒攻击，并根据保护情况判定母源抗体的存在时间，见表3。

由表3可见，免疫母猪在产前再注射一次兔化弱毒疫苗，并不能提高仔猪的母源抗体趋势。

免疫母猪所产仔猪的母源抗体大致可以维持至30日龄左右。至40日龄时已经完全没有保护力。门常平等又对已有母源抗体的仔猪进行疫苗接种，随后再做强毒攻击试验，结果如表4。

由表4可见，具有母源抗体的仔猪15～25日龄时注射疫苗，其保护力持续时间不超过65日龄。在这种情况下，需要60日龄时再做第二次疫苗接种。

关于仔猪哺乳注射疫苗问题，人们通常称为"乳前免疫"、"零时免疫"或"超前免疫"，即在仔猪出生后先剥夺吮吸初乳，注射疫苗后隔一定时间再吮吸。这是在无法解决母源抗体的干扰情况下提出来的。在仔猪没有吮吸初乳以前注射兔化弱毒苗，可以使其产生主动免疫力，这是因为：①猪胚胎发育到70d时的免疫系统已经对抗原刺激产生应答，形成抗体，故在仔猪出生时估计其免疫系统已经相当成熟；②初生仔猪在吮吸初乳后获得的抗体在吸乳3h后就可由其血液中检出，至6～12h，血液中的抗体含量已达最高峰。如在仔猪血液抗体达最高峰以前接种兔化弱毒苗，可使弱毒株在体内有足够的增殖时间，不致被血液中的抗体所中和；③猪瘟兔化弱毒株对乳猪无残余毒力，十分安全，可以大胆使用。

法国的试验证明，在仔猪吮吸初乳前注射兔化弱毒疫苗，攻击强毒时，虽然可能呈现轻度热反应，但常耐过而不死亡。另一组仔猪在其吮吸初乳后3～6h注射疫苗，则不能抵抗猪瘟强毒的攻击而死亡，证明由于母源抗体的干扰而不能产生主动免疫力。

乳前免疫在我国推广应用已近20年，证明是有效的、切实可行的，特别是那些大、中型规模养猪场已普遍采用。但在生产实际中要完全实现所有仔猪出生后不吸初乳，存在一定的困难，尤其是母猪大多在夜间分娩，接生员更难于照料。为了明确先注苗后吮吸初乳与先吮吸初乳后注苗对免疫效果的影响，解决即使少数初生仔猪吮吸了初乳再接受疫苗注射仍能取得免疫效果。丘惠深等（2001年）报道了猪瘟不同顺序零天免疫的免疫效果比较。取同一天出生的仔猪等分为三组，每组13～15头，第1组不吮吸初乳，注苗后1h吮吸；第2组先吮吸初乳，1h后注苗；第3组先吮吸初乳，30min后注苗。80日龄时，每一免疫组随机取出4头猪，连同6头非免疫对照组猪以石门系强毒进行攻毒试验。其结果为：对照组6/6（100%）死亡，第1组4/4（100%）保护，第2组3/4（75%）保护，第3组2/4（50%）保护（见表5）。

以猪瘟免疫荧光抗体技术（HCFA）检查所有实验猪的脏器发现：攻毒前所有对照组和免疫猪为阴性；攻毒后12～14d，所有对照猪及死亡的免疫猪均为特强的抗原阳性（带毒）猪，而所有免疫攻毒耐过猪均为阴性。由此可见，不论吮吸初乳后1h或30min再注射疫苗的免疫效果均不如不吮吸初乳先注苗的免疫效果好。因此，在养猪生产中，虽然在进行乳前免疫时要做到百分之百的仔猪不吮吸初乳先免疫有一定的难度，但为了取得好的免疫效果仍应坚持并大力提倡不吮吸初乳先注射疫苗。

2.2 猪瘟的免疫程序

目前国内对猪瘟的免疫程序没有统一的标准，种类繁多，免疫次数不相同、免疫时间不相同、免疫剂量不相同。一个省可以列出10种左右不同的免疫程序，全国就更多了，难于统一，也不必统一。但要根据本地区、本猪场的传统和现状制定出科学、合理、行之有效的免疫程序，现推荐以下猪瘟的免疫程序供参考：

2.2.1　种猪的免疫程序　①种公猪：春秋两防，即每年两次。②种母猪：春秋两次，或一年三次；或产前25～30d一次；或产后25～30d一次。

表3　孕猪加强注射猪瘟弱毒疫苗对仔猪母源抗体的影响

母猪组别	攻毒保护情况			
	仔猪20日龄	仔猪30日龄	仔猪40日龄	仔猪50日龄
产前30d又注苗1次	4/4	3/4	0/4	
产前11d又注苗1次	4/4	3/4	0/4	0/4
产前未再注苗	6/6	5/6	0/4	
攻毒对照仔猪	0/2	0/2	0/2	0/2

表4　有母源抗体的仔猪注射猪瘟疫苗后的保护

疫苗时日龄	组别	攻毒时日龄			
		45日龄	55日龄	65日龄	75日龄
15日龄	免疫仔猪			1/8	
	对照仔猪			0/2	
20日龄	免疫仔猪	5/6	4/6		3/8
	对照仔猪	0/2			0/2
25日龄	免疫仔猪				0/6
	对照仔猪				0/2

表5　猪瘟不同顺序零天免疫

组别	免疫顺序	攻毒结果	
		保护数	保护率（%）
1	免疫后1 h吸初乳	4/4	100
2	吸初乳后1 h免疫	3/4	75
3	吸初乳后0.5 h免疫	2/4	50
4	非免疫对照	0/6	0

表6　猪场种公、母猪净化效果

净化次数	时间	被检种公母猪总数（头）	HCFA阳性（头）	阳性率（%）
1	1997.04.02—05.28	3034	342	11.27
2	1997.10.06—10.25	2951	47	1.59
3	1998.04.06—04.25	3117	66	2.21
4	1998.10.04—10.27	3196	26	0.81*

＊净化后种公、母猪HCFA阳性率下降了92.8%

2.2.2　仔猪的免疫程序①20－60程序：即20日龄一免，60日龄二免；②0－70程序：即乳前一免，70日龄二免；③0－35－70程序：即乳前一免，35日龄二免，70日龄三免。

2.2.3　后备种猪　按仔猪程序，至8月龄配种前加一次免疫后，按种猪程序进行。

2.3　免疫剂量

关于免疫剂量，基本原则是无猪瘟场剂量可小，猪瘟污染场剂量要大；使用脾淋苗的剂量可小，细胞苗的剂量要大。这是因为无猪瘟或猪瘟不明显猪场的猪抗体甚低相对敏感，而猪瘟污染尤其是长期处于持续感染的猪场，病毒随处存在、交互感染，猪体内抗原、抗体均可存在，许多猪未接受免疫已有一定的抗体水平，产生的干扰大，故需要加大剂量。按规定：脾淋苗每头份含150个家兔感染量为合格，而细胞苗需含750个家兔感染量才合格，不要误认为1头份的细胞苗相当于5头份的脾淋苗。而恰恰相反，在实际使用及初步的试验表明1头份脾淋苗可当数头份细胞苗使用。

3　猪瘟的净化

猪瘟的净化是当前养猪所面临的问题，也是控制猪瘟、甚至消灭猪瘟的重要

表7　猪场净化种公、母猪前后保育舍猪（28～75日龄）猪瘟死亡的比较

净化状况	时　间	时间跨度（月）	死亡数（头）	平均每月死亡数（头）
净化前	1996.12.26-1997.05.28	5.17	1803	348.7
第1次净化后	1997.05.29-1997.10.24	5.00	205*	41.0
第2次净化后	1997.10.25-1998.04.25	6.10	1100	180.3
第3次净化后	1998.04.26-1998.10.27	6.17	379	61.4
第4次净化后	1998.10.28-1999.10.28	12.0	306	25.5**

* 此期间用猪瘟高免血清治愈600多头，使死亡数下降　　** 第四次净化后比净化前死亡数下降了92.7%

表8　猪场净化种公、母猪前后分娩舍猪（0～28日龄）因猪瘟死亡的比较

净化状况	时　间	时间跨越（月）	死亡数（头）	平均每月死亡数（头）
净化前	1996.12.26-1997.05.28	5.17	221	42.70
第1次净化后	1997.05.29-1997.10.24	5.00	10	2.00
第2次净化后	1997.10.25-1998.04.25	6.10	12	1.97
第3次净化后	1998.04.26-1998.10.27	6.17	12	1.95
第4次净化后	1998.10.28-1999.10.28	12.0	6	0.50*

* 第四次净化后比净化前死亡数下降了98.8%

手段。目前的猪瘟多以非典型、慢性，甚至是隐性的形式出现。同一猪场中各类猪群均可遭受感染。控制和根除猪瘟采用全部扑杀的办法显然是不现实的，而种猪，特别是种母猪一旦感染猪瘟后又造成垂直传播和水平传播，是造成一个猪场猪瘟持续感染的总根源，而且要实施全场所有猪群的净化又有一定的难度。经我们几年的探索，总结出一套在猪瘟严重污染的猪场中，以净化种公、种母猪和后备种猪为主的净化措施。具体做法是一旦确认猪场存在猪瘟时，立即实施净化，对全场所有种公猪、种母猪逐头活体采集扁桃体，进行猪瘟荧光抗体法检查。只要检查出ＨＣＦＡ阳性（带毒）猪，一律立即淘汰，清圈消毒，结合做好其他综合防制措施以建立新的健康种群，繁育健康后代。一般3个月便可初见成效。每6个月进行一次。大约经过4次净化后，猪瘟便可得到完全控制，效果明显。

现以我国某猪场的净化为例。该场建于1976年初，有3000头左右的生产母猪。由于年代较久，设备陈旧，规模较大，过于密集，不利于对疾病的控制。以引进4头未经检疫的种公猪为导火线，导致该场1996年5月暴发了猪瘟，遭受严重的经济损失。从1997年4月至1998年10月共进行了4次净化，取得了以下效果。

（1）种公猪、种母猪净化效果：由于在1.5年的时间里进行了4次净化，对所有种公猪、种母猪逐头作ＨＣＦＡ检查，发现阳性（带毒）猪立即淘汰，使带毒猪比例随着不断净化而下降，从净化前的11.2%将为0.81%，阳性率下降了92.8%，（见表6），猪瘟受到完全控制。

（2）净化种公猪、种母猪后，对保育舍猪（28～75日龄）的效果：该场发生猪瘟引起死亡的猪多在保育舍。在实施净化前，保育舍每月因猪瘟平均死亡348.7头。第4次净化后，每月平均仅死亡25.5头，下降了92.7%（见表7）。

（3）净化种公猪、种母猪后，对分娩舍猪（0～28日龄）的效果：在分娩舍主要由于种母猪带毒造成仔猪先天感染，出生后一二天死亡。净化前，全场每月在分娩舍死于猪瘟的的仔猪平均42.7头，实施净化后每月降为2头左右，到第4次净化后降为0.5头，下降了98.8%（见表8）。

此外，由于猪瘟受到完全控制，料肉比也下降，治疗药物、消毒药物、耗费的人力等也大为下降，总的效益大为提高。

总之，以净化种猪群、净化后备种猪群、清除传染源、降低垂直传播的危险为主，结合制定科学合理的免疫程序，增强群体的免疫力，并对其他疫病积极进行协同防制，加强隔离消毒，逐步实现"全进全出"计划，以及改良环境、改善设施等一整套综合防制技术措施是行之有效的，容易推广。不管猪瘟污染多么严重，只需花1.5～2年时间，猪瘟便可得到净化，并受到有效的控制。这套猪瘟防制措施不受地理条件的影响，适用于全国各种规模的猪场。

猪繁殖与呼吸障碍综合征的防制

策划：杨汉春

猪繁殖与呼吸障碍综合征（又称猪蓝耳病）是由猪繁殖与呼吸障碍综合征病毒引起的猪的一种病毒性传染病，主要以妊娠母猪的繁殖障碍及各种年龄猪特别是仔猪的呼吸道疾病为特征。本病由国外传入我国，严重影响我国养猪业，主要传播途径为呼吸道，患病猪和带毒猪可向空气排毒，污染周围环境，如果消毒措施不到位，病毒可在猪舍内长期存在。气候骤变、猪只引进等往往成为引发本病的诱因。目前尚无特效治疗药物，因此，做好本病的预防十分必要。本期邀请有关专家共同讨论猪繁殖与呼吸障碍综合征的防制措施与净化。

猪繁殖与呼吸障碍综合征综述

杨汉春

（中国农业大学动物医学院，北京 100094）

猪繁殖与呼吸障碍综合征（porcine reproductive and respiratory syndrome, PRRS），又称"猪蓝耳病"，是由猪繁殖与呼吸障碍综合征病毒（PRRSV）所致的猪的一种病毒性传染病，以妊娠母猪的繁殖障碍及各种年龄猪特别是仔猪的呼吸道疾病为特征。自该病发生以来，给世界养猪业造成了巨大的经济损失，已成为全球规模化猪场的主要疫病之一。猪繁殖与呼吸障碍综合征的控制一直是养猪生产国家所面临的艰巨任务，即使在养猪业发达的美国及西欧国家，也是一大难题。我国于1995年底在华北地区首先暴发该病，之后的数年间规模化猪场经历了由该病引起的"流产风暴"，因繁殖障碍给我国的养猪生产造成了极大的经济损失。目前，该病的流行特点与表现形式已有所变化，但对养猪生产的危害仍是第一位的。

1 猪繁殖与呼吸障碍综合征的流行特点

我国规模化猪场经过PRRS的暴发性流行之后，近几年相对变得比较平稳，呈现以下流行特点。

（1）冬、春季节多发。无论是由PRRS所引起的繁殖障碍，还是呼吸道疾病，在冬、春季节流行和发生较为严重。

（2）PRRS阳性猪场的感染率很高、血清学阳性率很高、不同阶段的猪感染率高低不一。

（3）PRRSV可通过多种途径传播，但呼吸道仍是该病的主要感染途径。

（4）无临床症状而带毒猪只可传播本病，阴性场和新建猪场常常因引入带毒猪而导致本病的暴发和流行。

（5）PRRSV感染猪群在没有继发感染的情况下，饲养管理好的猪群一般不会表现出临床症状。

（6）PRRSV可垂直传播，感染公猪的精液常常带毒，可通过配种使母猪受到感染。

2 猪繁殖与呼吸障碍综合征的表现形式与危害

近几年来，PRRS相对比较平稳，危害程度大大下降，在管理水平高和环境与饲养条件好的猪场，几乎没有任何临床表现，危害较轻；但在一些阴性猪场或新引进阳性种猪的猪场以及饲养管理较差的猪场，仍时有暴发和流行。目前，PRRS主要有以下表现形式和危害。

2.1 以慢性、亚临床型为主

在PRRS阳性猪场，该病少有急性表现，而是以慢性、猪群的亚健康状态为主，但猪群的生产性能下降，表现为母猪发情障碍、滞后产现象增多，猪群生长缓慢，感染猪群难养、易"闹病"。

2.2 散发性的晚期流产

初产母猪易发生繁殖障碍，出现晚期流产（见图1），而感染猪群的经产母猪不时出现流产，且没有规律。

2.3 猪群的持续性感染、隐性感染、带毒

PRRSV 在猪群中的持续性感染十分常见，猪群的带毒时间很 1 长。从临床健康猪、发病猪血清和组织器官均可检测到 PRRSV，感染 PRRSV 的猪只可持续带毒，PRRSV 可在感染猪体内存在很长时间。PRRSV 带毒猪可向环境中排毒、污染猪舍造成其他猪只的感染。因此，PRRSV 可在猪场形成反复感染，很难从猪场彻底清除。

2.4 呼吸道疾病

PRRSV 感染是近年来我国猪呼吸道疾病突出的根本原因之一，是导致猪群发生呼吸道疾病的原发性感染病原体，在呼吸道疾病中起关键作用。

2.5 免疫抑制

PRRSV 对猪的全身免疫系统、呼吸道局部黏膜免疫系统的损害十分严重，特别是对肺泡巨噬细胞功能的损害。因此，PRRSV 感染猪群的免疫功能下降，常继发其他疾病（如附红细胞体病、链球菌病、沙门氏菌病等），也会影响其他疫苗（如猪瘟疫苗）的接种效果。

2.6 与其他病原的多重感染

PRRSV 常与猪肺炎支原体、猪圆环病毒 2 型、猪瘟病毒、猪伪狂犬病病毒、猪流感病毒等病原体呈多重感染现象，因此，在发病猪群，经常可检测到两种或多种病原体。

2.7 感染猪群易继发其他疾病

PRRSV 感染猪群，如果饲养管理不良，环境污染较重，加之一些应激因素，猪群很容易继发其他疾病，特别是与呼吸道疾病相关的一些细菌性疾病，如副猪嗜血杆菌病、链球菌病、附红细胞体病、巴氏杆菌病、沙门氏菌病、弓形虫病等。

2.8 感染公猪精液带毒

PRRSV 感染公猪的精子出现畸形，可通过受精传播 PRRSV。我们最近从一个猪场 36 份精液中检测出 18 份 PRRSV 阳性，由此说明在 PRRSV 感染猪场，公猪精液带毒是常见的。

2.9 PRRSV 流行毒株仅限于美洲型

众所周知，PRRSV 有两个血清型，即美

图 1 母猪流产

洲型和欧洲型。欧洲和美洲分离株毒株之间存在显著的抗原差异性。通过对我国分离毒株的基因组分析表明，目前在我国流行的毒株均属于美洲型，还没有发现和分离到欧洲型毒株。进一步的分子流行病学研究表明我国的流行毒株存在较为广泛的基因变异，可分为三个基因亚群。近年来在美国已发现类欧洲型的美洲型毒株，表明PRRSV极易发生重组。

3　猪繁殖与呼吸障碍综合征的防制策略

在PRRS的控制上，应充分认识该病的复杂性和潜在的危害。如果猪群饲养条件好、环境中没有其他病原存在，即使猪群感染PRRSV，也不会造成太大的损失。因此，对PRRS应采取综合防制对策。针对PRRS目前在我国规模化猪场的流行特点和危害，提出以下防制策略。

（1）PRRS阴性猪场应作好生物安全体系的建设，坚持自繁自养，防止PRRSV传入，引种时应严格执行检测与隔离制度，禁止引入阳性（包括抗体阳性、病毒阳性）的猪种。

（2）PRRS阳性猪场，应彻底实现养猪生产各阶段的全进全出。通过严格执行卫生消毒措施，一方面降低猪群PRRSV的感染率，另一方面可将猪场环境和猪舍内病原微生物的污染降低到最低限，以减轻或杜绝猪群的继发感染机会。

（3）加强猪群的饲养管理，精细养猪，减少应激因素。用好料，提高猪群的营养水平，提升PRRSV感染猪群的免疫力。

（4）最大限度地控制PRRSV感染猪群的继发感染。由于PRRS的危害更多的是体现在感染猪群的继发感染，因此，通过适当使用抗菌药物、实施猪群的保健计划，以控制猪群的细菌性继发感染是降低PRRS危害的有效措施。可在妊娠母猪产前和产后阶段、哺乳仔猪断奶前和断奶后、转群等阶段按预防量适当在饲料中添加一些抗菌药物（如泰妙菌素、氟苯尼考、阿莫西林、利高霉素、磺胺类、替米考星等），以防止猪群的细菌性（如肺炎支原体、副猪嗜血杆菌、链球菌、沙门氏菌、巴氏杆菌、附红细胞体等）继发感染。此外，在哺乳仔猪和保育猪，可用长效土霉素制剂和头孢噻呋进行保健。

（5）做好猪瘟、猪气喘病、猪伪狂犬病等的免疫控制。在PRRSV感染猪场，应尽最大努力把猪瘟控制好，否则会造成猪群的高死亡率；同时应竭力推行猪气喘病疫苗的免疫接种，以减轻猪肺炎支原体对肺脏的侵害，可提高猪肺脏对呼吸道病原体感染的抵抗力。

（6）科学使用PRRS弱毒活疫苗。目前，已有一家外国公司在我国注册了PRRS弱毒活疫苗。但不能盲目使用，必须在明确猪场存在PRRSV感染，摸清PRRSV感染的状况，明确PRRSV感染与猪场存在和发生的呼吸道疾病密切相关，明确猪场的繁殖障碍是由PRRSV感染引起的基础上，可以考虑使用。国内外已有经验表明，不能单纯指望靠现有的疫苗来完全控制PRRS。

猪繁殖与呼吸障碍综合征研究进展

冉智光　杨汉春

（中国农业大学动物医学院，北京　100094）

猪繁殖与呼吸障碍综合征（PRRS）是由猪繁殖与呼吸障碍综合征病毒引起的一种高度传染性疾病，又称"猪蓝耳病"。该病以怀孕母猪流产、早产、产死胎和木乃伊胎等繁殖障碍以及仔猪和育肥猪的呼吸道症状为特征。1987 年该病首发于美国，随后 2～3 年内迅速在北美和欧洲广泛流行，以后蔓延至亚太地区，造成世界范围的大流行，给世界养猪业造成巨大的经济损失，成为危害当今养猪业的主要疫病之一。

1 病原学

1991 年荷兰首先分离到 PRRSV，并命名为 Lelystad 病毒（LV），1992 年美国也分离到 VR2332 毒株。我国于 1995 年年底在华北地区规模化猪场首先暴发和流行，并从发病猪群分离和确认 PRRSV。PRRSV 为单股正链 RNA 病毒，国际病毒分类委员会（ICTV）第七次报告将其归于套式病毒目动脉炎病毒科动脉炎病毒属。PRRSV 的病毒粒子呈球形或卵圆形，直径约为 45～65nm，呈 20 面体对称，囊膜表面有较小纤突，在蔗糖中的浮密度为 1.14 g/mL，在氯化铯梯度中浮密度为 1.19 g/cm³。PRRSV 对外界环境的抵抗力相对较弱，对脂溶剂、热、低于 5 或高于 7 的 pH 值敏感。研究表明 PRRSV 的 MARC−145 细胞培养物能凝集禽类和哺乳动物的红细胞，而且病毒经吐温−80、乙醚处理后血凝价可提高 4～8 倍。

巨噬细胞是 PRRSV 的专嗜细胞。PRRSV 也可在单核细胞、神经胶质细胞、猪睾丸细胞以及传代细胞（MA−104、MARC−145、CL2621、HS.2H）中增殖，但病毒对 6～8 周龄仔猪的肺泡巨噬细胞（PAM）最为敏感。PRRSV 在这些细胞中增殖可产生 CPE，表现为细胞的圆缩、聚集脱落和迅速崩解。不同的毒株对各种细胞的敏感性不一样，欧洲型毒株对 PAMs 最为敏感，对传代细胞敏感性差，而美洲型毒株似乎可适应多种细胞，不同毒株在同一细胞系或不同毒株在相同的细胞系上的感染滴度也有差异。PRRSV 具有抗体依赖性增强作用（ADE），但不同分离株对 ADE 的敏感性不尽相同。

国内外的研究表明，PRRSV 抗原性差异较大，具有快速变异的特征，而且同型分离株之间的重组概率也较高。根据抗原性差异，可将 PRRSV 分为欧洲型和美洲型，前者主要流行于欧洲，后者主要流行于美洲和亚太地区，但近来在欧洲也分离到美洲型毒株，在北美分离到类欧洲型的美洲型毒株。我国目前的流行毒株仍属于美洲型。不同的PRRSV毒株对猪的致病力差异很大，而且PRRSV还可引起免疫抑制和持续性感染。

2 PRRSV的分子生物学

Meulenberg等（1997）首先完成了PRRSV LV的全基因组序列测定。之后，世界各地不同分离毒株相继完成测序。目前我国已完成4个PRRSV流行毒株的全基因组序列测定。序列分析表明PRRSV基因组RNA全长约15kb左右，5′端有帽子结构，3′端有poly(A)尾，含9个开放阅读框，即ORF1a、ORF1b、ORF2a、ORF2b、ORF3、ORF4、ORF5、ORF6和ORF7，多数相邻的ORF之间存在部分重叠区。ORF1占全长的80%，编码病毒的RNA聚合酶等非结构蛋白，其余编码结构蛋白，也有人认为ORF3编码非结构蛋白。基因组5′端和3′端还存在非编码区，5′端非编码区含有病毒基因组转录所需的引导序列。

根据PRRSV的基因序列，推测PRRSV的ORF1ab蛋白可水解产生13个非结构蛋白（Nsp1α-Nsp12），9个位于ORF1a，4个位于ORF1b。其中Nsp1a、Nsp1b、Nsp2及Nsp4具有水解活性，Nsp1α和Nsp1β已被证实可从1a和1ab多聚蛋白上自动切割下来，包含两个类木瓜蛋白酶的半胱氨酸蛋白酶区，Nsp2及Nsp4分别含有半胱氨酸蛋白酶区和丝氨酸蛋白酶区；ORF1b的四个非结构蛋白分别为依赖于RNA的RNA聚合酶（POL或Nsp9）、含金属结合区和核苷三磷酸结合区的螺旋酶基元（Nsp10或MBD）以及未知功能的Nsp11和Nsp12，已证实原核表达的Nsp10具有相应的生物学活性。迄今已发现7种PRRSV结构蛋白，分别是核衣壳蛋白(N)，非糖基化膜蛋白(M)，GP2a、GP3、GP4、GP5（E）4种糖基化囊膜蛋白以及新近发现的GP2b蛋白，但是对于GP3是不是结构蛋白还存在一定争论。GP5、N蛋白作为PRRSV的主要结构蛋白，在病毒的复制与增殖、致病与免疫机理、遗传变异等方面有重要作用，是一个研究热点。N蛋白具有很多抗原表位，是刺激机体最早产生抗体的蛋白，但这些抗体不具中和作用，在诊断和血清学调查上的价值很大；GP5是产生主要中和抗体的抗原，但其抗原表位不是病毒的免疫优势表位。此外，发现GP3和GP4也含有中和表位。

PRRSV的变异性很强。其中，GP5、Nsp2是PRRSV最易发生变异的结构蛋白，GP5的变异表现在氨基酸序列的变化、糖基化位点的缺失或修饰、氨基酸缺失等方面。我国已发现Nsp2的变异主要表现于氨基酸的缺失，已有缺失变异毒株存在。

近年来，PRRSV感染性克隆成为国内外的研究热点。1998年，Meulenberg等首先获得了LV株的感染性cDNA克隆，并将其作为病毒载体与N蛋白融合表达了人 A 型流感病毒 H A 蛋白的 9aa 表位，同时确认 P R R S V 3′端非编码区存在 7 核苷酸组成的高度保守的茎环结构，推测很可能在病毒的复制过程中发挥重要作用，证实 O R F 7 后不宜插入外源基因。后来的缺失突变研究表明 N 蛋白的 N 端不能缺失，C 端可忍受 6aa 的缺失，ORF7 终止子后的 3′－UTR 缺失 7nt 无影响，但缺失达 32nt 后即不能获得感染性病毒。在此基础上，对该感染性 cDNA 的 GP2a 的 2 个氨基酸进行置换突变、缺失 N 蛋白 C 端 6aa、将 M 蛋白的膜外区替换成 LDV 的相应部分，分别获得 3 株突变病毒，分别进行动物试验，结果表明前两株突变病毒免疫的猪可防止攻毒猪的病毒的传染，而最嵌合病毒免疫的猪可保护欧洲型强毒的攻击，但不能保护美洲型病毒的攻击。2003 年，V R－2332 的感染性克隆宣告成功。最近，另一个美洲型毒株的感染性克隆也获得成功，而且该恢复病毒是高致病性的，毒力强于亲本毒株。我国也已成功构建出 P R R S V 流行毒株感染性克隆，这将极大推动我国 P R R S V 的相关基础研究以及疫苗的研制。

3 免疫学

P R R S V 的免疫学特性和免疫抑制机理的研究受到国内外学者的关注。作为 P R R S V 感染的靶细胞的猪肺泡巨噬细胞是猪体内重要的免疫细胞，被感染后其在数量上大大减少，在非特异性杀菌能力和分泌细胞因子方面也发生相应的变化。早期的研究就表明 P R R S V 感染可导致猪肺泡巨噬细胞比例明显下降，从 95% 下降到 50%，分泌的白细胞介素－1（IL－1）和肿瘤坏死因子－α（TNF－α）等的水平升高。P R R S V 可抑制肺泡巨噬细胞的非特异性杀菌能力，巨噬细胞的功能也发生相应的变化，清除血源性颗粒能力减低。已有研究表明，P R R S V 感染早期可引起猪肺泡巨噬细胞和外周血单核细胞的凋亡，外周血中的 CD3+、CD4+、CD8+ 和 SLA－DR+ 细胞比例下降，淋巴细胞的增殖活性受到影响，IL－2 和 TNF－α 的分泌量提高。P R R S V 感染可导致猪瘟疫苗的体液免疫受到明显抑制，外周血淋巴细胞的 IL－4 和 IL－10 基因尤其是 IL－4 基因的转录受到严重抑制，猪肺泡巨噬细胞和外周血单核细胞表面 MHC Ⅰ（SLA－I）和 MHC Ⅱ（SLA－DR）类分子表达下调。国内外的资料表明 P R R S V 感染对猪肺泡巨噬细胞功能、细胞免疫和体液免疫均具有明显的影响，P R R S V 感染具有明显的免疫抑制作用。

4 诊断技术

PRRS 的诊断主要根据流行病学特点、临诊症状、剖检病变以及结合猪群的生产性能变化等作出初步诊断。进一步确诊，应采用病毒的分离鉴定、血清学试验和分子生物技术。

病毒分离可选流产胎儿脏器、发病死亡猪的肺脏等病料接种 PAM、MARC－145 等细胞，最好同时用几种细胞培养。病毒分离物可用间接免疫荧光、电镜观察等进行鉴定。

常用的血清学诊断方法主要有免疫过氧化物酶单层试验(IPMA)、间接免疫荧光试验(IFA)、间接酶联免疫吸附试验(ELISA)和血清中和试验(SN)等。血清学诊断操作容易，敏感性和特异性都较高。目前这4种方法主要用于检测PRRSV抗体，对PRRS的诊断具有重要意义。国内已建立基于基因工程表达的PRRSV重组N蛋白的ELISA技术，并开发出了试剂盒，可以用于PRRSV抗体的检测和血清学调查。此外，还建立了RT-PCR、核酸探针原位杂交技术，可直接从病料中检测PRRSV核酸。

5 疫苗

目前报道的疫苗有灭活疫苗、弱毒疫苗、亚单位疫苗、基因工程重组疫苗和核酸疫苗。国内外均已有商品化的灭活疫苗，但其免疫效果不确实，效力是一大问题。德国Boehringer Ingleheim公司的NOBL实验室于1995年生产出了PRRS的商品化减毒活疫苗，已在我国批准注册。尽管减毒活疫苗的免疫效力优于灭活疫苗，但其安全性仍受到关注。因此，在实际生产中，应科学使用，切忌盲目使用。与基因工程相关的其他疫苗仍处于研究与开发阶段，离实际应用还有一段距离。

6 防制

目前控制本病的关键是切断其传播途径。根本措施在于做好引种检疫工作、及时淘汰和清除持续感染猪只、加强猪群的饲养管理、做好猪场的环境卫生消毒和降低猪群PRRSV的感染率、控制细菌性继发感染。规模化种猪场可尝试采用早期断奶和异地饲养技术，通过阻止PRRSV的水平传播，构建PRRSV阴性种猪群。

我国规模化猪场猪蓝耳病流行病学调查

姚建聪　李美花　方树河　朱连德

（勃林格殷格翰动物保健有限公司，北京 100004）

　　猪的呼吸道疾病是每个养猪场，特别是集约化养猪场当前面临的最严重的问题之一。猪繁殖与呼吸障碍综合征病毒（PRRSV）是猪呼吸道疾病综合征（PRDC）的一个主要原发性病原。该病可以感染任何年龄的猪，造成免疫抑制，主要引起怀孕母猪的流产、早产和产死胎等综合繁殖障碍疾病，仔猪和育肥猪出现呼吸道综合症状，使猪场的各种疾病容易反复发生。PRRSV 病毒分为美洲型毒株和欧洲型毒株，很多学者研究表明，迄今为止，我国各地分离的毒株均为美洲型毒株。对于该病，很多学者在不同时间都做了一定范围内的流行病学调查，但是缺少全国性的数据，没有对这些数据进行统计和分析，找到不同地区和不同阶段猪群的流行状态。

　　本文对 2005 年 7 月至 2005 年 12 月这个阶段，来自 10 个养猪主产区 53 个规模化养猪场（母猪头数 600 头以上）PRRS 流行病学调查的数据进行了总结，获得了一些信息，以期为广大 PRRS 科研工作者和养猪从业人员提供一些参考。

1　材料和方法

　　选择不同养猪地区的规模化猪场。对母猪存栏 600～1 000 头的猪场，随机采集 50 份血清进行猪蓝耳病抗体检测。其中，后备母猪 5 份（2 份：进入母猪群 1 周或者 6 月龄；3 份：配种前 1～2 周或者 7.5 月龄）；母猪 15 份[3 份：妊娠 30～70d(胎次 1～3)，2 份：妊娠后 30～70d(胎次 4～6)；3 份：妊娠后 70～105d(胎次 1～3)，2 份：妊娠 70～105d（胎次 4～6）；3 份：分娩后 7～14d(胎次 1～3)，2 份：分娩后 7～14d(胎次 4～6)]；生产阶段猪血清 30 份（3～4 周仔猪血清 5 份，6～7 周仔猪的血清 5 份，10 周仔猪血清 5 份，12 周仔猪血清 5 份，16 周仔猪血清 5 份，20～22 周仔猪血清 5 份），共计 50 份。

　　对于母猪存栏大于 1 000 头的猪场，各阶段采样加倍。

　　检测方法：采用 IDEXX 公司蓝耳病抗体检测试剂盒对血清进行抗体检测。血清抗体 S/P 值大于 0.4 为阳性，小于 0.4 为阴性（操作方法见 IDEXX 公司 PRRS

抗体检测说明书）。

2 结果

共采集2635份血样，使用IDEXX公司PRRS抗体检测试剂盒进行抗体检测，检测结果表明，所有送检猪场都至少有一个样本呈PRRSV抗体阳性，猪场阳性率100%，样本阳性率76.85%（2025份）。山东样本阳性率40%，福建和湖北的样本阳性率在90%以上（见图1）。后备母猪共计采样239份，样本阳性率为88.70%；1～3胎母猪采样418份，样本的阳性率为82.54%；4～6胎母猪采样278份，样本阳性率78.06%。生产猪群从断奶到保育阳性率从56.62%降低到49.71%，以后逐渐上升（见图2）。

3 讨论和分析

后备母猪的来源有两种：引种和自繁，都是从生产猪群里筛选出来。很多研究都表明，后备母猪是猪场PRRSV感染的来源之一。该研究中，后备母猪样本阳性率为88.70%，1～3胎母猪样本阳性率82.54%，4～6胎母猪样本阳性率78.06%，阳性率呈现逐渐下降趋势，证实了后备母猪是母猪群的病毒来源。

生产猪群从断奶到保育阳性率从56.62%降低到49.71%，以后逐渐上升，在20～22周阳性率为88.31%。表明PRRSV通常在保育期发生感染，保育猪是PRRSV易感猪群，感染以后在育肥猪群PRRSV持续循环。在养猪生产中，呼吸道疾病多发生于保育中后期和育成育肥期，我们所熟悉的PRDC是多种病原因子共同作用的结果，其中，PRRSV是主要的原发性病原因子之一。

在2002年5月至2005年2月，李玉锋等对来自129家猪场的271份病料进行PCR检测，166份呈PRRSV阳性，85家猪场存在PRRSV，其中，在PRRSV阳性的患病猪群中，90%以上的病例表现呼吸或繁殖—呼吸症状。在该研究涉及的53个猪场中，都存在严重程度不同的呼吸道问题，部分猪场有繁殖问题。该研究结果表明，PRRSV在大多数猪场都存在，该病在我国猪场的流行规律提示在大多数猪场的繁殖和呼吸道疾病的发病中，PRRSV的感染发挥着一定的作用（图1、图2）。

我们又可以认识到，母猪群中PRRSV感染（不稳定）其实是猪群中PRRSV

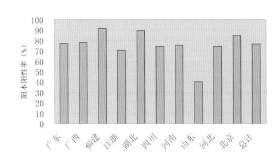

图1 我国不同养猪主产区PRRS抗体阳性率（%）

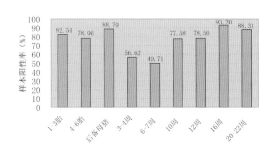

图2 不同生产阶段PRRS抗体阳性率（%）

持续循环感染的结果。该结果提示我们，如果在猪场采用多点式生产体系生产，把母猪／哺乳仔猪、保育猪群、育肥猪群分开饲养，配合生产管理和合理的ＰＲＲＳ控制措施，减少猪群的ＰＲＲＳＶ感染是完全可能的。

　　在该研究中，有5个猪场使用猪蓝耳病弱毒疫苗，2个场使用灭活疫苗。因为血清学诊断不能区分疫苗免疫抗体和野毒感染抗体，对野毒感染的判断造成了一定程度的干扰。但是，该流行趋势仍然可以为猪病诊断提供有价值的参考。

　　在以后的研究中，笔者希望可以为大家提供更多的研究信息，共同为控制ＰＲＲＳ感染作出努力。

猪蓝耳病与猪瘟混合感染的诊治

栾爽艳[1]　单虎[1]　王雷[1]　李洁[2]

（1.莱阳农学院动物科技学院，　山东 青岛 266109; 2.即墨市畜牧服务中心，山东 青岛 266200）

猪瘟(HC)、猪繁殖与呼吸障碍综合征(又称猪蓝耳病，PRRS)是目前严重危害我国养殖业发展的两大传染性疾病。2005年10月，山东省临沂市某规模化养猪场发生了一起以急性、热性、出血性和呼吸困难、腹泻为主要特征的病例，经剖检、病理组织学检查、血清学诊断，确诊为猪蓝耳病与猪瘟并发，现将诊治情况介绍如下：

1　发病情况

该场建场多年，一直实施公猪春秋两防，母猪配种前10d免疫，仔猪35～40日龄免疫一次猪瘟细胞苗(2头份／头)的猪瘟免疫程序。母猪定期免疫蓝耳病、细小病毒、伪狂犬病、乙脑等多种疫苗。但于2005年10月，20～30日龄的部分断奶仔猪出现喘气、腹部皮下出现大量蓝紫色出血点、腹泻、高热稽留达41℃等不良症状（此时仔猪尚未进行猪瘟免疫）。使用过氟苯尼考等抗生素药物及抗血吸虫药物等多种药物均无效，使用解热药物可见体温降低，但停用后体温再次升高。

2　临床表现

发病仔猪被毛粗乱，精神沉郁（见图1），喜卧，食欲减退甚至废绝，后肢乏力，站立不稳，体温高达41～42℃，病猪呼吸困难，腹部皮下有大量蓝紫色出血点，皮肤充血呈紫红色，个别猪耳尖、耳边缘、四肢、腹下及尾根处发绀，腹泻，病程3～6d，最后衰竭而死。

3　病理剖检变化

病猪喉头会厌软骨气管环有少量出血点，肺脏苍白，实质肉变。脾脏边缘有锯齿状出血点呈现樱桃红肿并有少量坏死灶。肾脏苍白，有大量大小不同的出血点。颌下淋巴结、肩前淋巴结充血、肠系膜淋巴结、肺门淋巴结等充血肿大，切面多汁且呈大理石样外观。胃肠道黏膜呈麸皮样溃疡，膀胱内膜有出血点。心脏内、外膜有出血点，心冠状沟有出血点。

图1　病仔猪精神沉郁

4　实验室诊断

4.1　细菌分离

无菌采取病死猪的心、肝、脾、肺、血液及淋巴结等病料，接种血液琼脂平板及肉汤培养液，在37℃恒温箱培养72h，未发现菌落生长。

4.2 血清学检验

猪瘟检测，用抗原酶联免疫吸附试验法，结果为阳性。猪蓝耳病检测采用ELESA法，按ELESA诊断试剂盒内使用说明书规定方法操作，检测结果为阳性。

4.3 诊断结果

根据发病情况、临床症状、病理变化及实验室诊断结果，确诊为猪PRRS和猪瘟混合感染。

5 防治措施

5.1 隔离病猪

猪场圈舍用5%烧碱进行全面消毒，每天2次；圈舍每周用百毒杀带猪消毒3次。

5.2 紧急接种猪瘟疫苗

对全场猪群进行超剂量紧急免疫，仔猪每头3头份，保育猪及肥猪每头5头份，种猪每头20头份剂量接种。

5.3 制取自家苗进行免疫注射

在没有PRRS疫苗的情况下，及时采取用该场典型病猪病料制作自家苗，接种种猪、仔猪及断奶猪的措施。

5.4 改善饲养条件、加强管理

加强消毒，完善防疫措施，严格隔离病猪和工作人员，并对病猪作无害化处理，其次，稳定预混料和饲料配方，严格控制饲料原料质量，保证饲料质量，加强对猪群的管理。

综合应用上述防治措施后，疫情得到明显遏制，半个月后无新病例出现。

6 小结与讨论

该猪场这次暴发猪蓝耳病并发猪瘟，引起仔猪大量发病，与该养猪场的饲养管理和环境因素密切相关。该场选购的猪苗、引进的种猪来自四面八方，各猪场选址不当、密度过大、间距不科学、消毒清洁不规范，遇到应激时易使潜在的病暴发。因此，有条件的养殖户应实行自繁自养、全进全出；选购的猪苗应来自清洁无病的猪场，每批猪进出前后，对猪舍都要进行严格清洗消毒，平时搞好卫生和定期消毒，防寒保暖，以增强猪的抵抗力。

猪瘟的漏防或免疫失败是猪发病的重要原因之一。猪发生蓝耳病后，机体抵抗力降低，并可引起免疫抑制，易继发猪瘟，本病例就是因为仔猪未进行猪瘟疫苗免疫而造成猪蓝耳病发生后继发猪瘟病毒感染的。

猪繁殖与呼吸障碍综合征的控制与净化

周绪斌　　赵亚荣

（北京大北农集团技术服务部，北京 100085）

猪繁殖与呼吸障碍综合征(PRRS)是世界范围内一种严重危害养猪业的传染病，也是目前我国规模化猪场的主要传染病，给我国养猪业造成了巨大的经济损失[1,2]。PRRS临床上表现为生产母猪的繁殖障碍以及各阶段猪的呼吸道症状。猪繁殖与呼吸障碍综合征病毒(PRRSV)的独特性增加了控制该病的困难。首先，PRRSV很容易发生变异，从而逃避免疫反应；第二，一个猪场可能存在两种或几种毒株同时感染；第三，PRRSV的免疫反应复杂而特异，有时病毒血症与循环抗体同时存在，而且PRRSV本身破坏免疫细胞，因而很容易在猪体形成持续性感染；第四，猪群感染PRRSV后，极容易继发其他低毒力病原的混合感染，形成各种疾病综合征，如呼吸系统疾病综合征(PRDC)，给养猪业造成非常严重的损失；第五，PRRSV传播能力非常强，有时即使在采取了非常严格的生物安全措施或生产手段后仍然发生感染；第六，非常遗憾的是到目前为止，还没有非常有效的疫苗和便利、廉价的监测方法用于临床。但是，如果听之任之，PRRS暴发及继发感染造成的损失有时会给猪场生产带来灾难性的后果。笔者通过ELISA监测国内部分规模化猪场，发现几乎所有猪场都呈血清学阳性，只不过阳性率存在差异。所以，在目前的形势下，规模化猪场尤其是种猪场有必要根据本场的实际情况，制定切实可行的控制策略，部分地理条件优越的种猪场，可以考虑PRRSV清除策略。以下介绍有关控制与清除PRRS的一些相关策略及其注意事项，希望对同行有所借鉴。

1 猪繁殖与呼吸障碍综合征的诊断

控制PRRS的第一步是准确的诊断。PRRS的确诊必须综合流行病学、猪场生产记录、临床症状以及实验室诊断结果。在此要特别强调实验室诊断，及时准确送样是非常重要的环节，当怀疑暴发PRRS时，检测仔猪样品往往结果更确实。而对于流产的样品，出现死胎和木乃伊胎的同窝弱仔是最合适的检测样品，死胎和木乃伊胎中病毒存活的时间很短。通常情况下，哺乳仔猪、断奶猪以及生长猪感染后4～6周内可从血清中分离到病毒，而种猪为1～2周，肺灌洗液检出病毒时间约4～6周。早期感染后，PRRSV可在各种组织中复制，后期则主要集中于淋巴结和扁桃体。由于PRRSV可以通过公猪精液传播，因此，对公猪的精液和血清进行PRRSV检测非常必要。

随着生物技术的发展，尤其是PCR(聚合酶链式反应)技术在兽医临床上的应用极大增强了检测的敏感性，虽然成本相对较高，但是与传统的病毒分离方法相比，PCR在临床上更为快速。PCR可以检测血清、组织与以及精液中的病毒核酸，如果进一步对PCR产物进行序列测定，则可以区分野毒和弱毒疫苗株。血清学方法中，ELISA已成为标准的检测方法，同时可以高通量检测大批样品。IDEXX ELISA试剂盒通过检测样品与阳性对照的比值来判定结果，S/P高于0.4判定为阳性，感染后9～14d可检测到血清阳转。需要注意的是，血清学检测结果仅仅表明猪群是否接触过PRRSV，并不代表是否具有保护力，而且现有的血清学方法无法区分血清阳转是由野毒感染还是疫苗接种引起。在进行血清学监测时，应包括母猪、新断奶仔猪、保育猪以及育肥猪，分群监测能了解特定猪群的感染或免疫状况。

2 疫苗免疫方案

研究表明，猪体清除PRRSV需要细胞免疫和体液免疫同时参与，因此弱毒疫苗的效果往往优于灭活苗，弱毒疫苗的保护期通常可达4个月以上，但弱毒苗可以在净化猪群中散毒，重新免疫后则不会散毒。因此应注重猪群的监测，以避免给感染猪群接种弱毒疫苗，不同猪场应根据监测结果制定自己的免疫程序，不可盲目跟从。

首个商业化疫苗于1994年在美国问世，该疫苗是通过细胞反复传代致弱培育的。随后又陆续有灭活疫苗及弱毒疫苗投入市场，部分商业化弱毒苗也在我国得到注册。目前，PRRSV疫苗，尤其是弱毒疫苗在国内外已得到广泛应用，同时养殖者和兽医技术人员对疫苗在田间及实验条件下的安全性和效力有了初步了解，但对疫苗的选择及使用还存在着非常大的争议。有一点可以肯定的是，PRRSV疫苗尤其是弱毒疫苗具有免疫保护作用，同时也存在不足，首先，PRRSV疫苗并不具备完全的保护力；其次，疫苗产生免疫反应需要较长时间；第三，PRRSV疫苗毒可以在免疫猪体组织中存在几周；最后，也是非常重要的一点，弱毒疫苗可以从注苗猪向易感猪传播。有专家认为，如果弱毒疫苗在猪群间传播并存在较长时间，弱毒疫苗毒力可能返强，因此PRRSV疫苗的安全性值得关注。

虽然灭活疫苗不存在病毒持续传播以及毒力返强的缺点，但其效力却值得怀疑。因此，弱毒疫苗仍将是主要防疫手段，在目前的形势下，我们需要考虑的是特定的猪场是否需要以及如何合理使用弱毒疫苗。当然，最稳妥的方法是对已经出现PRRS临床症状或受PRRSV威胁较大的猪群使用弱毒疫苗。但是值得注意的是，自从1994年在北美地区使用弱毒疫苗以来，关于注苗引发PRRS的报道并不多见。

如果某个猪场决定使用疫苗，需要根据猪群中是否已经存在或可能发生的临床症状决定使用方法。如果各个阶段的猪群都出现症状，那么全群都应同时注射疫苗。有报道表明，在暴发PRRS时全群使用疫苗可以非常有效地减缓PRRS临床症状。但是，PRRSV疫苗的确切效果应有田间条件下严格的对照实验来证明，目前国内这样的临床报告还不多见。通常情况下，某个猪群出现PRRS症状，如经产或后备母猪出现繁殖障碍或仔猪出现呼吸系统症状时，有必要考虑使用PRRSV疫苗。为防止PRRSV引起的繁殖障碍，需要对经产母猪和后备母猪在配种前注射疫苗，后备母猪通常注射2次，间隔1个月或稍长时间。部分猪场同时使用弱毒和灭活疫苗。有报道指出，交替使用两个或多个疫苗毒株可以增加抗体滴度，至于能否增强保护作用现在还不清楚。虽然有可能造成先天感染，有些猪场由于持续出现PRRSV感染引起临床症状，所以也应给怀孕母猪注射疫苗。

为防止PRRSV感染引起的呼吸道症状，应在仔猪可能暴露于强毒株前尽早注射疫苗以便产生足够的免疫力。需要注意的是，仔猪注射PRRSV疫苗后需要很长时间才能产生足够的保护力。因为PRRSV的特性决定其产生保护力非常缓慢。但是，弱毒疫苗对于潜伏感染PRRSV的仔猪的影响还不太清楚。PRRSV疫苗同样可以应用于公猪，弱毒疫苗可以非常有效地消除或降低公猪从精液排出野毒，但是，对预防公猪精液排毒的最佳疫苗剂量及注射途径目前还不清楚，而灭活苗的效果则要大打折扣。但有实验表明，弱毒疫苗会影响公猪精液的质量，并可能从精液排疫苗毒，因此应在疫苗使用一段时间后再使用精液。显而易见，目前的应用实践表明PRRSV疫苗，尤其是弱毒疫苗，是防制PRRS的有效工具，最起码可以减轻PRRSV感染引起的临床症状。但是需要指出的是，目前并没有一个放之四海皆准的疫苗使用策略，特定猪场应该根据生产周期、生产指标、临床症状和实验室诊断结果决定疫苗使用方案，应咨询相关兽医专家的意见。

3　猪群闭锁方案[3]

该方案是通过较长时间(4~8个月)封闭繁殖群，禁止引入后备猪，使PRRSV感染限制在已有种群内，通过常规淘汰方案清除带毒种猪。种群闭锁方案的缺点是长时间缺乏后备母猪并因而给种群的胎次分布带来负面影响。种群闭锁方案能否取得长期效益的关键在于能否控制PRRSV由持续感染猪传播给同群的易感种猪。在猪群闭锁方案中，禁止活体猪的引入，同时采取全群人工授精方案是控制PRRSV的重要策略。

4　后备母猪培育方案

在PRRS控制措施中，后备母猪的培育是非常重要的环节[4]。与细小病毒感染类似，直接引入阳性或者急性感染ＰＲＲＳＶ的后备猪到生产猪群往往会造成严重的后果，导致ＰＲＲＳＶ在猪群的持续传播。因此，猪场应建立后备猪培育计划，建立严格的生物安全措施，设立严格的检疫期和适应期，在后备猪进入生产线之前系统培育后备猪群。首先在断奶或体重２５ｋｇ时将所选后备猪饲养于特定的培育舍，通过免疫接种及适应方案使后备猪和现有猪群的健康状态保持平衡。部分猪场采用淘汰母猪或感染保育猪作为猪场特异毒株的来源，但往往成功率不高，在慢性感染猪群更是如此，因为野毒株往往不能形成活性感染。因此，在后备母猪培育计划中，最好使用疫苗，这样可以避免猪群中存在免疫空白后备猪。如果从场外引进ＰＲＲＳＶ阴性后备猪，在进入生产群之前自然接触猪场特异毒株的重要性更加突出。如果从ＰＲＲＳＶ阳性场引种，需要注意毒株来源不发生变化，另外急性感染猪不可直接进入生产群。一般来说，对于繁殖年龄的后备猪，实验感染ＰＲＲＳＶ持续时间不会超过３个月，因此，应该设立３个月的检疫隔离期，并采用全进全出的策略。生产猪群的稳定是控制ＰＲＲＳＶ的核心，稳定的生产群就是指猪群不存在母猪—母猪以及母猪—仔猪的ＰＲＲＳＶ传播。

5 保育猪清群方案

保育猪清群是防止ＰＲＲＳＶ从老龄猪传播给新断奶猪的一项非常经济有效的措施[51]。可以在很大程度上增加保育猪日增重，降低死亡率和治疗费用，极大提升猪场经济效益。需要指出的是，虽然保育猪适时清群效果明显，但是有报道在计划实施一段时间后仍然会发生ＰＲＲＳＶ感染。因此，有人认为保育猪清群的作用主要是针对一些条件致病病原，而不是针对ＰＲＲＳＶ。保育猪清群包括如下几个步骤：清空所有保育猪舍、清洗、消毒，并将猪舍放空至少２ｄ。由于ＰＲＲＳＶ在环境中的存活时间很短，因此空舍的时间不必太久，因而可以提高圈舍的利用率，并可以达到从保育猪群中清除ＰＲＲＳＶ的目的，消毒剂一般选用酚类或醛类化合物。清群策略同样可以适用于感染ＰＲＲＳＶ的育肥猪群。

6 PRRSV 检测与清除方案

由于ＰＲＲＳＶ可以造成垂直传播，并可以通过唾液、乳汁散毒，因此采取常规的分群饲养及早期断奶技术来生产非感染仔猪往往达不到目标。所有养殖业者和兽医人员必须清楚的是在控制与根除ＰＲＲＳＶ的环节中，生产无ＰＲＲＳＶ感染的断奶仔猪是最重要的环节与目标，因此，带毒种猪的检测至关重要，因为ＰＲＲＳＶ可以造成持续感染。研究发现持续感染猪在感染后２２５ｄ仍可检测到病毒核酸。但是ＰＲＲＳＶ并不能在猪体内终生存在，持续感染母猪使ＰＲＲＳＶ在猪场持续散毒。持续感染母猪往往在慢性感染猪群中存在，这些猪群通常为ＥＬＩＳＡ抗体阳性，但抗原往往存在于淋巴组织。在散发猪场，持续感染母猪的比例通常不高(＜２％)。试验感染研究显示带毒母猪可在感染后８６ｄ仍可检测到病毒并可以排毒。检测与清除是一种非常有效的策略，该策略是通过对整个繁殖群的系统监测，从而将带毒种猪清除，达到阻止PRRSV垂直传播目的[6]。国内部分猪场通过该方法已经成功净化了伪狂犬病和猪瘟。检测与清除策略是通过ELISA方法和PCR方法同时监测血清中PRRSV抗体和抗原，任何一种方法检测出阳性的种猪都及时清除。

1998—2002年，美国30个猪场，包括18个人工授精中心以及12个繁殖猪群采取检测与清除策略来净化PRRSV[7]，这些繁殖群平均母猪数1 500头，该方案首先对全群在1~2 d内采血样并监测，实验室同时采用IDEXX公司ELISA试剂以及Taqman PCR方法监测抗体和抗原，用于PCR检测的样品三份合并为一份，ELISA以及PCR只要有一种方法阳性，在得到检测结果后1~2 d内清除所有阳性种猪，在检测与清除计划结束后每个月抽样定期检测，抽样比例依据预测约5%的阳性率至少能检测到一例阳性。检测结果显示，在12个繁殖群血清阳性率平均10%（5%~15%），人工授精中心为15%（10%~20%），在所有30个养殖场中，清除的猪群在繁殖群为2%~12%，人工授精中心为10%~18%。清除猪群中大部分为ELISA阳性／PCR阴性（77%~85%），另外，ELISA和PCR双阳性5%~12%，ELISA阴性／PCR阳性者比例较低（2%~4.5%）。其中有一个繁殖场和一个人工授精中心在该方案实施两年后重新感染，但测序显示感染毒株与原毒株无关。这表明检测与清除策略对于血清阳性较低的种猪群根除PRRSV是一种非常有效的策略，但是费用相对较高，在国内检测成本应在120~150元／头，而且检测时间内采样工作量非常大。

对于地理条件优越、饲养场密度很低、隔离条件非常好的种猪场可以考虑根除PRRSV，而对于饲养密度较高、隔离条件欠佳的商品猪场，采用疫苗防疫是较为明智的选择，因为在目前的形势下，PRRSV阴性猪群对PRRSV的抵抗能力很脆弱，如果受到PRRSV威胁，会造成更严重的后果。目前的确有部分猪场在PRRSV感染的情况下，仍然具有一定的生产效益。因此，关于PRRSV的净化的确是仁者见仁、智者见智。

7 总结与展望

总之，关于PRRSV的致病机理、传播方式及防制方法，还有相当多的未知数。以上介绍了一些国内外控制PRRSV的策略，PRRSV致病的独特性决定净化该疾病将是一项长期而艰巨的任务，但是只要执行严格的疫病防制策略，控制PRRSV还是切实可行的。任何情况下，严格的生物安全措施都是控制PRRSV和其他猪群疫病的法宝，任何时候都应有这样的观念，现代化养猪的重点在防病而不是治病。采取切实可行的措施阻止人员、车辆、衣服、鞋子、注射针头等带毒传播，及时清除病猪并及时消毒，禁止老弱猪只与健康猪只混养，实行严格的全进全出策略，保持保育舍的通风良好，同时最重要的一点，必须加强对猪群的定期疫情监测，在每个猪群设立哨兵猪，通过实验室手段，及时了解特定猪群的免疫或感染状况，从而采取针对性的措施。

参考文献

[1] 宋凌云，文英会，崔保安，刘占通.猪繁殖与呼吸综合征在我国的流行动态[J].上海畜牧兽医通讯，2005,(2):4~45

[2] 姚龙涛.猪繁殖与呼吸综合征及其控制的几点建议[J].河北畜牧兽医,2005,21(6):14~16

[3] Dee S.Control and eradication of porcine repro ductive and respiratory syndrome[J].Compend Cont Educ Pract Vet.2000,(22):27~35

[4] Dee S A,Joo H, Pijoan C.Controlling the spread of PRRS virus in the breeding herd through manage ment of the gilt pool[J].Swine Health Prod.1994,(3):64~69

[5] Dee S A,Joo H S,Polson D D,Marsh W E.Evaluation of the effects of nursery depopulation of the profitability of 34 pig farms[J].Vet Rec,1997,140:498~500

[6] Dee S A,Molitor T W,Rossow K D.Epidemiological and diagnostic observations following the elimination of porcine reproductive and respiratory syndrome virus from a breeding herd of pigs by the test and removal protocol[J].Vet Rec.2000,146:211~213

[7] Dee S.ELIMINATION OF PRRSV BY TEST & REMOVAL:A SUMMARY OF 30 FARMS 4th International Symposium on Emerging and Re-emerging[J].Pig Diseases Rome 2003,(6):29~30

远离猪圆环病毒 2 型感染

策划：杨汉春

随着该病的不断出现，人们越来越注意到猪圆环病毒 2 型的危害性。它不仅是断奶仔猪多系统衰竭综合征的罪魁祸首，也是其他传染病的诱因之一。正是圆环病毒 2 型破坏了免疫系统，才加剧了诸如猪繁殖与呼吸障碍综合征、猪细小病毒病及其他病毒病的发生和流行，因此，有必要对该病进行全面的了解。

猪圆环病毒2型血清抗体调查

邬苏晓　肖正中

(广东韶关学院农业工程系，广东 韶关 512005)

猪圆环病毒2型（ＰＣＶ－２）是最近几年新发现的一种严重威胁养猪业的病毒。由于ＰＣＶ－２能够引起机体免疫抑制及混合感染和继发感染，无疑成了养猪业的一颗定时炸弹。目前该病毒已引起了世界许多国家兽医工作者的高度重视。

我国自２００１年以来，全国各地不断出现ＰＣＶ－２感染病例的报道。为了解本地猪场ＰＣＶ－２感染情况，笔者于２００４年５月份对广东某养猪场的猪群进行了ＰＣＶ－２血清抗体检测。

1　材料与方法

圆环病毒病酶联免疫诊断试剂盒：由武汉科前动物生物制品有限责任公司生产，批号：２００４０３１６；待检血清：自广东某养猪场猪群分离，共计１８０份。试验方法、试验结果判定方法按猪圆环病毒病酶联免疫诊断试剂盒说明书进行。

2　试验结果

本次试验所用血清样品按不同生长阶段猪群分离，其中保育猪４５头，后备母猪５５头，经产母猪４８头，生长育肥猪３２头。ＰＣＶ－２血清抗体检验结果如表１：

表１　猪圆环病毒2型血清抗体检验结果

项目	保育猪	后备母猪	经产母猪	生长育肥猪
检验数（头）	45	55	48	32
阳性数（头）	17	31	39	23
阳性率（%）	37.8	56.4	81.3	71.9
总阳性率（%）	61.1			

3　小结

（1）本次试验采用酶联免疫吸附试验（ＥＬＩＳＡ）检测广东某猪场血清１８０头份，总阳性率为６１.１％，其中保育猪阳性率为３７.８％，后备母猪阳性率为５６.４％，经产母猪阳性率为８１.３％，生长育肥猪阳性率为７１.９％，检测结果显示该场ＰＣＶ－２呈严重感染状态。

（2）本次检测血清样品按不同生长阶段猪群采集。从检测结果来看，该场ＰＣＶ－２阳性率按保育猪（３７.８％）、后备母猪（５６.４％）、经产母猪（８１.３％）依次增高，这基本上和国内外报道的ＰＣＶ－２血清抗体阳性率随猪群年龄增长而升高的结果一致（表 1 ）。

（3）本次检测生长育肥猪血清样品 32 份，PCV-2 阳性率高达 71.9%，这可能和此期该场生长育肥猪正流行皮炎与肾炎综合征有关。随后该场采集若干疑似皮炎与肾炎综合征的生长育肥猪血清样品送有关部门检测，表明 PCV-2 100% 阳性，符合本次试验检测结果。

4 讨论

（1）本次试验采用 ELISA 的方法进行，具有简便、准确、快速、结果判断不带主观性等优点，适用于猪场进行大规模免疫抗体监测和流行病学调查，但同时要注意 ELISA 试验的稳定性。

从试验结果比较，ELISA 试验结果基本上能反映出猪场血清抗体的情况，但 ELISA 试验的稳定性也会在一定程度上干扰试验结果，所以在实际操作的时候要注意不同批次的诊断试剂盒不得混用；从笔者所在实验室的检测经验来看，PCR 检测结果阳性率明显高于 ELISA 检测结果，这可能和该法过于敏感、特异而导致一些假阳性有关。鉴于目前国内养猪业 PCV-2 感染普遍，建议尽快建立简单、快速、敏感、稳定、适用于基层免疫抗体监测的 PCV 诊断试剂盒。

（2）自 1997 年有报道 PCV-2 与断奶仔猪多系统衰竭综合征(PMWS)有关以来，国内外陆续有 PCV-2 与猪呼吸道疾病综合征（PRDC）、猪皮炎与肾炎综合征（PNDS）、新生仔猪先天性震颤（CT）等多种疾病相关的报道。目前 PCV-2 已经被确认为是 PMWS 的病原，国内外很多研究也表明 PCV-2 与 PRRS 有着明显的相关性，该场后期 PRRSV 抗体检测阳性率较高似乎也证明了这一观点。

现在的问题是除 PMWS 以外，涉及 PCV-2 的猪病到底有多少，PCV-2 与其他病原体之间到底存在着怎样的关系，还未得到充分和确实的研究，但是从目前猪病临床表现的情况看，PCV-2 可能参与多种疾病综合征的发生。可以肯定的一点是，目前 PCV-2 已经给养猪生产带来了巨大的经济损失，所以应加强对该病致病机理的研究及增强人们对其生物安全性的认识，将有可能减少该病流行不断扩大的趋势。

（3）由于目前对 PCV-2 的发病机制还未完全搞清，还没有确实有效的疫苗可以使用，因此缺乏对 PCV-2 的特异性预防措施，国内外对 PCV-2 的防制主要还是采取综合防制措施。临床经验表明药物对 PCV-2 患猪无效，但有助于控制继发感染。自家苗的使用对控制该病有一定效果，但自家苗的制备及使用尚无标准，其生物安全性也有待进一步评价，所以建议猪场慎重使用。

猪圆环病毒2型引起的断奶后多系统衰竭综合征诊断方法标准

崔尚金

（中国农业科学院哈尔滨兽医研究所 疫病诊断与流行病学中心，黑龙江 哈尔滨 150001）

猪断奶后多系统衰竭综合征（PMWS）是一种由猪圆环病毒2型（porcine circovirus 2，PCV-2）引起的新病。猪圆环病毒(PCV)是1974年在猪肾传代细胞系 PK-15 中发现的一种污染病毒，该病毒不产生细胞病变效应（CPE），无致病性，命名为PCV-1；而后在猪断奶后多系统衰竭综合征(PMWS)中分离的猪圆环病毒，有致病性，命名为PCV-2。PMWS主要感染1～5月龄猪，发病率为4%～30%，致死率为70%～80%。断乳猪和生长猪临床表现为进行性消瘦、呼吸困难、皮肤苍白、黄疸、腹泻和体表淋巴结肿大。多种组织发生广泛的肉芽肿性炎症，如肉芽肿性淋巴结炎、间质性肺炎、肝炎、间质性肾炎和胰腺炎。病理组织学变化主要是淋巴细胞组织不同程度的衰竭萎缩，淋巴细胞减少。世界许多养猪国家都发生了本病，我国也有本病流行。PMWS严重影响猪的生长发育，但对其发病机理、传染源等问题还不完全清楚。本病没有有效的治疗方法，抗生素对PMWS患猪无效，但抗生素的使用和良好的饲养管理，有助于控制二重感染。目前还没有疫苗可供应用。

1 范围

本标准规定了猪断奶后多系统衰竭综合征（PMWS）的诊断方法。

本标准适用于猪断奶后多系统衰竭综合征的诊断。

2 诊断方法的种类和选用

确诊PMWS需要三个条件：存在相应的临床症状，特征性病理变化，从病灶

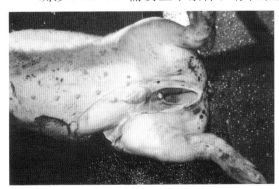
图1 腹股沟淋巴结肿大

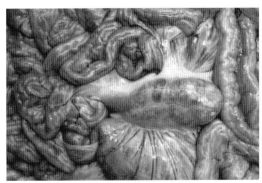
图2 肿大的肠系膜淋巴结

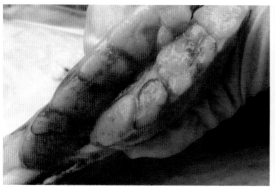

图3 淋巴结显著肿胀，皮质有出血

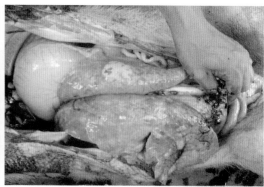

图4 肺肿胀、不塌陷，有隆起的橡皮状硬块

中检出ＰＣＶ－２病原。根据临床症状和病理变化只可作出初步诊断，确诊必须依靠实验室检查。目前已建立和应用的实验室诊断技术有病毒的分离与鉴定、聚合酶链式反应（ＰＣＲ）、间接免疫荧光试验（ＩＦＡ）、间接酶联免疫吸附试验（ＩＥＬＩＳＡ）、免疫组织化学试验（ＩＨＣ）等。病毒的分离与鉴定多用于急性病例的确诊和新疫区的确定。ＰＣＲ方法用于检测ＰＣＶ病毒的核酸，应用型特异性引物可对ＰＣＶ－１和ＰＣＶ－２定型。ＩＦＡ、ＩＥＬＩＳＡ方法主要用于检测ＰＣＶ病毒抗体。ＩＨＣ方法主要用于检测ＰＣＶ病毒抗原，并进行病毒的组织学定位。

本标准指定上述五种实验室诊断技术为我国生猪ＰＭＷＳ的诊断方法，保证了我国对ＰＭＷＳ的诊断与国外的一致性。在实际应用时，可根据需要和条件，从中选用１～２种方法即可。

3 临床症状和病理变化

3.1 临床症状

根据以下主要的临床症状可作出初步临床诊断：最常见的、也是确诊ＰＭＷＳ所必需的临床症状是衰竭和生长发育不良，进行性消瘦；其他症状如精神不振、食欲不佳、被毛粗乱、消化不良、肌肉衰弱无力、腹泻、皮肤苍白、黄疸，还有咳嗽、喷嚏、呼吸困难等呼吸系统症状。体表淋巴结，特别是腹股沟淋巴结肿大。其他不常见的症状有发热、嗜睡、胃溃疡、中枢神经紊乱、猝死。这些临床症状

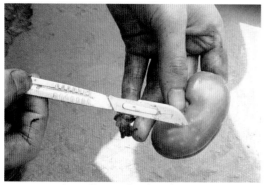

图5 肾脏被膜下有白色坏死灶

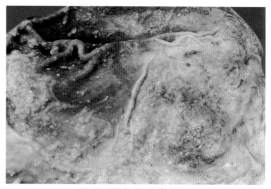

图6 胃部出现溃疡

不会同时在同一头猪上出现。发病猪场在一段时间内会出现大多数症状。一些临床症状由于继发感染或双重感染而恶化。

3.2 病理变化

3.2.1 剖检变化 最显著的病变是全身淋巴结，特别是腹股沟淋巴结（见图 1）、肠系膜淋巴结（见图 2），气管、支气管淋巴结及下颌淋巴结肿大到 2～5 倍（见图 3），有时可达 10 倍。在 PMWS 感染猪也观察到正常或萎缩的淋巴结。切面硬度增大，均匀的苍白色，集合淋巴小结也肿大。发生细菌感染，则淋巴结可见炎症和化脓病变，使病变复杂化。

肺肿胀、不塌陷，有散在、大而隆起的橡皮状硬块（见图 4）；严重的病例，肺泡出血；部分病例尖叶和心叶萎缩或固质化。

脾中度肿大，呈肉变。

半数病例肝脏无明显异常，其他病猪表现不同程度的虎斑状外观，并伴有轻度或中度萎缩；有的病例肝肿大。

肾脏水肿、苍白，被膜下有白色坏死灶（见图 5），盲肠和结肠黏膜充血或淤血。

许多 PMWS 感染猪有支气管肺炎和胃溃疡，但胃溃疡和 PCV-2 感染无直接关系，胃溃疡发生是多原因的（见图 6）。支气管肺炎与细菌感染有关，然而胃内病灶引起内出血，是导致部分 PMWS 猪死亡的原因，也是导致皮肤苍白的原因。

3.2.2 组织学变化 淋巴结的皮质及副皮质区显著扩张，有单核／巨噬细胞、组织细胞浸润，有时还散布着大量的多核巨细胞。淋巴细胞减少，淋巴结基质常增生或有嗜酸性粒细胞浸润。淋巴滤泡有由组织细胞、类上皮细胞、巨噬细胞、多核巨细胞、嗜酸性粒细胞、淋巴细胞集聚形成的肉芽肿。其他组织有广泛的淋巴细胞、单核细胞、组织细胞浸润。

4 病毒的分离与鉴定

4.1 材料准备

4.1.1 器材 25cm² （T25）细胞培养瓶、直径 15mm 盖玻片、55mm 圆形有盖平皿、微量移液器、恒温水浴箱、二氧化碳（CO_2）恒温箱、普通冰箱及低温冰箱、离心机及离心管、组织研磨器、孔径 0.2 μm 的微孔滤膜、普通光学显微镜。

4.1.2 试剂 RPMI 1640 营养液、犊牛血清、青霉素（10^5 μg/mL）与链毒素（10^5 μg/mL）溶液、氯仿、300mmol D（＋）氨基葡萄糖、Hanks 平衡盐溶液。

4.1.3 细胞培养物 无 PCV 污染的猪肾传代细胞 PK-15。

4.1.4 样品

（1）样品的采取和送检：在发病早期，无菌采取病猪的血清。对病死猪立即采取肺、扁桃体、淋巴结、脾、肾、肝等组织数小块，置冰瓶内立即送检。不能立即检查者，应放 -25～-30℃ 冰箱中，或加 50% 甘油生理盐水，4℃ 保存送检。

（2）样品处理：若样品经PCR检测为PCV阳性，按如下方法进行处理。血清可直接使用。肺、淋巴结、扁桃体、脾、肾、肝等组织混合，组织剪碎后研磨成糊状，加入含有10^5 ug/mL链霉素、10^5 μg/mL青霉素、两性霉素B 200 μg/mL的RPMI 1640营养液，制成10%（W/V）悬液，-20℃反复冻融3次或-70℃冻融1次，2 000g离心30min。吸取上清液，转移到新的离心管中，每1mL上清加入50 μL氯仿，室温下混合10min，1 000g离心10min。怀疑有细菌污染样品，也可用0.2 μm微孔滤膜过滤处理。取上清，注意避免吸出氯仿，分装，-70℃保存。

4.2 操作方法

4.2.1 接种样品

取2mL上清液加到18mL PK-15细胞悬液，细胞浓度达到$5×10^4$个/mL，培养液用含10%犊牛血清和1%双抗的RPMI1640。将12mL病毒细胞混合悬液分装到2个25cm²（T25）通气的细胞培养瓶中，每瓶6mL。6mL加入到装有直径15mm盖玻片的55mm圆形有盖平皿中，置于37℃ 5% CO₂培养箱。

4.2.2 细胞处理

接种后18~24h长成50%~60%单层细胞，倾去培养瓶中培养液，加入2~3mL预热的300mmol D（+）氨基葡萄糖，能覆盖细胞即可，放入37℃培养箱继续作用30min。去除氨基葡萄糖，以Hanks平衡盐溶液冲洗2~3次，加入含有2%血清的维持液，放回培养箱。

4.2.3

继续培养48h后，用间接免疫荧光法对平皿中的玻片培养物进行染色，以监控病毒生长。

4.2.4 重复感染

取1个T25瓶反复冻融3次。用胰酶消化另一个T25瓶内细胞，悬于21mL生长液，再加入第一瓶中的细胞悬液6mL，取15mL 接到一个75cm²（T75）瓶，6mL接到一个T25瓶，6mL接种到有盖玻片的平皿中。

4.2.5

72~96h后取平皿中玻片进行免疫荧光染色，观察病毒的生长情况。将T25瓶反复冻融3次，接种到T75瓶内，继续传代。取少量细胞悬液进行PCR的检测。

4.3 结果的判断和解释

在第一代培养时，若IFA检测为阴性应继续盲传，第三代培养IFA、PCR检测为阳性，则判定为PCV病毒分离阳性。

5 聚合酶链式反应（PCR）

5.1 材料准备

5.1.1 器材

微量移液器、吸头、离心机、研磨器、PCR仪、电泳仪、恒温水浴锅、恒温干燥箱等。

5.1.2 试剂

Tris饱和酚、氯仿、10% SDS、50 μg/mL 蛋白酶K、无水乙醇或异丙醇、3mol pH 5.2醋酸钠、75%乙醇；Taq DNA聚合酶、dNTP(2.5mmol/L)、10

×Buffer、灭菌去离子水、特异性引物、标准DNA分子量的Marker、上样缓冲液。

5.2 病毒DNA的提取

5.2.1 样品的处理 取发病猪脾、淋巴结、肝、肾等脏器剪碎加入适量生理盐水研磨制成组织匀浆，反复冻融3次，3 000g 离心20min，吸取上清用于提取DNA。发病猪的全血和血清可直接进行检测。

5.2.2 核酸提取

（1）取500 μL组织冻融上清、全血或血清；加入25 μL 10% SDS、5 μL蛋白酶K，振荡混合数次，置37～56℃水浴锅中2～3h，其间振荡混合几次。

（2）酚抽提：每管中加入200 μL酚，颠倒混合30s,12 000r/min 离心10min。吸出上层水相，转移到新管。

（3）颠倒混合30s,12 000r/min 离心10min。吸出上层水相，转移到新管，并作好标记。

（4）氯仿抽提：每管分别加入200 μL氯仿，颠倒混合30s,12 000r/min 离心10min。吸出上层水相，转移到新管，并作好标记。

（5）每管中加入2.5倍无水乙醇、1/10体积的3mol pH 5.2 NaAc（醋酸钠），混合数次，－20℃沉淀2h 或过夜。或每管中加入等体积的异丙醇、1/10体积的3mol pH 5.2 NaAc（醋酸钠），混合数次，室温下沉淀20～30min。

（6）13 000r/min 离心10～15min,倒掉管内液体，在滤纸上吸干，不要求完全干燥。

（7）每管中加入100～200 μL 70%的乙醇,12 000r/min 离心5min。倒掉管内液体，在滤纸上吸干，放入37℃温箱烘干。

（8）20～40 μL 灭菌水溶解沉淀，反复吹打沉淀，促进沉淀溶解。

5.2.3 PCR扩增 PCR反应液应在冰上配制，配液顺序：灭菌水、10×buffer、dNTP、引物、Taq酶、样品DNA。

（1）50 μL 的反应体系 Taq(5IU/μL):0.4～0.5 μL；10×buffer：5 μL；dNTP(2.5mmol, 4 μL；引物1（10pmol/μL）2 μL；引物2（10 pmol/μL）2 μL；灭菌水加到50 μL；模板DNA5 μL。

（2）PCV病毒特异性引物序列 能扩增PCV-1和PCV-2，扩增片段938 bp。P1：5'-GTCTTCTTCTGCGGTA ACGCTCCTTG-3',P2：5'-TAGGAGGCTTCTACAGCTGGGACAG-3'；PCV-2型特异性引物序列：扩增片段为490bp。P3：5'- ATTGTAGTCCTGGT CGTATATACTGT-3',P4：5'-CTCCCGCACCTTCGGA -3'。

（3）PCR的反应条件 95℃ 5min;94℃ 1min, 52℃ 1min, 72℃ 1min, 35个

循环；72℃ 10min.

　　（4）PCR电泳　取5μL PCR产物用1%琼脂糖凝胶进行电泳。

5.2.4　结果判定与解释　PCR产物用1%琼脂糖凝胶进行电泳，扩增出938bp和490bp的两条带为PCV-2阳性。只扩增出938bp一条带为PCV-1阳性。同时应设正常PK-15细胞DNA、水阴性对照，不能扩增出任何条带。PCV-1阳性DNA的阳性对照可扩增出938bp的一条带，PCV-2阳性DNA的阳性对照可扩增出938bp和490bp的两条带。

6　间接免疫荧光试验（IFA）

6.1　材料准备

6.1.1　器材　荧光显微镜、恒温箱、保湿盒、微量移液器等。

6.1.2　试剂

　　（1）IFA诊断板的制备：见附录。

　　（2）兔抗猪异硫氰酸荧光黄（FITC）结合物、标准阳性血清和标准阴性血清，由中国农业科学院哈尔滨兽医研究所疫病诊断与流行病学中心提供。

6.1.3　样品　采集被检猪血液，分离血清，血清必须新鲜、透明、不溶血、无污染，密装于灭菌小瓶内，4℃或-30℃冰箱保存或立即送检。试验前将被检血清统一编号，并用PBS液作20倍稀释。

6.2　操作方法

6.2.1　取IFA诊断板，编号，弃去板中的乙醇溶液，置超净工作台中风干，每孔加100μL PBS液洗一次，弃去PBS液并在吸水纸上轻轻拍干。

6.2.2　在编号对应的孔内加入20倍稀释的被检血清：同一排相邻的感染细胞孔2个及其后感染细胞孔1个，每孔100μL，同时做标准阴性血清、标准阳性血清及空白对照，空白对照是用PBS液代替血清。置37℃恒温箱中感作45min。

6.2.3　弃去板中血清，用PBS液洗板3次，每孔100μL，每次5min，最后在吸水纸上轻轻拍干。

6.2.4　每孔加入工作浓度的兔抗猪FITC结合物50μL，在37℃恒温箱中感作45min。

6.3　荧光显微镜检查及判定与解释

　　荧光显微镜采用蓝紫光（激发滤板通常用BG_{12}，吸收滤板用OG_1或GG_9），在5~10倍目镜下检查。标准阳性血清对照中感染细胞孔（P·V$^+$）应出现典型的特异性荧光，而未感染细胞孔（P·V$^-$）不应出现特异性荧光；标准阴性血清对照、空白对照中感染细胞孔（N·V$^+$）和未感染细胞孔（N·V$^-$）均不应出现特异性荧光；被检血清对照中未感染细胞孔（C·V$^-$）不应出现特异性荧光。被检血清样品感染细胞孔（N·V$^+$）出现特异性胞浆亮绿色荧光判为阳性；否则，判为阴性。

7 间接酶联免疫吸附试验（间接 ELISA）

7.1 材料准备

7.1.1 器材 96 孔平底微量反应板、微量移液器、酶标测定仪、恒温箱、保湿盒等。

7.1.2 试剂

（1）PCV 病毒抗原和正常细胞对照抗原，由中国农业科学院哈尔滨兽医研究所疫病诊断与流行病学中心提供。使用前，按说明书规定用抗原稀释液稀释至工作浓度。

（2）兔抗猪 IgG 辣根过氧化物酶结合物（简称酶标抗体）由中国农业科学院哈尔滨兽医研究所疫病诊断与流行病学中心提供。使用前按说明书规定用血清稀释液稀释至工作浓度。

（3）PCV 病毒标准阳性血清和标准阴性血清，由中国农业科学院哈尔滨兽医研究所疫病诊断与流行病学中心提供。使用前按说明书规定用血清稀释液稀释至工作浓度。

（4）抗原稀释液、血清稀释液、洗涤液、封闭液、底物溶液、终止液等，依照附录 A 自行配制。

7.1.3 样品 采集被检猪血液分离血清，血清必须新鲜、透明、不溶血、无污染，密装于灭菌小瓶内，4℃或－30℃冰箱保存或立即送检。试验前将被检血清统一编号，并用血清稀释液作 20 倍稀释。

7.2 操作方法

7.2.1 包被抗原 取 96 孔平底微量反应板，于奇数列加工作浓度的病毒抗原，偶数列加工作浓度的对照抗原，每孔 100 μL（见表 1），封板，置保湿盒内放 37℃恒温箱中感作 60min，再移置 4℃冰箱内过夜。

7.2.2 洗板 弃去板中包被液，加洗涤液洗板，每孔 300 μL，洗涤 3 次，每次 2min，在吸水纸上轻轻拍干。

7.2.3 封闭：每孔加入封闭液 100 μL，封板后置保温盒内 37℃恒温箱感作 2h。

7.2.4 洗涤 方法同 7.2.2。

7.2.5 加血清 反应板编号后，对号加入已作稀释的被检血清、标准阳性血清和标准阴性血清。每份血清各加 2 个病毒抗原孔和 2 个对照抗原孔，孔位相邻。每孔加样量均为 100 μL。封板，置保湿盒内于 37℃恒温箱中感作 15min。

7.2.6 洗板 方法同 7.2.2。

7.2.7 加酶标抗体 每孔加工作浓度的酶标抗体 100 μL，封板，放在保温盒内置 37℃恒温箱中感作 2h。

7.2.8 洗板 方法同 7.2.2。

表1   间接ELISA诊断板加样示意图

	1	2	3	4	5	6	7	8	9	10	11	12
A	P	P	S3	S3								
B	P	P	S3	S3								
C	N	N	S4	S4								
D	N	N	S4	S4								
E	S1	S1	S5	S5								
F	S1	S1	S5	S5								
G	S2	S2	S6	S6								
H	S2	S2	S6	S6								
	V	C	V	C	V	C		V	C	V	C	V	C

注：V－为PCV病毒抗原包被列；C－正常细胞抗原包被列；P－标准阳性血清对照孔；N－标准阴性血清对照孔；S1、S2、S3等被检血清编号。

7.2.9   加底物   每孔加入新配制的底物溶液100 μL，封板，在37℃恒温箱中感作30min。

7.2.10   加终止液   每孔添加终止液100 μL 终止反应。

7.3   光密度（OD）值测定与计算

7.3.1   OD 值测定   在酶标测定仪上用 λ=490nm 读取反应板各孔溶液的 OD 值，记入专用表格。

7.3.2   OD 值计算   按下式分别计算标准阳性血清、标准阴性血清和被检血清与 2 个平行抗原孔反应的 OD 值的平均值。标准阳性血清（P）与病毒抗原（V）反应的均值 $P \cdot V(OD_{490})$ 按式（1）计算。标准阳性血清（P）与对照抗原（C）反应的均值 $P \cdot C(OD_{490})$ 按式（2）计算。标准阴性血清（N）与病毒抗原（V）$V(OD_{490})$ 按式（3）计算。被检血清（S）与病毒抗原（V）反应的均值 $S \cdot V(OD_{490})$ 按式（4）计算。被检血清（S）与对照抗原（C）反应的均值 $S \cdot C(OD_{490})$ 按式（5）计算。

$$P \cdot V(OD_{490})=[A1\ (OD_{490})+B1\ (OD_{490})]/2 \quad\quad\quad (1)$$
$$P \cdot V(OD_{490})=[A2\ (OD_{490})+B2\ (OD_{490})]/2 \quad\quad\quad (2)$$
$$N \cdot V(OD_{490})=[C1\ (OD_{490})+D1\ (OD_{490})]/2 \quad\quad\quad (3)$$
$$S \cdot V(OD_{490})=[E1\ (OD_{490})+E1\ (OD_{490})]/2\ (以S1血清为例) \quad\quad (4)$$
$$S \cdot V(OD_{490})=[E1\ (OD_{490})+E1\ (OD_{490})]/2\ (以S1血清为例) \quad\quad (5)$$
$$S/P=[S \cdot V(OD_{490})-S \cdot C(OD_{490})]/[P \cdot V(OD_{490})-P \cdot C\ (OD_{490})] \quad\quad (6)$$

7.3.3   按式(6)计算被检血清 OD 值与标准阳性血清 OD 值的比值 S／P。

7.4   结果的判定与解释

7.4.1   有效性判定 $P \cdot V\ (OD_{490})$ 与 $N \cdot V(OD_{490})$ 的比值必须大于或等于 1.5 时，

才可进行结果判定。否则，本次试验无效。

7.4.2 判定标准与解释

①S/P 比值小于 0.4，判定为 PCV 病毒抗体阴性，记作间接 ELISA(−)。

②S/P 比值大于或等于 0.4，小于 1.5，判定为疑似，记作间接 ELISA(±)。

③S/P 比值大于或等于 1.5，判定为 PCV 病毒抗体阳性，记作间接 ELISA(+)。

间接 ELISA(+)者表明被检猪血清中含有 PCV 病毒抗体

8 免疫组织化学试验 (IHC)

8.1 材料准备

8.1.1 器材 光学显微镜、湿盒、磁力搅拌器、恒温箱等。

8.1.2 试剂

（1）PCV 病毒抗原和正常细胞对照抗原，由中国农业科学院哈尔滨兽医研究所疫病诊断与流行病学中心提供。使用前，按说明书规定用抗原稀释液稀释至工作浓度。

（2）兔抗猪 IgG 辣根过氧化物酶结合物（简称酶标抗体）由中国农业科学院哈尔滨兽医研究疫病诊断与流行病学中心所提供。使用前按说明书规定用血清稀释液稀释至工作浓度。

（3）PCV 病毒标准阳性血清和标准阴性血清，由中国农业科学院哈尔滨兽医研究所疫病诊断与流行病学中心提供。使用前说明书规定用血清稀释液稀释至工作浓度。

（4）PBS 缓冲液（pH7.2～7.4），0.5 mol/L EDTA 缓冲液（pH8.0），1mol/L 的 TBS 缓冲液（pH8.0），0.4% 胃蛋白酶液，3% 甲醇 −H_2O_2 溶液，封裱剂。TBS/PBS pH9.0～9.5。标准兔抗 PCV−2 特异性阳性血清，过氧化酶标记的羊抗兔二抗。抗原修复液：1mmol 的 EDTA 缓冲液（pH8.0），它适用于大多数需要抗原热修复的抗体。

（5）样品 无菌采集被检猪组织，组织应新鲜、无污染，采后立即放入 10% 甲醛溶液中，或立即保存于 −20℃。

8.2 操作方法

8.2.1 组织块按常规方法制成石蜡切片。

8.2.2 石蜡切片经二甲苯瞬间脱蜡即可。切片先后浸入 95% 乙醇、80% 乙醇、60% 乙醇、40% 乙醇水化。

8.2.3 浸入 PBS 洗 3 次，各 5min。

8.2.4 1%～3% H_2O_2（80% 甲醇配制）滴加在组织切片上，室温静置 10min。

8.2.5 PBS 洗 3 次，各 5min。

8.2.6 微波修复抗原 将片子放入装有抗原修复液的容器中，置微波炉加热至 95℃ 以上，并持续 10～15min，室温 20～30min 自然晾凉，使蛋白复性。

8.2.7 PBS 洗 3 次，各 5min。

8.2.8 滴加正常山羊血清封闭液,室温20min。甩去多余液体。

8.2.9 滴加工作浓度的标准阳性血清50 μL,同时设加PBS对照,室温静置1h或者4℃过夜或者37℃ 1h。4℃过夜后需在37℃复温45min。

8.2.10 PBS洗3次各5min;滴加工作浓度的二抗40~50 μL,室温静置,或37℃ 1h。

8.2.11 PBS洗3次,各5min。

8.2.12 新配制的DAB显色5~10min,在显微镜下掌握染色程度。

8.2.13 PBS冲洗5min,再蒸馏水冲洗。

8.2.14 苏木精复染1~2min,流水冲洗。

8.2.15 干燥后,无水酒精脱水5min,二甲苯透明5min,加拿大胶封片,镜检。

8.3 结果的判定与解释

若为PCV阳性,细胞浆内酶标抗体抗原复合物呈黄褐色,背景呈淡黄色或无色。PBS对照的切片呈淡黄色或无色,无黄褐色。

9 综合判定

当在临床上怀疑有PMWS感染时,确诊PMWS必须符合以下三个条件:有相应的临床症状,特征性病理变化,从病灶中检出PCV-2抗原或核酸。根据临床症状和病理变化只可做出初步诊断,猪群中普遍存在PCV-2的抗体,单一的抗体阳性不能确诊为阳性。确诊必须依靠实验室方法检测出病毒的抗原或核酸。可根据实际情况,由上述五种方法中选用一种或两种方法进行确诊。

（注：文中图6摘自宣长和等主编的《猪病诊断彩色图谱与防治》）

附录 试剂的配制

A1 300mmol D(+)氨基葡萄糖 用于病毒分离
用37℃预热蒸馏水溶解氨基葡萄糖,加入适当体积(10×)Hanks平衡盐溶液,0.22 μm孔过滤。

A2 10% SDS 用于核酸的提取
100g SDS 加水到1 000mL,加热到68℃助溶,浓盐酸调pH到7.2。

A3 3mol/L 乙酸钠(pH5.2) 用于核酸的提取
408.1g乙酸钠加水到1 000mL,用冰乙酸调pH到5.2,高压灭菌。

A4 PBS液(0.01 mol/L PBS, pH7.2) 用于IFA
氯化钠(NaCl)	8.5g
磷酸氢二钠($Na_2HPO_4 \cdot 12H_2O$)	2.5786g
磷酸二氢钠($NaH_2PO_4 \cdot 2H_2O$)	0.4368g
去离子水加至	1 000mL
保存于4℃备用。	

A5 封裱剂 用于IFA
甘油和0.5mmol/L碳酸盐缓冲液(pH9.0~9.5)等量混合。

A6 洗涤液(0.01 mol/L PBS-0.1% 吐温-20, pH7.4)用于间接ELISA,现用现配。
磷酸二氢钾(KH_2PO_4)	0.2g
磷酸氢二钠($Na_2HPO_4 \cdot 12H_2O$)	2.89g
氯化钠(NaCl)	8.0g

氯化钾（KCl）	0.2g
吐温-20	1mL
去离子水加至	1 000mL

A7　抗原稀释液（0.05mol/L 碳酸盐缓冲液，pH9.6）用于间接ELISA

碳酸钠（Na₂CO₃）	1.59g
碳酸氢钠（NaHCO₃）	2.93g
去离子水加至	1 000mL

4℃保存，一周内用完。

A8　血清稀释液　用于ELISA

为含1%犊牛血清的"A4"液。

A9　封闭液　用于间接ELISA

为含1%牛血清白蛋白或10%马血清的"A4"液。

A10　底物溶液　用于间接ELISA

A10.1　0.1mol/L 柠檬酸溶液

柠檬酸（$C_6H_8O_7$）	1.92g
加去离子水至	100mL

A10.2　0.2mol/L 磷酸氢二钠溶液

磷酸氢二钠（$Na_2HPO_4 \cdot 12H_2O$）	7.16g
加去离子水至	100mL

A10.3　底物溶液（OPD-H_2O_2）

0.2mol/L 柠檬酸溶液	2.43mL
0.2mol/L 磷酸氢二钠溶液	2.57mL
邻苯二胺（OPD）	4.0mg
30%过氧化氢（H_2O_2）	0.015mL
去离子水	5mL

充分混合后装于褐色玻璃瓶避光存放，现用现配。

A11　终止液　用于间接ELISA

2mol H_2SO_4

A12　PBS缓冲液（pH 7.2~7.4）用于IHC

磷酸二氢钾（KH_2PO_4）	0.2g
磷酸氢二钠（$Na_2HPO_4 \cdot 12H_2O$）	2.89g
氯化钠（NaCl）	8.0g
氯化钾（KCl）	0.2g

A13　内源性酶抑制剂　用于IHC

30% H_2O_2	1mL
1% NaN_3	1mL
0.015mol/L pH7.4 PBS	100mL

A14　0.05mol/L pH 7.6 Tris-HCl 缓冲液　用于IHC

0.2mol/L Tris	25mL
0.1mol/L HCl	38.9mL
加去离子水到	100mL

A15　显色液（DAB-H_2O_2）用于IHC

0.05mol/L pH 7.6 Tris-HCl 缓冲液	100mL
3,3-二胺基联苯胺盐酸盐	76mg
1% H_2O_2	0.5mL

B1　IFA诊断板的制备

用细胞分散液消化PK-15细胞，用细胞营养液稀释成5×10⁴细胞/mL，加入PCV标准毒，使其最终浓度为100TCID₅₀/25μL，加到96孔细胞培养板的1、2、4、5、7、8、10、11列各孔内，每孔100μL。在3、6、9、12列各孔内加入未感染病毒细胞悬液100μL。将该细胞培养板置37℃、5%二氧化碳培养箱中培养60~68h。弃去培养液，每孔加入丙酮100μL，将此细胞培养板置于-20℃或-70℃冰箱中备用。

猪圆环病毒2型感染的净化

杨亮宇[1]　白文顺[2]　夏春香[2]　陈学礼[3]

（1.云南省动物营养与饲料重点实验室，云南 昆明 650201；2.云南农业大学动物科学技术学院，
云南 昆明 650201；3 迪庆州科委生物研究所，云南 香格里拉 674400）

猪圆环病毒2型感染是由2型猪圆环病毒（PCV-2）引起的一种多系统功能障碍性疾病，该病与猪的多种疾病综合征有关，由其引起的疾病主要有仔猪断奶后多系统衰竭综合征、猪皮炎及肾病综合征（见图1、2）、母猪繁殖障碍、猪间质性肺炎、肠炎6种疾病。另外，它与猪繁殖与呼吸障碍综合征、猪细小病毒病、传染性先天性震颤也有关联[1]。病毒能侵害猪体免疫系统，导致猪体的免疫抑制及抵抗力下降，干扰和破坏猪对其他疫病免疫抗体的产生和维持，从而继发或并发其他疾病，给养猪业造成了巨大的经济损失。目前，PCV-2感染在我国分布广泛，应引起畜牧兽医工作者的高度重视。

1 国内猪圆环病毒病控制状况

猪圆环病毒2型感染病因较为复杂，经常是多种疫病混合感染的结果。目前还没有有效的疫苗可以用来预防PCV-2的感染。虽然国内外已研制出基因工程苗、亚单位疫苗，但因仔猪断奶后多系统衰竭综合征(PMWS)并非单独由PCV-2引起，其必须与PPV、PRRS等病原协同作用于免疫系统，才能引起猪发病，所以对PCV-2的感染预防很难奏效。因此，目前采取的主要对策是，加强饲养管理，降低饲养密度，良好的圈舍通风；减少环境应激；合理分群与混养；实行全进全出，避免将不同日龄的猪混群饲养，从而减少和降低猪群之间PCV-2及其

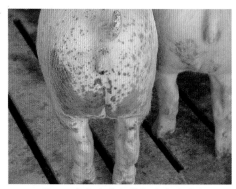

图1　病猪后肢和臀部的皮肤病变

图2　圆环病猪耳、四肢和腹部的皮肤病变

他病原的接触感染机会。建立完善的生物安全体系，将消毒卫生工作贯穿于养猪生产的各个环节，最大限度地降低猪场内污染的病原微生物，减少或杜绝猪群继发感染的几率。有效预防和控制其他感染性疾病，做好猪瘟、猪伪狂犬病、猪细小病毒病、猪气喘病等疫苗的免疫接种，提高猪群整体的免疫水平，减少呼吸道病原体的继发感染，增强肺脏对 PCV－2 的抵抗力[2]。对于早期发现疑似感染猪进行检查、隔离、淘汰。避免从疫区引进猪只，严格控制外来人员、车辆、货物进入猪场。同时避免其他动物接近猪场，对老鼠和飞鸟也要进行严格控制。

2 猪圆环病毒病的净化

猪是猪圆环病毒病的主要宿主，PCV－2 主要存在于猪的肺脏、淋巴结、肾脏及脾脏[3]中，尤其是肺脏及淋巴结中检出率较高，这是因为 PCV－2 严重侵害了断奶猪的免疫系统，导致患猪体况下降。有效的疫苗和良好的饲养管理对控制和净化猪圆环病毒病有很大帮助。

2.1 世界猪圆环病毒病净化情况

近年来，随着人们对猪圆环病毒病认识以及诊断技术的提高，其临床发病率有所降低，但还没真正控制住此病的流行。法国有一个成功用于其他传染病的"二十点计划"[4]现已被应用在了 PMWS 受害猪群之中，并已取得了一定程度的成功。PCV－2 在环境中极为稳定，所以对其感染的猪舍和有关的设施消毒就很不容易。另外，研究发现，母源抗体可保护仔猪免受 PCV－2 的侵害，这给开发母猪用灭活疫苗提供了理论基础。

2.2 国内规模化猪场猪圆环病毒 2 型感染的净化

我国对猪圆环病毒 2 型感染的研究相对较晚，对 PCV－2 的研究主要侧重在流行病学和诊断方面，而对其控制和净化研究较少。因此，现阶段尚无有效的措施来控制和消灭猪圆环病毒病，笔者认为加强饲养管理和建立完善的生物安全体系，检疫和淘汰抗体阳性猪，隔离可疑猪群，建立健全疾病监控体系，适时监测猪圆环病毒 2 型感染的发生和发展状况是控制本病的较好方法。

2.3 猪圆环病毒病净化必须解决的问题

成功地控制与净化猪圆环病毒病取决于以下三个条件，一是筛选出对 PCV－2 有效的疫苗，并建立科学的免疫程序；二是开发商品化的可鉴别疫苗诱导抗体和野毒诱导抗体的诊断试剂盒。三是开发对 PCV－2 有效的消毒药品，做好各方面的消毒工作，最大限度地控制病原的传入和蔓延。

2.4 我国应尽早启动根除计划

2.4.1 我国的养猪数量已跃居世界第一，与发达国家相比，除了有大型集约化养猪场和中小型猪场外，在广大农村还有许多难以统计的个体散养猪。作为养猪大国，根除猪圆环病毒 2 型感染不仅可为生猪出口扫平障碍，也可避免此病在猪群中流行造成经济损失。猪圆环病毒 2 型感染在我国不少地区的养猪场都有流行，且危害十分严重。因此，我们应该尽早在全国进行全面的血清学普查，为根除计划提供必要的依据。

2.4.2　在启动根除计划之前，必须有合适的疫苗和相应的检测方法。目前，有关预防猪圆环病毒 2 型感染的疫苗还处于试验阶段，也有些猪场在专家的指导下应用自家组织灭活苗对本猪场的猪进行免疫[5]，对预防猪圆环病毒 2 型感染效果良好，但对中小型猪场和散养户来说，这种方法成本较高，不利于推广。因此，对猪圆环病毒 2 型感染的净化需要安全高效的疫苗作保障，并辅以相应的检测和鉴别诊断手段。我们还应该抓紧研制适合我国国情的检测试剂盒，以便在基层推广应用。

2.4.3　根据我国的情况，要完全控制和净化此病还需要漫长的时间，在未找到确实有效的净化措施以前，对猪圆环病毒病以综合防制为主，具体防制措施如下。

（1）免疫预防　目前尚无针对 PCV-2 有效的商用疫苗，用相关的疫苗进行免疫可减少 PCV-2 的发病，首先做好猪瘟、猪伪狂犬病、猪细小病毒病、猪气喘病等疫苗的免疫接种，提高猪群整体的免疫水平。另外，可采取 PCV-2 典型病死猪具有明显病变的器官，制成自家灭活苗，于配种前和怀孕期注射，对预防 PCV-2 效果良好。

（2）实行全进全出制　全进全出有利于切断传播途径，最大可能地限制 PCV-2 在猪群之间传播。在全场不能实行全进全出制时，必须做到一个猪舍的全进全出，尤其分娩舍和保育舍是重点。

（3）加强饲养管理，减少应激　在生产实践中发现，本病与应激因素有密切关系。猪舍要清洁、卫生和保温，通风良好，改善空气质量：氨气＜10 mL/L，CO_2＜0.15%，相对湿度＜85%；降低饲养密度：饲养密度在断奶猪保持 0.33 m³/头，生长育肥猪＞0.75 m³/头。减少各种应激因素，创造一个良好的饲养环境；在换料、转群、气候突变和疫苗注射等应激因素作用下，容易诱发 PCV-2 发病或使发病猪群病情加重，在转群、换料时，应在料中使用抗应激的药物；气候突变时，猪只免疫功能减低，潜在的病原易滋生繁殖，因此要加强保暖和监护工作。注射疫苗时补充全价营养的日粮，可提高免疫水平，增强猪只抗病力。

（4）落实生物安全措施　引种时调查了解引种猪场疫情情况，最好事先采血化验，检测抗体水平，防止疫病传入。对刚引进的猪，至少观察隔离 30 d 以上，无异常表现时才能与本场猪混群饲养；定期灭鼠，一般每 2 个月用杀鼠迷、大隆和溴敌隆全场灭鼠一次；加强消毒工作，空圈舍消毒一般用高效价廉的复合醛制剂、烧碱和高锰酸钾进行，带猪消毒则应用刺激性小、效果好的消毒剂，如：Virkon-S、百菌消-30、菌毒灭、双季胺盐碘等；消毒时一定要先清扫、后消毒，并注意药物浓度、消毒时间、喷洒剂量和方式方法，要责任到人，落实到位。

（5）药物预防控制继发感染　妊娠母猪产前产后各 7 d，每吨饲料添加"加康"400g+阿莫西林 200g，或 80% 支原净 120g+15% 金霉素 3kg+强力霉素 150g。同时在饲料中添加适量的维生素和矿物质；哺乳仔猪出生后 1、5、15 及 25 日龄注射长效抗菌药物，如：土霉素、头孢噻呋及氟苯尼考等。断奶仔猪每吨饲料添加"加康"400g+阿莫西林 200g，或加入支原净 120g+15% 金霉素 2kg+强力霉素 150g，连续用 10～15d。

（6）发病时的防制措施　由猪圆环病毒 2 型感染引起的猪皮炎及肾病综合征（PDNS），局部治疗时可用 0.2% 高锰酸钾温水全身喷洒或药浴，亦可局部涂擦碘甘油或红霉素软膏，有继发感染或发热时，可肌肉注射黄金一号、大败毒和得米先、诺康等进行清热解毒；由猪圆环病毒 2 型感染引起的猪多系统衰竭综合征是对断奶猪危害性最大的疾病之一，死亡率可达 30%～50%，因此应引起足够重视，加强猪只的饲养管理，可用 0.6% 防蓝灵、0.01% 支原净或 0.03% 金霉素进行拌料饲喂，防止继发感染。防止水和电解质的失衡，可在饮水中加入口服补液盐或电解质多维。在料中加入 0.2%～0.5% 赖氨酸、3%～6% 乳清粉、0.03%～0.05% 复合维生素，可提高饲料的营养水平，增强病猪的抵抗力[6]。

参考文献

[1]　Allian G M，McNeiUy F，Meehan B M，et aL . Isolation and characterization of circoviruses from pigs with wasting symdromes in Spain，Denmark and Northen Irenland [J]. Vet Mircobiol，1999，66，115～123

[2]　李栋梁，赵景义，李秀敏.猪圆环病毒病的流行病学调查及综合防治措施[J].当代畜牧.2005（8）：11～13

[3]　曹胜波，陈焕春，肖少波等.猪圆环病毒Ⅱ型 PCR 检测方法的建立和应用[J].分析病毒学报.2002 18（2）：137～140

[4]　Norman Dun. Intra uterine:a step-up in AI efficiency[J].Pig Progress,2005(21):20～22

[5]　刘军，吴洪涛，李凤元.应用自家组织灭活苗防制猪圆环病毒病的报告[J].养猪.2006(1)：45

[6]　崔尚金.猪圆环病毒病流行病学特点、危害状况及防制策略[J].畜禽业.2005（8）:51～52

发生在保育舍的猪圆环病毒2型感染

周彦飞

（河南雄峰科技有限公司，河南 郑州 450016）

近年来保育阶段仔猪的健康成为养猪生产者最头痛的问题之一。其中以圆环病毒2型（PCV-2）为主要病原的混合感染性疾病越来越多，保育阶段仔猪死亡率达8%～40%，给猪场生产造成了较大的损失。

1 发病特点

PCV-2常导致猪场保育舍仔猪（仔猪28 d断奶）严重发病，发病时间主要在保育期间，即仔猪4～8周龄，个别猪也可延续至10周龄以后，冬季为本病的高发期，发病率为同批次仔猪的30%～50%。

PCV-2感染猪后，主要损伤机体的免疫器官系统，机体被病毒攻击后，免疫机能严重下降，其他病原会乘虚而入，引起交叉混合感染，发病后经常表现为多系统衰竭综合征，发病死亡率高达10%～50%。

2 病因

（1）种猪携带病原，向外界持续排毒，仔猪早期感染。

（2）保育仔猪的呼吸、消化、免疫三大系统发育尚未健全。

（3）应激因素，断奶、免疫、转群、补料等。

（4）高密度饲养，空气质量差。

（5）温度与湿度不适应。

（6）高强度连续生产，导致病原未能彻底清除，新老病原微生物混合污染栏舍。

图1 仔猪感染PCV-2消瘦、苍白

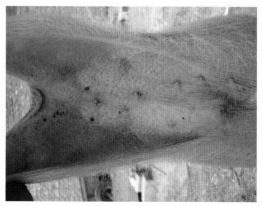

图2 仔猪感染PCV-2浅表淋巴结肿大

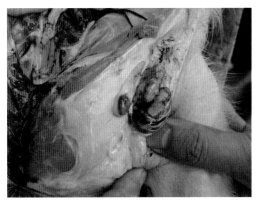

图3　仔猪感染 PCV-2 剖检淋巴结白色、较硬

图4　保育仔猪感染 PCV-2 肺脏病变

（7）仔猪断奶时潜伏感染其他病原，如蓝耳病、喘气病、胸膜肺炎等。

3　临床症状

（1）病猪表现发热、采食减少、压堆而卧。

（2）被毛粗乱、精神沉郁、厌食、发育不良。

（3）外观皮肤和可视黏膜苍白或黄染（图1）。

（4）呼吸困难、咳喘、有时可见下痢。

（5）腿部肘关节和膝关节肿胀。

（6）皮肤出血和坏死。

（7）抗生素治疗效果不佳。

（8）混合感染其他病原后死亡率较高。

（9）治愈后或耐过猪发育迟缓，变成僵猪，失去经济价值。

4　剖检症状

（1）全身淋巴结肿大，为正常的 4～6 倍，且较硬，切面肿胀（图2、图3）。

（2）心外膜炎症。

（3）浆液纤维素性多发性浆膜炎，胸腔与腹腔脏器黏连。

（4）肺脏膨大，质地硬如橡皮，间质变宽，表面有灰色或褐色的斑驳状外观（图4）。

（5）肝脏呈花斑状，不同程度的肝萎缩、苍白。

（6）肾脏前期肿大，可达正常的 5～8 倍，被膜下可见白色坏死点，后期萎缩。

（7）脾脏肿大，切面呈肉状，表面散在大小不等的褐色突变区，后期萎缩（图5）。

（8）部分病猪胃底部有充血或溃疡，盲肠黏膜、结肠黏膜充血或有坏死斑。

5　诊断

ＰＣＶ－2 感染后可引起猪的免疫抑制(称为："猪的艾滋病")，破坏免疫系统，使机体对其他病原更易感。在生产实践中，该病单独发生时，表现症状不明显，危

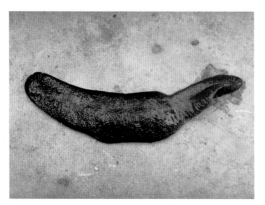

图 5 保育仔猪感染 PCV-2 脾脏肿大

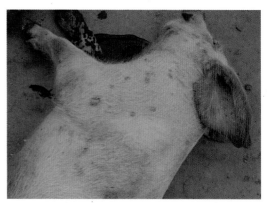

图 6 保育仔猪 PCV-2 与链球菌的混合感染

害一般较小。但常与其他病原联合作用，造成"混合感染"或"疾病综合征"（图6）。ＰＣＶ－２是重要的原发病原之一，即起着"导火索"的作用。

根据发病情况、临床症状、病理变化、实验室诊断、药物治疗诊断相结合做出诊断。

6 防制措施

药物治疗ＰＣＶ－２一般不会有明显效果。良好的饲养管理和环境控制，减少应激，保证仔猪的营养，提高仔猪的免疫力，增强保育仔猪抵抗能力，控制其他疾病（如蓝耳病、猪瘟、伪狂犬病、附红细胞体病等），预防继发感染是有效控制该病的必要措施。抓好哺乳仔猪的管理与保健，为保育仔猪健康生长发育打下良好基础，是降低ＰＣＶ－２发病的重要措施。

目前ＰＣＶ－２没有商品疫苗上市，无有效治疗方法，可采取下列综合措施。

6.1 实施严格的生物安全措施

（1）种猪引进后要隔离饲养与过渡。

（2）坚持产房、保育小单元全进全出的饲养方式。

（3）每批次进猪前彻底冲洗与空栏熏蒸消毒栏舍。

（4）合理分群与混养。

（5）搞好环境卫生。

表　建议仔猪的营养

体重 (kg)	消化能 (kJ/kg)	粗蛋白 (%)	赖氨酸 (%)	蛋氨酸＋胱 氨酸(%)	苏氨酸 (%)
5～10	15120	20	1.4	0.75	0.80
10～15	14700	19	1.3	0.65	0.70
15～25	13860	18	1.2	0.55	0.65

（6）落实带猪喷雾消毒制度。

6.2 提高营养水平

提供合理营养，增强仔猪机体抵抗力。目前与仔猪早期断奶（18～21d）相配套的乳仔猪全价饲料已经上市。

6.3 加强饲养管理

（1）强化细节管理。

（2）减少各种应激。

（3）做好圈舍通风，改善空气质量。

（4）控制温度、湿度，注意舍内外的温差。

（5）降低饲养密度。

（6）消灭场内的鼠类。

6.4 有效预防和控制其他感染性疾病

加强猪瘟、伪狂犬病、蓝耳病、副猪嗜血杆菌病、链球菌病等病的预防，在疫苗注射时，可选用"猪用转移因子"与疫苗同时使用，增强疫苗免疫效果，确保免疫质量。

6.5 自家组织苗的使用

经过临床实践，采集典型症状病猪的内脏（肺、淋巴、脾）到专业院校或科研机构实验室做自家灭活组织苗，免疫母猪和仔猪，防制以ＰＣＶ－２为主的混合感染，可取得良好的效果。但目前自家苗做法不一、用法不一，没有统一的规程，猪场应结合自身实际谨慎选用。

6.6 保育仔猪药物预防

保育仔猪转群前后各5d，应用对本场敏感的药物预防，控制细菌性病原体。下列药物方案供选择，拌料连续饲喂7～10d。

（1）每吨饲料中添加支原净125g（80%）＋强力霉素400g＋阿莫西林400g（70%）＋维生素Ｅ（50%）300g。

（2）每吨饲料中添加纽氟罗2kg＋磺胺二甲嘧啶800g＋维生素Ｃ 500g＋维生素Ｅ（50%）200g＋小苏打2kg。

（3）每吨饲料中添加利高霉素－44 1.5kg＋强力霉素400g＋TMP 120g＋维生素Ｅ（50%）300g。

6.7 哺乳仔猪药物保健

（1）仔猪出生后第3、12、21d分别肌注"复方914A"（或者用长效头孢噻呋钠、得米先）0.5、0.5、1.0mL。

（2）断奶前后各3d用"黄芪多糖粉500g/t＋水溶性阿莫西林400g/t"饮水。

猪圆环病毒 2 型感染与
猪瘟混合感染的诊治

王玉田[1] 李毅[2]

（1. 北京市兽医实验诊断所，北京 100101；2. 北京市密云县畜牧兽医总站，
北京 密云 101500）

2006 年 2 月北京市某规模化养殖场仔猪陆续发病，表现为精神不振、食欲减退、发热、气喘、腹泻、黄疸等症状。死亡日龄大多集中在出生后到 60 日龄，60 日龄以后的仔猪发病率逐渐减少。并且有母猪发病，母猪流产、死胎。所产出的仔猪消瘦，皮肤发白，生长缓慢，并且一直生长缓慢。成窝发生，有的每窝发病率达 100%，死亡率为 90%。经开展流行病学调查、病理学检验、实验室检测，综合判定为猪圆环病毒病与猪瘟混合感染。

1 临床症状

主要发生于 0～12 周龄的仔猪，食欲不振，精神委顿，伏卧嗜睡，后肢无力，生长缓慢。仔猪有呼吸道症状，腹泻，发育迟缓，体重减轻。有时出现皮肤苍白或黄疸。猪体温变化明显，迅速上升到 41～42℃，稽留不退。先便秘、后腹泻，以后交替发生，粪便中混有黏液或血丝。后期部分病猪有尿血、气喘等症状。急性结膜炎流出黏液或脓性分泌物，有些猪上、下眼睑黏在一起。拨开眼睛，结膜苍白，有贫血表现。在耳、四肢内侧、腹下有出血斑和出血点，指压不褪色。个别猪有神经症状：磨牙、痉挛、脚交叉、站立不稳。怀孕母猪流产、木乃伊胎、畸形胎、死胎，产出有震颤症状的弱仔猪，全身性出血，皮肤、黏膜充血和大小不等的出血点。淋巴结增生，有的触摸有鹅蛋大小。

2 病理变化

病猪全身性出血，皮肤、黏膜、实质器官都有充血和大小不等的出血点。全身淋巴结肿大，特别是腹股沟淋巴结、肠系膜淋巴结、气管支气管淋巴结及下颌淋巴结肿大到原来大小的 2～5 倍，有时可达到 10 倍以上。淋巴结切面硬度增大，呈均匀的苍白色，集合淋巴小结也发生肿大，切面有灰白色坏死点或出血斑点。在剖检中占 90% 淋巴结外观充血、肿胀，切面周边出血，呈红白相间的"大理石样"。脾脏不肿大，边缘发现楔状梗死区。肾皮质色泽变淡，有点状出血。膀胱黏膜表现不同程度的充血，黏膜上有针尖大小的出血点。肺脏淤血、肿大，有散

在、大而隆起橡皮状的硬块，出现黄褐色斑点散布于肺表面。严重的病例出现出血，部分病例尖叶和心叶萎缩或固质化。此病例占相当大比例。扁桃体出现梗死，随着细菌侵入发生化脓性炎症。肠道有不同程度的充血和出血，回盲瓣、回肠、结肠可见轮层状溃疡即"扣状肿"。公猪包皮积尿。

3 实验室检测

根据临床症状、流行病学特点、病理剖检变化，我们开展了猪瘟、圆环病毒 2 型感染、蓝耳病、伪狂犬病等实验室检测。

3.1 猪瘟免疫荧光抗体试验（HC-FA）

取有病变的肾脏组织块修切出 $1cm \times 1cm$ 的面，不经任何固定处理，直接冻贴于冰冻切片托上（组织块太小时，如活摘的扁桃体可用冰冻切片机专用的包埋剂或化学浆糊包埋），进行切片。切片厚度要求 $5 \sim 7\ \mu m$。将切片展贴于 $0.8 \sim 1mm$ 厚的洁净载玻片上。将切片置纯丙酮中固定 $15min$，取出立即放入 $0.01mol/L$、$pH7.2$ 的磷酸缓冲盐水中，轻轻漂洗 $3 \sim 4$ 次。取出，自然干燥后，尽快进行荧光抗体染色。将猪瘟荧光抗体滴加于切片表面，置湿盒内于 $37℃$ 作用 $30min$。取出后放入磷酸缓冲盐水中充分漂洗，再用 $0.5mol/L$、$pH9.0 \sim 9.5$ 碳酸盐缓冲甘油封固盖片（$0.17mm$ 厚）。染色后应尽快镜检。于荧光显微镜视野中，见扁桃体隐窝上皮细胞或肾曲小管上皮细胞浆内呈现明亮的黄绿色荧光，判为猪瘟病毒感染阳性。

3.2 圆环病毒 2 型-PCR 试验（PCV2-PCR）即圆环病毒多重聚合酶链式反应（PCR）检测

采用农业部兽医诊断中心的圆环病毒 PCR 检测试剂盒。取病变部位肺脏，淋巴结、肝脏，研磨碎后，经蛋白酶、RNA 酶等 $55℃$ 消化过夜后，提取病毒模板 DNA，进行多重 PCR 扩增，PCR 结束后，取 $15\ \mu L$ 反应产物于 $10g/L$ 的琼脂糖凝胶中电泳，在紫外透射仪中观察结果。结果显示，在对照试验成立条件下，圆环病毒（PCV-2 型）阳性。

3.3 蓝耳病-ELISA、伪狂犬病-ELISA 实验室检测结果均为阴性

4 综合判定

根据流行病学特点、临床症状、病理剖检变化，发现有猪瘟和圆环病毒病的特征，实验室检测猪瘟和圆环病毒呈阳性反应，其他检测呈阴性，综合以上因素，确诊此次疾病为猪瘟和圆环病毒混合感染发病。

5 分析总结

圆环病毒 2 型是猪断奶后多系统衰竭综合征（PMWS）的病原；破坏免疫系统，使蓝耳病、细小病毒病、猪瘟等病毒病更容易发生和流行。由于不是引种检疫项目，没有有效的疫苗和其他人为干预，PCV-2 感染普遍存在于世界各国、各个养猪地区，目前通过检测发现有的地区阳性率达 70% 以上。猪圆环病毒可以诱导淋

巴系统中 B 细胞凋亡，严重侵害猪的免疫系统，使猪只处于免疫抑制状态，引起猪断奶后多系统衰竭综合征，并诱发其他疫病感染。

猪瘟病毒可以直接损害猪的免疫器官如淋巴结、脾脏、胸腺。导致免疫细胞发生坏死，使病猪免疫系统遭到破坏，产生免疫障碍。病猪对疾病的抵抗力严重下降。同时猪瘟病毒也可直接导致病猪大批死亡。

北京市兽医实验诊断所对近年来猪病进行统计发现，目前猪瘟的发生率占全部猪病（802 例）的60%以上。圆环病毒阳性率也很高，检测44 次，阳性次数29次，检测阳性率占65.9%以上。其中圆环病毒、猪瘟病毒混合感染的有12 次，占圆环病毒阳性检出数的40%左右，说明目前圆环病毒2 型感染和猪瘟混合感染情况很广泛。许多猪群都处于猪瘟病毒和圆环病毒2 型亚临床感染状态，临床上不表现症状。只有在断奶、冷热应激因素作用下发病，并且危害巨大，有的全群仔猪死亡率达80%以上。

6　防控措施

猪圆环病毒2 型（PCV－2）及其相关的疾病已在全世界范围内发生与流行，国内有人调查猪群带毒率为40%～60%，单独存在情况下不发病。其他因素如病原体感染，环境因素、免疫刺激等都可以诱导发生。它属于一种免疫抑制性的疾病，可以降低猪的免疫应答能力，引起短暂的继发性免疫缺陷，使感染猪不能激发对其他病原体的有效免疫应答。圆环病毒2 型有其独特的致病作用，近期内不可能研制出有效的疫苗。所以近期控制其发生主要采取以下措施：1）采用各阶段猪全进全出的方式，减少不同群之间的感染。2）加强饲养管理，降低猪群的应激因素，特别是其他传染性疫病感染。3）提高猪群营养水平，增强抗病能力。4）做好其他疾病的疫苗和药物预防工作。

定期监测猪群猪瘟免疫抗体效价，对新生仔猪进行超前免疫，即仔猪出生后、哺乳前进行猪瘟疫苗免疫，注射疫苗后2～3h 进行哺乳。对发烧病猪进行猪瘟紧急接种，采用多头份多点注射。由于猪圆环病毒2 型感染是近几年来所发现的一种新型病毒病，还没有研制生产出相应的有效疫苗或治疗药物。目前主要以增强猪群的免疫力，增强猪群的抗病能力为主，防止发生其他病原的混合感染。调整猪群的营养水平，增加维生素、氨基酸、矿物质的水平，注射抗病毒的干扰素、黄芪多糖，可减少PCV－2 的感染几率。

有条件的猪场可以对种猪群进行猪瘟和圆环病毒2 型感染的病原学检测，对检测为阴性的猪进行单独隔离饲养，建立自己不携带猪瘟和圆环病毒病的健康猪群。此种方法需多次检疫净化，费用较大，但对以后健康生产意义深远，经济实力较充足的可以尝试。

猪圆环病毒2型致病机理及防控措施研究的回顾和展望

冷和平

（华南农业大学兽医学院，广东 广州 510642）

猪圆环病毒2型（PCV2）是当前猪场普遍存在，并且一直无法有效控制的一种疾病。2005年，孙圣福等应用ELISA方法对山东50个规模化猪场进行血清学检测，结果阳性率为82%，其中6个猪场阳性率100%；李鹏等应用PCR方法对河北部分规模化猪场和养猪专业户进行PCV2血清学调查，共检测400份血清，阳性率达77%[1]。

2006—2007年，席卷我国的"无名高热症"，PCV2很可能是一个重要病因，甚至是主要病因。何伟勇[2]等通过对不同地区"无名高热症"病猪病料进行病原分离培养、血清学检测或PCR等方法进行检测，认为"无名高热"的病原为多种病毒和细菌、寄生虫的混合感染或继发感染，常见病毒性感染包括猪轮状病毒（HRV）、猪繁殖与呼吸障碍综合征病毒（PRRSV）、猪流感病毒（SIV）、伪狂犬病毒（PRV）和PCV2。农业部种猪质量监督检测中心（广州）基因检测室检测15份病猪血清，结果PCV2阳性100%[3]。

1 病原学特征

PCV是迄今已知最小的病毒之一。直径17～20nm，呈20面体对称结构，沉降系数52S，CsCL浮密度1.37g/cm^3。该病毒不具血凝性，对环境抵抗力较强，56℃不能将其灭活，72℃能存活15～30min，可抵抗pH3.0的环境，原氯仿作用不失活，对苯酚、季胺类化合物、氢氧化钠和氧化剂等较敏感[4]。

病毒无囊膜，由衣壳蛋白和DNA基因组构成。基因组是一条共价结合形成的闭合环状单股负链DNA，全长1 767bp或1 768bp，分子量8×10^2u[5]。含有11个开放阅读框，ORF1-ORF11，大部分阅读框都有部分重叠，从而可以充分利用有限的遗传物质。ORF1和ORF2是其中最大的2个阅读框。ORF1位于正链上，负责编码病毒复制相关的蛋白（Rep）；ORF2位于负链，主要编码病毒的结构蛋白（Cap）[6]。

在所有PCV中，Rep均相对保守，PCV1与PCV2相比较，Rep蛋白氨基酸序

表　　国内专业期刊报道与PCV2混合感染病例统计

猪瘟	附红细胞体病	蓝耳病	链球菌病	副猪嗜血杆菌病	伪狂犬病	细小病毒感染	气喘病
17	13	12	11	7	6	5	1

列同源性达86%，这也是2种血清型PCV病毒产生抗原交叉反应的主要原因所在。Cap由病毒感染细胞后，在各种宿主酶的参与下产生，与病毒的免疫有关。Truong等利用免疫相关性B细胞表位，借助ELISA方法确定了Cap上的3个抗原表位，分别位于65-87aa,113-139aa和193-207aa处，这3处对于Cap蛋白是特异的，为建立特异检测PCV2的血清学方法奠定了基础[7]。

2　流行病学

PCV2可造成断奶仔猪多系统衰竭综合征(PMWS)、母猪繁殖障碍、断奶猪和育肥猪呼吸道疾病、猪皮炎与肾病综合征(PDNS)、幼龄仔猪的先天性震颤等疾病。猪群发病率可达50%以上，死亡率可能因发病率、猪场大小、管理方式和感染不同病毒株而有很大的差异，一般介于5%～70%之间。这其中，二次感染扮演极重要的角色[8]。

由于PCV2感染造成免疫抑制，使猪群抵抗能力下降，容易感染其他疾病[9]。其中，最容易继发感染发生的是副猪嗜血杆菌病，又被称为PCV2的影子病。临床上，相当一部分PCV2感染猪出现胸膜炎、心包炎、腹膜炎和关节炎。这些病变，不是猪PMWS的病理变化，而是副猪嗜血杆菌继发感染引起的多发性浆膜炎和关节炎[10]。

邓绍基[11]经过长年观察，发现该病以混合感染居多，一般至少混合感染2～3种病原，严重的4～6种。主要有HCV、PRRSV、SIV、胸膜肺炎放线杆菌、链球菌、副猪嗜血杆菌、巴氏杆菌、猪附红细胞体和猪弓形虫。从国内相关文献的统计来看，与PCV2混合感染报道得最多的是猪瘟，依次是附红细胞体病、蓝耳病、链球菌病、副猪嗜血杆菌病、伪狂犬病、细小病毒感染和气喘病（见表）。根据我们的临床体会，认为与PCV2相关性最强，并且目前正在对猪场造成重大损失的疾病，主要是副猪嗜血杆菌病、链球菌病、附红细胞体病和气喘病。

3　临床症状和病理变化

3.1　临床症状

PMWS主要发生于5～12周龄断奶仔猪，临床表现为慢性消瘦、皮肤苍白、呼吸困难、厌食、精神沉郁、被毛粗乱，出现以咳嗽、喷嚏、呼吸加快及以呼吸困难为特征的呼吸器官障碍，10%～20%猪皮肤和可视黏膜可见黄疸，猪群死亡率增加，有的还表现腹泻和中枢神经症状。PDNS主要发生在断奶后育肥猪，12～16周龄多发。全身或部分皮肤有炎性分泌物渗出，形成点状或斑状丘疹。严重者出现跛行、发热、厌食以及体重减轻[12]。

临床上，全身性淋巴结肿大，最具一致性，每头ＰＣＶ２感染猪都能观察到。以腹股沟淋巴结肿大最明显，严重者大如鸡卵。此外，我们在防治ＰＣＶ２的过程中，还观察到ＰＣＶ２感染猪特有的睡姿异常症状。这种症状从发病初期到后期都能观察到，病猪前后肢着地，顶住腹部，身体扭曲，头部垂地，精神极度萎靡，状极痛苦。这种异常的睡姿，估计与胃溃疡引起胃部疼痛有关(见图 1)[113]。

3.2 病理变化

特征性病变为淋巴结、肝、脾、扁桃体、胸腺、派氏结出现肉芽肿性炎症，巨噬细胞和多核巨细胞的胞浆中经常会出现大量具有多样性的嗜碱性或两性葡萄球状包涵体[114]。潘必星[115]蔡崇仁等，都曾观察到ＰＣＶ２感染猪胃溃疡病变。虽然有学者认为，消化道溃疡可能与ＰＣＶ２无关[116]，但根据我们观察认为，胃溃疡病变，是除淋巴结肿大外，ＰＣＶ２感染猪另一个最具一致性的病变。几乎１００％ 的ＰＣＶ２感染猪，都有这种病理变化 （见图 2）。这种病理变化，可能是ＰＣＶ２感染猪睡姿异常、经黄水、血便以及全身性皮肤苍白的直接原因。

肺部病变是ＰＣＶ２感染猪常见症状。但表现不一致，以间质性肺炎和增生性坏死性肺炎（ＰＮＰ）为主。支气管和细支气管区常出现很多病灶，并可扩展到开放的气管层，出现纤维素性支气管炎和细支气管肺炎，肺泡间隔淋巴细胞和浆细胞数量减少，单核细胞和巨噬细胞渗入，使肺泡间隔明显增厚，很多肺泡内含有大量坏死碎片充满肥大细胞，使肺泡粘连。

肾脏病理变化不常见，肉眼偶见"白斑肾"。间质性肾炎和肾盂炎，炎症周围出现纤维素性增生区。

ＰＣＶ２肠炎，是临床较易忽视，且常被误诊为增生性肠炎的一种病变。猪舍环境变化，气温骤变、下雨、雷暴，以致饲料中添加药物剂量的改变，都可能使腹泻骤然增多。药物控制有一定疗效，但停药 7~10d 左右，又重暴发。ＰＣＶ２复制造成的淋巴衰竭，是该病毒直接或间接病理作用的表现，这种组织学变化，可能对肠道抗菌防卫功能有危害作用，因而可能使猪容易继发细菌感染。ＰＣＶ２肠炎的确诊，必须符合三个标准：①腹泻；②在集合淋巴结中有特征性组织学病变，而在淋巴结中则无；③这些病变中存在ＰＣＶ２。三个标准中，任何单独一个都不具有诊断意义。腹泻以及肉芽肿性肠炎和结肠炎的存在、组织学病变中存在丰富的ＰＣＶ２　ＤＮＡ，这些现象，即为ＰＣＶ２肠炎的提示[17]。

4　致病机理

很多学者认为单纯的ＰＣＶ２感染并不致病。我国学者唐宁等做过有关ＰＣＶ２攻毒试验，6 头28 日龄健康猪，ＰＣＶ２、ＰＰＶ、ＰＲＶ、ＰＲＲＳＶ及ＪＦＶ均呈阴性的杜洛克－长自杂交猪，原鼻腔接种ＰＣＶ２病毒5mL，结果均复制不到典型的ＰＭＷＳ症状，仅有轻微的组织学病理变化[18]。２００７年５—６月，在珠海某猪场ＰＣＶ２流行期间，我们曾试图用典型ＰＣＶ２发病猪病料（主要是间质性肺炎肺脏）感染健康猪，复制典型病料制作自家组织苗。连续３批共１５头猪（每批５头），每头接种经组织破碎机破碎和生理盐水稀释的病猪典型间质性肺炎病料（每３００ｇ病料稀释到１０００ｍＬ）２０ｍＬ，均复制不到间质性肺炎病变。该试验第１批攻毒病料原阿奇星除菌（２０ｍＬ／１０００ｍＬ）和血虫净除附红细胞体（１ｇ／１０００ｍＬ）处理，攻毒猪无典型病变；第２和第３批的攻毒病料不经杀菌和除附红细胞体处理，直接用生理盐水稀释，先后经肌肉注射和滴鼻２种途径接种，仍然复制不到典型病变。

4.1 病毒在机体内的复制和增殖

ＰＣＶ２病毒在细胞静止和激活期不能复制，病毒ＤＮＡ复制需依靠细胞有丝分裂Ｓ期表达的蛋白。体内新细胞ＤＮＡ合成，是ＰＣＶ２合成的唯一条件，组织细胞的增殖提供了ＰＣＶ２复制及扩散的最佳条件。

ＰＣＶ２的这一病原学特征，可以很好地解释为什么ＰＣＶ２的直接致病力不强，以致很多学者认为ＰＣＶ２不直接致病。由于ＰＣＶ２病原复制需要严格的条件，如果被感染组织或器官细胞处于相对静止状态，细胞有丝分裂慢，不能为ＰＣＶ２大量复制提供Ｓ期表达的蛋白，因而ＰＣＶ２感染猪处于不发病状态。

但是，当外界应激因素存在时，机体免疫机能亢奋，免疫细胞有丝分裂加快，Ｓ期表达的大量蛋白，为ＰＣＶ２新ＤＮＡ合成提供了有利条件，足以使ＰＣＶ２直接致病，并可能对猪场造成巨大危害。

ＰＭＷＳ和ＰＤＮＳ，是ＰＣＶ２这一特征的典型体现。这两种症状，都可以归结为应激性疾病，ＰＭＷＳ源于仔猪断奶的持续性应激，ＰＤＮＳ则往往与突发性应激因素有关。在ＰＣＶ２感染严重的猪场，当气温突然升高，或头天晚上一场暴雨，经常都可以观察到次日ＰＤＮＳ骤然增多的现象。这种ＰＤＮＳ，与人医上的湿疹非常相似。两者都是突然发病，全身性皮疹（见图３）。据此推测：ＰＤＮＳ的发病机理，应类似于湿疹。湿疹属一种变态反应，源于应激状态下血液组胺浓度的升高。ＰＤＮＳ的发病条件，符合湿疹的发病条件——应激；同时，由于ＰＣＶ２对免疫器官的破坏，机体抗应激能力差，容易发生变态反应。只要我们能对ＰＤＮＳ患猪血液组胺浓度进行测定，就可以验证这一机理。

前面提到的ＰＣＶ２感染猪胃溃疡病变，可能也与ＰＣＶ２这一特征有关。由于ＰＣＶ２感染猪抗应激能力弱，对外界应激敏感。应激条件下，交感神经和肾上腺髓质兴奋，去甲肾上腺素和肾上腺素异常升高，胃肠分泌及蠕动紊乱，消化吸收功能障碍，从而导致胃溃疡。

多种因素影响ＰＣＶ２在机体内复制，包括：①病原性因素：ＰＲＲＳ、ＰＰＶ、ＭＨｙｏ、ＳＩＶ、ＡＰＰ、衣原体、链球菌、多杀性巴氏杆菌等病原体存在，都可以促进ＰＣＶ２在体内复制；②免疫佐剂：弗氏不完全佐剂，甚至其他佐剂(水包油、Ｃａｒｂｏｐｏｌ、氢氧化铝），都能使ＰＣＶ2在体内复制加快；③营养性因素：亚油酸能抑制圆环病毒在体内的增殖，维生素Ｅ不足可以导致ＰＣＶ2感染严重[19]。

4.2 病毒在体内的分布

Romeo[20]发现，在胎儿期，心肌、肝实质细胞和巨噬细胞存在ＰＣＶ2抗原。随着妊娠期的发展，感染白细胞数随之增加，其中，心肌细胞中病毒含量最高，说明心肌细胞是ＰＣＶ2的主要靶细胞，是其复制的主要场所。随着胚胎成熟，被感染的心肌细胞以及肝细胞逐渐减少。至产后，ＰＣＶ2主要分布于巨噬细胞中（包括心、肝、肺、脾、腹股沟淋巴结等组织）。

王忠田[21]等曾从河北某猪场断奶后发生ＰＭＷＳ典型症状，并确诊为ＰＭＷＳ的仔猪中，选取患猪 6 头剖杀，无菌采集心、肺、肝、肾、脾、淋巴结等组织样品作ＰＣＲ检验。结果心脏中的检出率为 2／6，肝脏检出率为 3／6，脾脏、淋巴结和肾脏检出率为 6／6，肺脏检出率为 5／6，据此认为ＰＣＶ2在脾、淋巴结和肾脏中最高，肺脏次之，心、肝中的含量较少。

4.3 免疫抑制

2001 年，Segales 等[22]首先发现：ＰＭＷＳ感染猪外周血液中单核细胞增加，Ｔ细胞(主要是 CD4+)和Ｂ细胞减少。2002 年，Darwich 等发现ＰＣＶ2感染猪的Ｂ细胞和Ｔ细胞(主要是 CD4+ 和 CD8+)数量比阴性对照猪显著降低，严重临床症状和病理变化的ＰＣＶ2感染猪Ｂ淋巴细胞和 CD8+T 细胞的数量明显低于症状和病变较轻者。ＰＭＷＳ猪与健康猪对比，ＰＭＷＳ猪细胞因子 mRNA 表达量改变，IL-10 mRNA 量上升；胸腺明显萎缩，且在淋巴组织中都观察到显微病变，表明ＰＭＷＳ猪Ｔ细胞免疫应答受损。2004 年，Darwich 等进一步发现，ＰＣＶ2阳性猪细胞的 IL28 产量明显下降，IFN-γ减少，说明ＰＣＶ2能损害 Th1 免疫应答[23]。这些结果均表明：ＰＣＶ2感染猪形成炎症反应能力受损和细胞因子合成下降，即ＰＣＶ2感染猪淋巴细胞和巨噬细胞激活途径存在缺陷。

临床上，ＰＣＶ2的免疫抑制，几乎每个ＰＣＶ2感染猪场都可以观察到。图 4 所示的 4 张图片，可以作为ＰＣＶ2感染猪免疫抑制的重要临床证据，该图形象地表明，ＰＣＶ2感染病猪免疫器官淋巴结和脾脏，已经遭到严重破坏，免疫功能低下甚至完全丧失，猪群一旦受到其他病原袭击，势必暴发性流行，一发而不可收拾。

5 疫苗及防制措施

Cap 蛋白，具有很好的免疫原性，用ＰＣＶ2实验感染猪，3 周后就可以在血清样品中检测到抗这个蛋白的抗体[24]。据此推测，ＰＣＶ2疫苗的研制，应不存在很大的障碍。但从 1997 年发现ＰＣＶ2病毒至今，足足 10 年时间，国际上几大著名疫苗生产厂家，到最近才开始向市场推广疫苗，而且对疫苗的临床免疫效果，仍然存在很大争议。

图1 圆环病毒感染猪睡姿异常的临床症状

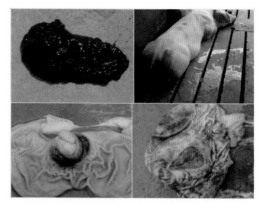

图2 PCV2感染消化道症状和胃部病变

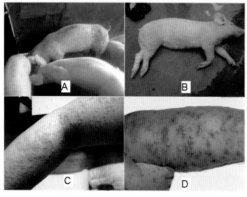

图3 猪PDNS与人湿疹症状比较
A，B 猪的PDNS；C，D 人的湿疹[35]

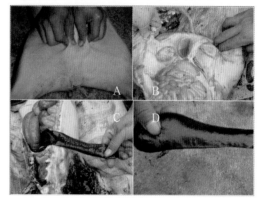

图4 PCV2寄生在免疫器官的临床证据
A，B 淋巴结肿大；C，D 脾脏肿大，变性

　　我国学者杨汉春曾于2004年预测：在近期内开发和研制有效ＰＣＶ２疫苗有很大的难度[25]。在国外，最早批准ＰＣＶ２疫苗使用的国家是加拿大。该国食品检验署曾于2006年2月向Merial（加拿大）颁发了疫苗进口许可，但研究证明，这些实验性疫苗的免疫效果非常有限[26]。

　　然而，美国猪兽医协会最近却宣称：ＰＣＶ２疫苗研究已经取得重大进展。加拿大77家猪场比较了母猪接种(Merial)疫苗获得的免疫效果，在接种疫苗半年后，猪群总体平均死亡率下降了7.4个百分点（由12.6%下降至5.2%）。在另一家1 300头母猪规模的猪场，将保育仔猪分成2组，试验组接种勃林格ＰＣＶ２疫苗，对照组接种不含疫苗的安抚剂。结果免疫组综合死亡率仅为2.4%，比对照组下降了7.1个百分点。美国利用富道ＰＣＶ２疫苗进行系列试验，6个试验场的平均死亡率，从接种前的7.7%下降到接种后的1.8%。加拿大魁北克省和安大略湖省进行了ＰＣＶ２疫苗（英特威）接种试验，参试的35 000余头仔猪，未免疫猪的总体死亡率为9.3%，免疫猪死亡率仅为2.1%[27]。

　　在国内，到目前为止，虽然一直没有正式的ＰＣＶ２疫苗可供使用，但养猪生产者早已在实践中总结出一套行之有效的方法，有效地预防和控制ＰＣＶ２。2006

－2007 年的"无名高热症"，之所以小型散养户发病多、损失大，而规模化猪场发病少，损失小，其中一个重要原因，就是很多规模化猪场都使用了自家组织苗。邓绍基通过观察和统计 8 个猪场发现：应用自家组织苗配合药物对"猪高热综合征"进行防治，8 个场健康猪、假定健康猪、发病猪共计 3334 头，有效 3044 头，有效率 91.3%。刘军等[28]经过观察一个暴发 PCV2 的猪场，假定健康的 800 头仔猪、215 头母猪和 1021 头育肥猪，在注射自家组织苗后，未再发生 PCV2 临床症状，全场猪生长良好。此外，周彦飞[29]、吴胜莲[30]、杨亮宇[31]等，相继报道了他们防治 PCV2 的经验。普遍认为，采取 PCV2 典型的病变器官制成自家灭活苗，对于预防 PCV2，效果良好。

自家组织苗预防 PCV2，已成为我国养猪业的一大趋势。然而，这种权宜之计，存在很大的局限性。自家组织苗的效果，完全取决于病变组织是否典型。通常地，自家组织苗应用一段时间后，由于发病猪数量不断减少，症状逐渐减轻，典型的病变组织越来越难找，免疫效果也就越来越差。现实中很多猪场的情况都是：病料典型时，生产可以好一段时间；病料不典型时，无可奈何，唯有等到下次 PCV2 重新暴发，出现典型病变为止[32]。为克服这种局限，2007 年 5－6 月，我们曾经尝试对临床疑似 PCV2 感染猪注射原气病疫苗，这种办法，在猪场自然发病猪典型病料消失后，能一定程度帮助猪场获得制苗的理想病料。最近，我们对这一方法进一步改进，对临床疑似 PCV2 感染猪肌肉注射弗氏半佐剂（每猪 4mL），发现获得典型间质性肺炎的机会比注射原气病疫苗更大，由 40%（2/5）提高到 55%（11/20）。

6 小结

总之，国内外学者虽然对 PCV2 做了大量研究，但到目前为止，在 PCV2 的致病机理及防控措施方面，很多问题仍没有完全搞清楚，有的问题业界尚存在很大争议，值得进一步探讨。

自家组织苗对 PCV2 具有较好的免疫效果这一事实，说明 PCV2 具有较好的免疫源性。据此推论：纯培养 PCV2 进行灭活，制作 PCV2 灭活苗，应该具有比自家组织苗更稳定的免疫效果。但实际的情况却是：国际上几大著名疫苗生产厂家通过这种方式研制的灭活苗，其免疫效果却一直存在很大争议。

如果生产进一步证实这些疫苗的免疫效果仍然有限，则 PCV2 的免疫，应存在其他影响因素。考虑到 PCV2 是目前已知的最小病毒，病毒粒子非常小，单纯的 PCV2 病毒粒子刺激机体产生的抗体，可能无法有效中和 PCV2 病毒。自家组织苗之所以比纯培养的 PCV2 疫苗更有效，可能因为自家组织苗含有某些 PCV2 与其他粒子以某种形式嵌合形成的嵌合体的灭活体，这些嵌合体的灭活体刺激机体产生的相应抗体，能有效地中和 PCV2，预防 PCV2 发病。

有学者曾经利用ＰＣＶ１和ＰＣＶ２嵌合成ＰＣＶ$_{1-2}$，成功地诱导产生了ＰＣＶ２的ＯＲＦ２抗体，并建议ＰＣＶ$_{1-2}$作为预防ＰＣＶ２疫苗候选株[33]。另有学者利用ＰＲＶ与ＰＣＶ２合成ＴＫ"/ｇＥ"/ｇＩ"/ＯＲＦ１－ＯＲＦ２＋疫苗，也曾成功地诱导产生了较强的ＰＣＶ２特异性淋巴细胞增殖反应[34]。这些学者的研究成果，为这种假设，提供了初步的依据。

参考文献

[1] 万遂如. 猪圆环病毒２型感染的综合防控技术[J]. 兽医导刊. 2007, 113(1): 20~21

[2] 何伟勇. 2006 年猪"无名高热"病因分析与防控策略[J]. 中国兽医杂志. 2007, 43(5): 76~77

[3] 邓仕伟, 汪勇, 薛春芳. 猪"无名高热"研究进展[J]. 兽医导刊. 2007, 114(2): 25~26

[4] Allan G M, Mackie D P, McNair J, Adair B M, Mcnulty M S. Production and preliminary, characterization and application of monoclonal antibodies to porcine circovirus[J]. Vet Immunol. Immunopathol. 1994, 43(4): 357~371

[5] Tischer I, Gelderblom H, Vettermann W, Koch M A. A small porcine virus with circular single-stranded DNA[J]. Nature, 1982, 295: 64~66

[6] Nawagitgul P, Morozow, Bolin S R, Harms P A, Sorden S D, Paul P S. Open Reading frame of poreine circovirus type 2 encodes a major capsid protein[J]. Gen Virol, 2001, 81: 2282~2287

[7] 郗鑫. 猪２型圆环病毒感染性分子克隆构建及其ORFI 基因的表达[D]. 武汉: 华中农业大学, 2004

[8] 蔡崇仁. 猪圆环病毒感染的症状与防制[J]. 广东饲料. 2005, 14(5): 21~22

[9] Sarli G, Mandrioli L, Laurenti M, Sidoli L, Cerati C, Rolla G, Marcato P S. Immunohisto-chemical characterisation of the lymph node reaction in pig post-weaning multisystemic wasting syndrome (PMWS) [J]. Vet Immunol Immunopathol. 2001. 83(1-2): 53~67

[10] Allan G M, Mc Neilly F, Meehan B M, Kennedy S, Mackie D P, Ellis J A, Clark EG. Isolation and characterisation of circoviruses from pigs with wasting syndromes in Spain, Denmark and Northern Ireland[J]. Veterinary Microbiology. 1999, 66: 115~123

[11] 邓绍基. 自家苗配合药物防治猪高热综合征[J]. 当代畜牧. 2006 (12): 18~19

[12] Chae C. A review of porcine circovirus 2 associated syndromesand diseases[J]. The Veterinary Journal, 2005, 169: 326~336

[13] 冷和平, 温育铭, 罗瑞国等. 一个猪场中猪散发性圆环病毒病的综合防治[J]. 养猪. 2007, 95 (6):59~62

[14] 尹业师, 黄伟坚, 陈琼等. 猪圆环病毒感染的病理组织学和致病机理研究进展[J]. 动物医学进展. 2006, 27(11): 18~21

[15] 潘必星. 猪圆环病毒与猪副嗜血杆菌病混合感染的诊治[J]. 南方养猪. 2007(6): 42~43

[16] 贾贝贝, 刘兴友, 刘长明. 猪圆病毒引发的断奶仔猪多系统衰竭综合征致病机理[J]. 动物医学进展. 2005, 26 (9): 21~26

[17] Junghyum K. Enteritis associated with porcine circovirus 2 in pigs[J]. The Canadian Journal of Veterinary Research. 2004, 68: 218~221

[18] 唐宁，吕艳丽，郭鑫等.仔猪人工感染猪圆环病毒 2 型后的病理学特征[J].中国曾医杂志. 2007，43(3)：41～43

[19] 王江辉，申玉军，姜红岩等.促进猪 II 型圆环病毒感染因素的研究进展[J].上海畜牧兽医通讯.2006(6)：6～8

[20] Romeo E, Sanchez J, Peter R, Meert S.Change of porcine circoviru 2 target cells in pigs during development from fetal to early postnatal life[J]. Veterinary Microbiology.2003， 95：15～25

[21] 王忠田，杨汉春.猪圆环病毒 2 型在患猪体内分布的初步研究[J].中国兽药杂志.2007，41(1)： 23～25

[22] Segales J, Alonso F, Rosell C, Pastor J, Chianini F, Campos E.Changes in peripheral blood leukocyte populations in pigs with natural postweaning multisystemic wasting syndrome [J]. Veterinary Immunology and Immunopathology.2001，81：37～44

[23] 邓博文，梁伟，黄志善，吴宏新.PCV-2 感染引起猪免疫抑制的作用机理及其防制[J].畜牧兽医科技信息.2007（01）：12～13

[24] 黄勇，王红宁，郑连军等.猪圆环病毒 II 型的分离鉴定及其 DNA 疫苗的初步研究[C].中国畜牧兽医学会家畜传染病学分会：302～305

[25] 杨汉春.猪免疫抑制性疾病的流行特点与控制对策[J].中国畜牧兽医.2004，31(5)：61～63

[26] 李胜兴.猪圆环病毒病的其它预防方法[J].猪与禽.2007，27(2)：42～44

[27] David B: Circouvirus Now for the Good News[J]. Pig international.2007(05)：15～17

[28] 刘军，吴洪涛，李凤元.应用自家组织灭活苗防制猪圆环病毒病的报告[J].养猪.2006(1)：45

[29] 周彦飞.发生在保育舍的猪圆环病毒 2 型感染[J].猪业科学.2006(07)：34～35

[30] 吴胜莲，何万兵.用自家苗防制猪皮炎肾炎综合征（PDNS）的效果实验[J].湖南畜牧兽医.2005 (1)：10～11

[31] 杨亮宇，白文顺，夏春香等.猪圆环病毒 2 型感染的净化[J].猪业科学.2006(07)：32～33

[32] 冷和平，温育铭，罗瑞国.自家组织苗的风险评价和制苗方法的改进[J].猪业科学.2007(03)：70～ 72

[33] 陈杨，徐志文，郭万柱等.猪圆环病毒 2 型的致病机理和疫苗研究进展[J].安徽农业科学. 2007，35(18)：5439～5441

[34] 琚春梅.猪 2 型圆环病毒 ELISA 诊断方法及猪 2 型圆环病毒-伪狂犬病病毒二价基因工程疫苗研究 [D].武汉:华中农业大学博士学位论文，2005

[35] 湿疹症状图片[EB/OL].兴卫医学知识网.2007-06-04

猪气喘病的净化

策划：杨汉春

　　猪气喘病是由猪支原体引起的一种传染病。临床特征以咳嗽、气喘、呼吸困难为主，死亡率虽然低，但感染率很高，感染猪发育迟缓，生产速度减慢，加上药费的增加，给猪场造成严重的经济损失，所以净化该病就成了养猪企业一直关心的问题。本期主题将重点向读者介绍一下猪气喘病的净化措施。

猪支原体肺炎的研究进展

辛九庆　王亮　李媛

（中国农业科学院哈尔滨兽医研究所，黑龙江 哈尔滨 150001）

猪支原体肺炎（MPS）又称猪气喘病，是由猪肺炎支原体(Mhp)引起猪的一种接触性呼吸系统传染病，在我国广泛存在，是造成养猪业经济损失最重要的疾病之一。本病由飞沫经呼吸道吸入而感染，一般为慢性经过。病的特征以咳嗽和气喘为主要临床表现，而体温和食欲无明显改变。病变部位主要在肺部，生前 X 射线和死后解剖检查，均可见心叶、中间叶和尖叶有融合性支气管肺炎变化。

长期以来人们对本病的认识是不清楚的，直至 1965 年 Mare、Switzer 和 Goodwin 等才证实本病的病原为肺炎支原体，并建议将本病定名为猪地方流行性肺炎或猪支原体肺炎。1973 年上海市畜牧兽医研究所首次报道了我国猪地方流行性肺炎的病原为支原体，是我国对本病研究上的重大突破。

随着对该病认识的不断深入，越来越多的新技术、新方法被应用到诊断技术、疫苗研制和防治措施的研究中，取得了可喜的进展。本文将对诊断和防制猪支原体肺炎等方面的最新进展作一简要介绍。

1　临床症状与病理变化

1.1　临床症状与表现

在自然条件下猪地方流行性肺炎的潜伏期为 10～16 d，但其他报道的潜伏期相差很大，短的为 5～7 d，最长可达 1 个月以上。猪地方流行性肺炎主要临床症状为慢性干咳。疾病的发展是渐进的，咳嗽持续几周甚至数月，但也有一些感染猪很少或不出现咳嗽，育肥猪咳嗽最严重。除非肺部出现大面积病变，特别是继发细菌感染，否则呼吸是正常的。由细菌继发感染和应激造成的死亡可在 4～6 月龄出现。发生继发感染的猪可能出现食欲不振，呼吸困难或气喘，咳嗽加重，体温升高及衰竭等症状。

病猪和携带病原的猪是本病的主要传染源，病猪和健康猪混群饲养，常引起本病的暴发。新疫区多是由于引进带病原的猪，未经严格检疫和隔离观察，就混进健康猪群，从而引起本病的暴发流行。老疫区带病原母猪起着最主要的传播作用，这类患病母猪，在一定时期内带病原，并向体外排出病原，感染其所产仔猪。仔猪对猪肺炎支原体的易感性较高，容易造成早期感染，但往往直到 6 周龄或更大时才能出现明显的症状。

症状消失但未完全康复的猪或用药物治疗但未完全治愈的猪体内仍然携带支原体，仍可传播本病。因此，本病一旦传入猪群，可连续发生，很难清除。

另外，许多病原体易与本病造成混合感染，如猪繁殖与呼吸障碍综合征病毒、猪流感病毒、圆猪环病毒、副猪嗜血杆菌及败血波氏杆菌等，增加了肺部疾病的复杂性和严重性，为准确诊断带来困难。

根据本病的病程和临床表现，症状大致可分为急性、慢性和隐性，而以慢性和隐性经过的居多。有关不同病程所表现出的临床症状在很多书中已有详细的描述，这里不再赘述。

X 射线检查法在临床诊断和培育健康猪群方面具有重要价值。以病猪一肺野的内侧区及心膈角区呈现不规则的云絮状渗出性阴影为特征。阴影密度中等，边缘模糊，根据不同病期表现为早期、严重期和消退期。

1.2 病理变化与特征

肺有紫红色到灰色的坚实区是 MPS 猪肉眼可见的变化。实际上病变总是发生在肺脏心叶、中间叶和尖叶的腹面，膈叶的前部。肺部肉眼病变类似于膨胀不全的肺，特别是在疾病的慢性阶段。切开病肺时感觉质地似肉状，但并不过分坚硬。病变部界限明显，呈实质变外观，淡灰色似胰脏颜色，呈胶样浸润半透明状态。切面湿润、平滑，肺泡界限不清，像嫩肉样，习惯上称"肉变"（见图 1、图 2）。病情加重时可见病变部颜色加深，呈淡紫红色、深紫色或灰白色、灰红色，半透明状态减轻，坚韧度增加，似胰脏组织，习惯上称胰变。

肺门和纵隔淋巴结肿大，呈灰白色、水肿，切面湿润稍外翻，边缘有时可见轻度充血。显微病理变化可见支气管周围及小血管周围有大量的淋巴样细胞浸润和滤泡样增生，形

图 1　患病猪的肺放入水中下沉（正常肺漂在水面上）　　图 2　肺部呈橡皮样

成管套。随着病情的发展，小支气管周围的肺泡扩大，泡腔内充满大量的炎性渗出物。渗出物呈浆液性，其中混有淋巴细胞和脱落的肺泡上皮细胞，并可见到多数小病灶融合成大片实变区。肺泡壁上的毛细管轻度充血。病灶周围的肺泡气肿，小支气管周围积聚大量淋巴样细胞，气管黏膜上皮增生、变厚，管腔内潴留数量不等的渗出物。小叶的间质增宽，有水肿及炎性细胞浸润。

上述关于 MPS 病变的描述是 MPS 特征性的病变但不是特异性的，因为在其他病原引起的肺炎中也可以看到相似的病变。

2   血清学诊断技术

比较有效的血清学诊断方法包括：间接血凝抑制试验（ＩＨＡ）、补体结合试验（ＣＦＴ）以及酶联免疫吸附试验（ＥＬＩＳＡ）等。另外还有凝集试验、乳胶凝集试验及间接免疫荧光试验等。

Bereiter 使用改进的吐温－20 处理猪肺炎支原体作为抗原建立了间接 ELISA 方法，降低了絮状支原体感染引起的交叉反应。在 ELISA 比较试验中，Wallgren 等发现用间接ＥＬＩＳＡ检测的结果出现的早，而且与其他支原体的交叉反应较少。在感染猪肺炎支原体后易感猪 3 周产生抗体并持续到５２周。利用这一特点，美国 IDEXX 公司开发了一种间接ＥＬＩＳＡ试剂盒并已商品化。另外 Feld.N.C 鉴定了一个特异的74ku 蛋白质，并制备出相应的单克隆抗体组装成单抗阻断 ELISA 试剂盒，丹麦ＤＡＫＯ公司已经将该试剂盒商品化。以上这两种试剂盒在国内都可以购买到，主要用于种猪群的监测和为制定净化措施提供依据。除此之外，Lepotier 使用一株针对40ku 蛋白质的单克隆抗体（4082－05－344－18）建立了阻断 ELISA 技术，实验证实该单抗不与絮状支原体和猪鼻支原体发生交叉反应，并且抗体检测时间比间接ＥＬＩＳＡ方法长，通过对 1 006 份野外来源的血清进行检测，发现该方法与间接ＥＬＩＳＡ方法有很好的一致性。Mhp 的 P46 蛋白、P97 蛋白、P65 蛋白都被认为有可能成为重组诊断抗原的候选，这几种蛋白基因的克隆和表达工作已经开展了若干年。

3   病原学诊断技术

3.1   病原分离

用液体培养基分离时，培养基是在细胞培养平衡盐类缓冲液中加入乳清蛋白水解物、酵母浸液和猪血清，在３７℃、含５％～１０％CO_2条件下培养，首先可观察到 pH 的改变，培养 2～5d，pH 从 7.6 降至 6.8，培养时间越长，pH 下降越多，是观察有无支原体生长的一种重要而又简便的方法。细心观察也可见到培养液有轻微的混浊，稍加振荡还可见到有少量沉淀。也可用牛心消化汤加乳清蛋白水解物培养基培养，最常用的培养基是 Friis 报道的。做固体培养时，可将适应液体培养基生长的培养物接种于琼脂培养基表面，培养条件需５％～１０％CO_2和潮湿空气，在经适当稀释后接种可见到单个存在的菌落，以便进行克隆纯化。由于猪肺炎支原体生长需求极为苛刻，在一般的培养基中很难生长，是动物支原体中较难培养的一种，而且生长缓慢，又常因猪鼻支原体的过度生长而被掩盖。虽然分离方法已经改进，许多实验室已经具备了分离这种支原体的能力，但在大多数情况下分离培养诊断法仍不可行。

3.2   分子诊断技术

利用聚合酶链式反应(ＰＣＲ)可以快速地对培养物、肺脏、鼻拭子、支气管洗液进行检查，取得令人满意的结果。

早期的PCR技术是基于16 SRNA基因，可以从支气管、肺脏以及自然感染的鼻拭子中扩增649bp大小的片段，经用猪肺支原体特异性探针Southern 检测证实该产物是特异的，但同时也发现该方法在检出病原存留时间上存在不足。在此基础上，Stemke发展了一种套式PCR技术，该方法可以检测到10^{-15}g的DNA，相当于1个支原体基因组。该方法用于屠宰场可疑肺脏的检测，可检测出30～1 000个支原体，具有相当好的敏感性和特异性。由于套式PCR在操作上相对复杂，Baumeister设计了一队特异性引物H1和H2用于扩增长度853 bp的片段，实验材料是猪气管灌洗液，使用QIAamp血液抽提试剂盒能够扩增出10^2 CFU的肺炎支原体，但用蛋白酶K法抽提猪气管灌洗液中DNA，则只能检测到10^5 CFU的肺炎支原体。该引物只针对猪肺炎支原体而对其他11种支原体和17种具有细胞壁定居于猪呼吸道的细菌都不能扩增出特异性片段。该方法对慢性肺炎中肺炎支原体检出率与免疫荧光试验相当，显示出该方法在体外检测猪肺炎支原体方面具有很好的敏感性和特异性。

Caron.J针对胞质基因P36和膜蛋白P46基因设计了两对引物，同样这两对引物也不能扩增猪呼吸道疾病相关的支原体、细菌和病毒的基因组。单独使用P36基因的引物对猪肺炎支原体人工感染猪肺脏的检出率为100%，而在62头健康猪中皆为阴性；单独使用P46基因引物敏感性为86.6%，特异性为96.7%，当同时使用两对引物时可以进一步提高反应的特异性。近几年，Christoph R针对Mhp的重复子(REP实验)和ABC转运基因（ABC实验）发展了两个实施PCR实验方法，对阴性猪显示出100%的特异性，但对阳性猪群，REP实验只能检测到50%的阳性猪，而ABC实验能检测出90%的猪，又为快速诊断MPS提供了一种有价值的手段。

虽然利用聚合酶链式反应(PCR)可以快速、特异的检测猪鼻腔拭子和气管支气管冲洗物，但样品处理好坏对结果影响很大。研究结果也显示样品来源部位直接影响PCR的检出率，目前比较理想的样品是气管洗液。

改进的直接和间接荧光抗体试验已被用于检测肺脏组织中的猪肺炎支原体，获得的阳性结果与其他方法得到的阳性结果有很好的相关性。荧光抗体技术似乎特别适合于急性期疾病的诊断，因为这时存在大量的支原体，主要存在于感染肺的支气管和细支气管套上。

4　环境控制与药物治疗

Switzerh和 Ross等对预防MPS早期的方法已做了综述。疾病的有效控制取决于提供一个理想的环境，包括空气质量、通风、温度及合适的饲养密度。在感染猪群中控制这种疾病的最有效的办法是尽量使用严格的全进全出的生产程序。

Clark建议在一个猪圈里年龄差异不要多于3周，使用繁殖方案改进猪群性能对减轻MPS的严重性，或完全消灭MPS至少减轻MPS的影响是部分相关的。

多年来人们已知道，感染MPS的老母猪携带猪肺炎支原体的可能性很小，利用这种控制疾病的自然有利条件设计了许多方案。利用血清学试验对血清阳性的老母猪进行检测，剔去阳性猪以建立无MPS，猪群已取得不同程度的成功。进一步探索用血清学检测和筛选的方法控制MPS，可以使用前面讨论过的吐温–20 ELISA方法。在用吐温–20 ELISA的检测工作中，Zimmermann等发现，实际上，检测初乳总比检测血清其阳性猪更多。

培育SPF猪的方案已广泛应用于控制MPS，虽然仍有暴发的问题，但是按照这种方法大量饲养或者从原代猪群培育第二代种群的生产者受益匪浅。跟踪检测无MPS应包括最敏感和最特异的试验，像ELISA，已用于亚临床猪肺炎支原体感染的检测。

Alexander等设计的药物治疗和早期断奶（MEW）的方案中，利用在母猪妊娠后期及分娩后立即加强药物治疗，来源于这些猪的新生仔猪无猪肺炎支原体，这样获得的猪无MPS，对5周龄到屠宰期的猪抽样检测表明无肺炎支原体或支气管败血波氏杆菌感染。Harris提出了类似方案（Isowean™），早期断奶并饲养在三个隔离的位置，以防止母猪将多种疾病，包括猪肺炎支原体传给仔猪。利用Isowean™方案饲养的猪，增重确实好于用传统方法饲养的猪。Zimmermann等报道了一种控制方法，即移走所有小猪和小母猪，留下的老龄母猪拌料饲喂泰妙菌素或土霉素／泰乐菌素／磺胺，结果17个瑞士猪场中16个消灭了猪肺炎支原体。利用临床观察，将后代与已知敏感猪在生长—育肥期时混群，检查屠宰猪肺脏和用吐温–20 ELISA检测奶和血清四种方法完成跟踪检测，以保证这种病原体不再进入猪场。

Dee报道了使用改进的MEW方法从两次猪群的处理中消除猪肺炎支原体。他报道的这种方法能够提高猪生长率，减少死亡率，降低每头断奶猪的药费开支和疫苗接种费用。Clark等也对MEW方法进行了评估，并指出这个措施似乎可以完全清除猪肺炎支原体及猪的一些其他重要的病原。Dritz等利用早期断奶隔离的措施，不用药物治疗，也获得了相似的结果。

在临床中使用的抗生素类药物如四环素、土霉素、卡那霉素、克林霉素、支原净、金霉素、强力霉素、林可霉素、泰妙菌素、喹诺酮类等对猪支原体肺炎均有较好的治疗效果。早期的试验结果表明，用四环素类抗生素治疗猪支原体肺炎至少能得到部分控制，但四环素不能阻止感染发生，停药后产生明显的病变。SDE PMD 296是一种新的截短侧耳素衍生物，表现出特殊的抗猪肺炎支原体活性，在治疗猪支原体肺炎方面很有效。

更新的喹诺酮抗菌药在体外有良好的抗猪肺炎支原体活性。已知至少有四种喹诺酮类药物——恩诺沙星、环丙沙星、诺氟沙星和氧氟沙星对本病的治疗是有效的。磺胺类药物虽然广泛用于控制与 MPS 有关的造成大部分紧急损失的细菌感染，但对猪肺炎支原体作用不大。青霉素、链霉素、红霉素对于治疗 MPS 无效。

5 免疫预防

MPS 康复猪可产生免疫保护力，已显示加入佐剂的全菌体猪肺炎支原体疫苗制品至少可以部分阻止人工诱导 MPS 产生的肉眼病变。目前在国内市场上出售的猪肺炎支原体疫苗有进口和国产的两种。进口疫苗是由美国辉瑞公司生产的全菌体灭活疫苗，商品名叫做瑞倍适（RespiSure）；另外还有德国勃林格殷格翰公司生产的猪气喘病疫苗。国产疫苗采用胸腔注射，免疫效果较好，但由于注射方式的原因容易引起不良反应，因此在应用范围上受到限制。目前正在计划改进抗原生产方式，减少不良反应。

由于 Mhp 培养比较困难，培养基成本高，造成培养时间长，培养物滴度低（大多在 $10^7 \sim 10^8 PFU/mL$），造成生产成本高，而且疫苗免疫效力也不理想，因此人们希望从研究 Mhp 的致病机理和主要抗原蛋白入手，找到防治 Mhp 的有效途径。通过对 Mhp 蛋白组成的研究，目前已知膜蛋白抗原有：P46，P65，P74，P97，P102，P110 等，其中对 P97 蛋白的研究最深入。

Qijing Zhang 等发现 F2G5 单抗能够与分子量为 97ku 的蛋白质发生反应，并命名为 P97。早期的研究中发现 P97 蛋白是 Mhp 最主要的免疫原之一，体外吸附测定中，经提纯的 P97 能够黏到呼吸道黏膜纤毛上，并能阻断 Mhp 对纤毛的作用，表明 P97 是一个黏附因子。TritionX-114 不能提取到 P97，说明 P97 不是一个脂蛋白。Mhp 不同菌株间黏附力具有差异性，无致病性的 J 株黏附力最小。Hsu 等对 P97 进行了克隆测序，并分析了重组表达产物。序列分析表明，P97 结构基因编码一个约 124.9ku 的蛋白，在蛋白 C 端有两个重复序列区域，即 R1 和 R2 区。R1 区由 15 个连续的 5 氨基酸重复基元构成，R2 区由 4 个连续的 10 氨基酸重复基元构成。P97 蛋白 N 端的氨基酸序列与其 DNA 编码序列在起始密码子后 195aa 残基下游的序列一致，说明 P97 是 124.9ku 的蛋白经加工后的产物。在整个 P97 蛋白分子中，只有 N 端的一个由 17 个氨基酸残基组成的明显的跨膜疏水结构域，其主要的抗原区域在 C 端，包括 R1 和 R2 两个重复序列所在区域。Chirs Minion 等构建了一系列由不同数目的 R1 区 5 氨基酸重复基元所组成的融合体，在体外利用 F2G5 单克隆抗体进行重组产物的黏附测定，发现 R1 区的 8 个 5 氨基酸重复基元对于黏附是必须的，而 3 个 5 氨基酸重复基元对于抗体识别是必须的。

Tsungda Hsu 等对 Mhp P97 黏附素基因的操纵子进行分析时发现 P97 黏附素基因只是一个双基因操纵子的一部分，在 P97 基因下游存在第二个基因，编码一个102.3ku的蛋白质，命名为P102。在Mhp的染色体中P97为单拷贝，而P102在基因组中至少存在4个拷贝。在P102蛋白序列中有一个跨膜区，表明它可能是一种膜蛋白。P102可以与MPS康复猪血清发生反应，说明其在体内是表达的。推测P102具有潜在的吸附纤毛能力，与Mhp致病过程密切相关。

与P102同样，P110是继P97之后又发现的一种纤毛结合素蛋白。Jia-Rong Chen等使用一种抗Mhp的单克隆抗体——Mab16-8-14进行亲和层析，经HPLC-GPC试验发现并鉴定了一个110ku的蛋白质，命名为P110。使用β-巯基乙醇对P110进行消化，证明P110由一个P54蛋白亚基和二个P28蛋白亚基通过二硫键组成。在TritonX-100相分离中P110蛋白存在于水相，证明它是一种糖蛋白而不是脂蛋白。吸附抑制试验结果显示，P110蛋白是一种天然存在的并能够特异性抑制Mhp黏附在呼吸道纤毛上，是除P97以外的又一个结合素，Mhp表面的多种结合素能增加其对宿主细胞的特异性和稳定性。

P65蛋白首先由KIM在1987年通过裂解Mhp全菌体发现了P65，P50，P44等三种脂蛋白质，它们都能够与接种Mhp的猪血清发生反应，单抗识别标记结果显示这些蛋白质是Mhp主要的表面抗原，随后的研究（KIM 1990）表明P65蛋白是一种主要的免疫抗原，而且P65蛋白的C端是免疫性抗原的主要识别区域；Jono A.Schmidt等将P65蛋白进行表达分析表明其是脂肪分解酶GDSL（Gly-Asp-Ser-Leu）的家族成员，具有分解pNCP和pNPP的能力；兔抗P65抗血清能够抑制重组GST-P65蛋白活性，也能够抑制Mhp在体外的生长。虽然Mhp脂肪分解酶的生理或病理作用还没有明确，但这种蛋白质在Mhp对长链脂肪酸营养需求中扮演重要角色，也可以在Mhp引起的呼吸道疾病中减少肺脏表面活性功能。这些结果表明，P65蛋白是Mhp的一种经修饰的表面免疫抗原。

目前国内使用的MPS疫苗采用异体致弱的脏器弱毒菌苗通过用腹腔注射，在推广应用时遇到很大的阻力，正在将其弱毒适应液体培养基。这种使用传统方法生产的MPS疫苗遇到了很多问题：1)由于Mhp生长缓慢，菌数滴度不是很高，造成活疫苗生产周期长，成本较高；2)Mhp在培养基传代过程中，容易发生抗原性改变，造成免疫效果不好。因此，人们希望在Mhp主要蛋白抗原研究方面，采用生物技术手段，通过大量表达Mhp主要抗原来生产高效的MPS疫苗。在利用Mhp主要抗原蛋白研究免疫效果方面，国外的学者已经进行了尝试。

大量的研究结果显示猪肺炎支原体黏附素P97蛋白是猪肺炎支原体与呼吸道上皮细胞作用的最重要的物质基础。Kendall.W等利用重组表达的P97蛋白加弗氏完全佐剂制成灭活疫苗，经肌肉免疫猪，虽然检测出高效价的血清抗体但无法保护强毒的攻击；Yoshihiro等利用丹毒杆菌弱毒做载体，重组P97基因构建了重组活疫苗，经鼻腔免疫猪后虽然检测不到P97血清抗体，但细胞免疫水平明显升高，表明P97血清抗体在MPS感染保护中可能没有保护作用，经鼻免疫重组Y—19的P97蛋白能够引起最初的细胞免疫反应，细胞免疫很有可能在Mhp感染清除过程中起主要作用。

虽然猪肺炎支原体的感染保护机制目前还没有完全清楚，但黏膜免疫和细胞免疫应答在抗感染过程中应起主要作用。黏膜免疫系统又称黏膜相关淋巴组织，主要指呼吸道、肠道及泌尿生殖道黏膜固有层和上皮细胞下散在的无被膜淋巴组织。其主要功能包括参与黏膜局部免疫应答和产生分泌型IgA。Eileen L的研究结果表明，用MPS疫苗免疫可以在猪呼吸道中诱导黏膜免疫应答，并可以减少因MPS感染而导致的肺脏表面损伤，刺激血液淋巴细胞分泌Mhp特异的γ－IFN，并在血清中检测出循环抗体。由此可见，MPS疫苗免疫可以引起局部的、黏膜的、体液的和细胞的免疫应答，其中黏膜抗体是炎症反应的媒介，细胞免疫应答对于控制MPS引起的肺炎致关重要。

支原体疫苗应用的效力清楚地表明，可显著减少某一猪群肺炎引起的损失。尽管使用支原体疫苗，但仍然会出现猪呼吸疾病综合征。目前的疫苗中是否含有适宜的支原体抗原浓度还未确定。像Morrow等证实的那样，猪肺炎支原体疫苗的应用应该根据猪群疾病严重程度来确定，他们的研究证明，在感染率低的猪群，使用猪肺炎支原体疫苗对平均日增重没有作用。

猪支原体肺炎血清学
检测技术及其应用

赵荣茂[1]   姚建聪[2]

（1.中国农业大学动物医学院，北京 100094；2.勃林格殷格翰动物保健有限公司，北京 100004）

猪支原体肺炎(mycoplasmal hyopneumoniae of swine,MPS)是由猪肺炎支原体(*Mycoplasma hyopneumoniae*, Mhp) 引起的猪的一种高发病率、低死亡率的慢性呼吸道传染病，国外常称为猪地方流行性肺炎，而在我国常被称为猪气喘病(喘气病)。研究表明，全世界90%以上的猪群感染了肺炎支原体，使猪支原体肺炎成为流行最广、损失最大的猪病之一。即使在低水平感染状态下，猪支原体肺炎可使饲料报酬降低、胴体质量下降并增加治疗费用，从而使养猪成本显著增加。

母仔垂直传播是猪支原体肺炎在许多猪场得以存在的基础。一旦少数猪发生感染，同群其他猪就容易发生感染，猪群密度较大时尤其是这样。尽管一般认为肺炎支原体感染从保育猪开始，但却没有从保育猪肺中分离到肺炎支原体；支原体肺炎在生长育肥猪中的发生率高，其原因包括肺炎支原体的潜伏期长、窝内传播缓慢、保育后期猪的密度增加及其他传染源和环境因素的传播等。目前，猪支原体肺炎控制措施主要包括给药和疫苗预防、血清学监测和加强饲养管理。

用于猪支原体肺炎的诊断方法很多，包括临床和组织病理学检查、病原检测技术和血清学检测技术等。临床和组织病理学检查对临床症状和病变明显的病猪具有一定的诊断意义，但对症状和病变不明显的慢性感染猪效果不大。ＰＣＲ技术等病原学诊断技术虽然具有可以确诊、敏感性和特异性高等特点，但其需要的设备和技术要求都比较高，费用较高，因此目前主要用于实验室研究和ＳＰＦ猪群的诊断。血清学检测技术具有操作简便、快速，易于标准化等优点，适于在临床中应用，是猪支原体肺炎控制的重要手段之一。

1 常用的血清学试验及其比较

1.1 间接血凝试验

间接血凝试验(Indirect Hemagglutination，IHA)具有一定的特异性和敏感性，是诊断猪支原体肺炎常用方法之一。Ｄｏｗｄｌｅ 等首先用间接血凝试验来检测猪肺炎支原体抗体，但发现感染猪的血清能使绵羊红细胞自然溶血。Lam 等用猪红细胞代替绵羊红细胞，虽然在试验中不易发生溶血现象，但猪红细胞的效价低于绵羊红细胞。由于血清中含有易溶血的特异性吸附因子，制备的红细胞存在个体差异不易标准化，使间接血凝试验在临床应用中受到了一定的限制。

1.2 补体结合试验

补体结合试验(Complement Fixation Test，CFT)也是一种可检测猪血清中肺炎支原体抗体的血清学试验。在实验接种猪和自然感染猪中，补体结合试验的阳性率虽与猪肺部病变有较好的相关性，但假阳性和假阴性仍偏高。Lloyd 等认为，假阴性反应是由于循环抗原的影响，而假阳性反应是由于感染了其他支原体出现交叉反应。CFT 在敏感性和特异性方面存在一定的局限，需综合运用临诊技术和病理显微检查来判断猪肺炎支原体的感染状况。

1.3 酶联免疫吸附试验

酶联免疫吸附试验（ELISA）是目前国内外最常用于诊断肺炎支原体的方法之一，具有能进行定量分析、敏感性高、特异性强的特点。Bruggmann 等首次报道以SDS 提取物作抗原，建立了检测肺炎支原体抗体的间接ELISA，该方法的敏感性高，但易与絮状支原体和猪鼻支原体发生非特异性交叉反应。Nicolet 等改用Tween-20 提取物作抗原来检测肺炎支原体抗体，结果比用支原体全菌和SDS溶解物作抗原有更高的特异性，但与絮状支原体也存在部分交叉反应。Futo 克隆了肺炎支原体的表面抗原(P46) 基因，诱变后在 *E.coli* 中表达，用提纯的重组P46蛋白作抗原建立ELISA 方法，结果发现与其他猪支原体无交叉反应。

Feld 等建立了一种单抗阻断ELISA，此法可从单抗水平上诊断肺炎支原体抗体，而且不需完全纯化抗原。随后，Potier 等建立了一种用肺炎支原体特有的40ku膜蛋白作抗原的单克隆抗体阻断ELISA，用此法检测接种了猪鼻支原体和絮状支原体的SPF 猪和感染猪的血清，发现与絮状支原体和猪鼻支原体尢交叉反应。

ELISA 在敏感性和特异性方面优于IHA，而单克隆抗体阻断ELISA 比间接ELISA 检出抗体时间早(接种后2 周)，持续时间更长(至少20 周内抗40ku 抗原抗体仍是主要抗体，而其他方法中的抗体从13 周便开始下降)。单克隆抗体阻断ELISA很适于在建立SPF 猪群时检测肺炎支原体抗体。另外，ELISA 也适合通过检测初乳监测肺炎支原体感染。Zimnermun 等发现检测初乳比检测血清阳性率还高。

2 血清学监测在猪支原体肺炎控制中的应用

据Piffer 等报道，补体结合试验在接种后3 周可检测到相应抗体，自然感染5周后可检测到相应抗体；ELISA 方法在接种和自然感染后2 周可检测到相应的抗体。在猪感染后3～5 周ELISA 的检测敏感性高于补体结合试验；在感染后6～7周，两种方法效果相近。然而，用ELISA 方法可检测到接种1 年后的抗体，而补体结合试验在接种后大约5个月就检测不到抗体。但也有人认为接种猪不适合比较三种方法的敏感性，因为接种猪的血清阳转比较早，产生的抗体效价高，持续时间长。

通过对自然感染猪血清抗体监测发现，间接血凝试验相对不敏感，最不适合于临床应用；补体结合试验在早期检测肺炎支原体抗体比较敏感，但对后期抗体检测不敏感；ELISA是最敏感的方法，测定的抗体效价比用补体结合试验和间接血凝试验高10~32倍，而且在后期检测中ELISA法的效价仍然很高，所以ELISA最适合用于猪肺炎支原体感染的血清学监测。

2.1 阴性猪群中血清学监测的应用

在养猪生产中，控制任何呼吸道综合征病原的第一个步骤是定义潜在致病原的角色，其中确定上呼吸道病毒和/或细菌显得特别重要，因为这些病原能为其他继发病原打开门户，从而在整个猪群中形成一种潜在的毁灭性疾病。

在无肺炎支原体的某个养猪场或地区，我们应该对新引入的猪群和原有猪群进行连续筛选检测。该检测方法应该非常敏感、可信度高，不会出现假阴性结果；对于阳性检测结果，我们应该用一种更特异性的方法进行确认。该策略可为猪场的支原体控制计划提供早期感染的可靠预警。但到目前为止还没有确认血清学阳性结果的标准方法。Torremorell博士在最近的Allen D.Lehman会议上建议用竞争ELISA作为确认方法。

2.2 阳性猪群中血清学监测的应用

控制阳性猪群中猪肺炎支原体感染仍然需要一种非常敏感的血清学检测方法。要想使ELISA作为一种有效的群体监测工具，需要系统地采集不同年龄段、有效数量的猪样品进行检测。建议应遵循Polson博士等制定的科学准则选择正确的采样计划，这样兽医就可以依赖获得的结果采取相应的措施，如猪群健康管理和疫苗的应用等。

母源抗体干扰是影响猪支原体疫苗的免疫效果的一个重要机制，疫苗免疫后缺乏相应抗体的一个重要原因是母源抗体干扰现象。因而，在对仔猪进行免疫前先确定母源抗体消退率的基准线，使兽医能更恰当地选择首次免疫的日龄。

猪气喘病控制与净化的有效措施

胡成波　张寿慧　栾华东　毛德明　李彬

（辽宁省丹东市畜牧兽医学会，辽宁　丹东　118000）

猪气喘病是由猪肺炎支原体感染引起的高度接触性、慢性呼吸道传染病。该病对养猪生产危害极大，患病猪群发育不均，生长速度降低12%～15%，饲料转化率降低10%～25%，育肥期至少延长1个月。常常与其他病原如胸膜肺炎放线杆菌、猪繁殖与呼吸障碍综合征病毒、多杀性巴氏杆菌等混合感染，造成的经济损失更加严重。为了有效地控制某种猪场猪气喘病发生，笔者制定了净化方案，从2004年开始，全面实施综合防制措施，取得了良好效果。据观察和测定，经过2年多的时间发病率降到1%以下，日增重平均每头每天增加52.3g，并且有效地降低由胸膜肺炎放线杆菌引起的发病和死亡。由于出栏时间和料肉比的改善，使每头猪平均增加效益98.6元人民币。特将做法和体会介绍如下。

1 发病特点

1.1 发病的季节性

本病一年四季均可发生，北方在寒冷或气温骤变时较为多见。主要通过鼻子对鼻子，鼻腔分泌物传播，在猪群密集、混养、通风不良等应激条件下更有利于本病的传播。

1.2 病症的特征性

本病潜伏期为10～21d，仔猪最早9日龄即可表现明显症状，典型症状为咳嗽和气喘（见图1），病程以慢性病例多见，剖检可见肺的心叶、尖叶、中间叶及叶的尖端呈现肉样或肝样病变（见图2），2周以上才可诱导可见病变，4周肺炎病变最严重。

图1　病猪咳嗽、气喘

图2　病猪肺对称性肉样病变

1.3 品种的易感性

如辽宁黑猪及其杂种猪等极易感。杜洛克猪、长白猪、大约克夏猪及以大长、长大为主的杂交猪、配套系猪对猪气喘病敏感性较低，仅表现为轻度咳嗽。

1.4 年龄的敏感性

哺乳仔猪、幼猪易发病，种猪以隐性感染和潜伏感染为主要危害，尤以初产母猪为甚。

1.5 感染的复合性

猪肺炎支原体常与多种细菌、病毒及环境因素协同作用，引起猪呼吸道复合感染。复合感染的因子包括猪瘟病毒、猪流感病毒、伪狂犬病毒、猪繁殖与呼吸障碍综合征病毒、猪圆环病毒2型、克雷伯氏杆菌、副猪嗜血杆菌、猪胸膜肺炎放线杆菌、多杀性巴氏杆菌、支气管败血波氏杆菌、猪霍乱沙门氏菌。呼吸道综合感染表现为嗜睡、厌食、发烧、咳嗽。在18～20周龄发展到严重程度，临床表现明显。

1.6 治疗的顽固性

发病猪对症治疗症状很快消失，但使用抗生素不会恢复组织的损伤，一旦停止用药饲养管理不善等应激因素影响，很易复发，反反复复，难以彻底痊愈。另外支原体的耐药性强，抗生素在肺部黏膜表面的有效浓度低，因此使用抗生素的使用效果也很难保证。

2 控制与净化的措施

2.1 科学饲养

一是坚持自繁自养的原则，采用"全进全出"（AIAO）的饲养方式，从仔猪、保育、育成、育肥到出栏均严格采用AIAO，适度控制饲养密度（断奶仔猪3头／m²，生长肥育猪＞0.75m²／头），减少交叉感染的机会。二是采用28d以前早期隔离断奶（SEW）和加药早期隔离断奶（MEM）等技术，减少仔猪从母猪身上感染病原体的机会。三是配制满足适合各阶段猪群营养需要的全价饲料，断奶猪与育成猪的饲料要逐步过渡，以减少饲料应激。同时避免饲喂腐败发霉变质的饲料，霉菌毒素会造成猪的免疫功能和抗病力下降。四是定期进行驱虫，尽量减少猪群迁移，降低混群应激等。五是对体重较小、病情严重的猪采取严格淘汰制度。

2.2 免疫接种

由于支原体的特殊性，安全可靠的疫苗接种是解决该病的最佳选择

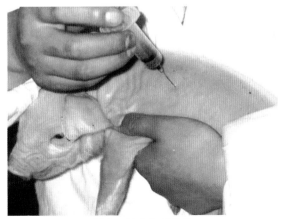

图3　仔猪免疫接种

（见图3）。美国辉瑞动物保健品有限公司生产的支原体灭活苗－瑞倍适，其免疫程序为：未经免疫的种母猪于临产前6周首免，临产前2周再免1次，以后于每次临产前2周免疫1次；种公猪每年免疫2次；在仔猪出生后1周时注射1头份（2mL），间隔2周后加强免疫注射1头份（2mL）。免疫后1周内避免使用敏感抗菌药。此外，还按程序做好胸膜肺炎、伪狂犬病、蓝耳病、链球菌病的免疫注射，以控制呼吸道综合感染。

2.3 改善环境

控制好猪舍小环境气候，夏季注意防暑降温，采用喷雾降温、水帘降温等；冬季注意防寒保暖，采用中央空调或暖风炉供暖；处理好通风换气与温度、湿度的矛盾，尤其是气候骤变的冬春和秋冬交替季节注意圈舍的保暖和通风。断奶后10～15d内仔猪环境温度保持在28～30℃，保育舍温度在20℃以上，最少不低于16℃，保育舍、产房减少温差，断奶仔猪进圈前24～48h预热猪舍。相对湿度保持在45%～75%。保持室内空气新鲜，$NH_3 < 10 \times 10^{-6}$，$CO_2 < 0.15\%$，加强通风减少尘埃，人工清除干粪以降低猪舍氨浓度。

2.4 严格消毒

建立定期消毒及猪舍腾空消毒净化制度，猪舍每天打扫或洗刷干净，及时清理粪尿等污物，降低因污物发酵和腐败产生的有害气体对猪呼吸系统的损害。猪栏清洁消毒程序：①猪只移走后，立即用水浸泡猪栏。②用水再次清洗，把浸泡松软的有机物冲走。③用具有清洁去污性能的洗涤剂，其目的是清走细菌周围的生物膜。④用水彻底清洁、冲洗，可有效地冲走有机物和残留清洗剂。⑤圈舍干燥。⑥消毒。在每批猪转出或出栏后对猪舍地面、墙壁、设施和工具用火碱（氢氧化钠、烧碱、苛性钠）或火焰（冬天产房和保育舍有特别益处）严格消毒，然后再用福尔马林熏蒸消毒。即$1m^3$容积内用20mL福尔马林，加等量水，加热使其挥发成气体，室温在15℃以上，相对湿度为60%～80%时，消毒8～10h。对有猪舍、猪体、食槽、用具和场地用0.1%过氧乙酸或0.2%次氯酸钠溶液或农福1：200～300进行喷雾消毒，每周一次，发病时每天一次。为防止细菌、病毒等病原对消毒药产生耐药性，经常更换消毒药的种类，同时考虑病原对不同消毒剂的敏感性。

2.5 预防投药

通过群体临床调查，实验室PCR检测病原，对种猪、后备猪进行血清学检查，屠宰猪胸腔器官检查，掌握全场猪气喘病及猪呼吸系统疾病综合征（PRDC）感染率。在本病的流行地区和多发季节，提前做好常规预防是控制本病发生的主要手段。用抗生素可以减缓该病的临床症状和避免继发感染的发生。可在刚断奶仔猪每吨饲料中添加支原净125g、强力霉素250g，一般连用5～7d；也可在断奶仔猪转到保育舍头一周，在100kg水中添加支原净6g、强力霉素10g，连用5～7d。

但不能长期使用同一种抗生素，以免产生抗药性。常用的抗生素有氟喹喏酮类、泰乐菌素、林肯霉素、泰妙菌素、林可霉素（洁霉素）、克林霉素、复方"金泰妙"、氟苯尼考等。

2.6 及时治疗

对出现有临床症状的病猪进行隔离观察、饲养和治疗，应根据药敏试验的结果，选择高度敏感的药物。方一，青霉素每千克体重 2 万~4 万 IU、硫酸链霉素每千克体重 1 万~2 万 IU，硫酸卡那霉素注射液每千克体重 1 万~2 万 IU，10% 安钠咖注射液每头 5~10mL，分别一次肌注，每日 2 次，连用 2~3d。方二，用土霉素油剂每头 5~10mL 深部肌肉注射，交替使用硫酸卡那霉素每千克体重 3 万~4 万 IU，肌肉注射，每日 1 次，连续 5~7d。方三，恩诺沙星肌注，每天一次，5d 为一个疗程，并配合地塞米松，同时按照每千克体重 20mg 的剂量在料中加入泰乐菌素，连续喂 3d。方四，用 5% 盐酸环丙沙星注射液 20~25mL、1% 亚甲兰 8~10mL、1% 硫酸阿托品注射液 3~4mL，分别肌肉注射每天 1 次，连用 4d，疗效较好。

3 几点体会

（1）选用好疫苗接种是控制与净化气喘病的关键。笔者在 2004 年前曾用国产灭活苗采用"苏气"穴肺内免疫，即在肩胛骨后缘（中上部）1cm 处肋间隙用 9 号针头快速肺内注射 0.5mL，预防气喘病。虽然价格便宜，但不易操作。从 2004 年以后选择美国辉瑞动物保健品有限公司生产的支原体灭活苗－瑞倍适，虽然价格较贵，但易操作，效果好，综合效益高。

（2）选用敏感性药物是控制与净化气喘病的重要手段。磺胺类药对支原体不敏感，青霉素、链霉素和红霉素对于治疗猪肺炎支原体无效。恩诺沙星、丹诺沙星、氧氟沙星等氟喹喏酮类抗菌药在体外有良好的抗猪肺炎支原体活性。硫酸卡那霉素、泰乐菌素、林肯霉素、泰妙菌素等在临床治疗上有很高的应用价值。治疗时配合使用防止继发其他呼吸道感染的药物、强心剂等效果更好。合适的用药程序比药物本身更重要。

（3）控制与净化气喘病需坚持四项基本原则。一是切断接触传播途径。限制猪只间接触及通过针头、手术器具、粪便或人的间接接触，有助于限制猪病流行。二是坚持减少"应激"的原则。受到应激的猪更易得病。三是坚持清洁卫生的原则。良好的卫生，能收到很好的效果，没有任何招术能替代良好的环境卫生和生物安全措施。四是坚持保证营养的原则。良好的营养不仅对猪只生长重要，而且对机体免疫系统的建立也非常重要。初乳能提供抗体保护，因此保证仔猪出生后 12h 内吃上尽可能多的初乳非常重要。

（注：文中图 1、2 摘自宣长和等主编的《猪病诊断彩色图谱与防治》）

秋冬季节猪流感的防治

策划：杨汉春

　　猪流感又称猪流行性感冒，是由猪流感病毒引起的一种急性、热性、高度接触性呼吸道传染病。呈流行性发生，一般是突然发病很快感染全群，各个年龄、性别、品种的猪都易感，大多发生在天气骤变的晚秋和早春以及寒冷的冬季。本期我们将围绕猪流感的流行情况、诊断方法及防治等进行讨论。

猪流感流行特点、危害状况、公共卫生意义及防治策略

崔尚金

（中国农业科学院哈尔滨兽医研究所 农业部动物疫病诊断与流行病学中心，哈尔滨 150001）

我国是世界上最大的养猪国家，饲养也正走向集约化、规模化、现代化。但由于国内的实际情况和种种条件的限制，如饲养规模大、饲养密度高、气候变化快、应激因素多等，容易引起群发性疾病的反复发生和流行。近年来，全国各地猪场都为猪只，特别是保育期仔猪的呼吸系统疾病所困扰，由此而导致的经济损失也越来越明显。引起该类疾病的病原很多，据报道流感病毒的感染是一个很重要的因素。在美国猪流感是导致猪呼吸道疾病的三大主要病原体，危害猪群极严重。近年来国内各省区的猪只都出现不同程度的呼吸道症状，特别是冬季，呼吸道症状更加突出，甚至出现因呼吸道疾病继发和并发其他细菌感染而大批死亡的现象；部分地区使用疫苗进行免疫，取得一定效果。国内对猪流感尚不够重视，公开报道也很少，但不容质疑的是猪流感对养猪生产将是一个非常大的潜在危害。

前言

猪流感(swine influenza,SI)是由正黏病毒科猪流感病毒(SIV，见图1)，引起的一种急性、高度接触性、传染性的群发性猪呼吸道疾病。临床以起病急、病程短、传染性大、高热40℃以上，明显呼吸道症状为主要特征。单纯SI的病理变化主要表现为病毒性肺炎及其他呼吸器官的炎性变化，有其他病原继发或混合感染时，病理变化会严重而复杂，多因并发肺炎、支气管肺炎、胸膜炎、猪肺疫、链球菌病等而死亡。临床以突发、高热、咳嗽、呼吸困难、衰竭、高发病率、低死亡率为特征。目前已发现SIV至少有H1N1、H1N2、H1N7、H3N2、H3N6、H4N6、H9N2等 7 种不同血清亚型，广泛流行于猪群中的主要有古典

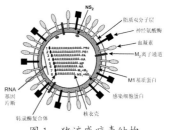

图1 猪流感病毒结构

型猪 H1N1、类禽型 H1N1 和类人型 H3N2 毒株。这些血清型的病毒都可引起各自的免疫反应，但互相之间不存在交叉免疫性。这样，猪群就可能先后感染不同血清型的猪流感病毒，也可能同时感染上一种以上的猪流感。这种病的临床暴发通

常发生在冬季，但其他季节也会以亚临床的形式在猪群中传播，有时还会引起小规模的发病。

导致猪流感的病原是与 A 型流感病毒关系很近的一些病毒，这种病毒能够改变自身的抗原结构，从而突变出新的毒株。通过病毒表面的 2 种记为"H"和"N"的蛋白质，可将病毒分成多种血清型。导致猪只发病的有 H1N1、H1N2 和 H3N2 型。其中每一种血清型当中又有不同的毒株，这些毒株之间致病性也各不相同。该病潜伏期非常短，只有 12～48h。如果母猪配种后 21d 之内感染病毒，此时如果胚胎还没有着床，会造成 21d 返情；如果胚胎已经在交配后 14～16d 着床，就会造成妊娠中断，出现延迟返情。如果母猪在妊娠期前 5 周感染病毒，会造成胚胎死亡与吸收，母猪会表现为假怀孕，或产仔数减少。此后整个妊娠期母猪感染病毒都可能造成流产或分娩时娩出晚期木乃伊胎。该病对公猪也会产生影响。感染会造成公猪体温升高，从而降低精子品质，受精率持续降低 4～5 周。在大型猪群中猪流感可发展演变为地方性疾病，不时地造成繁殖方面的问题。而且即使猪群感染过一种毒株后，仍然会感染另外一种毒株。猪群对流感病毒的免疫期常常很短（6 个月），而且繁殖群的免疫状况在不同时期也会有很大差异。

猪流感呈地方性流行，世界性分布，可发生于各年龄和各品种猪，发病率高达 100%。SI 是主要的猪免疫抑制病之一，在规模化养猪场中普遍存在，难以根除。SI 能直接引起患猪的死亡，并使患猪生产性能下降，肉料比降低，直接影响猪群健康状态和质量，对养猪业危害很大；更值得重视的是，SIV 对呼吸道上皮细胞具有高度特异亲嗜性，SIV 的感染，致使猪体与外界的天然屏障被破坏，导致胸膜肺炎放线杆菌、嗜血杆菌、巴氏杆菌、猪 2 型链球菌、猪呼吸道冠状病毒、猪繁殖与呼吸障碍综合征病毒等的继发或混合

图 2　病猪精神沉郁、行动无力、常堆挤在一处

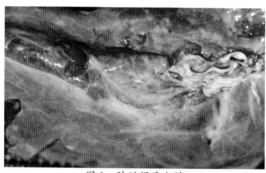

图 3　肺脏间质水肿

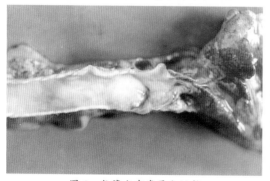

图 4　气管内有多量分泌物

感染，使疫情变得复杂，病情加重，造成饲料、人工的巨大浪费及药物的无谓消耗，死亡率增高，由此引起的经济损失更无法估量。

猪流感和人流感、禽流感一样，是一种最常见的反复发作的病毒性传染病，广泛流行于猪群中的主要有古典型猪H1N1、类禽型H1N1和类人型H3N2病毒引起的SI。H1N1亚型引起的猪流感已有近百年的历史，1918年美国首次报道，当时，人群中正流行20世纪最具灾难性的大流感，全球约20亿人染病，2 100万人死亡。而猪群所表现的临床症状和病理变化与当时人群中流行的流感有许多相似之处，所以倍受人们关注。古典型H1N1SIV以地方流行性存在于美国和欧洲，并于20世纪70年代传到了中国台湾、香港和日本等地，在亚洲大范围扩展开来；1979年，禽源H1N1SIV开始了其欧洲之旅，在欧洲猪群中广为传播；之后逐渐蔓延到亚洲，中国也未能幸免。H3N2亚型引起的猪流感是继1968年"香港流感"流行之后，1969年在台湾首次报道，1970年在香港的猪群中也分离到了H3N2 SIV。大量的血清学调查结果表明，1968年香港流感H3N2毒株及其变异株迅速传到了欧、美的猪群中，并且在世界范围的猪群中存在了数年之久。除H1N1和H3N2亚型引起的猪流感外，由H1N2、H1N7、H3N6、H4N6等其他亚型病毒引起的猪流感也时有发生。

世人对猪流感的高度重视，除了其显而易见的兽医传染病学意义，更在于其深远的公共卫生意义以及在流感病毒流行病学、种间传播中不可替代的特殊地位和作用。SIV具有最大限度感染人的能力，直接影响到畜产品安全，对人类健康有潜在的威胁，在人体器官移植研究中，作为人体器官移植供体的猪必须排除SI的感染。回顾人类流感史，20世纪人流感的3次大流行都和SI密切相关，而1976年1月，美国新泽西洲佛迪狄克斯5名新兵因感染猪源H1N1病毒、1人死于肺炎的事件，则是SI人畜共患病史上的里程碑；此后，至少有12人因感染SIV而死亡。大量研究表明，猪在"禽-猪-人"的种间传播链中，充当禽、人、猪流感病毒重组和复制的"混合器"，扮演着流感病毒中间宿主及多重宿主的作用，SI在人和动物流感的病原学、生态学及流行病学中占有举足轻重的地位。

1 发病特点、临床症状及病理变化

1.1 临床症状

一般来说，感染SIV的猪，在潜伏1～2d后突发，猪群中大多数猪同时出现症状，表现厌食、卷缩、打堆、衰竭等现象（图2）。驱赶病猪，其反应迟钝、不愿走动；剧烈驱赶，迫使它走动时，病猪出现张口呼吸且伴有严重的阵发性咳嗽和痛苦的尖叫声。病猪流水样鼻液，4～5d后流脓性带血鼻液，眼有黏性分泌物，眼睑浮肿，眼结膜潮红。体温迅速升高至40.5～42.5℃，精神萎靡，食欲废绝，有时喝几口清水，肌肉和关节疼痛、跛行，后腿行走无力，严重的猪后躯瘫痪、呼吸急促，呈现明显的腹式呼吸，阵发性、痉挛性咳嗽，呼吸和心跳次数增加，最后严重气喘，呈腹式或犬坐式呼吸。大便硬结发展到便秘，小便短少呈黄色。少数病猪后期耳部、腹下大腿内侧皮肤发绀。病程一般为1周，体重明显下降，衰竭。如果没有其他疾病继发感染或者混合感染，一般都能耐过。有资料显示，暴发SI时，出现繁殖障碍，怀孕母猪出现流产、死胎、弱小仔等现象。流产后的配种正常，但常不育。单纯的SI发病5～7d，随后迅速康复，而且只在血清阴性的猪场发生。但在有伪狂犬病、蓝耳病、猪传染性胸膜肺炎和猪肺疫的猪场，发生SI时，常有并发的可能，其结果是病症不典型，但病情严重。如继发巴氏杆菌病、肺炎链球菌病等，死亡率可高达10%以上。根据猪只大小等情况不同，可有以下表现。

1.1.1　仔猪　通常哺乳仔猪不会患猪流感，除非病毒是第一次侵入猪群，初乳可在哺乳期为仔猪提供母源免疫；发病仔猪表现咳嗽、肺炎、发烧等症状。

1.1.2　母猪　表现体温升高，可导致流产，普遍咳嗽，肺炎。当病毒首次侵入猪群时，头2d会发现两三头猪发病，之后病情会迅速蔓延，大群普遍表现厌食、病态，突然出现呼吸道症状，包括咳嗽、肺炎、体温升高和厌食，并迅速扩散，之后繁殖系统会受到影响，急性呼吸困难的症状会持续7～10d（持续时间与母猪群大小有关）。在大群水平上可观察到以下现象：母猪群突然发病，迅速传播，出现咳嗽、肺炎。7～10d后临床症状退却。母猪断奶后到发情的天数延长，21d返情、21d以外返情、假怀孕的母猪增多。流产率升高，尤其是晚期流产；死产率和分娩过程缓慢的情况增多；产木乃伊胎数量偶尔也会增多。体温升高阶段可能会引发其他疾病，一个典型的例子就是钩端螺旋体继发感染，会导致流产率升高。

1.1.3　断奶猪与生长猪

1.1.3.1　急性发病　患猪突然倒卧不起，这是个典型症状。呼吸沉重，剧烈咳嗽。多数猪只看起来会死掉，但是除非有其他呼吸道疾病并发，否则大部分不经治疗自会康复。猪流感病毒本身可导致严重的肺炎，但如果并发其他感染，如：放线杆菌胸膜肺炎、地方性肺炎和PRRS等，就会演变成一种慢性的呼吸系统综合征，很难处理。因此对病情严重的患猪个体应给予抗生素治疗以防止继发其他肺部感染。

1.1.3.2　地方性发病　这种情况下该病毒驻留在猪群当中，引起小群发病（通常是断奶仔猪）。它有可能连续导致一些呼吸系统疾病，症状类似急性发病，但不那么严重。

　　主要的病理变化常见于肺的尖叶和心叶。一般正常肺组织与病变肺组织界线明显，病变严重区有大量散在的紫色硬结，肺叶间质明显水肿（图3）。口中有血，喉头、气管及支气管内含有血色的纤维素性渗出物。单纯猪流感的主要肉眼病变为病毒性肺炎，主要表现为肺的尖叶和心叶的炎症，病变组织和正常组织之间有明显的界线，病变区为紫色、质地硬，一些肺叶间质明显水肿。呼吸道有红色、白色或乳白色泡沫状黏性分泌物（图4）。肺门淋巴结、纵隔淋巴结充血、肿大。如并发或继发感染时，其病理变化常很复杂。

病猪和带毒猪是本病的主要传染源。本病可发生于各年龄和各品种的猪，一年四季均可流行，但多发生于天气突变的晚秋、初冬和早春季节，发病率高达100%。目前流行的猪流感病毒主要有H1N1和H3N2两种血清型。若无并发感染，死亡率较低。其病程、病情及严重程度随病毒毒株、猪的年龄和免疫状态、环境因素以及并发或继发感染的不同而异。猪流感病毒和繁殖与呼吸障碍综合征病毒有协同作用，二者混合感染，发病情况更加严重。而支原体的存在，也是猪流感死亡率升高的原因。其传播途径主要为呼吸道。

2 流行形势

我国的养猪业传统上是以家庭少量饲养方式为主，但近年来的规模化、集约化程度不断提高，对猪病的防治也引起了足够的重视，然而人们对猪流感病毒所引起的疾病尚未得以充分的认识。近年来国内多个地区都有猪流感发生和流行，虽然分离到流感病毒的报道较少，但由此而带来的重大经济损失已不容忽视。国内报道的所分离的猪流感病毒多为H3N2亚型、H1N1亚型也有发现。台湾（1969年）首次分离到H3N2亚型猪感病毒后，Kundin（1970年）在香港的猪体内也分离到。广西流感协作小组（1977年）从65份猪样品中分离4株，陈立里（1979-1982年）等从成都地区用猪鼻咽拭子分离出16株该亚型病毒。郭元吉等（1992）在北京分离到20株猪源H1N1病毒。哈尔滨兽医研究所崔尚金博士2000年在香港大学首次对国内猪流感开始进行研究，之后李海燕等（2001）曾对全国各地50个猪场进行血清学调查和病毒分离鉴定等工作，调查的大部分猪场呈血清抗体阳性，已经从辽宁、吉林、黑龙江等地区出现呼吸道症状的猪群和病死猪的病料中分离到多株H3N2亚型的猪流感病毒，并对它们的生物学特性进行了研究，说明了东北地区猪群中已经出现由H3N2引起的猪流感。在福建省部分地区猪场所出现的急性呼吸道疾病，根据其发病特征及从发病猪场和康复猪场检测到猪流感抗体等资料，怀疑该省部分地区猪场流行的传染病是猪流感。在山东曾出现怀疑为猪流感病毒所引起的急性、传染性呼吸道疾病。广东、广西、河南等其他省区部分猪场也出现呼吸道症状比较明显的感染。当前所使用的疫苗不能完全预防，虽然适当使用抗生素有一定的效果，却无法估量由此所导致的经济损失。是否为流感病毒所引起，是个仍待证实的问题。各地的兽医工作者也注意到这个问题，已分离到多株流感病毒，并开展进一步研究。

3 危害严重的原因

流感病毒存在于病猪和带毒猪的呼吸道分泌物中，对热和日光的抵抗力不强，一般消毒药能迅速将其杀死。猪感染流感的最主要途径是猪与猪之间的鼻咽途径直接接触，不同日龄、性别和品种的猪均可感染发病。在养猪生产密集的地区，空气也可迅速传播病毒。以前的报道认为猪流感的发生有一定的规律性，多发生于天气骤变的晚秋、早春及寒冷的冬季，且呈传统型的急性形式；但如今流感四季均可发生，多数猪群表现为慢性，且呈现发病率高、死亡率低等特点。猪发病后恢复缓慢，增重受到阻碍，肉料比降低，猪群健康状态和质量都会受到直接影响。混合、并发或继发其他病毒、细菌感染是该病的主要危害。猪流感病毒对呼吸道上皮具有高度特异亲嗜性，可使呼吸道上皮管壁损伤，导致一些细菌和胸膜肺炎放线杆菌、嗜血杆菌、巴氏杆菌、猪2型链球菌，病毒如猪呼吸道冠状病毒（PRCV）、猪繁殖与呼吸综合征病毒（PRRSV）等的继发或混合感染，使疫情更为复杂，从而使病程延长、病情加重、死亡率增加，导致严重的经济损失。康复后的猪和隐性感染的猪，可相当长时间带毒，往往是以后发生猪流感的传染源。

4 警惕猪流感"兴风作浪"

近年来人感染禽流感病例的出现已打破了人的A型流感只是H1、H2和H3流感病毒感染，禽流感病毒只有通过在中间宿主(如猪)体内与人流感病毒发生基因重组或重排后才能感染人的常规，进一步确定了人和禽的流感由同一亚型高致病力禽流感病毒所引起，给高致病力禽流感病毒赋予了全新的公共卫生学意义。世界卫生组织的专家指出，发生流感大流行要有三项先决条件。第一，病毒变异，即出现新的流感病毒，广大人群对之无免疫力或免疫力很弱，而且没有现成的有效疫苗。第二，新病毒必须能够在人体中繁殖并引起疾病。第三，新病毒必须能发生有效的人际传播，即在一定范围内暴发和流行。而现在，前两项条件无疑是存在的。据介绍，国际上相关研究显示，流感病毒不仅能感染禽类，也能感染哺乳类动物。1918年美洲首次报道猪流感，1931年首次在猪体内分离到H1N1流感病毒，随后欧、亚、北美很多国家也陆续分离到H3、H4、H9等亚型毒株。同时，国际上有关研究已经表明，H5N1流感病毒不仅感染禽类，也能感染哺乳类动物，在亚洲一些地区已有猫、虎、云豹、猪等哺乳类动物体内携带禽流感病毒的报道。因此，针对高致病性禽流感的巨大危害性和当前的疫情，特别是猪既可以作为禽流感和人流感的混合器，也可以作为禽流感和人流感的贮存宿主，开展猪流感病毒尤其是高致病性禽流感在猪群体间的流行、传播、变异及对人类潜在的危害性的研究，具有十分重大的经济意义、社会意义和公共卫生意义。目前已发现的猪流感病毒至少有H1N1、H1N2、H1N7、H3N2、H3N6、H4N6、H9N2 等7种不同血清亚型。虽然猪流感病毒引起的死亡率很低，但考虑其具有重大的公共卫生意义，故自1918年首次报道以来，该病一直都受到人们的广泛关注。

4.1 猪流感重要的经济意义和公共卫生意义

猪流感是由 A 型流感病毒引起的猪的传染性呼吸道疾病，其本身或与其他病原混合感染时，往往出现发热、呼吸道症状等严重发病现象，该病流行传播迅速，导致猪群生产性能严重下降并伴随死亡，给养猪业带来极大损失。目前已发现的猪流感病毒至少有 H1N1、H1N2、H1N7、H3N2、H3N6、H4N6、H9N2 等 7 种不同血清亚型。不同血清型的病毒都可引起各自的免疫反应，但互相之间不存在交叉免疫性。这样，猪群就可能先后感染不同血清型的猪流感病毒，也可能同时感染上 1 种以上的猪流感病毒。这种病的临床暴发通常发生在冬季，但其他季节也会以亚临床的形式在猪群中传播，有时还会引起小规模的发病。

1918 年美国的猪流感以及 1980 年欧洲的猪流感其病毒株 H1N1 来源于鸭，证实禽流感病毒可以感染猪；1968 年中国香港的人流感病毒株 H3N2 可以在猪体内分离到，进一步说明猪既能接受禽流感的感染，又能接受人流感的感染，猪是禽流感和人流感病毒共同的易感宿主。1980 年，欧洲暴发猪流感，病毒的抗原性和遗传学特性与传统的猪流感病毒（H1N1）有明显区别，却类似于鸭体内的 H1N1 亚型病毒，说明禽流感病毒已传染给猪。同年美国从患病海豹体内分离出了禽源的 H10N4 亚型流感病毒，提示禽流感病毒可以感染哺乳动物。1996 年英国从一养鸭妇女体内分离到 H7N7 亚型的禽流感病毒，次年中国香港报道了 H5N1 亚型禽流感染人的事件，充分证明禽流感病毒可以感染哺乳动物（包括人类）。近年来，人们对哺乳动物（人、猪等）源的禽流感病毒基因序列分析比较，发现其核苷酸序列同源性很高，禽类流感病毒的血凝素基因可以发生相互转移，证实了禽（鸭）源和猪源禽流感病毒可以相互传播。可见，在流感的种间联系中，猪起到了中间宿主的作用。水禽流感病毒可以直接传染家禽、猪、人等动物；家禽、猪流感病毒又可以传染人；人类流感病毒通过在猪体内和其他流感病毒的基因重排，再传染给水禽。猪在人、水禽间成为流感病毒的中间宿主。这种独特的生态学和流行特点已引起了研究人员的高度重视。猪既可以作为禽流感和人流感的混合器，也可以作为禽流感和人流感的贮存宿主，开展猪流感病毒的生态学研究、流行病学调查、猪群监测以及猪流感病毒的分子进化和演化研究，对于养殖业具有重要的经济意义，可以保证养殖业的健康发展；而对于人类来说，则具有重要的公共卫生安全意义，不仅可以提醒人们即将流行哪一种病毒，而且可以为人类赢得争取到制作疫苗以及采取其他措施的宝贵时间，确保人类免于大流感暴发流行的大灾难。

猪流感在公共卫生方面的意义是不言而喻的，预防新的人流感暴发的关键点可能在于猪群的控制，切断流感病毒沿禽 - 猪 - 人这一链条循环传播的路径，做好人、猪、禽的相互隔离和猪群监测（见图 5）。猪流感与人流感密切相关，引起历史上流感3次大暴发的病原H1N1、H1N2和H3N2亚型流感病毒，均由当时存在于禽类的流感病毒和人的流感病毒在猪体内重组或突变而来。最近在东南亚暴发的高致病性禽流感，已蔓延全球多个国家和地区，尤其在越南和泰国等国发生了H5N1亚型禽流感病毒致人死亡的病例，

图5 流感病毒的种间传播

引起了国际粮农组织、世界卫生组织和世界各国的高度关注。据WHO提供的数字，仅2003年11月到2005年10月，就有117人被禽流感感染，其中60人死亡。国际上有关研究已经表明，H5N1流感病毒不仅感染禽类，也能感染哺乳类动物，在亚洲一些地区已有猫、虎、云豹、猪等哺乳类动物体内携带禽流感病毒的报道。我国今年也在候鸟的影响下，出现了多处疫情。而猪既能感染人类流感病毒，又能感染禽类流感病毒。虽然禽和人细胞表面有差异，但猪的这些结构介于禽和人之间，如果在猪体内发生这样的交换基因片段而成为病毒"混合器"，则由猪感染人的可能性大大增加。有关专家认为，在猪这种中介载体中，如果禽流感病毒与人流感病毒结合并发生基因变异，产生一种可以在人群中传播的新型流感病毒，危险性将非常大。因为猪可以作为人和禽流感病毒的储存宿主，这些病毒在猪身上并不发病，也不表现临床症状。因此猪作为病毒"混合器"引起人之间流行的几率要远远大于猪的感染流行。H1、H3、H5、H9等多种亚型病毒先后感染过人或在人发生过，而且这些病毒也先后在猪身上分离到，可见H1、H3、H5、H9等多种亚型猪流感病毒具有非常重要的公共卫生意义，有必要加强监测猪流感。实际上，现在很多人关注的焦点是H5N1，但是H1、H3、H5、H9等多种亚型在人和猪出现过，都值得高度关注。猪上皮细胞具有唾液酸2，6－半乳糖苷和唾液酸2，3－半乳糖苷，人流感可与前者结合，而禽流感与后者结合，因此，猪上皮细胞能够被人流感和禽流感病毒感染，而成为毒株间基因重组的活载体。一旦H5N1亚型流感病毒在猪体内出现，将会有新的高致病力流感毒株的产生。近年来，高致病性禽流感病毒的广泛流行，从而增加了禽－猪－人之间传播的可能性。H5N1猪流感病毒在猪群中传播这只是个时间问题，一旦如此，那么它将给养殖业带来一场前所未有的大灾难。而且，若H5N1适应猪后再传给人，将极有可能会造成在人群中大规模传播，其后果将不堪设想。

当前，在我国的农业发展中，畜牧业的贡献率占到50％，而猪和禽在我国畜牧业中占很大的比重，一旦禽流感和猪流感在我国大规模流行，将对我国的养殖业造成严重影响。更值得引起高度重视的是目前我国科学家已发现高致病性禽流感病毒的遗传变异，正逐步具有跨越禽类－哺乳动物种间屏障的能力，其对人类健康的潜在威胁是巨大的。开展猪流感疫苗研究和流行病学监测，可以保证我国

畜牧业的稳步发展，同时对提高我国的公共卫生防疫能力，保障人民生活健康，建设小康社会，维护国家安全和国际形象均具有深远的战略意义。近些年已从全国各地分离到了H1N1，H1N2，H3N1，H3N2等猪流感毒株，也分离到了新的H9N2流行毒株。

越来越多的资料表明，猪作为流感病毒的混合器，在流感病毒跨种属屏障传播给新宿主的过程中，发挥着重要作用。只有把病毒消灭在动物这个环节上，人类才能真正感到安全。预防猪流感不仅对畜牧业的健康发展具有重要意义，而且对全球的公共卫生安全具有战略意义。最近几年来，在人发生的H5和H9亚型流感病毒，也均在猪身上分离到，如印度尼西亚已经从猪身上分离到了H5N1流感病毒。自1996年以来，我国已从各地的发病禽类、正常水禽及野生鸟类中分离、鉴定了很多H5N1亚型高致病力禽流感病毒，并对来自不同禽类、不同时间和地点的多株H5N1亚型病毒株进行了大量的生物学和分子生物学分析，基本了解了我国H5N1亚型禽流感病毒抗原变异情况、禽类及哺乳动物的致病能力及其演变规律。研究结果表明，在我国禽类中存在的H5N1亚型禽流感病毒对家禽均呈高致病力，且在长达多年的自然进化过程中，随着时间的推移，对哺乳动物的感染和致病能力已发生了质的变化，即由早期毒株不能感染发展到可感染但不致病，由局部感染和低致病力发展到全身感染和高致死性。病毒变异的环境因素一直存在于一些发展中国家的农村。病毒不是一下子就突然冒出来的，而不是大量鸭子和猪通过长期接触，终于互相交叉感染。

4.2 国内外猪流感流行现状、研究状况和技术发展趋势

猪流感和禽流感、人流感一样，是一种最常见的反复发作的病毒性传染病，广泛流行于猪群中的主要有H1N1，H3N2亚型。H1N1亚型引起的猪流感已经有近百年的历史。目前H5N1亚型禽流感已经具备感染人的能力，且致人死亡，致死率高达70%，虽然目前尚没有持续地人传人的证据，但是存在短的、以死亡为终止的传染链。

猪流感一直是猪群中难以根除的呼吸道疾病之一。近年，猪群中除了常见的经典型H1N1、类禽型H1N1和类人型H3N2流感病毒引起的猪流感外，由重组病毒H1N2、H1N7、H3N6引起的猪流感也时有报道。1998年，美国卡罗莱纳洲、明尼苏达洲、爱荷华洲和德克萨斯洲接种了H1N1猪流感疫苗的4个猪场暴发了严重的猪流感，研究表明，其病原为H3N2人－猪双重组病毒株和人－猪－禽三重组病毒株，母猪发病严重，有3%～4%的母猪出现流产，产仔率降低5%～10%，断奶前仔猪死亡率高达4%～5%；23个洲的4 382份血清样品中抗三重组病毒株抗体阳性率为20.5%，抗经典H1N1猪流感病毒抗体阳性率为28.3%；到1999年，从俄克拉荷马洲、伊利诺斯洲、科罗拉多洲、威斯康星洲及北卡罗莱纳洲又分离

出三重组 H3N2 猪流感病毒, 血清学调查结果表明, 该病毒引起的猪流感几乎遍及整个美国, 由此说明, 该病毒对猪有很好的适应性并很快在猪群中传播开。1999年, 普遍流行于水鸟中的 H4N6 禽流感病毒 (AIV), 首次从北美中东部安大略湖自然感染的猪体中分离到, 1999年中国香港报道从猪群中分离到4株 H9N2 亚型流感病毒。

哈尔滨兽医研究所从收集和送检的样品中分离并初步鉴定了猪流感病毒若干株, 其中确定为禽源 A 型流感病毒的分离株包括有 H9N2 等亚型毒株, 其余为 H1 和 H3 亚型毒株。还有其他多家实验室也从国内不同地方发生呼吸道感染的猪群中, 分离到类似亚型禽流感病毒。高致病性禽流感病毒可感染猪, 这已经被研究人员由猪体内分离到 H5N1 猪流感病毒而得到证实。2005年5月印度尼西亚证实从猪体内分离出了 H5N1 亚型禽流感病毒。禽流感病毒和人类流感病毒在猪宿主体内混合重组产生一种新型的、致命的、能够在人与人之间传播的菌株仅仅是一个时间问题。H5N1 亚型猪流感病毒的出现增加了 H5N1 亚型禽流感流行病学的复杂性, 需要高度重视, 密切关注。中国疾病预防和控制中心、中国国家流感中心郭元吉研究员指出, 要警惕来自 H9N2 亚型禽流感病毒株的威胁, 因为这一病毒可能对人类更具危险性, 其依据是, 该病毒具有与人流感病毒相似的受体特异性, 宿主范围更为广泛, 在人群中也已具有一定的感染范围 (郭元吉等1998年期间在广东省检出了9例由 H9N2 引起的人类病例; 此外, 在华北和华南人群及香港的家禽养殖工人中 H9N2 抗体的检出, 提示还存在其他未被识别的人类 H9N2 感染), 在禽中又多表现为不显性感染, 不易被人觉察。在猪中同样分离到了 H9N2 病毒。

4.3 急须解决的问题及发展趋势

国家和相关部门应该支持尽快开展快速、敏感、特异、方便的猪流感快速诊断技术的研究, 并在全国开展猪流感的监测工作。

4.3.1 重视和加强猪流感监测 猪能自然感染 H1N1, H3N2 和 H1N2 病毒, 其中 H1N1 为猪的经典流感亚型, 有资料表明它与禽源的 H1N1 病毒相似, H1N2 病毒与人源 H1N1 病毒的血凝素相似。人源 H3N2 毒株能感染猪并引发临床症状。有证据表明, 自1968年以来, 已有多株人源 H3N2 病毒传播给猪, 并且在它们从人群中消失后, 仍然在猪中存在, 因此, H3N2 亚型分离株 A/Port Chalmers/1/73 可以在猪群中持续存在, 并于2001年在全欧洲猪群中引起流感暴发。1918年人流感暴发期间, 猪流感首次在美国发现。猪发病症状同人一样, 表现为流鼻液、咳嗽、发热、呼吸急促及结膜炎。猪对各种亚型的流感病毒均易感, 其中已在中国香港猪体内分离到 H9N2 病毒株。

在人体内可分离到禽流感病毒, 而且血清学试验结果也表明, 动物流感可以感染人，这一点在中国华南地区较为严重，动物流感病毒可以传染给人的相关证据有香港H5N1、H9N2禽流感感染人事件和对猪流感的研究。1976年，在美国的Dix要塞军队士兵体内分离到H1N1猪流感病毒。在Wiscon猪流感的一个农场中从人和猪体内分别分离到的流感病毒的抗原性和遗传性没有显著区别。以上研究将猪流感病毒与人类流感联系起来。对石蜡保存或冷冻保存的1918年流感流行株进行的基因序列分析表明：它与经典的H1N1猪流感病毒有密切联系，此外，在荷兰和中国香港特别行政区的儿童体内也分离到H1N1和H3N1猪流感病毒，因此，猪体内的流感病毒被普遍认为是人流感病毒的潜在来源。1997和1999年的H5N1和H9N2亚型禽流感病毒直接传染给人事件发生后，禽流感作为可以感染人的动物传染病得到了人们的重新认识，在1997年的5月、9月、12月，18例中国香港居民病案经血清学诊断被确诊为H5N1病毒感染并发病，其中6人死亡。此次感染人的H5N1流感病毒与在香港鸡场暴发的高致病力禽流感病毒（H5N1）密切相关，其与3月到5月期间在香港养禽场及9月至12月期间在活禽市场中暴发的高致病力禽流感中的流感病毒相同。在1997年以前，只有A型流感病毒中的H1、H2和H3亚型可以引起人类流感暴发，而H5N1亚型流感病毒感染人的事件的发生引起了世人的极大关注——是否原来只存在于禽类中的流感病毒亚型也具有引起人类流感大流行的潜在可能？尽管人类还不知道H5N1病毒感染人的精确模式，但与家禽接触确实是引起该病毒感染的危险因素。虽然该亚型病毒少有可能在人群中传播，但是在与此类患者接触密切的病人和医护人员中，此种情况很可能已经存在。1999年香港2名儿童感染H9N2流感病毒并出现轻微的流感症状，导致感染并发病的H9N2流感病毒与在鹌鹑体内存在的H9N2型病毒（A/Quail/Hongkong/G1/97）有着相似的抗原性和分子生物学特性。另外，在中国的其他区域H9N2亚型病毒感染人的病例也有报道。

以上事件的发生增加了禽和猪流感病毒直接感染人并引起大流行的可能性。这两次事件虽未引起人与人之间的感染，但禽流感病毒有与人流感病毒直接接触并发生基因重组，从而获得在人群中传播所需的基因片段的可能性。对猪流感病毒的监测可以提供人和动物公共卫生的相关信息。通过监测可以反应出流感病毒在猪等动物和禽类中的流行现状和暴发情况。监测过程包括病毒的分离、用聚合酶链式反应（PCR）扩增技术检测某种基因或基因产品、快速诊断试剂盒或血清学检测。

随着国内最近相继出现禽流感疫情，禽流感感染哺乳动物的恐惧，如感染猫和猪等的谣言或小道消息也开始在中国境内蔓延。美国《新闻周刊》封面故事中一篇文章的题目是——禽流感：中国会是全世界最弱的一环吗？的确，中国是全世界70%水禽迁徙时经过停留的地方，拥有140亿只家禽，全球一半以上的猪，

13 亿人口，以及并不甚完善的基础卫生设施，还有 2 年前 SARS 留下的阴影。禽流感可能触发全球性流感大暴发的每一个环节，中国似乎全都具备。等待我们的，将会是什么？其实，一直到目前为止，让人们闻之色变的禽流感病毒 H5N1，还是一种在病毒学家口中"致命但不太恐怖"的病毒。虽然感染者的死亡率高达 50%，但他们几乎无一例外，均在密切接触病禽后感染，而普通的公众，与禽类如此亲密接触的机会并不多。今年禽流感疫情从亚洲扩散到了欧洲，固然有研究者指出，这可能是病毒加快变异的结果，但公布的检验结果显示，目前的 H5N1 依然呈现很难与人体细胞结合的特性。从流行病学的角度来看，禽流感并不可怕。真正可怕的，是 H5N1 变异为一种易于在人群中传播的新型流感病毒的可能性。实际上，正如农业部兽医局局长、国家首席兽医官贾幼陵在新闻发布会上宣布，中国截至目前没有发现高致病性禽流感病毒致猪发病的病例，H5N1 流感病毒对猪的危害研究还没有得出明确结论。他说，农业部对禽流感跨种间传播和感染哺乳动物的情况一直保持高度警惕。1999 年以来，农业部要求科研单位加强对哺乳动物感染禽流感的研究，并在全国开展了相关流行病学调查。今年中国部分地区发生高致病性禽流感疫情之后，农业部要求各地加强对猪的监测，同时要求有关科研单位继续对禽流感病毒分离株的遗传演变规律及对哺乳动物感染机制加强研究。但是我们对猪流感的监测工作需要进一步重视和加强。鉴于禽流感病毒、猪流感病毒与人流感病毒间的特殊种间关系，在农村，应避免家禽和家畜（特别是猪）混养，以预防和控制禽流感。

4.3.2　加强对猪流感诊断技术的研究　我们对猪流感的监测工作需要进一步重视和加强，为了加强猪流感的监测工作，需要研制快速、敏感、特异、方便的猪流感诊断技术。

　　猪流感、人流感密切相关，引起历史上流感三次大暴发的病原 H1N1、H2N2 和 H3N2 亚型流感病毒，均由当时存在于禽类的流感病毒和人的流感病毒在猪体内重组或突变而来。我国也先后从猪分离到了 H1、H3、H9 等多种亚型猪流感病毒。目前国际上人流感、猪流感、禽流感发生流行情况比较严重，为了预测流感趋势，在每年流感流行季节到来之前，都应对猪的流感感染状况进行调查监测。因此非常有必要进行猪流感多亚型血清抗体的流行病学调查，特别是猪流感多亚型血清抗体的同时调查。建立简便、快速、准确、易于推广的猪流感诊断方法是目前及时监测、控制和扑灭猪流感疫情的重要前提和手段。对于本病的诊断，目前国内外所报道的方法有很多，传统方法是通过临床症状进行诊断，但由于临床症状受各种因素影响变化较大，所以很难作出确切诊断。在病原学诊断方法中最经典、准确的方法是用棉拭子或从发病猪体采取病料组织，用鸡胚来进行病毒分离，但此方法耗时长，不利于对本病的快速诊断。血清学诊断技术对于本病的研究意义非常重大，其检测对象是从猪体内采集血液分离出的血清，目的是检测血清中抗体的滴度变化，目前国内外普遍使用的是红细胞凝集试验（ＨＡ）和红细胞凝集抑制试验(HI)，ＨＡ／ＨＩ可以用于鉴定病毒或血清抗体的亚型，但是应用已知ＨＡ亚型抗血清的试验是不能检测出新出现的ＨＡ亚型的流感病毒，这就要求所用抗原的亚型与感染的猪流感病毒亚型必须一致，因此使得该方法的使用受到了一定的局限性。全病毒ＥＬＩＳＡ诊断技术，在操作过程中涉及病毒培养、纯化及浓缩等过程，不仅制作过程复杂、耗时、成本较高，而且还存在散毒危险，因此不利于现场应用。间接免疫荧光试验也可应用于本病的诊断，但是由于此种方法需要借助荧光显微镜，其价格昂贵，所以只能局限于有条件的实验室应用。

近年来随着生物技术的发展，快速敏感的反转录聚合酶链式反应（ＲＴ－ＰＣＲ）、荧光定量ＰＣＲ技术、原位杂交等诸多方法相继问世，其中一些方法具有很高的特异性和准确性，而且一些方法在我国也应用于负链ＲＮＡ病毒的快速诊断中。然而这些方法大部分都要借助特殊仪器才能完成，所要求的技术含量高，致使这些快速诊断技术只能被限制在有条件的实验室使用，而不利于在现场检测中推广应用。在基因工程技术应用手段中，原核表达系统以其对目标蛋白的高效表达，且具有很好的生物反应活性倍受人们青睐，成为近年来用于生产诊断抗原的一种新型方法。猪流感病毒虽然亚型众多，变异频繁，但其核蛋白基因是相对保守的，且该基因具有种群和型的特异性，因此核蛋白就成了流感病毒型的分类和诊断的基础。不仅可以利用表达产物的生物活性直接检测病毒的感染，而且所表达的重组蛋白融合了组氨酸标签，大大简化了蛋白质的纯化操作。利用该系统生产的重组Ｎ蛋白不仅生产容易，操作简单而且纯度较高，为建立适于不同现场条件下应用的简单、快速、准确、敏感的重组核蛋白琼扩诊断技术、重组核蛋白ＥＬＩＳＡ诊断技术、重组核蛋白免疫胶体金技术等提供了技术支持，必将会为我国猪流感的鉴别诊断、流行病学调查及有针对性的实施猪流感控制和扑灭计划等提供有力的科学依据，同时也使我国的猪流感的诊断技术与国际接轨。

我国是养猪大国，每年的存栏和出栏数超过１０亿头。养猪的规模也参差不齐，有大、中、小型养猪场，也有大量的散养猪，因此，在传染病的预防和控制上比较困难。目前，我国尚没有开展猪流感的免疫。目前的诊断技术虽然可以鉴定流感病毒的亚型，但费时较长，不能满足大规模猪流感病毒监测的需求，缺乏特异性强、快速、准确、方便的诊断技术和产品。禽流感病毒在猪跨种间传播流行病学研究和疫苗开发，对于预防禽流感、猪流感向人群传播非常重要，但此项研究急待加强。建立简便、快速、准确、易于推广的猪流感诊断方法是目前及时监测、控制和扑灭猪流感疫情的重要前提和手段。针对目前主要严重危害养猪业，并且在人以及禽类流行的Ｈ１、Ｈ３、Ｈ５、Ｈ９等多种亚型流感病毒，利用现代分子生物学技术，可利用基因工程技术克隆扩增 H1、H3、H5、H9 等多种亚型流感病毒的 HA 基因和猪流感病毒保守性核蛋白基因，建立可以同时检测 H1、H3、H5、H9 等多种亚型流感病毒抗体的一步快速诊断技术，可利用这些方法对猪流感进行流行病学监测和预测预报。这不仅为临床上对猪流感病毒的诊断和流行病学的监测提供了快速、特异、敏感的检测工具，也为我国对猪流感的控制和净化奠定基础。从而为猪流感以及人流感的预测预报提供服务。

　　总之，近年来，猪流感作为一种流行形式在临床上既不严重也不独特，但由于并发感染的缘故而其临床征象很复杂。目前高致病禽流感的发生，以及猪流感作为储存宿主和混合器的作用，引起了人们对公共卫生安全的高度重视。在这样的情况下，通常都必须进行诊断试验以监测病毒的存在以及发生流行情况。猪流感在公共卫生方面的意义是不言而喻的，预防新的人流感暴发的关键点可能在于猪群的控制，切断流感病毒沿禽类－猪－人这一链条循环传播的路径，做好人、猪、禽的相互隔离和猪群监测。因此政府以及各级部门组织，要采取切实措施从资金上、政策上、科研力度以及其他方面来重视、加强猪流感的监测，监视猪流感的发生与流行状况，最好能够防止猪流感的兴风作浪，从而确保民族健康和人类的公共卫生安全。

5　防制思路

　　根据猪群的临床表现可作出可靠的判断。其他任何疾病都没有猪流感这样发病迅速、病情急剧。发病时对病猪采血化验，2～3 周后再采一次，可见抗体滴度升高。也可用棉签作鼻腔或喉部涂样，在实验室进行培养、分离、鉴定，这是最可靠的诊断方式。猪流感病毒很容易培养。急性发病的情况下病情急剧，迅速蔓延到各日龄的猪群，其他疾病的暴发不会这样迅速、广泛。但如果该病转为地方性，则容易和其他病毒感染产生混淆，如猪繁殖与呼吸障碍综合征、呼吸道冠状病毒病、伪狂犬病以及猪丹毒等。以下措施是减少损失的有效途径：用百毒杀、强力消毒灵、磺力杀等消毒剂进行消毒，并将病猪隔离；为预防继发感染，重症病猪应服用抗生素或磺胺类药品，同时给予止咳祛痰药，如泰磺安每 500g 配 100kg 料，每天饲喂 2 次，或土霉素碱与磺胺二甲嘧啶混合拌料，均有一定效果；选用疫苗进行紧急免疫接种，缩短病程，减少病毒的传播；补充体液，如人工输液或饮水中添加电解多维和葡萄糖等。

5.1　母猪、仔猪治疗

　　对急性发病、体温升高，尤其是呼吸频率加快的种猪，应采用广谱抗生素进行治疗，连续 3 d。可选药物包括青霉素、链霉素、长效土霉素或羟氨苄青霉素之类的合成青霉素。如果病情严重，可在饮水中添加金霉素或土霉素，每 1 000kg 活重添加 25g/d（纯度 100%），连续 5d。

5.2　断奶猪、生长猪治疗

用抗生素控制继发细菌性肺炎。对病情严重的患猪进行个体注射，饮水投药3～5 d。药品可选择土霉素、金霉素、泰妙菌素、林可霉素和磺胺三甲氧苄氨嘧啶。

6　今后展望

因为猪是禽和哺乳动物流感病毒的中间宿主和产生重组病毒的混合器，所以对猪流感的防治不仅可以减少给养殖业造成的直接经济损失，而且也可以降低出现新的流感病毒的可能性等。用福尔马林或者乙醚灭活全病毒后鼻腔内接种免疫猪，结果在免疫猪的鼻腔分泌液和血清中检测到了病毒。特异攻毒后，没有出现明显的抗体反应，显示病毒的复制受到了抑制！免疫猪获得保护这证实了灭活疫苗在猪流感的防治中是有效的，也为评价活疫苗鼻腔接种对人的免疫保护提供了借鉴。根据我国特有的实际情况和猪流感重要的公共卫生意义，加大猪流感病毒的研究，加快猪流感疫苗的开发和利用都将是必然趋势！进行免疫接种以便避免猪流感的发生和流行，减少重大经济损失的发生及保障我国养猪业的健康发展都具有积极意义。当然，猪场倘若发生猪流感，就必须采取果断的综合性措施来降低其死亡率。

对于病毒病采取治疗措施相当不容易，也由于猪流感更易并发或继发其他疾病而导致严重经济损失，因此最好通过生物安全措施和免疫接种预防其发生。加快猪流感疫苗的研制和开发也将成为必要，因为及时进行免疫接种能够提供完全的保护力，可获得很好效果，但必须明确所发生流感的亚型，有时需接种不同亚型的双价苗。发达国家对流感的研究比较早，对猪流感的监测和防治也比较重视，并已开发出商品猪流感疫苗。这些疫苗是以全灭活猪流感病毒或其免疫蛋白（血凝素抗原和神经氨酸酶抗原）制成，主要依靠产生血液抗体而提供保护。Ｈ1Ｎ1猪流感病毒疫苗历史已久，Ｈ3Ｎ2疫苗因猪流感在美国北卡罗来那州首次发生后数月内得以生产，并逐步改进，现包含在美国发现2个Ｈ3Ｎ2毒株，曾对数万头猪接种疫苗，从现场结果来看，其安全性和有效性都很好。美国已生产出一种水包油的Ｍaxi　vac－ＦＬＵ疫苗上市，注射局部的刺激较小，能诱导高水平的保护性抗体，有效保护断奶仔猪和种猪；现仍在研制一种包含Ｈ3Ｎ2型病毒和Ｈ1Ｎ1亚型病毒的混合苗。

猪流感的防控

周彦飞

（河南雄峰科技有限公司，河南　郑州　450016）

猪流感(swine influenza，SI)全称为"猪流行性感冒"，是由A型流感病毒引起的猪的一种急性、高度接触性呼吸道传染性疾病。临床上以突然发病、呼吸困难、咳嗽、发热、衰竭，以及不经治疗而迅速康复为主要特征。该病的流行有明显的季节性，主要发生于秋冬季和初春。近年来，该病在部分猪场流行，给养猪业造成了巨大的经济损失。

1　发病情况

猪流感的发生与应激因素有主要关系。因天气骤变，猪舍潮湿，猪只拥挤、空气污浊，营养不良、体质瘦弱、露宿雨淋、凉风侵袭等诱发而引起，多发生于气温不稳的秋季和早春以及寒冷的冬季。该病多呈暴发，发病急、流行过程快，如无继发感染，病猪康复很快，一般发病3~5d后即可自行康复。流感病毒主要存在于病猪和带毒猪的呼吸道分泌物中，病猪、老鼠、蚊蝇、飞沫、空气等都可传播该病。

2　临床症状

猪流感潜伏期为2~5d，一般育肥猪或保育猪先发病，表现为整圈或全栋猪突然发病，很短时间全群暴发，病猪体温迅速升高至40.5~41.5℃。精神沉郁，食欲减退或不食，小便短少呈黄色，大便秘结。眼结膜潮红，两眼流泪，鼻流清涕，肌肉和关节疼痛，四肢无力，不愿站立，相互拥挤扎堆而卧。阵发性、痉挛性咳嗽或呼吸加快，继发感染其他病原微生物后，发生肺炎，出现喘气，呈腹式呼吸，最后衰竭死亡（图1、图2、图3）。

3　剖检及诊断

剖检病变主要表现在呼吸器官。鼻、喉、气管和支气管黏膜充血，表面有大量泡沫状黏稠液体（图4）。纵隔淋巴结、支气管淋巴结肿大明显，小支气管和细支气管内充满泡沫样渗出液。肺病变部呈紫红色、坚实，肺间质增宽出现炎症变化。肝脏、肾脏也表现黄染或坏死。

根据发病急剧、迅速蔓延到整栋猪群的特点和临床症状以及剖检变化，结合兽医临床经验可以初步确诊该病。

4　治疗措施

4.1　预防

4.1.1　加强消毒　在该病的高发季节，猪舍可用"食醋"带猪熏蒸消毒，每天

1次，连用3d。猪舍外环境和主干道可用2%火碱溶液进行喷雾消毒，每5d一次。

4.1.2　减少应激　杜绝昼夜温差过大给猪带来的发病诱因，做好猪舍温度、湿度控制，确保空气新鲜，猪舍卫生清洁，尽量为猪只营造安逸、舒适的生活环境，避免应激导致的抵抗力下降而发病。

4.1.3　营养平衡　防止饲料霉变，饲料中应含有优质足量的维生素、氨基酸和平衡的微量元素，以及比例适宜的能量和粗蛋白质。同时提供清洁饮水。

4.1.4　精心护理　换料、转群、饲喂、清扫等每一个环节都要做到精细管理。每天对猪群进行巡视，发现异常及时解决或上报求助，一切要"以猪的健康快乐为关注焦点"。

4.1.5　适时保健　每月定期或遇到天气变化时，在饲料或饮水中添加治疗剂量的药物（敏感抗生素或天然中草药），连续使用7d，以减少或控制体内病原微生物的早期感染。

4.2　治疗

对症治疗，提高机体抵抗能力，控制继发感染。

4.2.1　个体治疗　100kg体重猪用量，用5%葡萄糖注射液500mL＋头孢噻呋钠5g＋清开灵（针剂）30mL，混合静滴，每日1次，连用2d。

4.2.2　全群用药

（1）饮水加药：每吨水加70%阿莫西林400g、口服葡萄糖3 000g、电解多维400g、安乃近300g（只用3d），连续饮用7d。

（2）饲料加药：每吨饲料加组氟罗2 000g、强力霉素400g、阿司匹林500g（只用3d），连续饲喂7d；或用磺胺五甲氧嘧啶800g、小苏打1 500g、利高霉素1 500g，连续饮用7d。

4.2.3　中草药　黄芪、黄芩、板蓝根、知母、公英、葛根、生石膏、玄参、连翘、二花、甘草、生地、柴胡、桔梗、荆芥、防风适量，机器打碎拌料或放入锅中文火水煎40min，滤渣，药液加白糖对水拌料，连用3～5d，治疗该病成本低，效果好。

图1　保育猪发生流感，压堆而卧

图2　患病育肥猪发烧，全身发红

图3　患病育肥猪精神沉郁，食欲废绝

图4　气管内充满泡沫和黏液

中西医结合治疗猪流感

唐式校[1]　王富民[2]

(1.江苏省东海县兽医卫生监督所，江苏　东海　222300; 2.江苏省东海县畜牧兽医站，
江苏　东海　222300)

猪流感是由猪流行性感冒病毒引起的急性、热性、高度接触性传染病。特征为突然发病、迅速传播，病猪高热和上呼吸道炎症。

病原为猪 A 型流感病毒，此病毒存在于病猪和带毒猪的呼吸道分泌物中，对一般消毒药物均敏感，对日光和热的抵抗力较弱。此外，猪嗜血杆菌对病原有协同作用。本病一般呈良性经过，但巴氏杆菌、双球菌、链球菌、沙门氏菌、弓形虫、附红细胞体等，均可参与继发感染而使病情复杂化，使病死率大大提高。笔者从事兽医工作多年，利用中西医结合疗法治疗猪流感500余例，平均治愈率95%以上，取得了良好效果，现选择 2 例报告如下：

病例一：本县石榴镇东安村养猪户陈某饲养的96头育肥猪 (体重平均52.5kg)，2006 年10月26日晚，由于大风降温，猪舍窗户未及时关闭，27 日下午全群突然发病，体温高达41℃，食欲废绝，精神委顿，喜卧，四肢有痛感，步态不稳，流清水样鼻液，咳嗽，呼吸加快。剖检死猪喉、气管、支气管黏膜充血，气管内充满泡沫状渗出液，混有血液。肺有不同程度炎症，充血、水肿严重。根据流行特点、临床症状和病理变化诊断为猪流行性感冒。

治疗方法：中药选用紫苏、杏仁、茅根、桑白皮、地骨皮、金银花、薄荷各10g，煎水内服，每天 1 次，连服3d。

为了解热和防止继发感染，西药选用了2%氨基比林10mL，青霉素80万单位肌肉注射，每天 2 次，连用2d，经上述方法治疗第 3 天病猪体温降为38.8℃，上述病状逐渐好转，开始进食。第 5 天病状消失，精神、食欲恢复正常，治愈率达98.96%。

病例二：本县牛山镇西蔡村养猪户霍某于２００７年３月14日从沭阳县购进25kg 左右的苗猪80头，由于运输途中管理不善，购买后第 4 天全群暴发疾病，于 3 月20日前来求治。

症见病猪体温升高到40～41.5℃，缺乏食欲，精神极度沉郁，肌肉疼痛，不愿站立，呼吸加快，呈犬坐姿势，夹杂阵发性咳嗽，眼和鼻有黏液性液体流出。剖检病死猪 2 头，病理变化主要表现在呼吸器官。发现咽喉黏膜轻度充血，覆盖

着一层白色、透明、稠厚的黏液，气管内也可有多量黏液，渗出物全阻塞于小支气管和细支气管。肺病变部深紫红色，病变组织和正常组织界线分明，病肺部触之坚实如皮革状，无碎裂音，可以触到支气管支，断面肺实质呈紫红色如鲜牛肉状，数量和分布不规则，限于尖叶、心叶和中间叶，病变部为不规则的两侧性。颈部和纵隔淋巴结极度增大、水肿，肺门淋巴结大如葡萄粒，断面多汁。胃肠道有充血，特别是胃大弯和贲门部黏膜充血。

治疗方法：取中药柴胡18g、土茯苓12g、陈皮1g、薄荷18g、菊花15g、紫苏12g，生姜为引，煎水一次内服，每天1次，连用4d；西药选取安乃近5mL，卡那霉素10mL，每天2次，连用3d。第4天病猪体温恢复正常，食欲增加，咳喘症状明显缓解，第6天全群康复，治愈率97.5%

在治疗上述2例病猪的同时，彻底清扫猪舍，用百毒杀溶液喷雾消毒，另外注意圈舍保暖，给病猪补饲一些青绿多汁饲料，及时供应清洁饮水。

副猪嗜血杆菌病的防治

策划：杨汉春

　　副猪嗜血杆菌病是由副猪嗜血杆菌引起的猪的一种接触性传染病，临床上以关节肿胀、疼痛、跛行、呼吸困难，以及胸膜、心包、腹膜、脑膜和四肢关节浆膜发生纤维素性炎症为特征。随着养猪业的发展，规模化饲养技术的应用和饲养高度密集，以及突发新的呼吸道综合征等因素存在，使得该病日趋流行，危害日渐严重。近2年来，我国副猪嗜血杆菌在养猪场引起猪多发性浆膜炎和关节炎的报道屡见不鲜，特别是规模化猪场在受到蓝耳病病毒、圆环病毒等感染之后免疫功能下降时，副猪嗜血杆菌病趁机暴发，导致较严重的经济损失。所以，我们邀请有关专家做了这期主题，希望能对广大读者有所帮助。

副猪嗜血杆菌抗体间接血凝试验

刘茂军[1] 周勇岐[2] 丁美娟[2] 苏国东[1] 邵国青[1]

(1.江苏省农业科学院兽医研究所, 江苏 南京 210014; 2.南京天邦生物科技有限公司, 江苏 南京 211102)

副猪嗜血杆菌(*Haemophilus parasuis*, HPS)病又称多发性浆膜炎和关节炎或革拉泽氏病, 曾一度被认为是由应激所引起的散发性疾病, 后来被证实是由副猪嗜血杆菌所引起的一种以纤维素性浆膜炎、多发性关节炎、胸膜炎和脑膜炎为特征的猪呼吸道传染病, 严重危害各年龄段的猪群, 病死率较高。随着养猪业的发展, 该病在全球范围内已成为影响养猪业发展的主要细菌性疾病之一, 给养猪业造成了巨大的经济损失[1-2]。

由于副猪嗜血杆菌病缺乏特征的临床症状, 常作为继发性疾病, 容易被忽视, 加上该菌不容易分离, 给疾病的诊断带来一定的困难。本试验的目的是为建立HPS血清抗体间接血凝试验诊断的方法, 为更好地检测该病提供依据。

1 材料

1.1 菌株和血清

副猪嗜血杆菌Fs分离株、副猪嗜血杆菌阳性血清和阴性血清、猪弓形虫体病阳性血清、猪瘟阳性血清、猪大肠杆菌病阳性血清、猪伪狂犬病阳性血清、猪传染性胸膜肺炎阳性血清和猪肺炎支原体病阳性血清均由江苏省农业科学院兽医研究所提供。

被检猪血清采自山东、江苏猪场的病猪和健康猪。

1.2 器材与设备

分光光度蛋白仪、恒温水浴锅、离心机、超声波裂解仪、96孔微量凝聚反应板、微量移液器、枪头、移液管、吸耳球等。

1.3 主要试剂

TAP稀释液、醋酸溶液(pH4)、磷酸缓冲液(0.11mol)、HP培养基。以上各试剂均选用国产分析纯。

1.4 绵羊红血球的采集

采用颈静脉采血法。采出的血液立即注入盛有玻璃珠的灭菌烧瓶内, 振荡数分钟, 脱去纤维素, 防止凝血, 或将血液直接注入装有抗凝剂的烧瓶内。将所采血液无菌操作分装于灭菌器, 4℃保存备用。

1.5 双醛固定绵羊红血球

去除纤维素的绵羊血，4℃保存3～5d后，加约10倍体积0.11mol的PB液吹打均匀，3 000r/min，离心3min，如此反复5次。将压积红细胞加PB液配成8%的悬液，然后加等体积的3%的丙酮醛(pH7.2)混匀，在22℃缓缓连续搅拌(以微型电动机加搅拌棒，60r/min)17～18h后，3 000r/min离心5min，弃上清液。以约压积细胞10倍的PB液吹打均匀后，3 000r/min离心3min，弃上清液；重复5次。以0.11mol的PB液将压积细胞配成8%的悬液，加等体积8%的甲醛溶液，在22℃缓慢连续搅拌17～18h后，3 000r/min离心5min，弃上清液。然后以约压积细胞10倍的PB液吹打均匀，3 000r/min离心3min，弃上清液；重复5次。压积细胞加PB液配成10%的细胞悬液。4℃保存，有效期6个月。

2 方法

2.1 HPS抗原裂解物的制备

以分离株Fs接种普通琼脂平板(加NAD和猪血清)，37℃培养24～48h，经克隆纯化培养，每个平板加入约5mL的0.85%生理盐水，以玻璃棒刮下抗原培养物。4 000r/min离心5min，弃上清液。再加适量生理盐水吹打均匀，4 000r/min离心5min，弃上清液，如此重复3次。

抗原沉淀加双蒸水5mL吹打均匀，−20℃冻结，37℃水浴解冻，如此反复冻融5次。经冻融的抗原超声波裂解1min，3 000r/min离心5min，取上清液。各取100 μL分别做10倍、20倍、40倍稀释，以双蒸水作空白对照，以分光光度蛋白仪分别测定260nm和280nm的吸光值，根据公式：$Pr = (1.5A_{260} - 0.75A_{280}) \times$ 稀释倍数，计算上清液的蛋白含量（取平均值）。以上述上清液作为抗原裂解物，4℃保存备用。

本试验测定的Fs蛋白浓度为1.6845mg/mL。

2.2 绵羊红细胞的致敏方法

2.2.1 取液量 每100mL 1%的致敏红细胞需要10%醛化红细胞10mL。制备10mL以40 μg/mL致敏的1%红细胞需抗原蛋白0.4mg。即以40 μg/mL致敏需要以上抗原液0.24mL。制备10 mL以80 μg/mL致敏的1%红细胞需抗原蛋白0.8mg。即以80 μg/mL致敏需要以上抗原液0.47mL。

2.2.2 酸化 各取1mL的10%醛化固定红细胞加适量pH4.0的醋酸缓冲液，混合均匀，2 000r/min离心3min，弃上清液。压积红细胞按以上计算量加入抗原蛋白液，加醋酸溶液至10mL，充分混匀。

2.2.3 致敏 把各管放置于试管架放于水浴锅内，水浴锅的水位高度至少要高过管内水位，设对照管内置温度计，到37℃开始计时。37℃水浴30min。期间不断以各自吸管吹打均匀。

2.2.4 洗涤 2 000r/min 离心 3min，弃上清液。以 0.11mol PB 液吹打均匀，2 000r/min 离心 3min，弃上清液，重复 3 次。

2.2.5 配液 于以上压积红细胞中各加 TAP 稀释液至 10mL，混合均匀，装瓶，贴标签保存于 4 ℃。

3 结果

3.1 自凝检查

以致敏红细胞与等量的 TAP 稀释液振荡混匀，室温静置 2h，观察凝聚现象。结果表明，所致敏的红细胞不与 TAP 稀释液发生凝集，可以用于间接血凝试验（见表 1）。

表 1 致敏红细胞自凝现象检查

抗原	浓度/(μg/mL)	凝集现象
Fs	40	— — — — — — —
Fs	80	— — — — — — —

注：— 表示不凝集，凝集现象为 7 次重复试验。

3.2 最适抗原致敏浓度测定

按微量法，将 IHA 稀释液 TAP 液加于 96 孔的 "V" 型反应板中，每孔 25 μL；在每排第 1 孔加血清 25 μL，与稀释液混匀后吸取 25 μL 至第 2 孔，依次做倍比稀释，第 12 孔作空白对照。再向每孔加 1% 致敏红细胞 25 μL，在振荡器上振荡 1～2min，放至室温(25 ℃左右)1～2h，观察结果。结果判定标准：被检血清效价大于 1∶32 为阳性；低于 1∶16 为阴性；1∶16～1∶32 为可疑。结果表明，当致敏抗原浓度为 40 μg/mL 时，阳性血清呈现阳性反应，凝集效价较高，并且与阴性血清不发生凝集；浓度为 80 μg/mL 的致敏抗原比浓度为 40 μg/mL 的致敏抗原的阳性血清凝集效价高，但与阴性血清发生凝集较重，而且配制 40 μg/mL 浓度的致敏抗原节省材料，所以最适抗原致敏浓度为 40 μg/mL（见表 2）。

3.3 交叉反应试验

用猪瘟阳性血清、猪弓形虫病阳性血清、猪传染性胸膜肺炎阳性血清、猪肺炎支原体病阳性血清、猪伪狂犬病阳性血清和猪大肠杆菌病阳性血清，按已建立的 IHA 进行操作，重复 2 次，除了猪传染性胸膜肺炎阳性血清和阳性对照血清呈现阳性反应外，其余均呈阴性反应。初步表明建立的 IHA 具有较高的特异性。

3.4 重复性试验

应用不同批次诊断抗原（浓度为 40 μg/mL）对阳性血清、阴性血清按以建立的 IHA 进行操作，重复 2 次。结果表明，不同批次制备的诊断抗原由于操作过程中的差异而存在一定的误差，但能够很好地区分阳性血清和阴性血清，试验结果基本相同（见表 3）。

3.5 检测被检血清

用已建立的 IHA 检测山东、江苏两地猪场采来的样品。山东样品 24 份，江苏样品 28 份，分别检出 8 份和 4 份阳性血清，检出率分别为 33.3% 和 14.3%。结果表明两地猪场部分猪感染了副猪嗜血杆菌。

4 讨论

4.1 副猪嗜血杆菌病

副猪嗜血杆菌是一种机会性、依赖性的致病细菌，广泛存在于猪上呼吸道中。HPS 生长时严格需要 NAD 或 V 因子(烟酰胺腺嘌呤二核苷酸)，在血琼脂平板上，生长为圆形、隆起、表面光滑、边缘整齐、灰白色、小而半透明的不溶血菌落。HPS 血清型很多且相互之间缺乏交叉保护[3]，按 Kielstein-Rapp- Gabriedson(KRG) 血清分型方法，至少可将该菌分为 15 个血清型[4]。血清 1，5，10，12，13 型和 14 型为高毒力致病株；血清 2，4，15 型为中等毒力致病株；血清型 8 为弱毒力致病株；血清 3，6，7，9 型和 11 型与临床症状无关，另有 20% 以上的菌株不能分型。

表 2 IHA 最适浓度选择

抗原含量	血 清 稀 释 度											
(μg/mL)	2	4	8	16	32	64	128	256	512	1024	2048	空白对照
40	－	－	－	－	－	－	－	－	－	－	－	－
80	+++	+++	+++	+++	+++	+++	+++	++	－	－	－	－
	++	++	+++	－	－	－	－	－	－	－	－	－
	+++	+++	+++	+++	+++	+++	+++	+++	+++	－	－	－

注：++++：100% 红细胞均匀呈膜样沉积孔底，中心无红细胞沉点或仅有针尖大沉点。+++：75% 红细胞均匀呈膜样沉积孔底，中心沉点较大。++：50% 红细胞均匀呈膜样沉积，周围成凝集团点，中心沉点大。+：25% 红细胞集于中心，周围见少量颗粒状沉着物。－：不凝集。

表 3 重复性试验

批次	血 清 稀 释 浓 度											
	2	4	8	16	32	64	128	256	512	1024	2048	空白对照
1	+++	+++	+++	+++	+++	+++	－	－	－	－	－	－
	－	－	－	－	－	－	－	－	－	－	－	－
2	+++	+++	+++	+++	+++	+++	+++	－	－	－	－	－
	+											－
3	+++	+++	+++	+++	+++	+++	+++	－	－	－	－	－
	+	+										－

注：++++、+++、++、+、－ 表示与表 2 相同。

蔡旭旺等[5]从全国10多个省市送检的疑似患多发性浆膜炎与关节炎猪的病料中分离到32株细菌，经培养特性、形态观察和生化鉴定以及ＰＣＲ鉴定确定为副猪嗜血杆菌，将其中的15株按ＫＲＧ琼脂扩散血清分型方法进行血清型鉴定，结果显示副猪嗜血杆菌在我国各地普遍流行，并且当前流行的优势血清型为4，5，12，13型。

副猪嗜血杆菌有很强的宿主特异性，只感染猪，可影响2周龄至4月龄的猪，多发生在断奶前后和保育阶段，通常见于5～8周龄的猪，发病率一般在10％～15％，严重时死亡率可达50％。李希林等[6]指出，在敏感猪群内，HPS引起的死亡主要发生在幼猪；在有些猪群，早在断奶后1周就开始发病，这表明仔猪缺乏母源抗体保护力。ＨＰＳ病主要通过空气、猪与猪之间的接触或污染排泄物传播，病猪和带菌猪是本病的主要传染源，副猪嗜血杆菌可影响猪生产的各个阶段。急性病例往往首先发生于膘情良好的猪，表现为发热、食欲减退、精神沉郁、呼吸困难、耳梢发紫、腕跗关节肿大、共济失调，临死前侧卧或四肢呈划水样。慢性病例多见于保育猪，主要表现为食欲下降、咳嗽、呼吸困难、被毛粗乱、四肢无力或跛行，甚至衰竭而死亡。剖检可见胸腔内有大量的淡红色液体及纤维素性渗出物凝块；肺表面覆盖有大量的纤维素性渗出物并与胸壁粘连，多数为间质性肺炎，部分有对称性肉样变化，肺水肿，腹膜炎，常表现为化脓性或纤维素性腹膜炎，腹腔积液或内脏器官粘连；心包炎，心包积液，心包内常有干酪样甚至豆腐渣样渗出物，使外膜与心脏粘连在一起，形成"绒毛心"，心肌有出血点；全身淋巴结肿大，呈暗红色，切面呈大理石样花纹；脾脏肿大，有出血性梗死；关节肿大，关节腔有浆液性渗出性炎症[7]。

4.2 副猪嗜血杆菌病的诊断

近年来，有关副猪嗜血杆菌所引起的猪群多发性浆膜炎和关节炎的报道屡见不鲜，损失惨重[8]。细菌的分离培养、生化试验、间接血凝试验、ＰＣＲ技术等多种检测方法应用于临床诊断。细菌的分离鉴定对疾病的确诊很有必要，也是当前最准确有效的诊断方法，但该菌的分离是很困难的，对病料、采集时间、培养基都有要求。病料要从未用过抗生素的、有典型症状的病猪的浆膜、腹膜等处采集，要在24h之内用特殊培养基进行培养，且存在耗时长、分离率低、需要非常熟练的技术人员等缺点。生化试验可以将ＨＰＳ与其他败血性细菌感染区分开，也是建立在细菌分离的基础之上。应用ＰＣＲ技术检测基因序列，可以避免血清学诊断中的交叉反应，能够进行该病的流行病学研究，具有快速、准确、特异性高等优点，但需要昂贵的仪器和熟练的技术人员。而ＩＨＡ操作简单，凭眼观来判断，能直接观测出抗体效价的高低，不需要特别的技术和复杂昂贵的仪器，流程较短，易学易用，对缺少仪器设备和专门技术人员的猪场、基层较实用。应用ＩＨＡ检测抗体有时会出现假阴性结果，其灵敏度和特异性不如ＰＣＲ，只能对猪场作初步检测和整体评价。

ＩＨＡ特异性较高，本试验中副猪嗜血杆菌除了与猪传染性胸膜肺炎阳性血清发生阳性反应外，与猪瘟阳性血清、猪弓形虫体病阳性血清、猪肺炎支原体病阳性血清、猪伪狂犬病阳性血清和猪大肠杆菌病阳性血清均呈阴性反应，可用于鉴别诊断。对于副猪嗜血杆菌病不能仅根据ＩＨＡ检测结果作出判断，还需要结合其他方法进行综合诊断。

副猪嗜血杆菌病在临床上主要与传染性胸膜肺炎相鉴别。副猪嗜血杆菌病与猪传染性胸膜肺炎阳性血清存在交叉反应，不能应用ＩＨＡ进行鉴别诊断。两者在主要发病群体和病理变化上有很大差异，可作为鉴别诊断依据。副猪嗜血杆菌病主要发生在断奶前后和保育阶段，引起的主要病变有脑膜炎、胸膜炎、心包炎、腹膜炎和关节炎，呈多发性；而猪传染性胸膜肺炎主要发生在6～8周龄猪（中育猪），典型病例引起的病变主要是纤维素性胸膜炎和心包炎，并局限于胸腔。两者鉴别的可靠依据是应用ＰＣＲ技术[9]，可以避免ＩＨＡ中出现的交叉反应，结果更为准确。

本试验用的被检血清是从未免疫的猪场采来的，通过ＩＨＡ检测出部分血清呈阳性反应，表明两地猪场感染了副猪嗜血杆菌。副猪嗜血杆菌是通过空气、与病猪接触方式传播的，易引起群发。一旦暴发ＨＰＳ，使用抗生素治疗效果甚差，所以当疑似副猪嗜血杆菌病时，应及早使用大量抗生素以非肠途径进行治疗，且必须对受害群中所有的猪都进行治疗；对未出现症状的可疑猪和健康猪进行免疫接种。由于该病的血清型多，商品菌苗效果不确定，自家苗有一定预防效果，没条件的也可选用副猪嗜血杆菌多价灭活苗进行免疫[10]。

参考文献

[1]　斯劳特，阿莱尔，蒙加林，等．猪病学[M].北京:中国农业出版社.2000：357～367

[2]　Oliveira S, Pijoan C. Haemophilus parasuis: new trends on diagnosis, epidemiology and control[J]. Vet Microbiol. 2004, 99(1):1～12

[3]　季芳，宋长绪，杨增岐.副猪嗜血杆菌的研究进展[J].广东畜牧兽医科技.2004, 29（1）:19～22

[4]　Kielstein P, Rapp-Gabrielson V J. Designation of 15 serovars of Haemophilus Parasuis on the basis of immunodiffusion using heatstable antigen extracts[J]. J Clin Microbiol. 1992, 30(4): 862～865

[5]　蔡旭旺,刘正飞,陈焕春,等.副猪嗜血杆菌的分离培养和血清型鉴定[J].华中农业大学学报,2005,24（1）:55～58

[6]　李希林，Lundeen T,陶莉，等.副猪嗜血杆菌在仔猪保育期死亡中的作用及其防制[J].国外畜牧学-猪与禽.2003,23（3）:53～54

[7]　Oliveira S, Batista L, Torremorell M, et al. Experimental colonization of piglets and gilts with systemic strains of Haemophilus parasuis and streptococcus suis to prevent disease[J].Can J Vet Res.2001, 65(3):161～167

[8]　周勇岐，宁官保，苏国东等.疑似副猪嗜血杆菌感染的诊断与控制试验[C]// 中国畜牧兽医学会传染病分会第十次研讨会论文集.北京：中国畜牧兽医学会传染病分会，2003，654～656

[9]　张培君，孙蕙玲，苗得园等.猪胸膜肺炎和猪副猪嗜血杆菌的鉴别诊断及血清型鉴定[J].中国兽药杂志.2002，36(10):18～20，2

[10]　洪江庭.猪副嗜血杆菌病的诊断与防治[J].福建畜牧兽医.2005,27(6)：38～39

副猪嗜血杆菌病的控制

周绪斌　Daniel Torrents Gil

（海博莱生物大药厂北京代表处，北京　100086）

副猪嗜血杆菌病又称革拉泽氏病，发病特点表现为多发性浆膜炎、关节炎（图1）和脑膜炎。临床症状包括厌食、精神沉郁、被毛粗乱、跛行、严重呼吸困难，出现振颤和共济失调等神经症状，暴发时可引起极高的死亡率。剖检病变表现为腹膜炎（图2）、心包炎（图3）和胸膜炎（图4），全身浆膜表面出现浆液性纤维素性以及纤维素性化脓性渗出。该病由巴氏杆菌科副猪嗜血杆菌（*Haemophilus parasuis*，HPS）感染引起（图5），于1910年由德国学者Glasser首先报道，现已在全世界范围内广泛分布。该病同样给我国猪群带来很大威胁，随着猪繁殖与呼吸障碍综合征（PRRS，蓝耳病）的流行，副猪嗜血杆菌病给猪群造成的损失比以往更为严重，而暴发性的副猪嗜血杆菌病也比以往更为普遍，值得养猪业者密切关注。由于药物滥用导致副猪嗜血杆菌的耐药性越来越严重，如何有效控制副猪嗜血杆菌病是摆在我国养猪业者面前的一道课题。本文就副猪嗜血杆菌病的流行病学特点、血清型与免疫保护间的关系、疫苗研究进展及临床应用情况做一综述。

1　流行病学

通常情况下，母猪和育肥猪是HPS的病原携带者，约85%猪只上呼吸道（鼻腔）可分离到HPS，在正常猪群中，HPS是1周龄仔猪最早而且最常见的分离菌，通过鼻腔直接接触，细菌可从母猪传播给仔猪或从老龄猪传播给低日龄猪，因此，副猪嗜血杆菌病最常发生于保育猪，但在某些急性病例中，哺乳仔猪也有较高的发病率。

图1　关节炎，后肢跗关节肿大

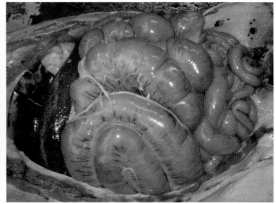

图2　腹膜炎，内脏表面覆盖纤维素性渗出

图3 心包炎，心包积液，心脏表面纤维素性渗出

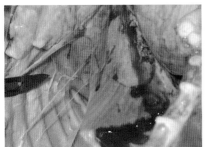

图4 胸膜炎，胸膜与胸腔粘连，表面纤维素性渗出

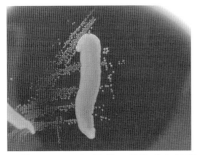

图5 24~48h培养，副猪嗜血杆菌围绕金黄色葡萄球菌呈卫星现象，未溶血菌落

副猪嗜血杆菌病的发生通常与一些诱发因素相关。如种猪更新率较高时，引起后备猪对HPS的免疫力较低，这会导致后备猪所产仔猪缺乏对细菌的免疫力而容易致病。此外，猪群出现新的菌株也是重要的发病原因。其他的原发性感染往往是副猪嗜血杆菌病作为诱发因子，尤其是蓝耳病、气喘病和萎缩性鼻炎。江西农业大学花象柏认为，蓝耳病发生后HPS的继发感染是造成10周龄以前的小猪死亡率升高最重要的细菌性致病因子，反过来，HPS的严重感染又成为蓝耳病存在的"指示病"。Brockmeier等发现，支气管败血波氏杆菌是HPS在猪上呼吸道定植的有利因素。另外一些猪场由于环境与管理的原因造成猪场内猪群混养，如保育猪的持续流动以及不同来源猪只混群，另一个不可忽视的因素就是断奶后的应激，如密度过高、温度过低、温度波动过大以及直风通过猪的体表。

2 血清型

Bakos等(1952)首先报道了副猪嗜血杆菌存在血清型(serovar)。基于免疫扩散试验，目前已经鉴定了15种血清型，但是值得关注的是，还有大量的分离菌利用现有方法无法分型。血清分型的特异性抗原为一种热稳定性多糖，可能为荚膜(capsule)或脂多糖(lipopolysaccharide，LPS)。血清分型首先需要标准血清，制备方法通常是利用包含弗氏完全或不完全佐剂并经福尔马林灭活的菌体，皮下接种2次随后多次静脉接种灭活或活菌体加强免疫，将分离菌经121℃加热2h后，热稳定抗原提取物与标准血清进行琼脂扩散试验进行血清定型。

西班牙、德国、美国、日本、加拿大和中国，血清4型和5型是主要分离株，澳大利亚和丹麦的主要血清型是血清5型和13型，当然还有大量分离菌株无法分型，这说明世界范围内，血清型的分布基本类似。

3 药敏试验与耐药性

对于一种细菌性疾病，通常猪场主人和兽医习惯于利用抗生素进行控制。但由于HPS耐药性的广泛存在，往往需要通过药敏试验来选择合适的抗生素，而HPS分离培养的特殊要求增加了药敏试验的难度，这也使得应用疫苗免疫来控制副猪嗜血杆菌病受到更广泛的认可。通常情况下，在副猪嗜血杆菌病暴发时，利用抗生素预防以及通过肠道途径进行治疗效果很不理想。

各个国家由于对抗生素使用政策的不同而导致分离菌对抗生素的敏感性差异很大。比如瑞士分离菌株对青霉素和恩诺沙星敏感，但是对大观霉素、卡那霉素、庆大霉素、四环素、红霉素、磺胺以及ＴＭＰ＋磺胺产生耐药性。丹麦猪场分离菌株对大部分抗生素都较为敏感。De la Fuente等(2007)最近对30株分离于英国和30株分离自西班牙的ＨＰＳ对猪场常用的19种抗生素的敏感性进行了调查。结果发现，英国株对青霉素、头孢噻呋、红霉素、替米考星、恩诺沙星和氟苯尼考敏感，但20％的菌株对新霉素不敏感。相反，西班牙株对氟苯尼考敏感，但是对青霉素、氨苄西林、金霉素、红霉素、替米考星、泰妙菌素、ＴＭＰ＋磺胺耐药，另外对克林霉素、磺胺和泰乐菌素耐药。同时在西班牙菌株中还存在多重耐药现象，23.3％至少对8种抗生素耐药，同样的比例菌株对所有抗生素耐药。最近，San millan等(2007)从西班牙分离到高度抗β－内酰胺菌株，该菌株存在一个新质粒PB1000，能够表达具有功能活性的ＲＯＢ－1内酰胺酶，这也揭示了ＨＰＳ产生对青霉素和头孢类抗生素耐药的机理。Lancashire等(2005)在澳大利亚分离到包含tet(B)四环素抗性质粒的菌株，产生对四环素的耐药性。

ＨＰＳ可定植于猪上呼吸道。有趣的是，西班牙学者Olvera等(2007)通过基因分型及血清学分型，发现同一猪场可同时存在3个不同菌株，通过对暴发疫病的猪场应用抗生素治疗消除了临床症状，同时猪场菌株的多样性发生改变，治疗后仅分离到1株耐药的菌株，但1年后，菌株的多样性又恢复到治疗前的原有状态，即又能够分离3个菌株。

冼琼珍等(2006)对广东分离株进行药敏试验，发现ＨＰＳ对头孢唑啉、庆大霉素、氟哌酸等敏感，但对强力霉素、链霉素、四环素、金霉素均耐药，部分分离株对丁胺卡那霉素、甲氧苄啶耐药。窦守强等(2006)对广东分离株进行药敏试验发现对阿莫西林、链霉素、新霉素耐药。王金合(2006)发现河南分离株对氨苄西林、丁胺卡那霉素、庆大霉素敏感，但对林可霉素、土霉素、链霉素、四环素不敏感。蒋培红(2007)发现山东分离株对丁胺卡那、磺胺间甲氧嘧啶、头孢噻肟敏感，但对克林霉素、庆大霉素、环丙沙星、恩诺沙星、链霉素、土霉素耐药。冷和平等(2007)报道，根据猪场抗生素应用实践表明，广东地区2002年磺胺类、2003年阿莫西林、2004年氟苯尼考、2005年先锋类都对ＨＰＳ有效，但自2006年起，以上药物都失去疗效，说明ＨＰＳ产生严重的耐药性。

副猪嗜血杆菌病的治疗应在疾病暴发早期通过非肠道途径才可能有部分效果。根据疾病发生程度的不同以及发病类型，抗生素的使用剂量有较大差异，所以准确的剂量通常难于把握。在疾病暴发时，为使抗生素能对进入组织、脑脊髓液以及关节液的病原起作用，通常情况下需要较大的剂量，这也是临床上采用抗生素治疗效果不佳的重要原因。

由于仔猪在早期鼻黏膜就可能定植HPS，因此仅仅通过早期隔离断奶措施来清除副猪嗜血杆菌病往往较为困难。Clark(1994)通过非肠道途径以及口服大剂量抗生素成功清除了仔猪HPS。但是清除HPS往往会得不偿失，因为如果阴性猪与HPS病原携带猪混养的话可能会引起灾难性后果。这也提示我们，在引入新的后备猪时，同样要经过检疫隔离和适应期。

4 疫苗免疫预防

4.1 免疫机理

采用疫苗免疫预防副猪嗜血杆菌病是经济有效的方法。但是，HPS的毒力因子以及保护性抗原还不十分清楚。母源抗体和自然免疫是控制疫病的重要因素。Nielsen等(1993)利用非致病性菌株感染SPF猪后能够产生循环抗体，同时能够对血清5型的丹麦分离菌株攻毒产生保护作用，这表明不同血清型存在一些共同的抗原决定簇，并诱导产生交叉保护作用。由于副猪嗜血杆菌病通常表现为败血症，因此体液免疫可能起主要作用，抗体是产生免疫作用的重要因子。

HPS的抗原特性是根据抗体与细菌表型特异的标记物如外膜蛋白(OMP)、脂多糖(LPS)以及荚膜多糖的免疫反应来鉴定。Miniats(1991)利用免疫印迹的方法研究免疫猪的体液反应，发现仅有OMP的抗体与攻毒后保护相关。攻毒后保护的动物在免疫后并不产生针对LPS或荚膜多糖的抗体，因此血清型抗原与免疫保护性抗原并不一致。

交叉保护作用始终是使用疫苗时的关注点。Rapp-Gabrielson等(1997)研究了2、4、5、12、13、14型HPS疫苗的交叉保护作用，这些血清型是1992年美国猪场最常见的血清型。结果显示，菌苗对同源菌株攻毒都有保护作用。但是血清型12制备的菌苗以及血清2型和12型双价菌苗对同源攻毒无保护作用。进一步比较血清12型的2个不同分离株(12a和12b)对同源菌株的保护作用时发现，12a对同源攻毒无保护，相反，12b菌苗对同源攻毒有较好的保护作用，因此，虽然12a和12b都是强毒力菌株，并且OMP以及LPS图谱相同，但是，很显然相同血清型可能表达不同的保护性抗原。这也提示我们，保护性抗原可能与HPS的毒力因子或者血清分型特异性抗原不同。因此HPS疫苗的交叉保护作用很可能在很大程度上决定于制苗用菌株(strain)而不仅仅是血清型(serovar)。

由于HPS抗体与免疫保护间的关系仍不十分清楚，目前尚没有商业化的诊断试剂用于检测疫苗免疫应答，另外由于猪场HPS血清型或菌株的鉴定难度较大，对于猪场来说，HPS疫苗的效力评价最直观的指标是疫苗应用后发病率和死亡率的控制，浆膜炎、关节炎、脑膜炎等典型临床症状和剖检变化的改善以及猪场生产成绩的提高。

4.2 自家疫苗

所谓的自家疫苗(autogenous vaccine)，是指从发病猪分离致病性毒力菌株，经实验室分离培养鉴定，大规模制备、灭活、添加免疫佐剂，并经田间初步试验后供发病猪场使用的疫苗。虽然对于自家苗，了解血清型以及致病性是有必要的，但是其他因素同样是选择疫苗毒株时要考虑的。因为从同一动物可以分离到高毒力的和无毒力的菌株，如果是制作自家疫苗，应从脑分离菌株，而从关节液、全身性感染以及肺脏的分离菌株不太适合，因为这些部位分离菌异源性较高(Oliveira等，2002)，这也是田间使用自家苗效果不稳定的重要原因。

高丰等(2002)利用自家疫苗控制发病猪场副猪嗜血杆菌病获得成功。值得注意的是，常规的病变组织匀浆制成的组织灭活苗通常效果欠佳。第一，因为副猪嗜血杆菌病的病变虽然很典型，但通常情况下，病变组织中细菌含量较少，而且HPS在环境中较为脆弱，因此组织灭活苗抗原含量明显不足；其次，病原的灭活方法是否合适，因为在制作灭活苗时，在灭活病原的同时要保留细菌的抗原性不被破坏；第三，灭活疫苗通常需要特定的佐剂才能发挥作用；最后，自家苗需要通过小规模的安全和效力试验验证后才能在全群中使用。因此，自家苗通常需要依靠专业的疫苗生产公司制备。

4.3 灭活疫苗免疫试验

大量的实验室试验以及田间应用实践表明利用商业化的疫苗或自家苗可以有效预防副猪嗜血杆菌病。对于疫苗研发来说，人们的主要着眼点在于研究具有较广泛交叉保护作用的疫苗。Takahashi等(2001)利用血清2型和5型制成双价疫苗，可以对同种血清型菌株的致死量攻击产生保护作用，但是单价疫苗缺乏免疫力。

Bak和Riising(2002)对血清型5型疫苗在给5周龄和7周龄猪免疫后的保护作用进行了研究，发现可以保护同源菌株的攻毒，但同时也对血清型1、12、13、14具有保护作用。

冷和平等(2007)报道，在广东珠海某800头母猪规模猪场和广州某400头母猪规模猪场发生类似"无名高热"症状，经诊断为副猪嗜血杆菌病，通过母猪在产前7周和4周注射血清1型和6型双价副猪嗜血杆菌灭活疫苗，对病弱仔猪紧急免疫，2周后加强免疫1次，同时采用抗生素拌料和注射，1周后全场疾病得到控制，同时母猪免疫后，产房生产成绩明显好转。此外，由于猪群生长状况得到明显改观，仔猪对其他疫苗的免疫应答也明显增强，猪瘟的抗体合格率由发病前的40%上升为100%。

4.4 活疫苗免疫试验

部分学者对活菌株是否能够激发黏膜免疫和细胞免疫的保护作用进行了研究，

Nielsen(1993)分别利用血清1-7型的菌株通过鼻腔接种感染SPF猪，发现仅有1型和5型引起全身性感染并致病，而通过气溶胶感染血清2、3、4、7型菌株后，可以随后保护强毒力的血清5型菌株攻毒。

另有学者设想，预先给仔猪接种低剂量活性有毒力菌株是否可以保护仔猪。由于在一个猪群中，仅有少部分猪自然定植毒力HPS，早期定植的仔猪由于有母源抗体的保护从而可以避免全身性感染发病，而母源抗体下降后，仔猪可以产生主动免疫应答。断奶后，这些仔猪就成为预先未定植仔猪的传染源，因此，未接触病原的仔猪可能高度易感，大约在6~8周龄开始出现全身性感染发病，因为母源抗体不能再提供保护作用。为此，有学者进行了试验研究，在仔猪5日龄时口服接种7×10^3 CFU毒性活菌，与对照组相比，接种组死亡率下降2.88%，但是在蓝耳病活性感染场，这种方法显然不适用。

4.5 免疫程序

副猪嗜血杆菌病的免疫程序也是临床上疫苗使用时要考虑的环节。首先关注母源抗体是否会干扰主动的免疫效果，很多实验表明母猪和仔猪同时免疫都有效。Solano-Aguilar 等对后备猪免疫2次灭活疫苗并对仔猪进行攻毒试验，结果发现，非免疫母猪组所产仔猪出现严重的临床症状，包括浆膜炎和肺炎，而母猪和仔猪同时免疫后无临床症状，但是不免疫母猪仅免疫仔猪攻毒后出现神经症状和跛行，这表明无论仔猪是否免疫，后备母猪免疫对仔猪攻毒都有保护作用，母源抗体对仔猪1周和3周免疫无干扰作用。

因此，在制定免疫程序时，有必要考虑保证断奶前后的仔猪都具有免疫力，Oliveira 等(2002)证实，母猪产前免疫所产生的初乳免疫力以及对断奶仔猪免疫2次可以提供必要的保护作用。

Sergi 等(2007)报道，在菲律宾一个1 200头母猪的单点式生产场，利用包含血清1型和6型的灭活疫苗同时应用于母猪和仔猪，母猪首先实施1次全群普免，3周后再次普免，随后每隔6个月对母猪进行1次加强免疫，同时对仔猪在7日龄和21日龄进行免疫，保育舍的仔猪副猪嗜血杆菌病得到明显控制，在7个月时间内，保育舍死亡率从7.30%下降到2.49%，同时发病率明显降低，这证实免疫母猪和早期免疫仔猪同样有保护力。

Miniats(1991)采用SPF猪为模型，将实验猪分为3组，分别在4、6周，3、5周以及2、4周进行免疫，疫苗由分离自安大略省的3株HPS经福尔马林灭活并以氢氧化铝为佐剂，注射2周后用同源毒力菌株攻毒，免疫组全部得到保护，而对照组中18头有17头在攻毒3~7d后严重发病或死亡。

通常情况下，免疫母猪母源抗体可保护6~7周龄前仔猪，因此如果在哺乳阶段或保育早期发病，可免疫母猪，首先要对全群母猪进行1次普免，间隔3周后再进行 1 次普免，第 2 次普免后 1 个月后，可在每胎次产前 6 ~ 4 周免疫 1 次，后备母猪则需要在配种前免疫 2 次，间隔 3 ~ 4 周，如果保育后期或育肥前期出现副猪嗜血杆菌病，则需要对仔猪进行免疫，首免 1 ~ 2 周龄，二免 3 ~ 4 周龄进行，每次免疫 1 头份。

总之，副猪嗜血杆菌病已经成为我国猪群的重要威胁，药物滥用导致细菌的耐药性越来越普遍，采用疫苗免疫是预防副猪嗜血杆菌病的有效途径，疫苗菌株的广谱保护作用是疫苗效力的重要因素，每个猪场应根据本场疾病流行特点制定合适的免疫程序。当然，由于副猪嗜血杆菌的抗原差异性以及对疾病发病机理了解尚不深入，猪场副猪嗜血杆菌病的控制需要采取综合措施，如加强管理、控制蓝耳病、控制猪群流动、实行全进全出、保持产房和保育舍的温度、减少保育舍温度波动和直接气流、减少保育猪应激等措施，才能在最大程度上发挥疫苗的效力。

副猪嗜血杆菌病防治研究的新进展

李凯年　逯德山

（吉林出入境检验检疫局，吉林　长春　130062）

1910 年，德国学者 Glasser 首次报道了一种表现纤维素性－多发性浆膜炎、心包炎、腹膜炎、关节炎和脑膜炎等临床特征的猪病，称之为 Glasser's 病。当时发现在患猪的浆液性分泌物中存在一种革兰氏阴性短小杆菌。1922 年，Schermer 等首先分离到该病的病原体副猪嗜血杆菌（*Haemophilus parasuis*，HPS）。因此，Glasser's 病又被称为副猪嗜血杆菌病。近几年来，世界各地均有发生副猪嗜血杆菌病的报道，并且发病率呈上升的趋势，已经成为一个全球性的重要猪病，给养猪业造成了严重的损失，受到了广泛的关注。在我国，副猪嗜血杆菌病的报道也屡见不鲜，也是常见的并发症或继发症之一。本文介绍了关于副猪嗜血杆菌病防治研究的一些新进展。

1　副猪嗜血杆菌病流行病学研究

研究表明，HPS 只能感染猪。通常可以从健康猪的鼻腔和患肺炎猪的肺中分离出这种细菌。在正常的肺组织一般不会发现 HPS。HPS 经由鼻腔到鼻腔的途径传播，可以从母猪传播给幼龄猪，混群后在保育猪之间传播，或来自新引进的种猪。HPS 可以侵袭 2 周龄至 4 月龄的猪，主要是在断奶前后和保育期阶段发病，HPS 可以使新生仔猪（未获得免疫）迅速致死。感染 HPS 后，可以引起猪的高发病率和高死亡率，在 5～8 周龄的猪发病率一般可以达到 40%，严重时死亡率可以达到 50%，而且可以影响到猪的各个生产阶段。目前，HPS 是与来自不同猪群混群有关的最严重的疾病之一，包括将新的种猪引进猪群。猪经常携带一个以上的血清型。HPS 一般多继发于其他呼吸道病毒和细菌病原体并且引起在许多猪群见到的呼吸道疾病综合征。HPS 被认为是机会致病菌，只在与其他病毒或细菌协同时才会致病。近年来，从患肺炎的猪中分离出 HPS 的比率越来越高，这与支原体肺炎、病毒性肺炎等的日趋流行有关。这些病毒主要有猪繁殖与呼吸障碍综合征（PRRS）病毒、圆环病毒、猪流感病毒和猪呼吸道冠状病毒。

HPS 血清型众多，按照 Kieletein-Rapp-Gabrielson（KRG）的血清分型方法，目前，HPS 至少可分为 15 个血清型，其中，在德国 4、5 型最为流行，在澳大利亚 5 型、13 型最为流行，在美国 5 型最为流行。但是，研究发现，有 20% 以上的分离株不能分型。在已经分离的 15 种血清型菌株中，1、5、10、12、13、14 毒力最强，可以引起患猪死亡或处于濒死状态；2、4、8、15 型为中等毒力，患猪的死亡率低，但出现败血症状，生长迟滞；3，6，7，9 和11 型毒力较低，患猪一般不表现明显的临床症状。

2 副猪嗜血杆菌的基因学研究

HPS 是一种革兰氏阴性非溶血性、NAD 依赖性细菌，可以侵袭猪并攻击关节表面、肠系膜、肺、心和脑，引起肺炎、心包感染、腹膜炎、胸膜炎、关节炎、脑膜炎等。随着许多国家采用多点生产系统并不断扩大，HPS 正在成为一个日益重要的猪病原菌，导致高发病率和高死亡率。为了确定 HPS 的致病性基因，由欧盟委员会部分出资资助了一个研究项目。该项目使用被剥夺初乳的仔猪作为模型，在临床症状、病变、直肠温度、细菌回收以及总的疾病评分方面观察到广泛的差异。针对这些疾病表现的差异，用从感染宿主猪和一些猪免疫组织构建的cDNA 基因芯片比较了对照猪、"疾病侵袭猪"和"未被疾病侵袭猪"之间的肺基因表达。基因被确定为有显著的上调或下调变化，并参与免疫或炎性反应、氧化应激、转录控制以及局部组织的反应。下一步的工作是进行关联分析以确定这些基因内的单核苷酸多态性（SNPs）。这可以鉴定DNA 标记，从而可以解释对 HPS 易感性的差异，并可以为选择健康动物提供新的工具。除了研究宿主的基因表达外，还在限制铁和氧以及有热和酸应激的条件下，对 HPS 的基因表达进行了分析。正在对上百个调节基因克隆进行测序和基因功能注释，以确定在宿主适应中涉及的新的毒力因子。

3 副猪嗜血杆菌分离的研究

在一般条件下，HPS 难于分离和培养，尤其是应用抗生素治疗过的病猪病料，给本病的诊断带来了许多困难。因此，对于许多兽医来说，从临床样品中分离 HPS 仍是一个挑战。虽然用PCR 可以检出临床样品中的 HPS，但是，要通过血清分型与基因分型对分离物进一步定性，还必须进行分离。许多因素都可能会影响到 HPS 的分离，包括选择采样的动物和在样品提交给诊断实验室之前对样品的处理。研究表明，采取以下措施可以提高从临床样品中分离 HPS 的机会。

3.1 选择采样的动物

很少能从死猪中分离出 HPS。为了提高分离的机会，应当对表现急性感染临床症状的未治疗猪进行无痛处死并采样。虽然最好选择表现有呼吸窘迫（腹式呼吸、咳嗽）和关节肿胀的猪采样，但是，对表现有中枢神经系统症状的猪也可以考虑，重要的是要从慢性病变中区分急性病变。在保育期暴发中存活的猪可能在肥育初期发生临床症状。这些临床症状可能与胸、腹腔发生纤维化有关。一般不能从慢性感染猪分离出 HPS。

3.2 选择采样的部位

HPS 是上呼吸道中一种共栖微生物。由于可以从健康动物的鼻腔、扁桃体、气管中分离出 HPS。因此，分离 HPS 的理想部位是脑（脑膜）、心包、胸膜、腹膜和关节。在观察到纤维素性胸膜炎时可以提交肺组织。在某些情况下，ＨＰＳ只引起肺炎。从肺炎肺回收到分离物可能表示或不能表示侵袭猪群的"问题"菌株。虽然ＨＰＳ可以引起败血症，并且可以表明在血液中发生急性感染，但是，并不常使用从现场病例采集的血液样品进行分离。

3.3 选择采样的方法

可以用无菌拭子采集供分离ＨＰＳ用的样品，并将拭子置于含有Stuart或Amies培养基的运送系统中呈送。Amies系统保持ＨＰＳ的活力比Stuart系统更好。应当用拭子采集器官表面上的纤维素渗出物样品。免疫组织化学研究表明，在纤维素渗出物中通常含有丰富的ＨＰＳ细胞。可以用无菌注射器采集关节、腹膜、心包以及胸腔中的液体。ＨＰＳ在组织中比在拭子中存活时间长。由于在同一头猪的不同部位可能分离出不同的ＨＰＳ株，所以提供的组织样品应当单独包装呈送。可以从活动物采样而无须进行无痛处死。例如可以用无菌注射器和针头从肿胀关节采集滑液。采样后样品应当立即冷冻。

3.4 供分离用样品的呈送

ＨＰＳ对温度敏感。在42℃下的生理盐水中1h、37℃下2h及25℃下8h ＨＰＳ即不能检出。但在冷藏温度（4℃）下，ＨＰＳ可以存活较长时间。采集供分离ＨＰＳ的样品应当尽可能快地呈送诊断实验室（1～2d）。拭子、组织样品或含有体液的注射器应当用冰镇容器呈送。组织应当新鲜呈送，不要使用福尔马林保存。

3.5 诊断测试

对于准确定性在猪群中引起疾病的流行株，分离ＨＰＳ是至关重要的。经过生化鉴定后，可以用血清分型与基因分型对ＨＰＳ分离物进行进一步的定性。这2项测试可以为疾病防控提供有关的资料。用肠杆菌科基因间重复一致序列聚合酶链式反应（ＥＲＩＣ－ＰＣＲ）方法进行基因分型，可检测出在被侵袭猪群中引起疾病的流行株，将10～20头临床侵袭的保育猪无痛处死，可以准确确定侵袭猪群的ＨＰＳ流行株。当分离失败时，用ＰＣＲ检测临床样品中的ＨＰＳ有益于确定ＨＰＳ在死亡中的作用。

4 副猪嗜血杆菌β－内酰胺抗药性研究

在发达国家，ＨＰＳ感染的发生率与流行率都很高，是引起猪发生死亡和经济损失的一个主要原因。一旦发生感染，抗菌治疗成为主要手段。虽然四环素类抗生素是对付这种细菌的主要药物，但在许多情况下发现有抗药性。西班牙最近发布的一份报告显示，有多达40％的临床分离株对四环素有高度抗药性。因此，青霉素和氨基青霉素正被用来作为替代治疗ＨＰＳ感染。但是，在瑞士、英国和西班牙发现大量有β－内酰胺抗药性的临床分离株。

ＨＰＳ的β－内酰胺抗药性是一种新出现的现象，至今尚未从分子的角度定性。研究表明，西班牙临床高水平的β－内酰胺抗药性分离物携带有一个新的质粒

pB1000。这种质粒在功能上具有ROB-1β-内酰胺酶活性。首次用脉冲场凝胶电泳法对HPS分析证实，β-内酰胺抗药性是由一个携带有pB1000的抗药性株BB1018克隆传播的。

2002—2005年，在西班牙马德里兽医学校常规诊断中，从发病猪获得了90个HPS临床分离物。其中，8个分离物对β-内酰胺青霉素和羟氨苄青霉素有高抗药性，所有抗药性分离物都对第3代头孢菌素易感。此外，所有菌株在头孢硝塞酚滤纸片试验中都呈阳性。这些资料表明，可能是一种非抑制剂-抗药性β-内酰胺酶引起HPS的β-内酰胺抗药性。为了确定引起HPS抗药性表型的β-内酰胺酶类型，使用了第2代头孢菌素（氯头孢菌素）作为表型的标记。分析表明，所有β-内酰胺抗药性分离物都对氯头孢菌素有高水平的抗药性。相反，对β-内酰胺易感的临床分离物和标准株ATCC19417都对氯头孢菌素敏感，这表明，对这种头孢菌素的抗药性对HPS不是内在的，但与青霉素和羟氨苄青霉素有特征性的关系。为了确定引起这种表型的β-内酰胺酶，用PCR对blaROB-1基因进行了特异性扩增。所有抗药性分离物都表现blaROB-1阳性，而所有HPS易感株都呈阴性。对所有菌株的821bp DNA 扩增子进行纯化并在两条链上进行序列分析。表明所有HPS分离物的核苷酸序列100% 相同。预计的氨基酸序列与ROB-1相同。研究人员认为，在HPS中出现blaROB-1不应被低估，因为这个抗药性决定簇可能引起这些细菌在动物群中的传播，而且突变的蓄积可能导致对β-内酰胺酶抑制剂有抵抗作用的头孢菌素酶抵抗范围出现新的扩展。在扩展中可以使病原体在人和动物之间传播。

近几年来，虽然人们对HPS的研究日益深入，但是，至今仍有许多问题没有得到满意的回答。特别是对毒力因子的检测、毒力因子的作用机理、诊断方法的改进和新型广谱菌苗的研发等，需要格外加以重视，积极进行研究。目前，对HPS的研究进展主要是，建立了一种具有种特异性的PCR诊断方法用于检测临床样品中的HPS；利用重复序列引物聚合酶链式反应（rep-PCR）的方法对猪群内和猪群间的分子流行病学进行了研究；提出了一种替代的血清分型方法；建立并测试了一种对致病性和毒力进行研究的动物模型；研制了在控制条件下使用低剂量、有毒力HPS感染幼龄猪，降低被侵袭猪群保育猪死亡率的方法。我国应在密切注视猪繁殖与呼吸障碍综合症、猪圆环病毒病、猪细小病毒病等疫情的同时，还应注意HPS在并发或继发感染中的作用。研究表明，由于采用新的生产技术、生产"高健康猪"以及新的猪呼吸道疾病不断发生等原因，使副猪嗜血杆菌病的流行与严重程度日益增加，尤其是在集约化程度比较高的大型养猪场表现突出。养猪业应吸取国外的经验教训，更加重视HPS的潜在危害性，加强对副猪嗜血杆菌病的防控。在菌苗研究中，要根据我国养猪场疫情的特殊性，不仅要研制HPS多价菌苗，而且还要研制预防多种疾病的联合菌苗。

副猪嗜血杆菌和猪瘟混合感染的诊治

邱骏 王锦松 谢俊伟 郑忠志

(河南省黄泛区鑫欣牧业有限公司，河南 周口 466632)

2006年3月份河南某养猪场的产仔舍发生一起以关节炎，神经症状，呼吸困难，皮肤发绀为特征的疾病，通过临床症状、病理学和实验室诊断确诊为副猪嗜血杆菌和猪瘟的混合感染。

1 发病情况

该场有基础母猪400头，产仔舍发病单元有产仔母猪20头，产仔215头，发病120头，发病率55.8%；据场主介绍发病前一天，气温突然下降而未能及时采取保暖措施，第二天便有仔猪出现了体温升高、精神沉郁、背毛粗乱，继而有关节肿胀和神经症状出现，当时猪场技术员诊断为链球菌感染，用大量的青霉素、链霉素、阿莫西林、先锋霉素等抗生素药物治疗，病情不仅没有得到控制反而更加严重，治疗3d后有病猪陆续死亡，后来经剖检及实验室诊断，确诊为副猪嗜血杆菌和猪瘟的混合感染，但在治疗上已贻误了最佳时机，死亡了70余头，发病死亡率近60%。

2 临床症状

猪发病初期，精神沉郁，体温升高到40.5～41.5℃，继而出现关节肿胀，跛行并咳嗽或打喷嚏，严重者鼻孔流血，部分猪表现出头向后仰、四肢呈游泳状运动的神经症状，最后呼吸急促，已有较明显的腹式呼吸，耳尖、腹部及大腿内侧出现紫斑或紫点；两眼分泌物增多，少数病例眼睑粘连；大部分病例排灰色或绿色稀粪。

3 病理剖检

共剖检10头仔猪，尸体背卧位，不剥皮；自颌下至耻骨联合直线切开皮肤（生殖器、乳房处环行），沿剑状软骨沿两侧肋软骨至腰椎横突做横切线，外翻，露出腹腔；取网膜与脾脏；胸腔、腹腔器官；清除头部皮肤、肌肉；两侧眶上突后做一横锯线；经额骨、顶骨侧面至枕骨外缘做两条平行锯线；枕骨大孔两侧做V形锯线（与上述的两线相交）；撬开缝隙，揭开颅顶；剪开硬膜，小心分离嗅球、视神经、垂体及大小脑。

4 病理变化

剖检可见心脏肥大，心包积液并含有纤维渗出物；胸腔积有较多纤维渗出物，严重的肺脏已和胸腔粘连；肝脏肿大、质脆，表面附有一层纤维渗出物；脾脏肿大，边缘有梗死，膀胱有针尖出血点，肾表面及肾乳头有出血点，淋巴结肿大、切面浸润有出血，部分呈现大理石样。脑膜表面出血或充血；关节腔积有大量透明黏稠的液体。

5 病理学诊断

全身实质器官炎症。

6 实验室诊断

6.1 细菌培养

无菌采取关节液及血液，接种在鲜血琼脂（马丁肉汤加羊血）和巧克力琼脂，于37℃培养24～48h，观察到鲜血琼脂无菌生长，而巧克力琼脂生长有一定量的细小而透明的菌落，挑取菌落涂片，革兰氏染色可见革兰氏阴性细小杆菌。

6.2 生化试验

该菌发酵葡萄糖和蔗糖，不发酵乳糖、甘露糖和L－阿拉伯糖，不分解尿酶，吲哚试验呈阴性，结合镜检及培养特性，诊断该菌为副猪嗜血杆菌。

6.3 动物试验

取病死猪脑小块，称重后剪碎并研磨成糊状，再用无菌生理盐水制成10%的悬浮液，并于每毫升悬浮液中加青霉素链、霉素各1 000IU，静置2h，以1 500r/min离心10min，然后取上清液接种于2kg左右的青年兔2只，观察5d，没有体温升高及惊恐、呼吸急促、啃咬注射部位的现象，证明无伪狂犬病感染。

6.4 猪瘟抗原的检测

取10份病死猪的脾脏淋巴结各1～2g，剪成0.5mm³左右的小块，装入10mL的离心管中，加入5mL的细胞裂解液，振荡混合均匀，室温静置2h，另取该产仔舍20份母猪血清，用美国爱德士猪瘟抗原诊断试剂检测，仔猪6头份抗原阳性，而母猪3头份抗原阳性，同时母猪血清也进行了猪瘟抗体检测，1：256至1：512的有4头，1：64至1：128的有10头，1：32的有6头，总体抗体保护力不高。

7 诊断

根据临床症状、病理学诊断、实验室诊断，确诊该病为副猪嗜血杆菌和猪瘟的混合感染。

8 防治措施

（1）对该产仔舍全群仔猪用猪瘟细胞苗免疫，免疫剂量每头仔猪4 头份，同时对初生仔猪进行0 日龄猪瘟免疫，免疫剂量每头2 头份，1 h 后再吃初乳。

（2）对发病仔猪及母猪与健康猪隔离，同时对病仔猪肌注20% 氟苯尼考5～6mL

或强力霉素针剂（用量参照药品说明），并在饮水中添加电解多维，在母猪饲料中每吨添加10%氟苯尼考1.2kg，保育猪、育肥猪饲料每吨添加氟苯尼考1.5kg。

（3）加强对猪舍粪尿的清理，地面上喷洒一层石灰乳，同时用喷雾器在空气中喷洒含二氧化氯的消毒剂进行消毒。

9　小结与讨论

（1）猪瘟的隐性感染且持续性排毒是发生猪瘟的主要因素。猪瘟抗原检测，尤其是基础母猪的检测，第一年2次，从第2年开始每年可检测1次，淘汰猪瘟抗原阳性的母猪是清除该病的关键，同时要加强猪瘟的免疫，使仔猪能够得到较高的母源抗体。

（2）天气突然变化，保暖措施末能及时跟上，这给仔猪造成了很大应激，而副猪嗜血杆菌是一种条件性致弱菌，各种诱因都可导致发病。神经症状一般只有产仔舍仔猪才可能发生，加上关节肿胀很容易误诊为链球菌病，所以对疫病要早发现、早确诊早、治疗。

（3）仔猪发生副猪嗜血杆菌病，母猪应携带有该病原，虽然产前1周每吨饲料中已拌有10%氟苯尼考400g，但药量过小，不仅未能消除体内病原，反而使病原对药物有了抗药性，治疗起来更加困难。所以药物保健一定要科学。

（4）早期预防是切断疾病传播的关键，初生仔猪抵抗力较差，0日龄免疫猪瘟能够使其较早获得抵抗猪瘟的免疫力，抵抗环境中该病原的侵袭。

副猪嗜血杆菌病的诊治实例

唐式校[1]　　王富民[2]　　陈新华[2]

(1.江苏省东海县兽医卫生监督所,江苏　东海　222300; 2.江苏省东海县畜牧兽医站,江苏　东海　222300)

副猪嗜血杆菌病又称格拉泽氏病、纤维素性浆膜炎和关节炎,以5～8周龄的仔猪最易感染和发病。其他年龄段的青年猪、母猪及种公猪亦可感染,有的以隐性感染或慢性跛行为主。可通过直接接触呼吸道和消化道等途径传播。近年来,由于受猪蓝耳病等猪流行病的影响,猪免疫功能下降,副猪嗜血杆菌病在本地区时有发生,给养猪户造成了严重的经济损失。因为引起该病的革兰氏阴性小杆菌血清型较多(已知有15个血清型),发病症状和剖检变化表现不一,不同的血清型对某种抗生素或磺胺类药物的敏感程度不一样,为了获得较好的疗效,在积极做好预防工作的同时,在大群治疗前我们先进行药敏试验,以筛选最佳的治疗药物,治愈率达90%,现举一病例报告如下:

1　发病症状

2007年9月28日,石梁河镇养猪户柴某,从外地购进仔猪120头(60日龄),9月30日发现有1/3的猪出现异常,表现为病猪发热、体温升高至40～41.5℃,精神不振,反应迟钝,食欲下降;有的废食,咳嗽,呼吸困难,腹式呼吸,心跳加快,体表皮肤发红,耳尖发紫,眼睑水肿;部分病猪出现鼻流脓液,行走缓慢,不愿站立,出现两侧或一侧性跛行,腕关节、跗关节肿大,共济失调,临死前侧卧、四肢呈划水样。

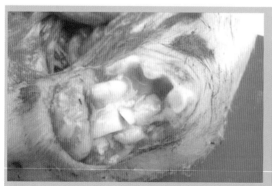

图1　关节腔积液

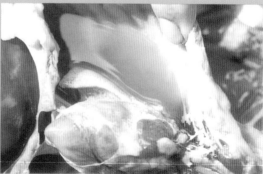

图2　心包的纤维素性炎症

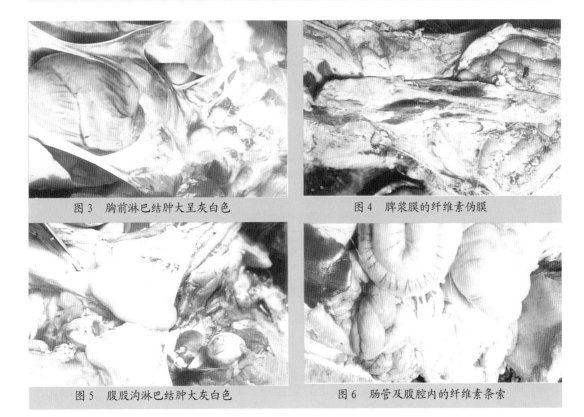

图 3　胸前淋巴结肿大呈灰白色　　　　图 4　脾浆膜的纤维素伪膜

图 5　腹股沟淋巴结肿大灰白色　　　　图 6　肠管及腹腔内的纤维素条索

2　剖检变化

剖检发现有胸膜炎、心包炎和关节炎等多发性炎症，有纤维素性渗出，胸水、腹水增多，肺脏肿胀、出血、淤血，肺脏与胸腔发生粘连（见图 1～6）。

3　实验室诊断

进一步做细菌学检查，在显微镜下观察发现有单个细长的球杆菌，无鞭毛、无芽孢，美蓝染色呈两极着色，革兰氏染色阴性，确诊为副猪嗜血杆菌病。

4　药敏试验

通过对四环素、阿莫西林、红霉素、庆大霉素、卡那霉素进行的药敏试验，四环素最为敏感，其次是阿莫西林。

5　防治方法

5.1　全面消毒

彻底清理猪舍卫生，用火焰喷灯喷射猪圈地面和墙壁，再用百毒杀喷雾消毒，每天早晚各 1 次，连续喷雾消毒 4 d，食槽、水槽用具用 2% 氢氧化钠水溶液洗刷，然后再用清水冲洗。

5.2　加强饲养管理

对全群猪用电解质和维生素 C 粉饮水 6 d，以增强机体抵抗力，减少应激反应。同时给予病猪青菜、萝卜、野菜等青绿多汁饲料。

5.3 隔离病猪

为避免相互传染，将病猪和未表现症状的猪全部分开，隔离饲养。

5.4 治疗

用大剂量药敏试验敏感的抗生素积极治疗。

5.4.1 肌注 盐酸四环素注射液肌肉注射，每次每千克体重20mg，每天1次，连用6d。

5.4.2 投药 全群猪的饮水中添加阿莫西林每吨200g，病猪用量加倍，连用6d。

6 小结

（1）通过了解，出售仔猪户没有进行预防副猪嗜血杆菌病疫苗注射工作，再加上长途运输，仔猪疲劳，运输前和混圈饲养后没有给予多维电解质、维生素C等抗应激药物，导致本病的发生。

（2）对本病的预防除严格消毒和加强饲养管理外，疫苗免疫注射尤为重要，在平时应做好猪瘟、猪蓝耳病、猪链球菌病、猪伪狂犬病等传染病的免疫注射。对于副猪嗜血杆菌病的疫苗免疫注射，可用灭活苗免疫母猪：初免猪产前40d一免，产前20d二免；经免猪产前30d免疫一次即可。受本病严重威胁的猪场，小猪也要进行免疫，从10日龄到60日龄的猪都要注射，每次1mL，最好一免后过15d再重复注射1次。

（3）规模养猪户应实行自繁自养，如确有必要购进仔猪，要尽量对养母猪户了解清楚，在没有疫病流行、疫苗注射较为规范的地区购猪，以确保仔猪健康。

（注：图1摘自林太明等编著的《猪病诊治快易通》；图2~6摘自宣长和等主编的《猪病诊断彩色图谱与防治》。）

夏季慎防猪附红细胞体病

策划：杨汉春

　　附红细胞体病是由附红细胞体寄生于人、猪等多种动物红细胞表面或血浆及骨髓，而引起的一种人畜共患病。该病主要由吸血昆虫传播，多发生在夏季，特别是雨后及潮湿天气最易发生，临床症状表现为皮肤发红、高热稽留、黄疸、贫血、毛孔处点状出血。近几年来，猪附红细胞体病发病率不断上升，给广大养猪经营者造成了严重的经济损失，影响了养猪业的发展。因此，在夏季来临之前我们组织了这期主题，邀请有关的专家主要针对猪附红细胞体病的防制展开讨论。

猪附红细胞体检测技术的研究进展

张守发

（延边大学农学院动物医学系，吉林 龙井 133400）

附红细胞体病（eperythrozoonosis）是由附红细胞体（Eperythrozoon）寄生于人和多种动物的红细胞表面、血浆及骨髓内的一种以红细胞压积降低、血红蛋白浓度下降、白细胞增多、贫血、黄疸、发热为主要临床特征的人兽共患病[1]。自1932年Doyle在印度首次报道了猪附红细胞体病以来，随后在全球范围内从仔猪到怀孕母猪都发现了附红细胞体。在我国，许耀成等（1982年）首次在江苏南部红皮病血液中查到了猪附红细胞体之后，该病已在全国范围内蔓延。猪附红细胞体病多呈隐性感染，常继发其他疾病感染，给该病的诊断带来极大困难。本文对目前猪附红细胞体病的主要检测技术加以阐述，以期为该病的有效控制和预防提供参考。

1 形态学诊断

1.1 光学显微镜检查

光学显微镜检查包括血液压滴标本检查和血液涂片染色检查。目前该方法在临床上最为常用，但因受人为因素的影响和难以区分与附红细胞体形态相似的其他病原体，导致该方法的准确性不高，容易造成误诊。

1.1.1 血液压滴标本检查　从病猪耳静脉采集少量血液滴于载玻片上，用等量生理盐水稀释，加盖玻片于高倍光学显微镜下观察。在红细胞表面及血浆中可见到附红细胞体呈球形、卵圆形、逗点状、杆状或颗粒状，游离于血浆中的附红细胞体做摇摆、扭转、翻滚等运动，并具有折光性，当红细胞表面附着多个附红细胞体时可看到红细胞的轻微晃动。一个红细胞上可附着1~15个附红细胞体不等，一般以6~7个居多，被寄生的红细胞变形为齿轮状、星芒状或不规则形状。

1.1.2 血液涂片染色检查　此方法对血液涂片制作和染色质量的要求较高，染色时要避免有杂质污染，较常用的染色方法有瑞特染色、姬姆萨氏染色和吖啶橙染色。2005年薛书江等[3]采用了12种方法对猪附红细胞体进行了染色，结果显示，吖啶橙染色和姬-瑞特混合染色效果最好，其次为亚伯特氏、瑞特和姬姆萨氏等染色方法。吖啶橙染色中，红细胞呈暗橙色，附红细胞体多为单体存在，呈现两种不同荧光，一种呈橘红色，另一种呈淡绿色，但吖啶橙染色时核仁和核碎片也可发出荧光，因此可能会出现假阳性；姬-瑞氏混合染色中，红细胞呈淡紫色，附红细胞体呈蓝紫色，附红细胞体与红细胞对比非常明显，很容易分辨。

1.2 扫描电镜检查

在扫描电镜下观察，被附红细胞体寄生的红细胞呈不同程度变形，细胞膜缺损或凹陷，细胞膜表面有大小不一的球形、链球状、杆状小体附着，并不进入红细胞内，可以单独存在，也可以成簇寄生[4,5]。

1.3 透射电镜观察

在透射电镜下观察，被附红细胞体寄生的红细胞失去其原有的双凹形、表面光滑的形态特点，附红细胞体附着于红细胞膜上，附着点有类似纤丝状物或颈状将两者连接，并可观察到附红细胞体以出芽生殖方式进行繁殖[4,5]。

2 血清学诊断

目前，国内外在附红细胞体病的血清学诊断方面已取得了一定进展，不仅可进行猪附红细胞体病的诊断，还可进行该病的流行病学调查和监测。

2.1 荧光抗体试验

2004年谢伟东等[6]建立猪附红细胞体荧光抗体试验，抗原分离自感染率为90%的自然感染附红细胞体病猪血液；荧光标记抗体的最佳稀释度为1：64，标准阳性血清最佳稀释度为1：64；当附红细胞体感染率低于0.35%时，样本仍能显示为阳性反应。

2.2 间接血凝试验

1975年Smith等[7]将分离的附红细胞体作为检测抗原，从接种附红细胞体康复猪体内获得检测用抗体，用双向琼脂扩散试验检测其抗原抗体特异性后进行间接血凝试验，结果将滴度>1：40以上判定为阳性。在国内，张守发等[8]于2004年建立了猪附红细胞体间接血凝试验，采用绵羊红细胞经醛化、鞣酸化后致敏的方法，取得了较好的效果。该方法是一种常用的免疫学检测手段，能在一定程度上检测出潜在感染病猪。

2.3 酶联免疫吸附试验

1992年HsuFS等[9]从附红细胞体感染严重的病猪的血液中分离抗原，用ELISA和IHA检测附红细胞体感染猪只和无特定病原菌猪只的血液，并将检测结果进行了比较分析，结果表明ELISA比IHA更为敏感。2006年Hoelzle L E等[10]对猪附红细胞体的血清学诊断方法做了改进，用间接ELISA和免疫杂交试验法，对附红细胞体感染猪血液中8种特异性抗原(p33，p40，p45，p57，p61，p70，p73和p83)刺激所产生的特异性免疫球蛋白进行检测。特异性抗体IgG从感染第14d出现，持续到98d，检出率为100%。该方法大大提高了血清学诊断的准确度，是一种快速、有效的诊断猪附红细胞体病的新方法。国内张守发等[11]2004年建立了猪附红细胞体Dot-ELISA方法，平均抗体滴度达到1∶1012，该方法简易、经济，适合在基层推广应用。2005年韩惠瑛等[12]用物理方法纯化猪附红细胞体抗原，以辣根过氧化物酶标记葡萄球菌A蛋白作为二抗，建立了辣根过氧化物酶标记葡萄球菌A蛋白的酶联免疫吸附试验（PPA-ELISA）。2006年贾立军等[13]分离、提纯了猪附红细胞体抗原，并应用提纯抗原建立了猪附红细胞体抗体间接ELISA检测方法。

3 分子生物学诊断

20世纪90年代以来，分子生物学技术逐渐应用于猪附红细胞体病的诊断，因其检测的灵敏度高、特应性强，成为国内外学者争相研究的热点。

3.1 聚合酶链式反应

1993年Gwaltney SM等[14]从感染猪附红细胞体的猪血中抽提出猪附红细胞体的基因组，通过PCR扩增出了一个长度为492bp的扩增产物；这个扩增产物成功地和上述DNA探针进行了杂交，并从该探针中筛选出引物序列；敏感性研究表明，总猪附红细胞体的基因组在低达450pg的情况下可以进行PCR产物的扩增。当用PCR对切除脾感染猪附红细胞体的猪血样进行扩增时，可以检测到24 h内感染的样本。这个研究初步表明PCR可作为一种有效的检测猪附红细胞体感染的方法。1994年Gwaltney SM等[15]又用一种改进PCR方法测定了实验感染未切除脾猪血中猪附红细胞体的DNA，这种方法利用以前描述的猪附红细胞体特异性引物和一个专有的DNA释放剂，用2步循环扩增492bp的DNA片段。用这种PCR方法从所有感染后的猪血样和感染前猪血样中成功地扩增到了血液中猪附红细胞体的DNA，表明以前存在自然感染。1999年Messick JB等[16]对猪附红细胞体16S rRNA用特异性引物进行了扩增，扩增出16S rRNA的1 394bp、690bp和839bp的片段，并通过定量竞争PCR估计猪附红细胞体检测限为57~800个生物体，用这种方法可以很好地检测猪附红细胞体。2003年Ludwig E等[17]基于新的DNA序列建立一种新的PCR方法来鉴定猪附红细胞体感染的猪，用DNA测序分析证实了DNA片段的特异性，用该方法从猪附红细胞体中扩增出783bp大小的PCR产物，通过斑点杂交证实了PCR结果，表明该方法是一种很有效的检测方法。国内王研等[18]2005年根据猪附红细胞体基因的保守序列设计了一对特异性引物，扩增出936bp的基因片段，在国内首先建立了猪附红细胞体PCR诊断方法。

3.2 DNA杂交技术

1990年Oberst R D等[19, 20]用λgtll构建了猪附红细胞体DNA基因库，从中克隆出KSU-2作为探针来诊断猪附红细胞体的隐性感染。该探针能从感染猪附红细胞体的血液样本中检测到很强的杂交信号，而从感染附红细胞体的马、牛、猫、犬血液样本中则检测不到。同年他们又从感染附红细胞体的猪全血中分离得到了大量纯化的猪附红细胞体ＤＮＡ，通过限制性内切酶消化后溶解于琼脂糖凝胶中，作为检测猪附红细胞体的探针，将待测血液样本与之杂交。1993年Oberst R D等[21]又以ＫＳＵ－２为探针，对脾切除和脾未切除的实验感染猪血液进行杂交检测，结果表明，脾未切除的实验猪在感染24h内ＰＣＲ检测为阳性。与其他常用的猪附红细胞体实验室检测方法相比，该方法检测速度快、结果可靠，并可区分不同地理区域性的感染病猪。

3.3 原位杂交技术

1993年Gwaltney S M 等[22]将KSU－2重组探针用于DNA原位杂交试验，并结合免疫金标记技术，结合电镜观察来诊断猪附红细胞体病，获得了猪附红细胞体不同生活时期的动态变化模式。2005年Ha S K 等[23]以非放射性地高辛标记DNA作为探针，进行原位杂交来检测脾切除猪体内的猪附红细胞体，于接种后的第3 d即可检测到杂交信号。另外，该方法还可对感染附红细胞体的病猪组织固定、包埋后进行检测，对猪的附红细胞体病的发病机制研究有着重要的意义。

4 展望

附红细胞体病是一种危害日益严重的人兽共患病，目前有关人、畜感染的报道也日渐增多，且多为混合感染，已严重威胁人类的身心健康。尽管综上所述有多种方法可以做出准确诊断，但由于试验条件的限制，目前在我国兽医临床中主要还是以血液压滴标本检查和血液涂片染色检查为主，其准确性、敏感性均较低，不利于制定有效的预防和治疗措施。ＥＬＩＳＡ试剂盒具有简便、快速、敏感、特异性强等优点，最适于临床推广，相信在不久的将来，ＥＬＩＳＡ试剂盒的研制开发必将为我国猪附红细胞体病的快速诊断和有效防制做出应有的贡献。

参考文献

[1] 张守发,张国宏.附红细胞体病[J].中国兽医杂志.2004,40(7): 30～32

[2] 陈启军,尹继刚,刘明远.附红细胞体及附红细胞体病[J].中国兽医学报.2006, 26 (4): 460～464

[3] 薛书江,贾立军,田万年等.猪附红细胞体几种染色方法的比较[J].畜牧与兽医.2005, 37 (11): 35～37

[4] 娄红军,谢伟东,董君艳等.猪附红细胞体的电镜学观察[J].畜牧与兽医.2004, 36 (9): 27～28

[5] 张雪峰,曹三杰,杨利等.猪附红细胞体电镜特点及药物治疗效果的电镜观察[J].中国预防兽医学报.2005, 27 (4): 295～298

[6] 谢伟东,娄红军,董军艳等.利用IFAT检测猪附红细胞体的研究[J].福建畜牧兽医. 2004,26(2):4～5

[7] SMITH B. An indirect hemagglutination test for the diagnosis of Eperythrozoon suis infection in swine[J].Am J Vet Res.1975,36(9):1319～1321

[8] 张守发,张国宏,王浩然等.应用间接血凝试验诊断猪附红细胞体病[J].中国兽医杂志.2004,40(8): 17～18

[9] HSU FS,LIU MC,CHOU SM,et al.Evaluation of a En zyme-linked immunosorbent assay for

detection of Eperythrozoon suis antibodies in swine. Am J Vet Res. 1992, 53, 352～354

[10]   HOELZLE L E, HOELZLE K, RITZMANN M, et al. Mycoplasma suis antigens recognized during humoral im mune response in experimentally infected pigs [J]. Clin Vaccine Immunol, 2006, 13(1): 116～122

[11]   张守发，张国宏. 猪附红细胞体Dot-ELISA检测方法的建立[J]. 中国预防兽医学报. 2006，28（1）：96～98

[12]   韩惠瑛, 孟日增, 贾鸿莲, 等. 猪附红细胞体PPA-ELISA检测方法的建立[J]. 中国兽医科技. 2005, 35（1）：49～51

[13]   贾立军. 猪附红细胞体抗原分析及间接ELISA检测方法的建立[D]. 延吉：延边大学，2006

[14]   GWALTNEY SM, HAYS MP, OBERST RD. Detection of eperythrozoon suis using the polymease chain reaction[J]. Vet Diagn Invest. 1993, 5(1):40～46

[15]   GWALTNEY SM, OBERST RD. Comparison of an improved polymerase chain reaction protocol and the indirect hemagglutination assay in the detection of Eperythrozoon suis infection[J]. Vet Diagn Invest. 1994, 6(3):321～325

[16]   MESSICK JB, COOPER SK, HUNTLEY M. Develop ment and evaluation of a polymerase chain reaction assay using the 16S rRNA gene for detection of Eperythro zoon suis infection[J]. J Vet Diagn Invest. 1999, 11(3):229～236

[17]   LUDWIG E. HOEIZLE, DAGMAR ADELT, et al. Devel opment of a diagnostic PCR assay based on novel DNA sequence for the detection of Mycoplasma suis(Eperythrozoon suis) in porcine Blood [J]. Veterinary Microbiology. 2003, 93:185～196

[18]   王研，张守发，刘思国，等. 猪附红细胞体PCR检测方法的建立[J]. 中国农业科学. 2005，38（10）：2153～2156

[19]   OBERST RD, HALL SM, JASSO RA, et al. Recom binant DNA probe detecting Eperythrozoon suis in swine blood[J]. Vet Res. 1990, 51(11):1760～1764

[20]   OBERST R D, HALL S M, SCHONEWDS D A. Detection of Eperythrozoon suis DNA from swine blood by whole organism DNA hybridizations[J]. Vet Microbiol. 1990. 24(2):127～134

[21]   OBERST RD, GWALTNEY SM, HAYSM P, et el. Experimental infections and natural outbreaks of eperythrozoonosis in pigs identified by PCR-DNA hybridizations[J]. J Vet Diagn Invest. 1993, 5(3):351～358

[22]   GWALTNEY S M, WILLARD L H, OBERST R D. In situ hybridization of Eperythrozoon suis visualized by elec tron microscopy[J]. Vet Microbiol. 1993, 36(1-2):199～112

[23]   HA S K, TUNG K, CHOI C. et al. Development of in-situ hybridization for the detection of Mycoplasma haemosuis (Eperythrozoon suis)in formalin-fixed, pardffin wax-embedded tissues from experimentally infected splenecto mized pigs[J]. J Comp Pathol. 2005, 133(4):294～297

附红细胞体对猪场的危害与控制措施

周彦飞

(河南雄峰科技有限公司, 河南 郑州 450016)

　　附红细胞体病(eperythrogoonosis)是由附红细胞体（简称附红体）感染机体而引起的人畜共患传染病。附红细胞体是寄生于红细胞表面、血浆及骨髓中的一种微生物。目前国际上广泛采用1984年版《伯杰细菌鉴定手册》进行分类，将附红细胞体列为立克次体目(Rickettsiaies)、无形体科(Anoplasmataceae)、血虫体属(也称附红细胞体属)(*Eperythrozoon*)。在不同动物中寄生的附红细胞体各有其名，实际上是种名，如绵羊附红细胞体(*E.ouis*)、温氏血虫体(*E.wenyoni*)、猪附红细胞体(*E.suis*)、牛附红细胞体 (*E.teganodes*)、人附红细胞体(*E.humanus*)等。

　　猪附红细胞体病是由附红细胞体寄生于猪的红细胞表面或游离于血浆、组织液及脑脊液中引起的一种传染病，俗称为"猪红皮病"或"血虫病"。临床上以发热、皮肤发红、贫血、腹泻、黄疸苍白，妊娠母猪流产、产死胎、饲料报酬下降等为主要特征。

1　流行特点

1.1　发病时间

　　多发于高温、高湿且吸血昆虫繁殖滋生的季节（6～9月份），但近3年来，发病缺乏明显的季节性，该病一年四季均可发生，只是不同阶段的猪易感程度不同。

1.2　易感年龄

　　不同年龄和品种的猪都易感，近几年主要是仔猪和围产期母猪发病率相对较高。

1.3　潜伏期

　　被附红细胞体感染的猪群治愈后猪场较难根除，大部分猪常呈隐性感染状态，遇到应激等因素又会表现临床症状。

1.4　传染源

　　患病猪与隐性感染猪是最重要的传染源，吸血昆虫、老鼠等可携带附红细胞体。

1.5 传播途径

1.5.1 直接接触传播 动物之间互相舔、咬、斗殴传播。

1.5.2 虫媒传播 节肢动物如疥螨、虱子、苍蝇、蚊子传播。

1.5.3 老鼠传播 猪场的老鼠可携带病原，并将其传染给猪群。

1.5.4 血液传播 注射针头，断尾、打耳号、阉割操作不当传播。

1.5.5 垂直传播 感染附红细胞体病的妊娠母猪可通过胎盘感染胎儿，产下带病的仔猪。

1.6 饲养管理

应激是导致该病发生的重要因素，分娩、拥挤、长途运输、恶劣气候、饲养管理不良、频繁更换饲料或圈舍，以及其他疾病感染时都会诱发该病。

2 临床症状

2.1 规模化猪场

2.1.1 保育、育肥猪 保育、育肥病猪精神沉郁，嗜睡，扎堆，体温升高至40.5℃左右。体表苍白、贫血、黄疸，耳朵、四肢内侧、胸前、腹下及尾部等处皮肤毛孔渗出"铁锈色"血点。部分猪全身皮肤呈浅紫红色，尤其是腹部及腹下，部分猪皮肤呈土黄色。大部分猪眼结膜发炎，严重的上下眼睑粘住使眼无法睁开。个别耳部发绀，后肢内侧及腹部有出血斑。慢性经过表现被毛粗乱、无光泽，采食量下降，机体消瘦，容易感染其他疾病，造成混合感染。饲料报酬下降，生长迟缓，延长出栏时间。

2.1.2 哺乳仔猪 有的仔猪初生即有腹股沟淋巴结发青等明显发病症状，一般7~10日龄症状明显。体温高于正常体温，眼结膜发炎变红，皮肤苍白或发黄，浅表部位皮肤毛孔有淡黄色、点状渗出。有时腹泻，粪便深黄色或黄色黏稠，如保健不到位或治疗不及时易与猪瘟等病原造成混合感染。

2.1.3 繁殖母猪 怀孕母猪和哺乳母猪患病后精神沉郁，喜卧，厌食，不明原因高热，大部分发病猪只表现毛孔渗血，个别母猪全身皮肤发红，后期皮肤黄染或苍白，怀孕母猪出现流产等症状（见图1）。

2.2 散养户和外购仔猪育肥猪场

2.2.1 商品猪 仔猪感染后的主要症状是皮肤苍白黄疸，表现为贫血，后出现黄疸，生长发育不良，成为僵猪。外购仔猪育肥猪场发病主要在仔猪购入后的15d内。

生长育肥猪主要临床表现是病猪体温升高达39.8~42℃，精神委顿，食欲减退，出现便秘或者拉稀。病猪耳朵、腹下、四肢内侧等部位皮肤发红或呈紫色。有的病猪两后肢麻痹，不能站立，卧地不起。有的病猪流涎，呼吸困难，咳嗽，眼结膜发炎，病程3~6d，转为慢性经过。主要表现为贫血和肺炎，生长缓慢，出栏时间延长。易与猪瘟、链球菌病、蓝耳病、副猪嗜血杆菌病、圆环病毒病等疾

图 1　母猪感染附红细胞体病症状

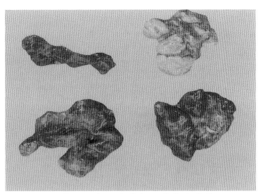

图 2　淋巴结肿大、充血和黄染

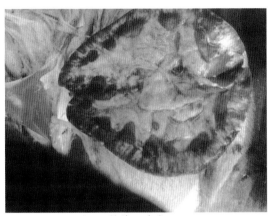

图 3　肾节面黄染

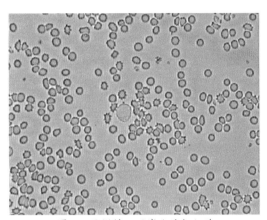

图 4　显微镜下观察血液红细胞

病混合感染。

2.2.2　种猪　母猪临床症状一般表现为与猪瘟病毒、链球菌、巴氏杆菌等混合感染。持续高热(体温41～42℃)、厌食、眼结膜炎等，流产、不发情或屡配不孕。

3　剖检

主要病变为贫血、黄疸和肺炎。黏膜苍白或黄染，血液稀薄，凝固不良，颌下、颈部、腹股沟淋巴结肿胀、多汁、呈土黄色（见图2）。脾脏肿胀、变软、呈蓝灰色，肝脏肿大、呈黄棕色，肾脏肿大、局部有淤血（见图3）。

4　诊断

4.1　实验室诊断

4.1.1　新鲜血液检查　取耳静脉血1滴于载玻片上，加等量生理盐水混匀，加盖玻片，在400～600倍暗视野显微镜下观察，可见变性的红细胞呈球形、逗点形、杆状或颗粒状（见图4）。呈淡绿色荧光的附红细胞体，革兰氏染色呈阴性，姬姆萨染色附红细胞体呈红色，瑞特染色为蓝紫色或黄色。

4.1.2　血清学诊断

（1）补体结合试验：病猪出现症状后的1～7 d可呈现阳性反应，2周左右转为阴性。该法用于诊断猪的急性病例效果较好，检查慢性病例常呈阴性反应。

（2）间接血凝试验：该试验滴度140定为阳性，灵敏度较高，能检出补体结合反应转阴后的耐过猪，现已多用于猪附红细胞体病的诊断。

（3）荧光抗体试验：发病后第5d出现抗体，并随着感染率的升高，第25d达到高峰。用于诊断猪的附红细胞体病效果良好。

（4）ELISA试验：适用于猪的附红细胞体病急性病例的诊断，且与其他疾病无交叉反应，是一种敏感、快速、特异的检测方法。

4.2 确诊

根据流行病学、临床症状、病理剖检、实验室诊断和小范围药物治疗诊断即可确诊该病。

5 防制措施

5.1 危害分析

猪附红细胞体病是一种条件性疾病，任何导致猪只免疫力下降的因素（免疫抑制性疾病、饲喂霉变饲料、分娩、断奶、转群、运输、温差等应激）均可诱发或加重猪附红细胞体病。如果控制不及时，会导致猪只死淘率升高或严重影响猪的繁殖性能和生长发育。体外寄生虫(疥螨等)和猪场内蚊蝇控制程度与该病的发生和流行有一定关系。近年来猪附红细胞体在规模猪场主要表现为潜在感染。

如果猪体与病原之间处于相对的平衡，则不会表现临床症状。应激因素决定猪感染附红细胞体的程度和发病频率。猪附红细胞体潜在感染后会引起机体免疫抑制，造成疫苗免疫注射的效果降低，又是引起猪其他疾病潜在感染和暴发的一个重要因素。在规模化猪场养猪生产中，猪附红细胞体感染后的危害，不在于附红细胞体病本身，而在于它引起的猪抵抗能力下降，生产力降低，影响猪场的经济效益。

5.2 预防措施

（1）加强科学的饲养管理，落实驱虫（内外）程序，坚持消毒制度，彻底杀灭各种吸血昆虫（蚊蝇等），切断其传播媒介，有效防止该病的发生。

（2）阻断感染的传播途径和防止再感染的发生。猪场生产中，当涉及与血液传递有关的操作时应加强管理。在仔猪断脐、打牙、断尾、阉割、打耳号、发生外伤和注射等饲养管理程序操作时，器械应严格消毒。防止污染的器械、用具发生间接传播。

（3）引进猪只时严格检疫，在并群前最好隔离观察数周，用伊力佳或阿力佳驱杀其体内外寄生虫。

（4）坚持自繁自养。因为生物安全的需要，猪场严禁饲养本猪场以外的猪只。如确需更新或改良品种，在引进种猪时应严格检疫，并隔离观察至少1个月。在隔离期间针对附红细胞体采取药物预防；

（5）根据猪场生产实际情况做好疫苗免疫。对目前还没有疫苗可用的疫病和疫苗免疫后效果不确实的疫病，要根据本猪场目前的疫病流行情况、猪群健康状况及气候变化等对猪群进行阶段性的药物保健，以提高猪群的整体健康水平；

（6）切断动物传播途径。夏秋季必须搞好消灭蚊蝇等工作，定期驱除猪体内外的寄生虫，尤其是春季，如果寄生虫（重点是疥螨）控制不力，6～9月份附红细胞体感染程度就会加重。结合猪场实际情况，将猪舍敞口处装上细孔防蚊纱窗，可以降低附红细胞体病的发生率。坚持每月灭鼠一次，猪场禁养除猪以外的动物如羊、禽类等，看护犬要定期用药预防感染。

（7）确保日粮全价营养，增强机体抵抗力，严禁饲喂霉变饲料，尽量减少猪群不良应激。

（8）加强饲养管理，创造良好的环境，调控空气质量和猪舍温度、湿度，减少各种应激。

5.3 保健方案

近年来的生产实践证明，在目前的养猪环境下，对养猪生产的关键时期（母猪分娩、仔猪断奶、保育猪转群、长途运输、天气突变等），在猪群饲料中添加治疗剂量的药物进行保健是非常必要的。猪场可根据自身情况有目的、有计划地定期轮换选用药物，最好能充分利用药物之间的协同作用，以提高预防保健效果，减少养猪生产成本。

5.3.1 药物保健方案

（1）妊娠母猪、空怀母猪、种公猪饲料加药保健：公母猪在正常情况下，每月药物保健一次，主要预防附红细胞体、衣原体及其他细菌性疾病。

①每吨饲料中加四环素400g、磺胺五甲氧嘧啶800g、TMP 150g、小苏打1 500g，拌料连喂7～10d。

②每吨饲料中加利高－44 1 500g、阿散酸150g（称准、混匀）、50% 维生素E300g，拌料连喂7～10d。

（2）母猪产前5d至产后5d饲料加药保健：

①每吨饲料中加强力霉素400g、磺胺五甲氧嘧啶600g、TMP 120g、小苏打1 500g。

②每吨饲料中加80% 支原净125g、15% 金霉素2 000g、阿散酸150g（称准、混匀）。

③每吨饲料中加10% 氟甲砜霉素400g、附优特乐1 000g、维生素C 400g、50% 维生素E 300g。

（3）哺乳仔猪：仔猪生后第1、7、21日龄分别肌肉注射"得米先"或"长效强力霉素（4%～5%）"0.5、0.5、1.0mL。

（4）仔猪断奶前 3d 至断奶后 4d 饲料药物保健：

①每吨饲料中加纽氟罗 2 000g、附优特乐 1 500g、维生素 E(50%)300g、维生素 C 400g／t。

②每吨饲料中加 80% 支原净 125g、强力霉素 400g、98% 阿莫西林 300g。

③每吨饲料中加加康 400g、阿散酸 200g（称准、混匀）、维生素 C 400g。

（5）保育猪转入后 7d 和转出前 5d 饲料加药保健：

①每吨饲料中加利高霉素 1 500g、磺胺六甲氧嘧啶 500g、小苏打 1 500g、维生素 E(50%)200g。

②每吨饲料中加加康 400g、阿散酸 200g（称准、混匀）、维生素 C 400g。

③每吨饲料中加 18% 环丙沙星（包被）1 000g、阿散酸 200g、维生素 E(50%)200g。

（6）生长育肥猪每月定期加药保健或遇到天气突变等应激时加药预防，连用 7d。

①每吨饲料中加清瘟败毒散 2 000g（纯品）、15% 金霉素 2 000g。

②每吨饲料中加麻杏石甘散 1 000g（纯品）、阿散酸 200g（称准、混匀）。

5.3.2 驱虫方案

（1）公母猪

①内驱：每年驱虫 4 次，即每 3 个月驱虫 1 次，使用以"伊维菌素＋芬苯哒唑"为主要成分的复合类药物拌料，连续饲喂 7d。

②外驱：倍特 1：1 000 倍水溶液或螨净 1：300 倍水溶液喷雾猪体表及猪舍环境，每 3 个月 1 次。

（2）商品猪

①内驱：仔猪分别在 40～50 日龄和 70～100 日龄各驱虫 1 次，使用以"伊维菌素＋芬苯哒唑"为主要成分的复合类药物拌料，连续饲喂 7d。

②外驱：1%～2% 敌百虫溶液或螨净 1：400 倍水溶液喷雾猪体表及猪舍环境。

5.4 治疗

要早诊断、早治疗，病程晚期或继发其他疾病时治疗效果较差，治疗可根据情况选用下列方案。

（1）血虫净（贝尼尔），对发病初期患猪疗效较好，每千克体重 5mg，用生理盐水稀释成 5% 溶液，分点深部肌注，每日 1 次，间隔 48h 重复用药一次，对病程较长或症状严重的猪无效。同时肌注维生素 C 和维生素 B_{12}。

（2）得米先，每千克体重肌注 0.2mL，每日 1 次，连用 3d。同时配合肌注免疫球蛋白，每千克体重肌注 0.01mg，每日 1 次，连用 3d，并给予电解质多维饮水 7d。

（3）5%强力霉素注射液，每千克体重肌注0.2mL，每日1次，连用3d，同时配合肌注血虫净（贝尼尔），每千克体重5mg，用生理盐水稀释后分点深部肌注，每日1次，连用2d。

（4）复方914A针剂，每千克体重肌注0.2mL，每日肌注1次，连用3d。

6 讨论与小结

（1）根据流行病学、临床症状及病理变化、实验室诊断以及采取药物控制，能成功确诊与控制猪附红细胞体病。但附红体的分类目前尚有争议，有文献将其归纳为血液原虫、立克次氏体，也有文献将期归纳为嗜血支原体，有待于进一步研究。

（2）附红细胞体病主要通过吸血昆虫来传播，发病季节越来越无规律，农村散养户猪场多发于高温潮湿、吸血昆虫大量孳生且活动较多的夏秋季节。加强环境卫生消毒工作，消灭吸血昆虫，是防止本病发生和流行的关键。

（3）猪群感染附红细胞体病后，将终身携带病原，当猪群受到应激因素影响，机体的抵抗力下降，亚临床感染的猪群就会发病，加强饲养管理，减少应激对防治本病至关重要。

（4）用于预防和治疗附红细胞体的药物很多，经过临床用药实践，较为理想的药物是强力霉素、四环素、黄色素、血虫净、阿散酸等。但某些药物应用要谨慎，如血虫净、阿散酸等，注意用量用法，避免母猪流产和猪群药物中毒。

夏季如何预防猪日本脑炎

策划：杨汉春

日本脑炎（japanese encephalitis）是由日本脑炎病毒（japanese encephalitis virus）引起的一种人兽共患传染病，又称流行性乙型脑炎、日本乙型脑炎，简称乙脑。该病有明显的季节性，多发生在 7～9 月份，蚊虫是主要的传播媒介。对猪危害较为严重，尤其是能破坏猪的繁殖性能，导致被感染的怀孕母猪流产、产死胎，公猪睾丸炎，仅有少数猪呈现神经症状。临床上又缺少有效的治疗药物，所以做好该病的预防工作是非常重要的。

猪日本脑炎的诊断

乔宪凤

（湖北省农业科学院畜牧兽医研究所，武汉 430064）

日本脑炎（japanese encephalitis，JE）又称流行性乙型脑炎、日本乙型脑炎，简称乙脑，是由日本脑炎病毒（japanese encephalitis virus，JEV）引起的一种严重的人兽共患虫媒病毒性疾病，该病对人类危害巨大，主要引起中枢神经系统损害。蚊虫是JEV传播的主要媒介，猪是其主要的储存宿主和扩散宿主。带毒猪是该病的主要传染源，日本脑炎病毒感染呈猪－蚊－人连锁链。

日本脑炎是危害养猪业的重大疫病之一，可引起繁殖障碍，使妊娠母猪发生流产、死胎或木乃伊胎，公猪发生睾丸炎，育肥猪持续高热，新生仔猪脑炎。该病不但给养猪业造成了巨大的经济损失，而且在世界许多国家广泛存在，严重威胁着人类的健康。因此，对日本脑炎快速、准确的诊断和防治具有十分重要的意义。日本脑炎的诊断可分为临床诊断和实验室诊断，分述如下。

1 临床综合诊断

1.1 流行病学

日本脑炎发生具有明显的季节性，主要在蚊虫活动频繁的夏季，传播途径主要是蚊虫传播，幼龄猪、马、鹿等动物以及10岁以下儿童均可感染发病。在流行期间，猪的感染率为100%，是本病重要动物传染源。蚊虫感染后，病毒在蚊体内增殖，可终身带毒，甚至随蚊越冬或产卵传代。因此除作为传播媒介外，蚊虫也是日本脑炎病毒的储存宿主。

1.2 症状及病变

常突然发病，发病时猪体温高达$40\sim41℃$，持续高温，精神沉郁，嗜睡，喜卧地；食欲不振或废绝，口渴。结膜潮红，心跳加快，每分钟可达$100\sim120$次。粪便呈干球状、羊粪样，表面附有灰白色黏液。尿黄，小部分猪后肢麻痹，行走不稳，关节肿大、疼痛。个别猪表现明显的神经症状，乱冲乱撞，后肢麻痹，最后卧地不起而死亡。

公猪除有上述一般症状外，突出表现是发热后发生睾丸炎。多为一侧睾丸明显肿大。睾丸阴囊皱褶消失，温热，有痛觉，数日后消退，少数病猪睾丸缩小、变硬，丧失配种能力。

妊娠母猪发生流产、早产或延时分娩，胎儿多为死胎或木乃伊，流产胎儿水

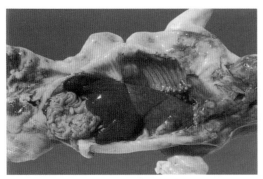

图1　仔猪皮下水肿

图2　仔猪皮下水肿　高度衰弱，震颤、抽搐

肿、脑膜充血、皮下水肿、淋巴结充血、肝和脾有坏死灶（见图1-4）。一般来说，流产后，母猪病状减轻，而逐渐恢复，也有加重的。有的患病母猪能够在预产期前后产仔，除死胎外，其余仔猪生长发育良好。也有的母猪所产仔猪，经数天发生腹泻，呼吸迫促，痉挛而死。

猪患病后病变主要表现脑膜和脑实质充血、出血、水肿（见图5、图6）。脑组织学检查表现非化脓性脑炎。公猪肿胀的睾丸实质充血、出血和坏死灶。

2　实验室诊断

当前对日本脑炎的诊断主要依据临床诊断，实验室检查使用较少。但该病的临床症状与许多疾病相似，仅根据临床表现不能进行确诊，必须结合实验室诊断，即使是疫区病例也是如此。实验室诊断包括病原学检测和血清学诊断。

2.1　病原学诊断方法

2.1.1　病毒的分离与鉴定　JEV的分离和鉴定是最直接、最传统的病原学诊断方法。经初步诊断为JEV感染后，可采取发热期血液或死亡动物的脑组织，经处理后立即接种7～9日龄鸡胚卵黄囊，也可接种乳鼠脑内或者接种BHK细胞分离。收获病毒后，用JEV标准毒株和标准免疫血清与新分离病毒进行全面鉴定。病毒的分离鉴定影响因素多，再加上工作量大而且耗时，因而临床应用较少。

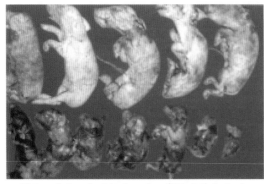

图3　死胎、木乃伊胎，同一窝的死胎大小不一

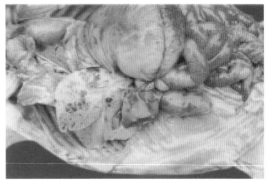

图4　肝脏多发性坏死灶

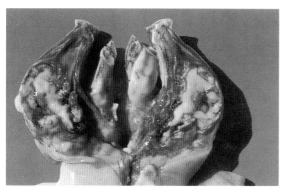
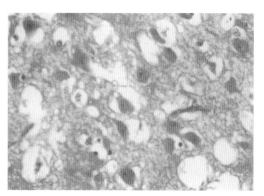

图5　仔猪脑内水肿，颅腔和脑室内脑积液增量　　　　图6　组织学脑水肿，神经细胞变性

2.1.2　反向被动血凝试验　即用 JEV 单克隆抗体(McAbI4)致敏的羊血球(M-RBC)做反向被动血凝试验（RPHA）实验检测 JEV 抗体，该法有较高的特异性，只与 JEV 发生反应。M-RBC 制剂保存1年仍保持稳定，检测时标本不用处理。RPHA 操作简便，可用作快速诊断。

2.1.3　荧光抗体染色法　该方法是一种以荧光物标记抗体进行抗原定位的技术。目前，荧光抗体染色法检测用胰蛋白酶或其他蛋白消化酶处理，并在福尔马林固定的组织中的 JEV 抗体，已经获得成功。

2.1.4　分子生物学检测法　近年来核酸杂交、PCR 等新技术的建立，使对日本脑炎病毒的诊断进入到分子生物学的新阶段，其中 RT-PCR 为常用诊断方法。研究认为：M，E，NSI，NS3，NHS 基因区均比较保守，这些保守区可能在病毒增殖时起重要作用，可针对上述区域设计引物。不同研究者针对上述不同区域设计引物并扩增，均获得了成功。目前认为 RT-PCR 是病原学诊断方法中最有效的早期诊断技术。

2.2　血清学诊断

目前已建立了多种血清学方法，用于检测 JEV 特异性抗体。主要有酶联免疫吸附试验（ELISA）、补体结合试验（CF）、血凝抑制试验（HI）、中和试验（NT）、乳胶凝集试验（LAT）等。然而在人和动物中隐性感染大量存在，尤其是在使用疫苗的地区，血清学检测 JEV 特异性抗体的诊断结果受到挑战。在实际应用中，血清学诊断主要依据特异性抗体 IgM 的出现及双份血清，以第2份血清的特异性 IgG 抗体效价较第1份血清高4倍为阳性结果。

2.2.1　血凝抑制试验（HI）　多年来，人们一直沿用血凝抑制试验（HI），该法是流行病学调查和临床诊断中最常用的方法，被检血清即使有些污染，在高岭土处理后均可用于试验。乙脑血凝抗体出现在早期，一般在发病后4～5天，2周可达高峰，可维持1年左右，因此 HI 可用于早期的诊断，HI 抗体存在于 IgM 和 IgG 两种免疫球蛋白中，IgM 出现在早期，因此，鉴定动物抗体是 IgM 还是 IgG 有早期诊断的意义。如果是 IgM，表示该动物是新近感染；若不是 IgM，则说明该动物早就被感染。检验时需取双份血清，同时作对比试验，当恢复期血清抗体滴度比急性期≥4倍时，有辅助诊断意义。可用于临床回顾性诊断。另外由于传统的HI试验使用的是新鲜的鹅红细胞，保存期短，不同个体红细胞敏感性不同，影响试验结果的准确性。曹胜文应用醛化鹅红细胞进行乙脑病毒的HA与HI试验克服了上述缺点，获得了满意的结果。周立桥等用PEG提纯抗原致敏醛化绵羊红细胞建立的被动血凝试验（PHA）检测人、猪血清中的JEV抗体，也具有较高的特异性和敏感性。

2.2.2 中和试验（NT） JEV中和抗体在发病后7d左右出现，在体内存在可达1年以上。也需要用双份血清检测才有诊断价值。本方法在血清学流行病学调查和病毒鉴定上有价值。

2.2.3 酶联免疫吸附试验（ELISA） 酶联免疫吸附试验（ELISA）是以物理方法将抗原或抗体包被在固相载体上，随后的一系列免疫学和化学反应都是在此固相载体上进行的免疫酶测定方法。由于它是利用酶促反应来测定抗原抗体反应，因此它的敏感性很高，ELISA的敏感性远高于HI试验，但该法不足之处在于步骤多、时间较长。用于日本脑炎诊断的有双抗夹心ELISA(DS-ELISA)、快速双抗夹心ELISA(RDS-ELISA)、IgM抗体捕捉ELISA(Mac-ELISA)和生物素标记抗原的夹心ELISA(BLA-S-ELIS)等。

2.2.4 补体结合试验（CF） 补体结合试验（CF）是流行病学上确认日本脑炎的一种常用方法，特异性较高。但补体结合抗体出现较晚，动物大多于发病后2周左右才呈现阳性反应，因此常常作为回顾性诊断，适用于诊断近期感染。

2.2.5 斑点免疫金渗滤试验（DIGFA） 以硝酸纤维素膜为载体，将乙脑的特异性抗原点于硝酸纤维素膜上，用来捕获血清和脑脊液标本中的特异性IgM抗体，通过胶体金标记的抗人μ链单克隆抗体结合物来直接显色，阳性结果在膜上呈现红色斑点。该方法可用于单份检测，简便、快速，除商品试剂外不需任何仪器设备。但依据颜色深浅来判定阴性和阳性，受主观因素影响较大。

2.2.6 乳胶凝集试验（LAT） 乳胶凝集试验（LAT）是用一种与免疫无关的载体——聚苯乙烯乳胶将可溶性JEV抗原吸附于载体颗粒表面，该载体颗粒称为"致敏颗粒"。当致敏颗粒与相应抗体相遇后，在电解质的作用下，抗原与抗体发生特异性结合，载体颗粒也就被动凝集起来，抗体也就以此凝集得到证明。目前已建立的用于检测猪日本脑炎病毒抗体的乳胶凝集试验经大量临床应用表明，该法特异、敏感、微量、快速、稳定、简易，特别适合于兽医临床大规模流行病学调查。

2.2.7 分子黏附试验(PAA) 将乙脑抗原包被的Ha-y小珠制成分子黏附试验系统，对乙脑患者进行了检测，结果与HI、ELISA和NT一致，该方法简单、价廉。

2.2.8 微量免疫荧光法(MIF) 将乙脑病毒感染BHK-21传代后细胞固定后作

间接免疫荧光染色的底物，应用MIF对乙脑患者进行特异性lgM检测，该方法特异性强、灵敏性高，是一种可以进行早期检测乙脑的诊断方法。这几种方法是目前临床上经常应用的血清学检测方法。

当发生疑似乙脑的病例时，可根据乙脑流行病学特点、临床症状以及病理学变化做出初步的诊断。但确诊就必须进行病原学检查和血清学试验等特异性诊断，在实际操作中，应根据实际情况来选择上述诊断方法。

（注：本文所用图片摘自宣长和等主编的《猪病诊断彩色图谱与防治》）

蚊虫与猪日本脑炎

李红丽[1]　李媛[2]　毕玉海[3]

（1.山西省农业科学院畜牧兽医研究所，山西　太原　030032；2.山东省蒙阴县界牌医院，
山东　蒙阴　276200；3.中国农业大学动物医学院，北京　100094）

日本脑炎又称流行性乙型脑炎，简称乙脑，对不同年龄、性别和品种的猪都可感染，一般呈散发性，隐性感染者居多。本病季节性强，于每年 6～10 月份多发，与蚊虫活动时间相符。猪感染后大多数突然发病，体温高达 41℃ 左右。公猪感染后发生睾丸炎；怀孕母猪表现为流产、死胎或早产，胎儿多是死胎或木乃伊胎，同胎流产的胎儿大小差别明显；仔猪感染后可发生神经症状，如磨牙、口流白沫、转圈、视力障碍、盲目冲撞，严重者倒地不起而死亡。蚊虫是本病的主要传播媒介，通过猪 - 蚊 - 猪／人的基本传播途径传播病毒。

1　日本脑炎的流行特点

本病北起俄罗斯远东地区及日本，南达菲律宾及印度尼西亚都有流行，在我国流行区广泛分布于除新疆和西藏外的全国各地。但 70% 的病例来自淮河和长江流域。流行季节因地区不同而有差别，在我国流行于夏秋雨季，其流行高峰南方为 6～7 月份，北方 7～8 月份，东北 8～9 月份。由于不同地区环境、温度的差异，蚊虫活动地点、时间亦不尽相同，因此本病的流行具有区域性和时间特异性。

2　蚊虫的传播媒介作用

蚊虫对日本脑炎的传播是生物性传播。日本脑炎病毒必须依靠吸血雌蚊作为媒介而进行传播，病毒在蚊虫体内复制后通过叮咬人／猪、马等动物而实现疾病的传播。猪是主要扩散宿主，"蚊 - 猪"是日本脑炎病毒自然循环的基本环节。传播的基本途径为猪 - 蚊 - 猪／人。

3　蚊虫的贮存宿主作用

多年研究证实，自然界中日本脑炎病毒在蚊 - 猪 - 蚊中循环繁殖，猪为日本脑炎病毒的主要扩散宿主，蚊虫感染日本脑炎病毒后可带毒越冬产卵传代，故蚊虫又是病毒的长期贮存宿主。蚊虫吸食带毒病猪血液后，在一定温度条件下病毒大量增殖，当再次吸食健康猪／人血液时将病毒传播。

带毒越冬的蚊虫可成为次年感染动物的来源。大多数蚊类发育和活动的温度范围为 10～35℃，适宜的温度为 25～32℃，若低于 10℃ 时，就要滞育而进入越冬状态[1]。带毒越冬蚊虫随温度的升高开始生长繁殖，其体内的病毒也开始增殖，就

成为了次年的感染来源。因此温度对蚊虫的宿主作用有很大影响，从而该病也表现出了明显的季节性。

病毒除随蚊虫越冬而越冬外，还可产卵传代，将病毒传递给下一代，通过后代的生长复制病毒，实现病毒的传播。

4 传播乙脑的蚊虫种类

蚊虫属于昆虫纲、双翅目、蚊科。但种类繁多，目前全世界已记录蚊虫共3亚科、38属、3 350多种和亚种。我国已知蚊类达18属、48个亚属和371种或亚种。已知库蚊、伊蚊、按蚊属中的不少蚊种都能传播流行性乙型脑炎。

在我国分离到乙脑病毒的蚊种很多，包括三带喙库蚊、浅色库蚊、致倦库蚊、凶小库蚊、环带库蚊、棕头库蚊、白纹伊蚊、仁川伊蚊、刺扰伊蚊、阿萨姆伊蚊、窄翅伊蚊、背点伊蚊、中华按蚊、帕氏按蚊、骚扰阿蚊等[2-3]。通过广泛的病毒分离、试验传播、宿主调查及流行病学调查，现已知三喙库蚊是我国乙型脑炎的主要媒介，浅色库蚊、致倦库蚊、白纹伊蚊次之[4]；白纹伊蚊能感染、传播和产卵传递乙脑病毒[5]。同时三喙库蚊已知是东南亚和远东，包括越南、柬埔寨、泰国、日本和朝鲜等国乙脑的主要媒介。

4.1 三带喙库蚊

三带喙库蚊（Culex tritaeniorhynchus）属棕褐色小型蚊种（见图1）。喙中段有一宽阔白环，触须尖端为白色；各足跗节基部有一细窄的白环；第2~7腹节背面有基部淡色带。它是日本脑炎的主要传播媒介，其地理分布与本病的流行区一致，活动季节与本病的流行期也相吻合。一般三带喙库蚊对乙脑病毒的自然感染率为0.18%~0.48%。乙脑病毒在三带喙库蚊体内可迅速增至5万~10万倍，并可产卵传代。带毒越冬的蚊可成为次年感染动物的来源。

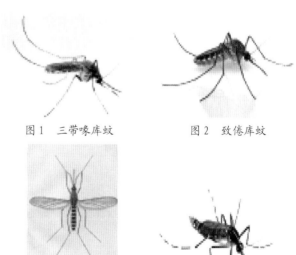

图1　三带喙库蚊　　　　图2　致倦库蚊

图3　淡色库蚊　　　　图4　白纹伊蚊

三带喙库蚊广泛分布于除新疆外的全国各省、自治区，是最常见的蚊种之一。该蚊种以野生为主，是绝大多数地区稻田的优势蚊种，也广泛孳生在沼泽、池塘、灌渠、洼地积水等。据调查，猪棚内三带喙库蚊可占94%，三带喙库蚊常常在黄昏后2 h左右和黎明前时间在室外袭击人、吸人血。其兼吸人和动物的血液，猪、牛是其主要吸血对象，一旦被带毒的三带喙库蚊叮咬就有感染乙脑的机会，病例多散发[3]。

4.2 致倦库蚊和淡色库蚊

致倦库蚊(Cluex pipiens quinquefasciatus)和淡色库蚊(Culex pipiens pallens)（家蚊）在某些地区乙脑病毒感染率较高。但家蚊嗜吸人血，很少吸猪血，因此获得感染乙脑病毒的机会较小，对乙脑病毒的易感性仅为三带喙库蚊的几百分之一，平均自然感染率也只有三带喙库蚊的1/20~1/40。因此普遍认为家蚊是次要媒介。

致倦库蚊和淡色库蚊是库蚊属尖音库蚊复组（Culex pipiens complex）的2个亚种。褐色、红棕或淡褐中型蚊种。成蚊的共同特征是：喙无白环，各足跗节无淡色环，腹部背面有基白带（见图2、图3）。它们的形态、生态习性很近似，但在我国的地理分布不同，淡色库蚊最南的分布是北纬33°，致倦库蚊最北的分布是北纬33°（秦岭以东）。一南一北，以北纬32°~34°分界，在分界区可有它们的中间型。这2个亚种均孳生于污染不很严重的水中，如污水坑、污水沟、清水粪坑、洼地积水等处。二者都被称作"家蚊"，是室内最普通的刺吸血蚊虫，骚扰性很大，是城市灭蚊的主要对象之一。幼虫主要孳生在污染的坑洼、水沟及容器积水中。

4.3 白纹伊蚊

白纹伊蚊（Aedes albopictus）也是乙脑传播的次要媒介，能感染、传播和产卵传递乙脑病毒。中小型黑色蚊种，有银白色斑纹。在中胸盾片上有一正中白色纵纹，从前端向后伸达翅基水平的小盾片前而分叉。后跗1~4节有基白环，末节全白。腹部背面2~6节有基白带（见图4）。主要分布在亚洲的热带、亚热带和部分温带地区，近年来其分布在逐渐扩大，已到达美洲、欧洲和非洲大陆等区域。在我国分布广泛，北起辽宁沈阳，西北至陕西宝鸡，西南到西藏，南至海南岛和西沙，以北纬34°以南常见[4]。该蚊是半家蚊，多孳生在居民点及其周围的容器（如缸、罐等）以及石穴等小型积水中，坑洼积水更是这种伊蚊最普通的孳生场所，主要以卵越冬。雌蚊偏吸人血，是非常活跃凶猛的刺吸血者，吸血后要飞到室外消化胃内的血液。

5 猪日本脑炎的防治

猪日本脑炎的发生，不仅给养猪业造成严重经济损失，同时也严重危害着人类的健康。因此对猪日本脑炎的控制具有重要的意义。

5.1 免疫预防

猪日本脑炎疫苗有弱毒苗和灭活苗2种，灭活疫苗是以猪日本脑炎病毒14-2株细胞培养物灭活后制成，该疫苗既可用于常规防疫又可用于紧急免疫接种，免疫后可以保持较高的抗体水平和较理想的整齐度。种公猪和原产母猪于蚊虫出现前20~30d注射疫苗2mL/头（间隔15d进行二免），后备猪6~7月龄（配种前）注射2mL（间隔15d进行二免）；或者在春季3~4月，最迟不宜超过5月中旬，蚊虫繁殖期到来之前，对后备母猪和后备公猪免疫接种弱毒疫苗。

5.2 消灭传播媒介

5.2.1 清理沟渠 及早整理好养猪场内外的排水渠道，及时疏通管道和沟渠。

5.2.2 处理粪便 及时清理饲养场内的粪便和污水，粪便要堆积发酵，排粪沟和化粪池要加盖盖板。

5.2.3 悬挂纱网 蚊子活动时期，应在猪圈舍内钉纱窗，门口悬挂纱网或安装纱网门。

5.2.4 搞好卫生 定期打扫饲养场，每周消毒2~3次。

5.2.5 药物灭蚊 每年早春期间，用0.1%敌百虫、0.5%马拉硫磷、杀螟松等乳剂喷洒或涂刷畜体，持效5~7d。但目前发现蚊虫对很多化学药物具有耐药性[6]，且许多化学药物为剧毒药物，不建议使用。目前最具前景的灭蚊生物杀虫剂Bti-14或Bs制剂对我国常见主要传病蚊种都有较好的效果，一般为7~10d投药一次，持续1周以上。最近一些灭蚊工作者试用Bti-14和Bs-10 1:2配比混合使用，其效果比单用Bti-14或Bs-10制剂好。

6 小结

在乙脑"猪-蚊-猪/人"的基本传播途径中，蚊虫既可以作为传播媒介又可作为贮存宿主，发挥着举足轻重的作用。因此消灭蚊虫对猪流行性乙型脑炎的控制，以及流行性乙型脑炎病毒在动物和人之间的传播具有重要意义。

蚊虫吸血活动程度与主要气象因素气温、雨量、日照等有密切关系[7]。由于气温变暖、贸易往来以及旅游业的发展等因素，传播乙脑的媒介蚊虫的分布区域在不断扩大。2004年南京首次发现中华按蚊[8]。2006年9月在我国山西省长治市城区和黎城两地首次发现被称为"亚洲虎蚊"的白纹伊蚊。因此定时监测各地蚊虫的种类，消灭乙脑传播媒介的工作不容忽视。积极对养殖场消毒、灭蚊，对控制本病的流行具有重要意义。

一例猪日本脑炎的诊治

唐式校 舒明刚 汪秀菊

（江苏省东海县兽医卫生监督所，江苏 东海 222300）

日本脑炎（又名猪日本乙型脑炎、流行性乙型脑炎，简称乙脑），是由日本脑炎病毒引起的一种急性人畜共患传染病。据统计，近几年东海县部分乡镇生猪发生的"猪高热病"中，猪日本脑炎或猪日本脑炎伴发猪繁殖与呼吸障碍综合征等其他传染病的病例占整个猪高热病的14.5%，给养猪生产造成了一定损失。现摘一例报告如下。

1 发病情况

东海县牛山镇养猪户蔡某饲养有15头母猪、2头公猪和168头仔猪，2007年8月24日5头妊娠母猪、1头公猪和54头仔猪突然发病。

2 症状

病猪表现为体温突然升高到40~41℃，呈稽留热，精神沉郁，食欲减少，饮欲增加，眼结膜潮红，脉搏109~120次/min，母猪、公猪和大多数仔猪呼吸正常，但有少数仔猪呼吸增数，且有咳嗽。肠音减弱，粪便干燥，有的表面附着灰黄色或灰白色的黏液，尿呈深黄色。有的病猪呈现明显的神经症状，主要表现为磨牙、虚嚼、口流白沫、往前冲、转圈。有的病猪后肢轻度麻痹，步行跛行，关节肿大。有的病猪视力障碍，摆头和

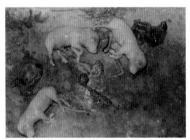

图1 流产胎儿和木乃伊胎

图2 子宫黏膜出血、坏死

图3 喷洒药物消灭蚊虫

乱冲乱撞，最后后肢麻痹，倒地不起而死亡。妊娠后期母猪突然发生流产。流产前轻度发热，流产时乳房膨大，流出乳汁。流产后，胎衣停滞，从阴道内流出红褐色或灰褐色的黏液。流产胎儿，有的早已死亡，呈木乃伊化；有的胎儿死亡不久（见图1），全身水肿；有的仔猪生后几天内发生痉挛症状而死亡；有的仔猪生命力很强，生长发育较好，同一胎仔猪，在大小及病变上有很大差别，混合存在。

公猪除具有上述仔猪的一般症状外，高热后发生一侧睾丸肿大，肿胀为正常

的 1 倍左右。患病阴囊发热、发亮，有痛感，触压稍硬。

3 病理变化

肉眼可见病变主要在脑、脊髓、睾丸和子宫。脑和脊髓膜充血，脑室和脊髓腔液体增多。睾丸肿大，睾丸实质有充血、出血和坏死灶。子宫内膜显著充血，黏膜上覆有黏稠的分泌物，黏膜上有小点出血（见图 2），在发高热或流产病例中，可见到黏膜下组织水肿，胎盘呈炎性浸润。流产或早产胎儿有脑水肿，腹水增多以及皮下血样浸润。胎儿呈木乃伊化，从拇指大小到正常大小不等。病理组织学检查成年母猪脑组织有轻度非化脓性脑炎变化。

4 诊断

根据流行病学和临床症状初步诊断为乙型脑炎。理由是：

①正值酷暑炎热季节，蚊虫等吸血昆虫较多，为乙脑的流行季节。

②妊娠母猪发生流产死胎，特别是木乃伊胎。

③公猪睾丸一侧性肿胀。

5 类症鉴别

注意与猪布鲁氏菌病、猪流感和猪伪狂犬病相区别。

5.1 与猪布鲁氏菌病的区别

猪布鲁氏菌病的流行无明显季节性，母猪体温正常，流产多发生于妊娠的第 3 个月，多为死胎，胎盘布满出血点，极少有木乃伊胎。公猪睾丸多为两侧肿胀，附睾也肿胀。有的病例还发生关节炎，特别是后肢。淋巴结肿胀。

5.2 与猪流感的区别

猪流感妊娠母猪少见流产。

5.3 与猪伪狂犬病的区别

猪伪狂犬病无季节性，流产胎儿无明显差异，且哺乳仔猪发病较多，呈现神经症状，公猪无睾丸肿大现象。

6 治疗

6.1 隔离病猪，加强护理

立即将病猪隔离治疗，并做好护理工作。利用杂草等堆积燃烧，烟熏，驱除猪舍周围蚊虫。同时往猪体上喷洒天稻虫不咬药水，防止蚊虫叮咬。

6.2 治疗

6.2.1 中草药

（1）大猪：大青叶 30g，生石膏 120g，芒硝 6g（冲），黄芩 12g，栀子、丹皮、紫草各 10g，鲜生地 60g，黄连 3g，加水煎至 60～100mL，一次灌服，每天 1 次，连服 3d。

（2）小猪：生石膏、板蓝根各 120g，大青叶 60g，生地、连翘、紫草各 30g，黄芩 18g。水煎后分 2 次服，连服 3d。

6.2.2　西药

（1）为了防止继发感染，应用 20% 磺胺嘧啶钠液，仔猪 5mL，大猪 10mL，静脉注射。

（2）5% 葡萄糖溶液小猪 200mL，大猪 500mL；维生素 C 小猪 5mL，大猪 10 mL，静脉注射。

6.2.3　针疗

（1）主穴：天门、脑俞、血印、大椎、太阳。

（2）配穴：鼻梁、山根、涌泉、滴水。

经采取上述综合措施后，除 2 头病重仔猪和 1 头母猪死亡外，其余 182 头治愈，治愈率为 98.38%。

7　对畜主的下步要求

在蚊虫开始活动前 1 个月，即 5～6 月份对易感猪进行乙脑疫苗预防接种，4 月龄以上幼猪每头每次皮下或肌注 2 mL。流行季节前，即每年 5 月份前进行后备母猪乙脑苗注射，可选用地鼠肾细胞培养弱毒疫苗。

消灭蚊虫是预防本病的重要措施。在蚊子多的季节可用药物灭蚊（见图 3），冬季应注意消灭越冬蚊。

猪细小病毒病的防治

策划：杨汉春

　　猪细小病毒病是由猪细小病毒引起的繁殖障碍性疾病，特别是以初产母猪产出死胎、畸形胎、木乃伊胎、弱仔，而母猪无明显病状为特征。母猪早期怀孕感染时，其胚胎、胎猪死亡率可高达80%～100%。多数初产母猪感染后可获得免疫力，甚至可持续终生。但可长期带毒排毒，使本病在猪群中长期扎根，难以清除。被感染公猪的精细胞、精索、附睾、副性腺中都可带毒，在交配时很容易传给易感母猪，而公猪的性欲和受精率没有明显影响。本病具有很高的感染性，病毒一旦传入，3个月内几乎可导致猪群100%感染，并较长时间保持血清学反应阳性。在生产中一定要避免此病的发生，故我们在本期对猪细小病毒病的分子生物学、流行病学、检测及防治方法等多方面展开讨论。

猪细小病毒的分子生物学研究

崔尚金　戚亭

(中国农业科学院哈尔滨兽医研究所　兽医生物技术国家重点实验室　猪传染病学研究室,

黑龙江　哈尔滨　100051)

猪细小病毒病是由猪细小病毒（porcine parvovirus，PPV）感染所引起的猪的重要传染病之一。该病的主要特征为受感染的母猪，特别是初产母猪及血清学阴性经产母猪发生流产、不孕，产死胎、畸形胎、木乃伊胎及弱仔等。该病广泛存在于世界各地，并在大多数猪场呈地方性流行，严重地影响着养猪业的发展，该病的严重危害及该病病原独特的生物学特性受到了国内外许多学者的关注。人们发现该病毒经常与其他一些病毒，例如猪圆环病毒2型和猪繁殖与呼吸障碍综合征病毒混合感染，导致断奶仔猪多系统衰竭综合征等，从而导致该病毒是猪病研究的主要热点之一。

本文着重介绍了猪细小病毒的基因组结构，病毒基因组复制型DNA特点，病毒基因的转录、转录后的编辑，转录产物的翻译以及几种主要的结构蛋白和非结构蛋白的特点，旨在为将来研究猪细小病毒基因组结构、编码蛋白的结构特征、致病机制等奠定基础。

1 PPV的基因组结构和复制型DNA（replicative form DNA）的特点

PPV基因组为单链线状DNA分子，大小约5 000个核苷酸(nt)，成熟的病毒粒子仅含有负链DNA。PPV为细小病毒科细小病毒属的成员，是一种自主复制性细小病毒(autonomously replicating parvovirus)。通过对细小病毒属的基因组一级结构序列比较发现，猪细小病毒和自主细小病毒属的其他细小病毒，如小鼠细小病毒(MVM)、大鼠细小病毒H-1、犬细小病毒（CPV）、人类细小病毒B19、貂阿留申细小病毒（ADV）的基因组有很高的同源性，负链DNA上不含有开放阅读框（open reading frame，ORF），基因组两端均有发夹结构，3'一端的102nt的回文序列中断，折叠形成Y形结构；5'端有一个127nt的回文序列，中间被一个24nt的短回文序列中断，折叠形成U形结构。这种末端结构对PPV基因组复制是非常重要的，PPV DNA完全依赖于宿主DNA的复制机制进行自身复制，并且几乎只能在细胞周期的S期的晚期和G2期早期进行。

由于PPV DNA的3'端自我折回产生了DNA多聚酶作用所需的引物-OH，故其复制不需要DNA环化，也不需要RNA引物，在宿主DNA多聚酶α的作用下，自病毒基因组 3′端发夹结构的 3－OH 起始合成互补链(正链)，将感染的亲代 DNA(负链)转变为双链复制型 DNA (replicative form DNA，RF DNA)，再以 RF DNA 为模板，合成病毒 mRNA 和子代病毒基因组。Moditor 在猪睾丸传代细胞培养物中抽提到非染色体性 DNA，即复制型 DNA，其大小为 5 000bp。在高度纯化的病毒颗粒中，可抽提到单一的 PPV 基因型 DNA，大小相当于 1 800~2 300bp。将上述 2 种 DNA 以低熔点琼脂糖凝胶电泳纯化，碱性琼脂糖凝胶电泳表明，两者迁移速率相等，均相当于 5 000bp，除少量的 5 000bp 复制型 DNA 外，尚有少量的 10 000bp 的复制型 DNA，后者为形成发夹结构的双聚体复制型 DNA。限制性内切酶分析表明：PPV 复制型 DNA 的 3′末端 3 600bp 处有 1 个 EcoRI 酶切位点，用 EcoRI 酶消化复制型 DNA，在碱性琼脂糖电泳中除得到 3 600bp 和 1 400bp DNA 片段外，还得到 7 200bp DNA 片段。PPV NADL－2 除 5 000bp 复制型 DNA 外，还有 4 700bp 复制型 DNA，4 700bp NADL－2 复制型 DNA 为非缺陷型 PPV 复制型 DNA 的缺陷型变种。

PPV 基因组(正链)有 2 个主要的开放阅读框架，3′端编码结构蛋白(VP)，5′端编码非结构蛋白(NS)，即调节蛋白。整个编码区基因相互重叠，NS2 基因重叠在 NS1 基因内、NS3 基因重叠在 NS1 和 VP1 内、VP2 则重叠在 VP1 内。结构蛋白和非结构蛋白有各自独立的启动子区域，分别位于 4 基因图单位(mu) (P4)和 40 mu (P40)，具有真核启动子的一般特征，如 P4：① CAAT 框 (TGGTCAGTT，101nt)，② GC 框 (GAGGCGGG，143nt；GAGGCGGG，164nt)，③ TATA 框 (AATAAATA，2004nt)；PT40：①增强子 (GGGGAAA，1494nt)，② CAAT 框 (CTGATTGGTC，1961nt)，③ GC 框 (GGGAGGAGCC，1978nt)，④ TATA 框 (AATAAATA，2004nt)。结构蛋白和非结构蛋白的 mRNA，共同终止于 94－96 的 Poly(A)信号处，它包括如下保守序列：Poly(A) (AATAAA，4813nt 处)，GT 富集区(TGTGTT，4843nt 处)。

2 PPV 基因组的转录

细小病毒基因组的转录在不同的细小病毒感染中产生的 mRNA 转录物有所不同，如 MVM 感染宿主细胞后，主要产生 3 种 mRNA 转录物。而 PPV 的转录则不一样，PPV 感染宿主细胞后，早期启动子 P4 和晚期启动子 P40 分别从基因组的 225nt 和 2035nt 处开始转录，产生 2 种原始转录物 PT4 和 PT40，两者共同终止于 4833nt 处的 poly(A)，PT4 和 PT40 经过 4 种不同的拼接方式，产生 4 种次级转录物 R1 (4.7kb)，R2(3.3kb)，R3(3.9kb)和 R4 (2.9kb)。PT4 不经过拼接，即 R1，编码 663 个氨基酸的非结构蛋白 NS1；R2 是 PT4 的 C 型拼接产物，编码 161 个氨基酸的非结构蛋白 NS2；R3 是 PT4 的 D 型拼接产物，编码 106 个氨基酸的调节蛋白 NS3。PT40 中有 2 个拼接供体位点 (2280－AT/GT 和 2313－AT－GT) 和一个拼接受体位点（2386-AG/GA），PT40经过D型拼接产生约2.9kb的VP2 mRNA；VP1 mRNA和VP2 mRNA分别从2 287nt和2 810nt处的ATG起始翻译，共同终止于4 547nt处的TAA，产生2种结构蛋白VP1和VP2。

3 PPV的结构和非结构蛋白

PPV基因组编码2条结构多肽，VP1和VP2。分子质量分别为84ku和64ku，另有一条结构多肽VP3由VP2水解而产生，分子质量60ku。结构多肽形成后，装配成病毒粒子。从PPV基因组中可看到，编码PPV结构多肽和非结构多肽的基因几乎贯穿整个DNA序列，这就使形成的病毒粒子能以极小的空间存在。VP1蛋白C端氨基酸与VP2的N端氨基酸序列相互重叠。PPV VP1蛋白与鼠类细小病毒MVM，H-1，犬细小病毒(CPV)和猫细小病毒(FPV)的VP1蛋白有较高的同源性(约73%)，其N端富含碱性残基，其中存在类似SV40和多瘤病毒VP1蛋白N端的核内定位信号序列(NLS)，即MAPPAKRAKR。这种序列信号特征对于所有细小病毒在细胞核内的定位是至关重要的。VP1的N端有一脯氨酸丰富区（序列为MAPPAKRAKR）在病毒从细胞外转移到细胞内起重要作用，有细胞核定位功能。VP2的C端暴露在该蛋白的表面，因此C段的完整性是保持该衣壳蛋白二级结构所必需的，而其N端位于二级结构的内部，可以利用VP2自我包装成空壳粒子的特性，将外源基因片段插入到N末端，表达外源基因，作为一种抗原载体使用，

但其携带的外源基因只能刺激T淋巴细胞诱导细胞免疫，有实验证实VP2暴露在外的几个氨基酸残基（378、383、436等）是决定病毒趋向性和毒力的关键位点，这些位点是通过与宿主的多细胞因子而不是通过宿主细胞表面的受体起作用的。K.C.Cian等(1986)对细小病毒衣壳蛋白的ORFs进行了比较分析，发现其中有一些保守序列是所有细小病毒所共有的，如NPYL，TPW和PIW；而另一些保守序列为自主性细小病毒所共有，如GGG，PGY，YNN，

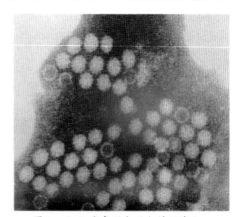

图1 细小病毒形态（电镜观察）

PPV VP2蛋白与MVM，H-1，CPV和FPV大约有50%~60%的同源性，其中含有PIW序31，即UFPNGQIWDKEL；在无感染性缺损病毒NADL-2的基因组中没有这段保守序列的相应序列。在PPV VP2蛋白的近N端有连续的9个甘氨酸(25aa-33aa)，这种GGG样的甘氨酸富积区(Glycine-rich region)折叠成α-螺旋结构，可能是产生VP3蛋白的切割位点。从纯化的PPV病毒电镜图中可找到两种PPV粒子，一是完整病毒粒子，内含ssDNA，可以感染细胞或组织；另一为病毒空壳，内无DNA。配制合适的Cscl梯度离心后可将两者分开，病毒空壳浮力密度

较小，仅 1.3g／mL。病毒空壳由 3 条结构多肽构成，VP1 和 VP2 最近的研究发现病毒空壳上无 VP3，其中 VP2 含量最高，完整病毒中富含 VP3。以纯化的 VP1、VP2 和 VP3 分别免疫家兔，制备抗血清，三者均能与其他 2 条结构多肽发生交叉免疫反应，说明 PPV 3 条结构多肽是同源的。值得一提的是病毒空壳与宿主细胞结合后，并不感染细胞，但是占据宿主细胞表面 PPV 受体位点，从而干扰完整病毒粒子与宿主细胞结合，影响细胞培养物的 HA 值。

PPV 基因组编码 3 种非结构蛋白 NS1、NS2、NS3，其分子质量分别为 75.5ku、18ku 和 12.4ku。对细小病毒非结构蛋白的研究表明，非结构蛋白在细小病毒 DNA 复制、转录及病毒的组装过程中都具有重要作用。在 PPV 感染 ST 细胞早期，可分离得到一种分子质量为 86ku 的多肽，这种多肽由 PPV DNA3' 端 ORF 编码，而在装配完成的完整病毒粒子中，却不能发现这种多肽，称其为非结构多肽 NS-1。病毒起始和终止 DNA 复制 DNA 的先决前提是从特异位点解开其末端结构区，以使 3' 端序列引导合成；而 NS1 蛋白具有内切酶作用和共价结合 5' 末端并具有特异部位的解链活性。NS1 蛋白具有 A 型保守序列 G（X）4GKTS（X）5-6I/L/V，这类序列是与 ATPase 或 GTPase 相关的 ATP 或 GTP 结合位点，并具有解旋活性，它拓展了病毒 DNA 末端的空间构型，起始病毒 DNA 的复制，所以 NS1 蛋白是细小病毒复制所必需的。NS1 蛋白与细小病毒的组装密切相关，研究表明，PPV 新合成的单链 DNA 基因组的 5' 末端通过共价键与 NS1 连接，在随后的病毒包装过程中 NS1 被去掉并连在病毒粒子的外层。NS2 和 NS3 分别含有 161 个氨基酸和 106 个氨基酸，在 N 端均有 86 个氨基酸残基与 NS1 相同，这 2 种蛋白质的功能目前还不十分清楚。

4 PPV 的基因表达与调控

4.1 转录水平的调控

主要包括以下几种。

(1)启动子的转录调节：PPV 主要有 2 个启动子区域，即早期启动子 P4 和晚期启动子 P40，其结构与其他细小病毒启动子的转录起始区相似。分为① ATF 结合位点：在 PPV 基因组 P4 启动子上游 -258 位和 -214 位各有一个转录激活因子(ATF)结合位点，即 GTGACGT 和 ACGTCAC，可与细胞的正调控因子 ATF 结合，对 PPV 基因组的转录具有重要的调节作用。② TATA 元件：在 PPV 基因组 P4 和 P40 启动子上游均有 TATA 元件。TATA 元件及其旁 C 侧区在 PPV 转录调节中发挥着重要作用，决定着转录起始点的选择。

(2)反式激活元件：在 PPV 基因组 P40 启动子上游 -73 到 -144 位的一段核苷酸序列与 H-1 细小病毒的 P38 启动子的反式激活区元件(Tar)完全同源，而且位置一致。Tar 元件是细小病毒基因组转录的必需区，具有双向转录激活作用，它主要是与细小病毒早期转录蛋白和一些细胞因子结合，促进和稳定活性转录物的形成。

(3)Poly(A)信号：PPV基因组3′末端的Poly(A)信号与上述ATF结合位点和TATA元件一样，也具有顺式激活作用。Poly(A)信号是转录终止和加Poly(A)尾所必需的序列，由于PPV所有转录物均采用同一段Poly(A)信号，因此所有转录物的3′端相同。

(4)非结构蛋白的调节作用：如上所述，PPV NSl蛋白含有ATP或GTP结合位点，并具有解旋活性，对PPV DNA的复制起着重要的调节作用。同时，NS1还是细小病毒基因组本身编码的反式激活蛋白，对PPV早期和晚期的转录都发挥着重要的调节作用。

4.2 转录后水平的调控

由于PPV基因组很小，它采取基因重叠和不同的拼接方式来编码自己的非结构蛋白和结构蛋白，因此转录后水平的调节对其十分重要。PPV利用不同的拼接位点的拼接来调节mRNAs合成。原始转录物PT4分别经过C型和D型拼接产生3.3kb的R2和2.9kb的R3；PT40分别经过B型和A型拼接产生2.9kb的R4。PT40有2个拼接供体位点和一个拼接受体位点。第一个供体位点(2280-AG／GA)位于VP，基因起始密码子(2287-ATG)上游-7位处。从该供体位点到受体位点(23 86-AG/GA)的拼接的结果，删除了VP1的起始密码子，产生编码VP2的mRNA。从下一个ATG(2 810nt处)起始翻译产生VP2蛋白。第二个供体位点(2313-AG/GT)位于VP1基因内部，从该位点到受体位点的拼接，产生编码VP1的mRNA，从第一个ATG(2 287nt处)起始翻译，产生VP1蛋白。

5 小结

PPV早期的研究主要集中在病原学、理化性质、防治等方面，后来人们逐渐加强了PPV分子结构和基因组成等方面的研究。迄今为止，人们已基本搞清楚了PPV基因组的一级结构，转录图谱和翻译图谱，为猪细小病毒的分子生物学以及分子流行病学研究奠定了基础。近来，人们发现猪细小病毒经常存在于其他疫病的混合感染当中，如断奶仔猪多系统衰竭综合征，从而引起人们的极大关注。有关猪细小病毒基因工程疫苗的研究应用还不是十分广泛，在断奶后多系统衰竭综合征（PMWS）和猪呼吸道疾病综合征（PRDC）等疾病中所起的作用也没有深入研究，但随着基因技术和现代科学的进步，人们必将大力投入到这些领域的研究。

遵义地区猪细小病毒病的血清学调查

邓位喜[1] 涂丽君[1] 曾贵英[1] 钟友苏[1] 何仁勇[1] 刘明友[2] 高洪[3]

(1.贵州省遵义市兽医防治检疫站, 贵州 遵义 563000; 2.贵州省红花岗区兽医防治检疫站, 贵州 红花岗 563000; 3.贵州省桐梓县畜牧局, 贵州 桐梓 564300)

猪细小病毒病(porcine parvovirus disease, PPVD)是由猪细小病毒(porcine parvovirus, PPV)引起妊娠母猪流产、死胎、木乃伊胎和产弱仔为特征的繁殖障碍性疾病, 在我国各地均有发生, 给养猪业造成了重大经济损失。为及时掌握猪细小病毒病在该地区的流行动态, 制定科学合理的防治方案, 我们于2006年10月份对遵义地区7个县(市)部分规模养殖场和散养户随机采取271份猪血清进行了血清学检测, 现将结果报告如下。

1 材料与方法

1.1 材料

1.1.1 诊断试剂 猪细小病毒乳胶凝集试验(LAT)诊断试剂盒, 武汉科前动物生物制品有限责任公司生产。

1.1.2 被检血清 猪血清271份, 采自遵义地区桐梓、仁怀、正安、湄潭等7个县(市)部分规模养殖场和散养户, 耳静脉采血后自然凝固, 分离血清, 置冰箱4℃保存备用。

1.2 操作方法

取检测样品(血清)、阳性血清、阴性血清、稀释液各一滴, 分置于载玻片上, 各加乳胶抗原一滴, 用牙签混匀, 搅拌并摇动1~2min, 于3~5min内观察结果。

1.3 结果判定

1.3.1 对照试验 试验成立条件是阳性血清加抗原呈"++++"、阴性血清加抗原呈"-"和抗原加稀释液呈"-"。

1.3.2 判定标准 全部乳胶凝结, 颗粒聚于液滴边缘, 液体完全透明, 判为"++++";大部分乳胶凝集, 颗粒明显, 液体稍混浊判为"+++";约50%乳胶凝集, 液体较混浊判为"++";有少许凝集, 液体呈混浊判为"+";液滴呈原有的均匀乳状判为"-"。出现"++"以上凝集者判为阳性。

2 结果

遵义地区猪细小病毒病血清学检测结果如表1、表2所示。

表1　遵义地区猪细小病毒病血清学检测结果

采样县（市）	检测数	阳性数	阳性率/%
桐梓	54	4	7.41
仁怀	41	1	2.44
正安	29	8	27.59
湄潭	16	0	0.00
绥阳	40	0	0.00
凤冈	46	0	0.00
赤水	45	0	0.00

表2　规模场和散养户猪细小病毒病感染率

饲养模式	检测数	阳性数	阳性率/%
规模场	211	11	5.21
散养户	60	2	3.33
合计	271	13	4.80

3　小结与讨论

（1）调查结果显示，该地区被抽查县（市）猪细小病毒病的平均抗体阳性率为4.80%（13/271），其中有3个县检出阳性（2.44%～27.59%），通过对阳性率较高的县进行跟踪调查，发现其规模场中母猪流产、死胎等临床症状较多，进一步说明可能与猪细小病毒病感染有关。同时在散养户中检出了阳性抗体猪只，说明该病已有扩散趋势。（2）该地区规模化养殖场和散养户的细小病毒病抗体阳性检出率分别是5.21%（11/211）和3.33%（2/60），且个别县阳性率达27.59%（8/29）。分析原因主要有：①近年来养猪经济效益较高，大量从省外引进种猪和仔猪，由于检疫把关不严而将疫病引入；②可能与规模养猪场饲养密度大、在有病原存在时传播速度快，而散养户猪流通少、接触传染源机会小有关；③部分养殖场和养殖户没有认识到猪细小病毒病危害的严重性，未将其纳入预防控制范围。

4　防制措施

（1）本病尚无有效治疗方法，只能采用对症疗法，预防本病最有效的方法是坚持自繁自养。在必须要引进种猪时应加强检疫，血清学检测为阴性方可引进，引进隔离观察2周后再进行一次检测，证实为阴性后再混群饲养。

（2）感染猪场应将发病母猪、仔猪隔离或淘汰，并用血清学方法对全群进行检查，对阳性猪隔离或淘汰，所有猪场环境、用具应严密消毒。

（3）我国已成功研制了细小病毒活疫苗，可根据猪场抗体水平监测情况确定首免时间，间隔20d再加强免疫，有良好预防效果。由于猪瘟、猪繁殖与呼吸障碍综合征、伪狂犬病和支原体肺炎等疫病能破坏猪的免疫系统或肺脏的防御功能，使猪对细小病毒病的易感性增加，同时要做好这些疾病的预防工作。

荧光抗体法检测猪细小病毒

赵风立[1] 刘焕珍[1] 吕文涛[2] 张瑜[1] 宋玉财[3]

(1. 山东信得科技股份有限公司，山东 青岛 266061；2. 烟台市莱山区农业局，
山东 烟台 264000；3. 烟台市动物防疫监督所，山东 烟台 264025)

猪细小病毒（porcine parvovirus，PPV）为引起母猪繁殖障碍性疾病的主要病原之一。猪细小病毒感染的主要特征是孕猪在怀孕前容易受到感染，可引起胚胎或胎儿的感染和死亡，导致母猪发生流产、死胎、木乃伊胎及新生仔猪死亡。目前，国内外检测猪细小病毒的方法主要有原位杂交、银加胶体金检测法、ELISA双抗体夹心法、聚合酶链反应和荧光抗体法等。免疫荧光技术是将不影响抗原抗体活性的荧光色素标记在抗体（或抗原）上，与其相应的抗原（或抗体）结合后，在荧光显微镜下呈现一种特异性荧光反应。笔者认为荧光抗体法较适用，而关于此方法的报道甚少，因此进行了以寻求快速、特异的直接荧光抗体检测方法为目的的研究。

1 材料和方法

1.1 试剂

PPV荧光抗体（中国兽医药品监察所，生产批号 0601）；转移因子溶液（山东信得药业，生产批号 20070109）；PPV阳性对照品（中国兽医药品监察所）；新生牛血清（杭州新锐生物工程有限公司，生产批号20051002）；胰酶（生产商Amresco 生产批号2453B17）；埃文斯兰（XiaSi，生产批号20060823）；DMEM（Gibco，生产批号1374368）；L－谷氨酰胺、青霉素、链霉素（Amresco公司）。[1]

1.2 器材

荧光显微镜、眼科镊子、载玻片、盖玻片、染色缸等。

1.3 试验方法[2]

1.3.1 病毒的接种与培养 将PPV、转移因子溶液，分别接种于PK-15细胞，每瓶各0.2mL。并分别设置不加任何产品的阴性对照细胞。培养过程中观察细胞的形态变化，根据酸碱变化，进行细胞换液，培养6d后，将细胞反复冻融3次，无菌离心后，取上清液1mL接种于细胞进行盲传，盲传3代后培养2~3d用PPV的荧光抗体对细胞进行直接免疫荧光抗体试验。

1.3.2 标本的制作 用胰酶对细胞进行消化，肉眼见到瓶底发白并出现细针孔空隙时终止消化。离心后取上清液，滴于洁净的载玻片上，自然干燥后，浸于丙酮

缸内于室温条件下，固定15min，取出风干。

1.3.3　染色　用0.02%埃文斯兰按荧光抗体说明书上规定的工作效价稀释，然后将已稀释的荧光抗体直接滴加到固定的标本上，以覆盖满为宜。放湿盒中于37℃温箱感作30min。

1.3.4　漂洗　从温箱中取出后，将染片用PBS液漂洗3次，每次3min，随后用蒸馏水浸泡3次，每次3min。

1.3.5　封固　风干后，滴加甘油缓冲盐水，加盖玻片封固。

1.3.6　镜检　置荧光显微镜下观察。

2　结果判定

在待检病料的胞浆内出现猪细小病毒黄绿色荧光颗粒者为阳性（见图1），在病料的细胞核和细胞浆中未发现特异荧光者判为阴性（见图2）。

3　小结和讨论

世界范围内，猪细小病毒病对养猪业的危害都是巨大的。给母猪进行人工接种疫苗，可以减少仔猪的发病率。母猪可经初乳将母源抗体传给后代，这种抗体可在仔猪体内存留5～7周。[3]近年来，随着我国猪饲养量的提高，该病在我国的危害有扩大之势，须引起重视。在易感猪群中，早发现、早预防是十分重要的。利用直接抗体法进行PPV病原检测，快速、方便、特异、灵敏，值得我们推广应用。

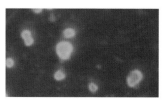

图1　检到含有猪细小病毒的荧光抗体细胞照片（阳性对照）

图2　没有检到猪细小病毒的细胞荧光照片

参考文献

[1]　刘玉斌.动物免疫学实验技术[M].长春：吉林科学技术出版社，1980，114～150

[2]　朱立平，陈学清.免疫学常用实验方法[M].北京：人民军医出版社，2000，365～381

[3]　ＡＤ莱曼主编.刘文军，张中秋，狄伯雄，等译.猪病学(第6版)[M].北京：北京农业大学出版社，1990

猪细小病毒病诊断与防治

曹伟[1]　李敏[2]　孙衍立[1]　蔡建军[1]　张慧鲜[1]　吴海辉[3]

（1.内蒙古临河区动物疾病防控中心，内蒙古　临河　015000；2.内蒙古得利斯食品有限公司，内蒙古　临河　015000；3.辽宁省葫芦岛市动物疫病预防控制中心，辽宁　葫芦岛　125000）

　　猪细小病毒（porcine parvovirus,PPV）是引起猪繁殖障碍的重要病原体之一，主要表现为母猪流产、不孕、产死胎、木乃伊胎及弱仔等特征，不表现其他临床症状，其他猪感染后也无明显的临床症状[1]。从20世纪60年代中期起，相继从欧洲、美洲、亚洲的许多国家分离到病毒或检出抗体，我国已先后在北京、上海、吉林、黑龙江、四川和浙江等地分离到了PPV，该病在世界各地猪场广泛存在[2]。PPV通过病猪和带毒猪，可水平传染又可垂直传染，消化道、交配和胎盘感染是最常发生的传染途径。会在短期内感染全群，加之病毒抵抗力强，使本病难以控制和根除[3]。PPV常呈潜伏状态存在，尤其是低剂量持续感染的现象经常发生，该病毒不仅能够引起母猪的繁殖障碍，而且往往与其他病原体协同作用引起多种疾病，给养猪业造成很大的经济损失。

1 病原学

　　猪细小病毒（PPV）属于细小病毒科（Parvoviridae）细小病毒属（parvovirus），只有一个血清型，与其他动物的细小病毒的血清学关系尚不十分清楚[4]。成熟病毒粒子为无囊膜等轴二十面对称体，直径18~20nm，病毒衣壳由直径2~4nm的32个壳粒组成，在病毒内未发现脂质、碳水化合物和酶，完全病毒分子质量为$5.3 \times 10u$；基因为单链DNA，沉降系数为105S。病毒粒子对乙醚和酸有抵抗力，对热、消毒药和酶的耐受力很强，能耐受72℃作用2h、56℃作用48h，80℃作用8min则使其丧失感染性，4℃可长期保存；对pH适应范围很广，对乙醚、氯仿等脂溶剂有抵抗力，0.5%漂白粉液、2%烧碱液5min可杀死病毒。PPV能在细胞核内繁殖，受感染细胞呈现变圆、固缩和裂解等病变，病毒在细胞中产生核内包涵体。病毒能凝聚人、猴、豚鼠、小鼠和鸡等动物的红细胞。

2 流行病学

　　猪是已知的唯一易感动物，几乎所有猪群都感染此病，不同品种、性别、年龄的猪都易感，后备母猪比经产母猪易感染。传染源是病猪和带毒猪、感染的公猪及母猪流产的死胎、活胎及子宫分泌物中含有的大量病毒，而带毒猪所产的活猪可能带毒排毒时间很长甚至终生带毒排毒。病毒主要分布在猪体内一些增生迅速的淋巴结生发中心、结肠固有层、肾间质、鼻甲骨膜等组织。急性感染猪的分泌物和排泄物中含有较多病毒，子宫内感染的胎儿至出生 9 周龄仍可带毒排毒。带毒种公猪在配种季节游动配种或精液经人工授精等途径，进入母猪子宫内引起易感染猪群隐性感染，通过胎盘传染给胎儿，引起本病的扩大传播。感染的母猪阴道分泌物、种公猪精液、粪尿及其他排泄物可排毒。病猪在感染后第 3～7 d 开始经粪便排出病毒，以后不规则排毒，病毒可在被污染的猪舍内生存数月之久，造成长期连续传播。本病常见于初产母猪，一般呈地方性流行或散发，一旦病毒传入阴性猪场，3 个月内几乎 100% 的猪只都会受到感染，1 岁以上大猪的阳性率可高达 80%～100%。本病发生后，猪场可能连续几年不断地出现母猪繁殖失败。母猪怀孕后感染，其胚胎死亡率可达 80%～100%，猪感染细小病毒后 1～6 d 可出现病毒血症，1～2 h 后随粪便排出病毒污染环境，7～9 d 后出现血凝抑制抗体，21 d 内抗体效价可达 1：15 000，能持续数年[5]。

3　临床症状

本病主要表现为妊娠猪特别是初产母猪的繁殖失能（reproductivfailure）或称繁殖紊乱，即妊娠母猪受到感染后，会引起流产、产死胎、胚胎死亡、木乃伊化胎儿和产弱仔及母猪发情不正常、久配不孕等临床症状（见图 1－4）；也有幼猪和妊娠母猪感染初期出现体温升高和白细胞减少的情况。

3.1　繁殖母猪感染后的临床症状

3.1.1　胚胎死亡、母猪返情　妊娠母猪在怀孕 30～36 d 之前受到感染时会发生胚胎死亡，死亡的胚胎在下一个发情期临近时完全被母体吸收，母猪可能重新发情。

3.1.2　木乃伊胎　胎儿在 50 d 后感染死亡时，由于胚胎骨骼钙化，死胎不能被完全吸收，导致胎儿干尸化；50～65 d 死亡者会严重干尸化；65～100 d 死亡的则部分干尸化。

3.1.3　流产　当有严重的胎盘炎或全部胎儿死亡时，则发生流产，但此类现象比较少见。

3.1.4　死产　母猪在妊娠 55～80 d 被感染时，胎猪已逐渐产生免疫应答，可以产生抗体，多能正常生产，但母猪子宫内膜有轻度炎症，胎盘有部分钙化。感染的胎儿表现不同程度的发育障碍和生长不良，可

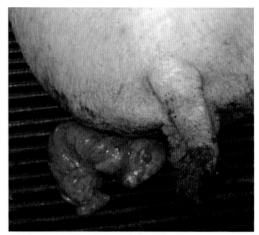

图 1　母猪流产

见胎儿充血、出血和水肿、体腔积液及坏死等畸变（见图 5）。受感染胎猪存活但太衰弱，不能耐受分娩时的逆境因素，多在分娩时或临近分娩时不能呼吸而死亡。

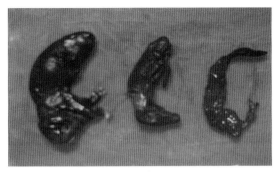

图2　胎儿木乃伊化

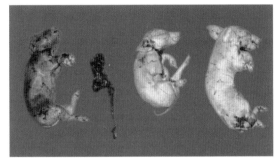

图3　早期感染的胎儿被溶解和吸收

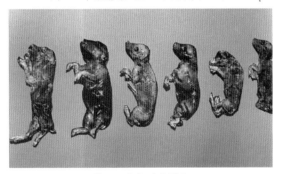

图4　死亡胎儿黑化

3.2　公猪感染

公猪被感染，对性欲和受精率无明显影响，但精液可长期排毒。

4　病理变化

一般情况下，感染本病的母猪死亡率不高，主要影响下一代。如果对个别患病严重的死亡母猪进行剖检，病理变化主要表现为子宫内膜有轻度的炎症反应，胎盘部分钙化（见图6），胎儿在子宫内有被溶解吸收的现象。胎儿在没有免疫力之前感染PPV，可出现不同程度的营养不良、淤血、水肿和出血，胎儿死亡后颜色变黑，并有脱水和木乃伊变化。镜检病变主要是多数组织和血管广泛的细胞坏死、炎症和核内包涵体等。胎儿对PPV具有免疫反应能力后再受到感染时，不产生明显病变，镜检观察，可出现内皮细胞肥大和单核细胞浸润等病变。受感染的死胎在大脑灰质、白质和脑脊膜上可见到脑膜炎的病变，以外膜细胞、组织细胞和少量浆细胞增生形成血管套为特征的变化，是其最重要的病理变化。

5　诊断

5.1　临床诊断

根据病猪的临床症状，即母猪发生流产、死胎、木乃伊胎、胎儿发育异常等情况，母猪本身没有明显的症状等，结合流行情况和病理剖检变化，即可做出初步诊断。若要确诊还须进一步做实验室检查。

5.2　实验室诊断

自1967年Cartwright等首次报道细小病毒病以来，有关该病诊断方法的研究报告较多，从最初的病毒分离鉴定，到血凝及血凝抑制试验、酶联免疫吸附试验等免疫学方法，直到核酸探针、聚合酶链式反应等分子生物学技术应用到PPV病的诊断中。

5.2.1　血凝和血凝抑制试验

（1）血凝（ＨＡ）试验：该试验即使在死亡时间较长、病毒无污染性的木乃伊胎中也可检出抗原。

（2）血凝抑制（ＨＩ）试验：是检测ＰＰＶ抗体最常用的方法，一般采用试管法和微量法。该方法是基层兽医检测ＰＰＶ较为经典的方法。利用ＨＩ检测人工感染ＰＰＶ的猪，发现感染后5d即可以检测到相应抗体。12～14d抗体滴度高达1 024～4 096，并能持续多年检出抗体。待检血清进行ＨＩ试验时需要首先进行灭活处理，然后再用红细胞吸附，以除去血清中的非特异性血凝素，再用高岭土吸附以除去或减少血清中非特异性抑制因子。该方法虽能进行快速、大量的诊断，但灵敏度低、特异性不强，只能作为辅助诊断方法。

5.2.2 血清中和试验 血清中和试验（SN）也是检测PPV抗体的方法之一，其原理是利用被检血清的抗体中和ＰＰＶ，然后根据培养细胞的病变情况来计算血清抗体的滴度。ＳＮ的特异性比ＨＩ高，但是ＳＮ的操作较为复杂，首先要进行病毒感染力的测定，而ＰＰＶ在低剂量时并不引起细胞病变，从而限制了该方法的使用。

5.2.3 荧光抗体染色法 采取疑似病猪的扁桃体、死胎、木乃伊胎，将各种组织做冰冻切片，用荧光抗体诊断液染色待检细小病毒标本片，将染色标本片置湿盒中，放入37℃培养箱作用30min，取出用（pH7.2～7.6）PBS冲洗和漂洗15min（中间需换液1次），再用中性蒸馏水冲洗除盐，标本片自然干燥，滴加磷酸甘油，盖上洁净的盖玻片，放荧光显微镜下观察，发现细胞内有亮绿色荧光颗粒集结，而对照无荧光颗粒集结，则可判定有细小病毒抗原。

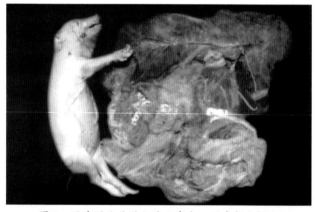

图5 死产胎儿体腔积液而澎大，胎盘部分钙化

5.2.4 乳胶凝集试验

适用于猪细小病毒病免疫学诊断，免疫抗体检测，流行病学调查。

（1）定性试验：取检测血清（无腐败、无沉淀、无凝块）、标准阳性、阴性血清、稀释液各一

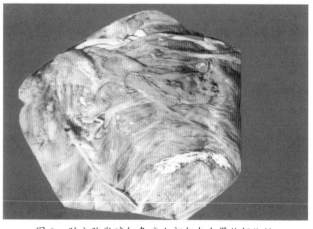

图6 胎衣弥散暗红色瘀血部与灰白带状钙化灶

滴，分别置于玻片的不同位置，各加乳胶抗原一滴，混匀，于 3～5 min 内观察结果。

（2）定量试验：先将血清做连续稀释，各取一滴依次加入乳胶凝集反应板上，另设对照同上，随后再各加乳胶抗原一滴，如上搅拌，摇动，判定。

（3）结果判定：对照阳性血清加抗原呈"＋＋＋＋"，阴性血清加抗原呈"－"，抗原加稀释液呈"－"。按以下判定标准进行判定：

"＋＋＋＋"：乳胶全部凝集，颗粒聚于液滴边缘，液体完全透明；

"＋＋＋"：乳胶大部分凝集，颗粒明显，液体稍浑浊；

"＋＋"：约 50% 乳胶凝集，但颗粒较细，液体浑浊；

"＋"：液体浑浊，有少许凝集；

"－"：液滴呈原有的均匀乳状。以出现"＋＋"以上凝集者判为被检血清阳性。

5.2.5　酶联免疫吸附试验　HohdatSu 等（1988）建立了细小病毒酶联免疫吸附试验（ELISA）。经比较证明，ELISA 检测 PPV 抗体与 HI 试验的结果是一致的，可用于 PPV 抗体的检测。Jenkins 等（1992）将 ELISA 应用于胎儿组织 PPV 抗原检测的研究，并与免疫荧光和 HI 试验比较。研究结果显示出 ELISA 在特异性、敏感性和检测速度等方面优于免疫荧光和 HI。

我国邱建明等（1989）建立了 PPV-ELISA 法来测定母猪血清中抗细小病毒抗体。谢琴等（1996）研制出猪细小病毒单克隆抗体，并把已研制出的单克隆抗体采用 ELISA 试验方法对当地 308 份血清进行了检测，结果阳性检出率达 66.6%。ELISA 试验与传统的 HI 试验进行比较，其敏感性更高，ELISA 阳性检出率为 85.7%，而 HI 阳性检出率为 80%。刘俊辉[6]等采用差速离心、透析、聚乙二醇浓缩纯化 PPV 制备抗原，建立检测 PPV 血清抗体的间接 ELISA 方法。通过对 400 多份样品的分析，该方法特异性强，易于操作，适用于现场血清学检测、诊断和大规模的流行病学调查。单克隆抗体具有特异性强、效价高，并可在体外大量制备等优点，再配合灵敏性强的 ELISA 试验方法是非常可行的，用此方法有助于 PPV 的早期诊断和流行病学调查。

5.2.6　聚合酶链式反应　Molitor 等（1991）最先报道了聚合酶链式反应（PCR）在检测 PPV 上的应用，根据 NADL-8 和 NADL-2 碱基序列设计合成了一对 20 个碱基的引物和寡聚核苷酸探针，上下引物相隔 118 个核苷酸，用此引物分别对 PPV 的 NADL-8、NADL-2、Kbsh 和 Kresse 株以及 CPV、RPV 进行了扩增，证明引物的特异性。该方法能检出 100 FG 的 RF DNA，相当于 1PFU 的病毒感染量。

我国沈冰等（1993）、李文刚等（1996）也采用 PCR 对猪细小病毒进行研究。王汉中等（1996）应用 2 对引物对 PPV 进行套式 PCR 反应体外扩增。由于 PPV 常与其他病毒混合感染，赵俊龙[7]等在已建立的单项 PPV 和 PRV 基础上通过扩增条件的筛选，建立了检测PPV和PRV的复合PCR诊断方法，并用于临床。利用一次PCR反应即可同时扩增PPV 445bp 和PRV217bp特异性片段。

5.2.7　核酸探针技术　核酸探针技术是一种分子水平的检测技术，具有快速、敏感、特异性强等特点，特别适用于疾病的早期诊断和类症鉴别诊断，是近20年来应用较多的一项诊断技术，用于PPV抗原的检测比HA试验敏感、特异性强，适宜于实验室进行PPV感染的诊断。但该方法的技术含量高，只能在专业实验室应用，不适合大面积临床诊断和现场应用。

Krell等(1988)率先将核酸探针技术应用于PPV的诊断，他们将以PPV RF DNA酶切得来的3.0kb的DNA片段用放射性同位素标记后作为探针，通过打点杂交检测培养细胞中的PPV。结果发现最低可检测0.1pg DNA。与HA的比较结果表明，该方法比HA敏感100倍以上[8]。

国内吴保成等(1992)对PPV RF DNA的Hind III和Pst I片段，进行生物素标记后用作探针进行斑点杂交。结果发现，该探针能检测到约100pg的PPV DNA。

6　防治措施

PPV感染目前还没有有效的治疗方法，种猪场应切实贯彻"预防为主，防重于治"的原则；发病猪以抗病毒、防止继发感染、缓解症状为治疗原则，控制本病发生。

6.1　引种

健康猪场应防止PPV从外界传入，坚持自繁自养。引进种猪时，必须从未发生过本病的猪场引进，引进种猪后隔离饲养半个月，经过2次血清学检查，效价在1:256以下或为阴性时，再合群饲养。

6.2　免疫接种

规模化猪场应按照严格的免疫程序做好猪细小病毒病的疫苗接种工作，以避免该病的大规模暴发。目前常见的疫苗有以下几种：

6.2.1　弱毒疫苗　NADL-2弱毒株最早发现和应用于临床，该毒株是将PPV强毒在实验室细胞培养连续传代50次以上致弱，Fujisakl等将PPV野毒在猪肾细胞上低温（30℃）连续传54代，产生HT变异株，该毒株接种猪后不产生病毒血症，但能诱导产生高滴度的抗体和较强的免疫力。在此基础上，Akibiro等将HT株在猪肾细胞上培养并用紫外线照射后传代，得到安全性更好的HT-5K-C株，利用该毒株生产的弱毒疫苗已在日本商品化。

6.2.2　单价灭活疫苗　自1976年国外就有关于PPV灭活疫苗的研究报道，并于20世纪80年代在美国、澳大利亚、法国等国家普遍应用。国内自潘雪珠等研制成功PPV灭活疫苗后，相继有学者也研制出PPV灭活疫苗。

6.2.3　灭活二联疫苗　PRV、PPV和JEV病均是引起母猪繁殖障碍的主要疾病，研制灭活多联疫苗可以简化免疫程序，降低临床应激反应，适合规模化养猪业的发展需要。

6.2.4　核酸疫苗　赵俊龙等（2003）进行了有关PPV核酸疫苗的研究，动物试验初步结果表明，以PPV结构基因VP1和VP2分别构建的核酸疫苗，均能诱导产生较高水平的体液免疫和细胞免疫，比常规灭活疫苗产生的高[9]。

不同的猪场应结合当地情况制定符合本场需要的免疫程序，一经开展应严格遵守。繁殖猪一般可用灭活疫苗进行注射，母猪可在配种前4～5周进行免疫注射，2～3周后再加强免疫一次，确保在怀孕的整个敏感期产生免疫力。公猪在配种前1～2个月内，也要进行免疫注射。灭活苗安全有效，免疫期4个月以上。经产母猪和公猪也应接种疫苗，以减少带毒和排毒。

6.3　人工感染

在PPV阳性场，应对留种的青年公、母猪适当推迟初配年龄（8月龄以上），并在繁殖配种前1～2个月进行自然人工感染，其方法是：将血清学阳性母猪放入后备母猪群中，或将后备母猪赶入血清学阳性的母猪群中，从而使后备母猪受到感染，获得主动免疫力。

6.4　消毒

执行严格的兽医卫生措施，同时还要加强检疫，病猪和健康猪分开饲养。健康猪接种疫苗，对病猪的排泄物、污染物及死胎和胎衣进行热处理或火化。猪舍周围应用3%的次氯酸钠或5%的苛性钠消毒。

参考文献

[1] 殷震,刘景华.动物病毒学(第2版)[M].北京:科学出版社,1997,1145～1155

[2] 李昌文,仇华吉,童光志.猪细小病毒研究进展[J].动物医学进展.2004,25(1):36～38

[3] Choi C, Chae C. In-situ hybridization for the detec-tion of porcine parvovirus in pigs with post-weaningmultisystemic wasting syndrome[J]. J Comppathol.1999,121(3):265～267

[4] 陆承平.兽医微生物学(第3版)[M].北京:中国农业出版社,2001,485～488

[5] 蔡宝祥.家畜传染病学(第4版)[M].北京:中国农业出版社,2001,209～211

[6] 刘俊辉,郭福生,龚振华等.用ELISA检测猪细小病毒(PPV)血清抗体[J].中国动物检疫.2004,26(2):26～27

[7] 赵俊龙,陈焕春,吕建强等.猪细小病毒PCR检测方法的建立与应用[J].中国兽医学报. 2003,23(2):142～144

[8] Krell P J,Salas T,Johnson R P.Mapping of porcine parvovirusDNA and development of a diagnostic DNA probe[J].Vet Microbiol.1988,17(1):29～43

[9] 张朝阳.猪细小病毒病感染及防治[J].中国畜牧兽医.2006,33(12):86-89

与猪细小病毒病易混淆疾病的鉴别诊断

马健　刘建柱

（山东农业大学动物科技学院　山东　泰安 271018）

猪细小病毒病（porcine parvovirus disease）主要引起母猪的繁殖障碍，除此之外，猪瘟、猪伪狂犬病、猪流行性乙型脑炎、猪繁殖与呼吸障碍综合征（Porcine reproductive and respiratory syndrome，PRRS）、猪钩端螺旋体病和衣原体病等也均能引起母猪的繁殖障碍。这些疾病不仅影响猪的繁育，而且有些病能够垂直传播，给养猪生产带来严重的经济损失。本文将从流行病学、临床症状特征、病理学诊断等几个方面对与猪细小病毒病易混淆疾病进行区别，希望对猪病的防治有所帮助。

1　流行病学特点

1.1　猪细小病毒病

猪细小病毒病是由猪细小病毒感染引起的以母猪子宫内胚胎、胎儿感染、死亡及木乃伊化，而母猪本身无明显临床症状为主要特征。

1.1.1　传染源　病猪和带毒猪。

1.1.2　传播途径　①通过胎盘垂直传播；②带毒公猪在交配时可将病毒传给易感母猪；③通过被污染的食物、环境经呼吸道和消化道传播。

1.1.3　易感动物　猪是本病毒的唯一易感动物，不同性别、年龄的猪都易感，头胎母猪发病。

1.2　猪伪狂犬病

猪伪狂犬病是由猪伪狂犬病病毒引起的一种急性传染病。主要侵害繁殖母猪和仔猪，成年猪常为隐性感染。临床上多以发热和神经症状为特征，主要引起种猪不孕，妊娠母猪发生流产、产死胎和木乃伊胎，新生仔猪和断奶仔猪死亡(但前者死亡率高于后者)，育肥猪增重缓慢等。

1.2.1　传染源　病猪、带毒猪以及带毒鼠类。患伪狂犬病的病猪，隐性感染猪和病愈猪是本病的主要传染源，带毒鼠类、猫、狗也是重要的传播媒介。病毒主要随病猪的分泌物(鼻汁、唾液、尿液和乳汁等)排出，污染饲料、饮水、垫草及栅栏等周围环境。另外，病毒常存在于胴体中，易通过肉食品传播。

1.2.2　传播途径　主要通过直接接触、呼吸道、消化道、损伤的皮肤传播；健康猪与病猪或带毒猪之间均能通过直接或间接接触经呼吸道和消化道而发生感染，引进带毒种猪引起疫情扩散蔓延是本病传播的主要原因。

1.2.3　易感动物　除对猪易感以外，对绝大多数的哺乳动物都有易感性。自然条件下牛、羊、犬、猫、鼠等多种动物及野猪、鹿、狼、狐、貂等野生动物均可感染本病。实验动物中以兔最为敏感，常用于动物试验。

1.3　猪繁殖与呼吸障碍综合征

猪繁殖与呼吸障碍综合征又称猪蓝耳病，是由猪繁殖与呼吸障碍综合征病毒引起的一种繁殖障碍和呼吸道传染病。主要侵害繁殖母猪和仔猪。

1.3.1　传染源　病猪、带毒猪和患病母猪所产的仔猪以及被污染的环境、用具都是重要的传染源。

1.3.2　传播途径　主要感染途径为呼吸道，空气传播、接触传播、精液传播和垂直传播。

1.3.3　易感动物　只感染猪，主要侵害母猪及小猪，育肥猪隐性感染。

1.4　猪流行性乙型脑炎

猪流行性乙型脑炎简称乙脑，是由乙型脑炎病毒引起的一种人兽共患性传染病，猪感染后大多不表现症状，仅少数有神经症状。但怀孕母猪可流产，公猪睾丸肿大。

1.4.1　传染源　感染乙型脑炎的动物均可成为本病的传染源。

1.4.2　传播途径　通过蚊—猪—蚊传播扩散，蚊子感染后终身带毒，是次年的主要传染源。

1.4.3　易感动物　猪等多种动物和人均易感。

1.5　猪瘟

1.5.1　传染源　病猪和带毒猪。

1.5.2　传播途径　经消化道、呼吸道、结膜、生殖道黏膜传播，也可垂直传播。

1.5.3　易感动物　猪是本病毒的唯一宿主。

1.6　猪钩端螺旋体病

猪钩端螺旋体病是一种复杂的人畜共患传染病和自然疫源性传染病。在家畜中主要发生于猪、牛、马、羊、犬，临床表现形式多样，主要有发热、黄疸、血红蛋白尿、出血性素质、流产、皮肤和黏膜坏死、水肿等。

1.6.1　传染源　带毒动物，尤其是鼠。

1.6.2　传播途径　经皮肤、黏膜和经消化道食入而传播。

1.6.3　易感动物　几乎所有的温血动物均可感染。

1.7 猪衣原体病

猪衣原体病是由衣原体感染引起的以流产、肺炎、肠炎、多发性关节炎、脑炎为主要临床症状的疾病。

1.7.1 传染源 病猪和潜伏感染的带菌猪是本病的主要传染源。

1.7.2 传播途径 可经消化道和呼吸道感染。病猪可通过粪便、尿、唾液（飞沫）、乳汁排出病原体。流产母猪的流产胎儿、胎膜、羊水更具有传染性。

1.7.3 易感动物 猪、牛、羊、禽均易感，以妊娠母猪和乳猪最易感。

2 症状与病理变化

2.1 猪细小病毒病

2.1.1 临床症状 母猪怀孕30~50d之间感染时，主要产出木乃伊胎；怀孕50~60d之间感染时，多出现死胎；怀孕70d的母猪则出现流产症状。引起产仔瘦小、产弱仔，母猪发情不正常，久配不孕。胚胎的死亡率高达80%~100%。

2.1.2 病理变化 母猪子宫内膜有轻微炎症，胎盘有部分钙化，胎儿在子宫有被溶解、吸收的现象。感染胎儿可见充血、水肿、出血、体腔积液、脱水（木乃伊胎）及坏死等病变。

鉴别要点：①母猪无明显症状；②发病主要见于初产母猪。③此病毒能凝集人、猴、鸡等的红细胞，可通过血凝抑制试验进行检测。

2.2 猪伪狂犬病

2.2.1 临床症状 母猪仅表现厌食、沉郁，暂时发热，怀孕后半期流产。新生猪未出现神经症状，可见败血症死亡，较大的猪则可出现呕吐、腹泻（痉挛、麻痹、失明、呼吸困难等）。有繁殖障碍、呼吸道综合征型、仔猪脑脊髓炎-腹泻型和生长发育受阻型。

2.2.2 剖检病变 死后见脑膜充血，脑脊髓液增加，扁桃体、淋巴结、肾、肝、脾有1~2mm灰白色坏死点，肺有出血点和水肿，上呼吸道内有大量泡沫样液体。

鉴别要点：①哺乳及离乳仔猪发病感染时有神经症状；②死猪剖检可见肝、脾有白色坏死点；③流产的胎儿大小一致，无畸形胎；④病料接种兔，兔出现奇痒症状后死亡。

2.3 猪繁殖与呼吸障碍综合征

2.3.1 临床症状 孕母猪发热、嗜睡，继而发生早产、流产、死胎、木乃伊和产弱仔等症状，2~3周后母猪开始康复，再次配种时受精率可降低50%，发情推迟。公猪厌食、嗜眠、发热、呼吸异常，精液质量下降、数量减少、活力低。仔猪呼吸困难、流鼻涕、体温升高，有时可见呕吐、腹泻，四肢划动，平衡失调，多发生关节炎，病死率可达50%~60%。肥育猪出现1周左右厌食，体温升高，呼吸增数，精神不安，发育迟缓，发生慢性肺炎，如有继发感染时可使死亡率增高。发病数日后少数猪的耳尖、外阴部、腹部、四肢末端及口鼻皮肤发绀，呈蓝紫色。

2.3.2 剖检变化 肺脏呈红褐色花斑状，不塌陷。感染部位与未感染部位界限不明显，病变最常出现在肺前腹侧区域，肺脏大体病变的比例为0～100%；淋巴结中度到重度肿大，呈褐色。子宫颈淋巴结、胸腔前上侧淋巴结和腹股沟淋巴结在尸体剖检中最明显。中度到重度间质性肺炎，淋巴－浆细胞性鼻炎、脑炎和心肌炎。

鉴别要点：①部分患病仔猪、母猪呼吸困难；②病猪剖检有间质性肺炎。

2.4 猪乙型脑炎

2.4.1 临床症状 病猪突然稽留热，温度升高，有时病猪表现前冲，流白沫等神经症状，或后肢

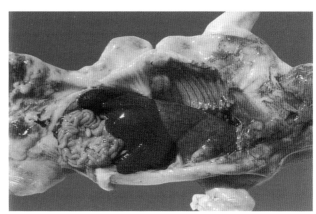

图1 猪乙型脑炎 仔猪皮下水肿

麻痹，视力下降，关节肿大，母猪妊娠后期突然流产，胎儿全身水肿，胎衣多停滞，胎盘水肿。

2.4.2 剖检病变 常见胎儿脑积水、皮下水肿（见图1）、胎盘水肿，睾丸硬化缩小，公猪睾丸炎。

鉴别要点：①季节性发病（7—9月份）；②公猪一侧或两侧睾丸肿大明显。

2.5 猪瘟

2.5.1 临床症状 在临诊症状上分为急性、慢性和迟发性3种类型。急性型多由强毒感染引起，病猪体温升高达41～42℃，先便秘，后腹泻。眼结膜炎，两眼有多量黏液脓性分泌物。病初腹下、耳和四肢内侧皮肤充血，后期有紫斑或出血。大多数猪在感染后10～20d死亡。症状较缓和的亚急性猪瘟病程一般在30d以内。慢性型是由中等毒力的温和型病毒感染引起。病猪早期体温升高，精神委顿，食欲不振，白细胞减少。几周后体温下降，食欲和一般状况显著改善。后期重现食欲不振、精神委顿等症状，体温再次升高，直至临死前体温下降。迟发型是由低毒力猪瘟病毒持续感染引起怀孕母猪出现繁殖障碍。病毒通过胎盘感染胎儿可导致流产、胎儿木乃伊、畸形、死产、产出有颤抖症状的弱仔或外表健康的感染仔猪。

2.5.2 剖检变化 急性和亚急性型全身皮肤、浆膜、黏膜和内脏器官有不同程度的出血变化。全身淋巴结水肿、周边出血，呈大理石样外观；肾脏皮质上有针尖大小的出血点或出血斑。全身浆膜、黏膜和心、肺、膀胱、胆囊均可出现大小不等，多少不一的出血点或出血斑。脾脏有梗死灶，突出于表面呈紫黑色，是特征性病变。胆囊有溃疡和针尖状出血点，扁桃体坏死和溃疡，肺也可发生梗死。胃

肠黏膜充血、小点出血，回盲瓣附近淋巴滤泡有出血和坏死，会厌软骨有不同程度出血。多数病猪有脑炎变化。慢性型主要病变是坏死性肠炎，尤其是回盲瓣口和结肠黏膜坏死性、溃疡性肠炎是特征性病变，溃疡突出于黏膜，似纽扣状。出血和梗死性病变缺乏或不明显。迟发型感染时，胎儿木乃伊化、死产和畸形。死产胎儿和出生后不久死亡的子宫内感染仔猪全身性皮下水肿，胸腔和腹腔积液。皮肤和内脏器官病变近似于急性或亚急性猪瘟。

鉴别要点：①脾贫血性梗死；②回盲口的"扣状"肿；③结肠黏膜坏死性、溃疡性肠炎。

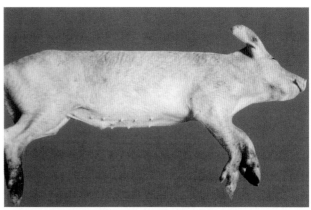

图2　钩端螺旋体病　全身皮肤黄染

图3　钩端螺旋体病　皮下与各浆膜组织等黄染

2.6　猪钩端螺旋体病

2.6.1　临床症状　急性黄疸型

多发生于大猪和中猪，呈散发，偶见暴发。病猪体温升高，稽留3～5 d，厌食，皮肤干燥，有时用力擦痒而出血，1～2 d内全身皮肤和黏膜泛黄（见图2），尿浓茶样或血尿，腥臭味。几天内，有时数小时内突然惊厥而死，病死率50%以上。亚急性型和慢性型多发生于断奶前后至30 kg以下的小猪，呈地方流行性或暴发。病初猪体温升高，眼结膜潮红，有时浆液性鼻漏，食欲减少，精神不振。数日后，眼结膜有的潮红浮肿，有的泛黄，有的在上下颌、头部、颈部甚至全身水肿，指压凹陷，俗称"大头瘟"。尿液变黄、茶尿、血红蛋白尿甚至血尿，进猪栏就闻到腥臭味。有时腹泻，有时粪干硬，逐渐消瘦、无力。病程由十几天至一个多月。病死率50%～90%。恢复的猪往往生长迟缓，有的成为僵猪。母猪表现流产，流产率20%～70%，猪在流产前后有时兼有其他症状，发热，甚至流产后发生急性死亡。流产的胎儿有死胎、木乃伊胎、弱胎，后期感染弱仔不能站立，移动时做游泳动作，不会吃乳，经1～2 d死亡。有的母猪常于产后不久死亡。

2.6.2　病理变化　皮肤、皮下组织、浆膜和黏膜程度不同的黄疸（见图3），胸腔和心包有黄色积液。肠系膜、肠、膀胱黏膜等出血。肝肿大呈棕黄色，胆囊肿

大、淤血，膀胱积有血红蛋白尿和浓茶样蛋白尿，肾肿大、淤血，慢性型有散在的灰白色病灶。水肿型，上、下颌，头颈，背，胃壁出现水肿。成年猪肾皮质出现1～3mm的灰白色病灶，病程稍长，肾萎缩变硬，表面凹凸不平或呈结节状，被膜粘连不易剥离。

图4　衣原体　早产死胎肺常有瘀血水肿

　　鉴别要点：①病猪出现黄疸；②血红蛋白尿，可闻到腥臭味；③颈部或全身水肿。

2.7　衣原体病

2.7.1　临床症状　①流产型：怀孕母猪多在临产前几周发生流产，初产母猪发病率可高达40%～90%。流产前后无不良病症。公猪多呈隐性经过，有的出现睾丸炎、包皮炎附性腺炎。②肠炎型乳猪多发。③肺炎型和关节炎型，以断奶后仔猪多发（见图4）。

2.7.2　剖检病变　①流产胎儿和新生仔猪的头、胸等皮下水肿，有出血点；胎衣呈暗红色，有水肿和坏死区。母猪子宫内膜出血、水肿。②肠卡他性、出血性变化，浆膜面有灰白、浆液性、纤维性覆盖物，肝质脆，有灰白色斑点。③肺水肿，表面有大量出血点。

　　鉴别要点：①病猪有皮下水肿；②浆膜面有灰白、浆液性、纤维性覆盖物，肝质脆，有灰白色斑点。

　　　　（注：本文所用图片摘自宣长和等主编的《猪病诊断彩色图谱与防治》）

猪细小病毒疫苗研究进展及应用情况

李斌 赵武 梁家幸 梁保忠 姚瑞英 黄安国 蒋玉雯

（广西兽医研究所病毒室，广西 南宁 530001）

猪细小病毒病是由猪细小病毒（porcine parvovirus，PPV）引起的，该病的主要特征为受感染的母猪，特别是初产母猪及血清学阴性经产母猪发生流产、不孕、死胎、畸形胎、木乃伊胎及弱仔等，尤其以产木乃伊胎为主，而母猪本身并不表现除流产之外的临床症状，其他猪感染后也无明显的临床症状。血清学调查表明PPV感染在猪群中普遍存在，90%以上的老母猪和78%的小母猪呈PPV抗体阳性，第一次怀孕的6~9月龄小母猪若遭受PPV感染，最容易发生繁殖障碍。该病给养猪业造成了严重的经济损失，影响了养猪业的健康发展。目前有效预防该病的主要手段是使用猪细小病毒疫苗进行免疫预防。猪细小病毒疫苗主要分为灭活疫苗、弱毒疫苗、基因工程亚单位疫苗、基因工程活病毒载体疫苗、基因疫苗等，现将近年来猪细小病毒疫苗的研究进展及应用情况概述如下。

1 灭活疫苗

灭活疫苗又称死苗，是将病原体经理化方法灭活后，仍保持其免疫原性而制成的疫苗。灭活疫苗具有安全性好、诱导产生抗体时间长、不需要低温保存等优点。但是灭活疫苗产生抗体慢，不能诱导细胞免疫反应，抗体水平较活疫苗低，需重复接种，使用剂量大，费用较高。PPV灭活疫苗的研究、开发与应用已经历了30余年，目前仍是预防猪细小病毒感染的主要手段。

Joo等应用β-丙内酯和福尔马林灭活PPV研制出凝胶佐剂PPV灭活疫苗，经对小猪和成年猪进行免疫试验，证明该灭活疫苗免疫原性良好并且安全。该灭活疫苗在4℃保存6个月其免疫原性不变。

Mengeling等用乙酰二甲亚胺灭活PPV制成的灭活疫苗免疫小母猪，表明该灭活疫苗可诱导产生高滴度PPV抗体，且所产胎儿未检测到PPV抗原和抗体。

Paul等用PPV灭活疫苗分别于6周龄和8周龄时两次免疫小母猪，结果表明能产生高水平的抗体滴度，可保护母猪免受PPV感染。

Mengeling等用PPV、伪狂犬病病毒二联灭活疫苗免疫猪，发现所产生两种病毒的抗体的几何平均滴度（GMT）与用PPV单联灭活苗、伪狂犬病病毒单联灭活苗免疫猪所产生的病毒抗体滴度一样，或前者稍高于后者。

Joo 等用 PPV 灭活疫苗免疫豚鼠、兔和猪，试验结果表明产生持续 PPV HI 高滴度的最佳免疫浓度为 256 （PPV HA 滴度）/0.1mL PPV 灭活疫苗，并且凝胶佐剂的终浓度为 50%，还发现最佳二免时间为首免之后的 4 周。

Wrathall 等利用猪胎儿培养 PPV 强毒，然后用二氯丙啶灭活，制成油乳剂疫苗，对怀孕小母猪免疫保护试验表明，该灭活疫苗是安全有效的。

Molitor 等用豚鼠免疫试验检测不同佐剂 PPV 灭活疫苗产生 PPV HI 抗体的效果。分别单独或组合使用了如下佐剂：CP-20961，50% 氢氧化铝凝胶，乙烯基马来酸酐（EMA），油水乳化液（O/W），二甲基 -18- 溴化铵（DDA），苦杏仁酵素，十二烷基磺酸钠（SDS），L-121，苦杏仁酵素/氢氧化铝，SDS/氢氧化铝，白喉杆菌/氢氧化铝等。结果表明 CP-20 961，50% 氢氧化铝凝胶，EMA，油水乳化液，DDA 可产生较高的 PPV HI 抗体滴度。

Paul 等给猪静脉注射 PPV 抗体，然后进行 PPV 灭活疫苗免疫试验，结果表明低的 PPV HI 抗体滴度 （1:5）不会干扰 PPV 灭活疫苗免疫效果，PPV 灭活疫苗二免可产生更高的抗体滴度，更长时间的保护力。

Edwards 等用 3 种 PPV 灭活疫苗对 66 头孕龄 40 日的小母猪进行免疫保护试验，结果表明这 3 种 PPV 灭活疫苗都能提供很好的保护力，可显著地降低死胎率，其中 2 种疫苗即使大幅降低免疫剂量也可提供很好的保护力。

Brown 等对猪进行免疫保护试验，结果表明 PPV 灭活疫苗可以提供充分的保护力，避免 PPV 导致的繁殖障碍，甚至在 PPV 感染之前的短期内 PPV HI 降低到无法检测的水平也能提供保护。

Wrathall 等用 PPV 灭活油乳苗免疫母猪，然后再免疫母猪所产的小猪，试验结果显示所有免疫猪均可产生强的且维持时间长的抗体反应。

Wrathall 等用 PPV 灭活油乳苗在英国的 12 个猪场对 1243 头小母猪进行免疫对比试验，试验结果表明，不同猪场应该根据 PPV 野毒存在的与否、PPV 感染的流行病学来定制 PPV 的免疫计划，这样才可取得良好的经济效益。

Gualandi 等用不同佐剂制备 PPV 灭活疫苗，选择了如下佐剂：氢氧化铝凝胶 $(Al(OH)_3，30\% \sim 50\%)$，矿物油水乳剂 （w/Mo，50%），$Al(OH)_3$ 与 w/Mo 组合，二甲基 -18- 溴化铵（DDA，0.16%），丙烯酸聚合树脂 （Carbopol 934P，0.02%），然后进行猪、豚鼠免疫试验，结果显示氢氧化铝凝胶吸附的 PPV 抗原、丙烯酸聚合树脂乳化的 PPV 免疫动物产生的抗体反应最显著。

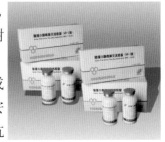

Pye 等用细胞培养 PPV，用 β - 丙内酯灭活，制成氢氧化铝佐剂灭活疫苗，将其皮下注射豚鼠，证实是安全的。用该灭活疫苗接种怀孕小母猪，首免 PPV HI 抗

体平均滴度为30，二免则为256。保护效果为：免疫组产仔9.2头／窝，而非免疫组则为1.5头／窝。

Castro等应用PPV灭活疫苗在西班牙进行田间免疫试验，在10个种猪场共免疫220头血清反应阴性的小母猪，57头血清反应阴性的小母猪作为对照。但免疫组与对照组的总产仔成绩并无差异，原因是所用PPV灭活疫苗免疫保护持续时间短，而且对照组小母猪可能在配种前已是血清反应阳性或在产仔时仍为血清反应阴性。

Gualandi等用PPV佐剂灭活疫苗免疫8头孕龄40日的小母猪，又以4头孕龄40日的小母猪作为对照，然后全部以PPV强毒株攻毒。攻毒2~8d后，所有对照组猪发热，而免疫组只有1头猪发热且持续了4d。PPV可以一直从对照组猪的粪便中检出，而只能从免疫组猪的粪便中偶尔零星地检出。攻毒53d后全部剖杀试验猪，均无肉眼可见的病变，但是2组猪中均有死胎。对照组的死胎率为70.5%，而免疫组的只为10.1%。死胎中PPV的检出率，对照组为23/24，免疫组仅为3/8。

Ritzmann等应用猪细小病毒、猪丹毒二联疫苗和相应的单联疫苗进行田间对比免疫试验。对比研究发现，二联苗与PPV单联苗以不同的免疫计划进行免疫，所产生的PPV抗体并无显著差异，二者所免疫的小母猪的产仔成绩、死胎率也无显著差异。

Rivera等用人参的干提取物（内含名为"人参皂甙"的免疫调节剂）作为疫苗佐剂进行试验，发现其有增强猪抵抗PPV和丹毒丝菌感染的作用。人参干提取物为佐剂的疫苗与商品化的氢氧化铝佐剂疫苗比较试验发现，前者产生PPV、丹毒丝菌抗体的滴度显著高于后者，前者倾向产生IgG2抗体，后者倾向产生IgG1抗体。所以人参干提取物可作为氢氧化铝佐剂疫苗的一种简便、安全又经济的共同佐剂。

我国学者在PPV灭活疫苗的研究开发中也取得卓越的成绩。邬捷等在四川发病猪场中分离到3株PPV，并应用其中1株毒株研制了灭活苗，应用取得了较为理想的免疫效果。

潘雪珠等用上海分离的PPV S-1毒株的猪睾丸(ST)传代细胞株适应毒研制成PPV灭活疫苗。

李火林等用PPV油佐剂灭活疫苗对后备母猪免疫效果表明，免疫组比不免疫对照组的产活仔成绩提高6.59%，隐性流产有所控制，说明不论PPV阳性猪场还是阴性猪场，都必须对后备母猪全面开展PPV灭活苗的免疫。

孙平清等用PPV灭活疫苗进行免疫对比试验，结果表明窝均产仔数增加0.44头，窝均死仔数减少0.66头，窝均活仔数增加1.1头，产活仔率提高7%，表明PPV灭活疫苗预防PPV引起繁殖障碍效果良好。

韩效成等用PPV灭活疫苗对豚鼠、猪进行免疫比较试验，用13批PPV灭活苗免疫39只PPV血清学阴性的豚鼠和猪，每批次各3只，免疫后阳性率100%，平均HI抗体滴度豚鼠为320～1 280，猪为20～320。

姜天童等用PPV、乙型脑炎病毒(JEV)二联油乳剂灭活疫苗对猪进行免疫试验，接种后无异常临床反应，不产生病毒血症，不散毒，免疫猪能产生高水平的免疫应答反应，可耐受PPV和JEV强毒攻击。宰杀时胎儿健活，从胎儿脑组织和内脏中未回收到病毒。该二联苗的免疫期为6个月，2～8℃条件下的保存期为12个月。试验结果表明，该疫苗对预防PPV和JEV经胎盘感染具有良好的免疫效果。

肖驰等应用四川发病猪场病料中分离的三株PPV（SR-1，SR-2，SR-3株）研制成灭活疫苗并研究它们的免疫原性，结果表明SR-2、SR-3株的免疫原性最好，适于制苗。研究还对兔与猪两种试验动物进行比较，发现兔是评价PPV免疫原性的较好的动物模型。杨明凡等用自制猪细小病毒和猪伪狂犬病毒二联灭活苗对后备母猪进行免疫，效果观察表明，猪细小病毒HI抗体滴度最高达1：640，猪伪狂犬病毒血清抗体中和指数为1 400以上，试验组母猪均未发生繁殖障碍，且平均产健康活仔率比对照组高出1.9%。

据最新报道，华中农业大学陈焕春院士等利用自主分离鉴定的WH-1株成功研制猪细小病毒油乳剂灭活疫苗，2006年已获得农业部新兽药证书和生产文号。

2 弱毒疫苗

弱毒疫苗又称活疫苗，经人工致弱而失去对原宿主的致病力，但仍保持良好的免疫原性的病原体，或者用自然弱毒病原体制成的疫苗。弱毒疫苗免疫力较强，产生抗体快，用量少、成本低，但存在毒力返强及散毒的可能，并需要低温贮运。由于PPV具有独特的生物学特性，目前已研制开发并商品化生产的PPV弱毒疫苗还较少。

Paul等将PPV强毒株经过50次以上的细胞连续传代致弱获得NADL-2弱毒株疫苗，并对怀孕小母猪进行免疫保护试验。剖杀试验用猪，发现免疫组有59头活胎、2头死胎，所有免疫组胎儿中都未检测到PPV和抗体；对照组有25头活胎、29头死胎，其中所有死胎和9头活胎可分离到PPV，所有PPV感染的胎儿均可在肺中检测到PPV抗原，在7头感染的活胎儿中检出HI抗体。又发现经口鼻接种PPV致弱苗，致弱PPV不能经胎盘感染胎儿，但在子宫内接种PPV致弱苗，可感染胎儿导致胎儿死亡，因此PPV致弱苗应限于非怀孕母猪使用。

Fujisaki等从死猪胎儿脑中分离到一株PPV（90HS株），然后在猪肾细胞上连续低温（30～35℃）传代54代，得到一株名为HT株的弱毒株。该弱毒株接种猪，试验猪无病毒血症，无病毒排出，不会将病毒传染给别的猪，但可以维持长时间的PPV抗体。

Fujisaki等应用PPV弱毒HT株进行免疫保护试验，先将PPV HT株接种猪，几个月后口服PPV野毒进行攻毒，结果表明对照组非免疫猪的PPV抗体滴度升高，出现病毒血症，向外排毒，从多个器官中检测到病毒；而免疫组的猪则无上述现象。在此基础上，Akihiro等将HT传代至34代时60℃处理1h，建立了安全性更好的HT/SK弱毒株，并已在日本商品化。

Paul等应用经54代细胞培养而减毒的PPV NADL-2株制成PPV致弱疫苗（MLV）免疫猪，研究该MLV的最小免疫剂量，MLV在猪体内组织增殖的范围，MLV经肌肉接种或经口鼻接种后的扩散途径。结果表明，MLV的最小免疫量为10^2半数细胞感染量（$TCID_{50}$），最佳免疫量为10^5 $TCID_{50}$。经肌肉接种后MLV较PPV强毒在猪体内组织增殖得少，且MLV诱导的HI抗体滴度比PPV强毒的低，而经口鼻接种MLV的23头猪中仅有5头猪检测到PPV或PPV抗体。MLV接种了猪之后会在粪便中排出，但比PPV强毒排出要晚而且时间不一致。

广西兽医研究所病毒室蒋玉雯等分离到一株自然弱毒株（PPV-N株），并对该毒株的生物学、免疫学等进行了系统的研究，结果表明该弱毒株不仅对小猪、后备母猪、怀孕母猪安全，而且具有良好的免疫原性，遗传性稳定，保存使用方便，60℃处理1h毒价不变，母猪在配种前只需注射1mL，免疫期达1年以上。并对PPV-N株的结构蛋白VP1基因进行核苷酸序列的测定和序列比对分析，发现PPV-N株与经典的PPV弱毒株（NADL-2株）的VP1基因的同源性最高，它们的核苷酸序列、推导的氨基酸序列的同源性分别为99.9%、99.6%，这为判断PPV-N株和NADL-2株一样同属PPV弱毒株提供了分子生物学依据。由于PPV-N株具有优良的生物学特性，是预防PPV感染最合适的疫苗，也是目前国内唯一报道的PPV自然弱毒疫苗，具有广泛的开发应用前景。2006年应用PPV-N株弱毒疫苗进行区域试验，在广西、广东3个规模化猪场免疫后备母猪32 930头。免疫后猪只食欲、体温均正常，无任何不良临床反应。并能正常分娩，每胎平均产仔为11.48头，其中健活仔10.96头，而死胎仅为0.52头，与先前的报道一致，说明PPV-N株弱毒疫苗能有效抵抗PPV强毒攻击，在猪场应用取得了明显的经济和社会效益。

3 基因工程亚单位疫苗

基因工程亚单位疫苗是将编码病毒的某种特定蛋白质的基因与适当质粒或病毒载体重组后导入受体（细菌、酵母或动物细胞），使其在受体中高效表达，提取所表达的特定多肽，加入佐剂制成的一种新型疫苗。其免疫原性较好，但技术要求高，成本昂贵，难以在临床上推广应用。

Martínez等将PPV VP2基因克隆进杆状病毒表达系统，并在昆虫细胞中高产量表达。表达产物可自我装配成粒子，在结构和抗原性上与常规的PPV衣壳并无差异。将高度提纯的表达产物（类病毒粒子）免疫猪，其免疫效果与商品化的PPV疫苗的相同，其最小免疫剂量仅为3 μg和1.5 μg增强剂。

Rueda等应用重组杆状病毒表达类PPV粒子（PPV-VLPS），然后研究灭活重组杆状病毒的策略：应用了巴氏消毒法、去垢剂（Triton X-100）处理、二氯丙啶（BEI）烃基化策略。结果用 Triton X-100、BEI 处理灭活的 PPV-VLPS 仍保持原有的结构和抗原性。豚鼠免疫试验表明，所有处理方法后的 PPV-VLPS 免疫所产生的 PPV 抗体滴度十分相似。

Maranga 等应用杆状病毒表达载体感染昆虫细胞大量表达 PPV 类病毒粒子（PPV-VLPS）（可达25L），然后利用一种低多重性感染的策略来避免外源性杆状病毒的感染，那就是通过最佳收获时间、有效的提纯策略、最佳灭活剂来实现，其下游工艺最终产率为68%。豚鼠免疫试验表明 PPV-VLPS 的免疫原性与通过含血清培养基细胞培养并提纯的 PPV 疫苗的免疫原性相似。结果表明应用杆状病毒表达系统大规模生产 PPV-VLPS 是可行的，而且其产品是安全的，具有作为疫苗应用的潜力。

Antonis 等应用杆状病毒表达载体系统表达出 PPV 类病毒粒子（PPV-VLPS），表达量可达到工业化生产规模，经试验表明亚微克剂量的 PPV-VLPS 油佐剂疫苗即可诱发豚鼠和猪产生高滴度的抗体，怀孕母猪免疫 0.7 μg 的 PPV-VLPS 疫苗即可使胎儿获得对 PPV 强毒攻击的完全保护力，若使用 PPV-VLPS 油佐剂疫苗则保护作用更好。试验表明这种重组亚单位疫苗克服了传统的 PPV 疫苗的一些缺点。

4　基因工程活病毒载体疫苗

基因工程活病毒载体疫苗，是利用基因操作技术将异源性病毒的保护性抗原基因及启动子序列插入到作为载体的另一种病毒，如弱毒疫苗株的基因组非必需区中而构建的疫苗。由于异源病毒基因已成为载体病毒基因组的一部分，可随载体病毒的繁殖而不停地表达，因而这种疫苗在机体可同时诱导产生针对载体病毒及异源性病毒的特异性免疫反应，可达到一针防两病或多病的目的。活病毒载体疫苗与弱毒疫苗相似，能诱导强而持久的免疫反应，而且作为载体的活病毒已经过改造，其安全性较传统弱毒疫苗大为提高。但其生产技术复杂，成本较高，目前仍多处于实验室研究阶段。

吕建强等应用猪伪狂犬病毒基因缺失株 TK⁻/gG⁻/LacZ⁺ 作为活病毒载体，成功构建了表达猪细小病毒 VP2 基因的重组伪狂犬病毒，表达的 VP2 蛋白可以与猪细小病毒阳性血清反应，而且可以自行装配成病毒样颗粒。VP2 基因的插入不影响重组病毒的增殖特性，其毒力与亲本株相当，为研制 PPV 活病毒载体疫苗奠定了基础。

Hong Q 等应用伪狂犬病毒基因缺失株 TK-/gE-/LacZ+ 作为一个活病毒载体，成功重组共表达口蹄疫病毒的衣壳前体蛋白 P1-2A 与猪细小病毒结构蛋白 VP2，经试验证明所构建的重组病毒 PRV TK(-)/gE(-)/P1-2A-VP2 对动物有良好的免疫原性和安全性，所以该重组毒株可作为研制预防猪的伪狂犬病、口蹄疫、细小病毒病的新型三联疫苗的候选毒株。

据最新报道，华中农业大学陈焕春院士等在猪细小病毒传统疫苗研究的基础上，运用现代生物技术，将猪细小病毒ＶＰ２基因插入到猪伪狂犬病毒，构建了重组伪狂犬病毒ＴＫ－／ｇＧ－／ＶＰ２＋株及二价基因工程疫苗，该成果已于2007 年 11 月在武汉通过湖北省科技厅组织的技术鉴定，并且该重组病毒已获国家发明专利及农业部转基因生物安全证书。

5　基因疫苗

基因疫苗（genetic vaccination）又称ＤＮＡ疫苗／核酸疫苗，是将编码病毒保护性抗原基因克隆到真核表达质粒上，再将真核表达质粒直接注射到动物体内，外源基因通过宿主细胞的转录系统合成抗原蛋白，诱导宿主产生对该蛋白的保护性免疫应答而起到预防该疾病的目的。同其他疫苗相比，基因疫苗以其成分单一、易于构建、生产工艺简单、免疫剂量小、成本低廉、可构建多基因或多价疫苗，既拥有灭活疫苗的安全性、又兼备弱毒疫苗或活病毒载体疫苗诱导全面免疫应答等诸多方面的优越性而成为新型疫苗研究的热点。但是，基因疫苗目前仍存在一系列未能解决的问题，如基因表达载体是否会同宿主染色体发生整合，是否会在整合后诱发癌基因的表达失控、基因载体本身是否绝对不产生免疫应答，等等，以及临床应用有关的一些技术手段，这些都需进一步研究与诠释。

赵俊龙等应用真核表达载体 pCI－neo 和 pcDNA 3.1(+)分别构建含有猪细小病毒 VP1 基因的 pCI－neo VP1 和含有 VP2 基因的 pCI－neo VP2 与 pcDNA VP2 三种真核表达质粒，然后在ＩＢＲＳ－２细胞中成功表达这 3 种质粒。经小鼠免疫试验，结果发现所有表达质粒均能诱导产生明显的细胞免疫和体液免疫，其中 pCI－neo VP1 质粒诱导的体液免疫最强，与猪细小病毒灭活疫苗组相当，pCI－neo VP2 诱导的细胞免疫应答强于猪细小病毒灭活疫苗组。

魏战勇等将PPV VP2 基因克隆至 pCI－neo 真核表达载体中，构建了 pCI－neo－VP2 重组质粒，转染至ＰＫ－15 细胞中，并以小鼠为动物模型，将 pCIneo－VP2、pCI－neo 重组质粒、PPV 活疫苗和对照组通过肌肉注射进行免疫。结果显示，pCI－neo－VP2 在体外能够诱导ＰＫ－15 细胞表达 VP2 蛋白，小鼠注射 pCIneo－VP2 质粒 1 周后能够诱导机体产生抗体，4 周时达到峰值，与活疫苗对照组产生的抗体滴度、诱导Ｔ淋巴细胞增殖和诱导强的细胞毒性基本一致。试验表明，构建的 pCIneo－VP2 能够有效诱导机体产生体液免疫和细胞免疫，为研制出高效、新型猪细小病毒疫苗提供了科学依据和试验依据。

PPV 感染广泛流行于世界各地猪群，我国猪群感染PPV 亦相当普遍，导致的经济损失十分严重。目前PPV 感染尚无有效的药物治疗方法，因此必须重视猪群PPV 的免疫预防。近年来已公认使用疫苗是预防PPV 感染、提高母猪繁殖率的唯一方法。合理选择适合本猪场的PPV 疫苗，就可以减少该病带来的经济损失。随着对PPV 的深入研究以及生物学技术的飞速发展，相信在不久的将来会出现更多更好的PPV 疫苗。

其他疾病

猪传染性胸膜肺炎

张金辉

猪传染性胸膜肺炎是由胸膜肺炎放线杆菌引起的一种严重呼吸系统传染病。该病在世界上发现较晚，20世纪60～70年代在美洲和欧亚的一些国家陆续有所报道，近年来在全世界所有养猪国家的流行日趋严重。随着猪种交流和市场流通，1987年该病在我国开始流行，造成后备猪群大批死亡，给养猪业的发展造成严重损失，目前为止，依然是猪呼吸系统疾病当中较为严重的一种。

1 流行病学

本病对于各种年龄的猪只均有易感性，多发于高密度、饲养通风不良且无免疫力的断奶或育成猪群，大群混养转小群和按年龄分开饲养的猪群易发生本病。病猪和带菌猪是本病的 主要传染源。本病的发生受外界因素影响很大，一般无明显季节性。细菌在4周龄便可定居在猪的上呼吸道，而发病一般在6～12周龄之后的生长育肥猪，尤其是在应激因素存在的条件下，同一猪群可同时感染几种血清型。

2 病原

本病的病原为胸膜肺炎放线杆菌(*Actinobacillus pleuropeumoniae*，APP)。因分离的年代和时间不同，曾称为副溶血嗜血杆菌(*H. parahaemolyticus*)和胸膜肺炎嗜血杆菌(*H. pleuropneumoniae*)。APP是革兰氏阴性菌，有荚膜的多形性小球杆菌，在血液琼脂平板上呈不透明扁平的圆形菌落，其大小为1～1.5mm，周围呈β溶血，用白金耳触之有黏性感，金黄色葡萄球菌可增强其溶血性(CAMP实验阳性)，兼性厌氧，无运动力，生长需要V因子。迄今已发现两个生物型共15个血清型，其中生物Ⅰ型中的1、5、9、10、11五种血清型致病力最强。生物Ⅱ型(13和14)分布于欧洲及美国，其致病性比生物Ⅰ型要弱。

目前该病已广泛分布于各主要养殖国家，且多数国家为复合型感染。根据近几年的流行病学调查，我国发现或流行的血清型有1、2、3、4、5、7、8、9、10等型，但以1、3、7型为主。免疫学研究证明，主要血清型间缺乏交叉免疫性，这给本病的诊断及疫苗防治带来困难。

3 临床症状

本病可分为最急性型、急性型、亚急性和慢性型。

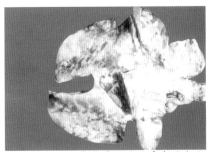

图1 肺门的主支气管周围的清晰的出血性病变区或坏死区

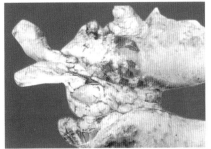

图2 肺脏面病灶灶性分布，纤维素性炎明显

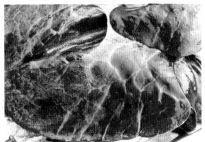

图3 病灶区呈紫色，坚实，胸膜表面附有样纤维素

图4 肺常与肋胸膜发生纤维性粘连

最急性型：猪群中1头或几头突然发病，并可在无明显征兆下死亡。随后，疫情发展很快，病猪体温升高达41.5℃以上，精神委顿、食欲明显减退或废食，张口伸舌，呼吸困难，常呈犬坐姿势；口鼻流出带血性的泡沫样分泌物，鼻端、耳及上肢末端皮肤发绀，可于24～36h内死亡，个别幼猪死前见不到任何症状。病死率高。

急性型：病猪精神沉郁，食欲不振或废绝，体温40.5～41℃，呼吸困难，喘气和咳嗽，鼻部间可见明显出血。整个病情稍缓，通常于发病后2～4d内死亡。耐过者可逐渐康复，或转为亚急性或慢性。

亚急性或慢性：常由急性转化而来，体温不升高或略有升高，食欲不振，阵咳或间断性咳嗽，增重率降低。在慢性感染群中，常有很多隐性感染猪，当受到其他病原微生物侵害时（如肺炎支原体、多杀性巴氏杆菌、支气管败血波氏杆菌、猪蓝耳病病毒），则临床症状可能加剧。

4 病理变化

主要是纤维素性肺炎和胸膜炎，最急性型的病变类似类毒素休克病变：气管和支气管充满泡沫样血色黏液性分泌物；肺充血、出血，肺泡间质水肿，靠近肺门的肺部常见出血性或坏死性肺病变。急性型多为两侧性肺炎、纤维素性胸膜炎明显。亚急性型由于继发细菌感染，致使肺炎病灶转变为脓肿，常与肋胸膜形成纤维性粘连。慢性型则在肺膈叶见到大小不等的结缔组织环绕的结节，肺胸膜粘连，严重的与心包粘连（见图1-4）。

5 诊断

本病一般要综合诊断才能确诊。临床以发病突然、传播速度快、伴发高热和呼吸困难、口鼻流出红色泡沫样分泌物、死亡率高、死后剖检肺和胸膜有特征性纤维素性肺炎和胸膜炎即可作出初步诊断。确诊尚需进行细菌学和血清学检查。

6 防治

搞好猪舍的日常环境卫生，加强饲养管理， 注意通风换气，保持舍内空气清新。减少各种应激因素的影响，保持猪群足够均衡的营养水平。采用"全进全出"饲养方式，猪转出后栏舍彻底清洁消毒，空栏一周后才能重新使用。

防止由外引入慢性、隐性猪和带菌猪，一旦传染健康猪，难以清除。如必须引种，应隔离并进行血清学检查，确为阴性猪方可引入。

发现病猪要及时治疗，新霉素、四环素、泰乐菌素、青霉素等用于注射，疗效较好。慢性病型治疗效果不理想。发病场可根据实际情况，在发病猪群饲料中适当添加大剂量的抗生素预防，例如添加林肯霉素＋壮观霉素500～1 000g／t 饲料，连用5～7d，可防止 新的病例出现。抗生素虽可降低死亡率，但经治疗的病猪常仍为带菌者。对病猪以解除呼吸困难和抗菌为原则进行治疗，注意要保持足够的剂量和足够长的疗程。感染本病较严重的猪场可用血清学方法检查，逐步清除带菌猪，结合经常性的饲料添加药物进行防治，建立健康猪群。

对未发病的猪只用猪传染性胸膜肺炎油佐剂灭活菌苗进行紧急免疫注射。

加强猪群的预防工作，用猪传染性胸膜肺炎油佐剂灭活菌苗对断奶后仔猪进行免疫，对本病有较好的预防效果，值得推广应用，但应选用与当地菌株血清型相符的菌苗，否则效果不佳。

（注：本文所用图片摘自宣长和等主编的《猪病诊断彩色图谱与防治》）

猪传染性胃肠炎与猪轮状病毒性腹泻

姜家伟　方希修　李雯雯　谈为忠　蒋宁

（江苏畜牧兽医职业技术学院营养与饲料研究所，江苏　泰州　225300）

腹泻是猪的一种常见病和多发病，它不仅给养猪业带来猪只死亡的直接损失和大量医药费用的支出，还影响到幸存猪的生长发育。近年来，该病在一些地区和猪场的流行日趋严重，已成为制约养猪业经济效益的一个重要因素。其中病毒性腹泻危害最大且难治愈，本文介绍了关于猪传染性胃肠炎与猪轮状病毒性腹泻的区别，仅供参考。

1　猪传染性胃肠炎

猪传染性胃肠炎（ＴＧＥ）是由胃肠炎病毒引起的一种以腹泻、呕吐和失水为特征的肠道传染病。ＴＧＥ病毒属于冠状病毒科冠状病毒属，由单股ＲＮＡ组成，病毒颗粒形态不很规则，有犁状的表面突起。大、小猪都可以发生，但以2周内的哺乳仔猪发病和死亡最多。发病多在冬春季节，以每年1-2月份和10-12月份为高峰期，环境恶劣、气候剧变、缺奶缺水和饲料突变是该病发生的诱因。该病常与大肠杆菌和轮状病毒混合感染，导致哺乳仔猪和断乳仔猪死亡率增高。断乳仔猪发病时，首先出现呕吐，继而水样腹泻，粪便呈黄绿色或白色（见图1），有强烈腥臭味，pＨ小于7，极度口渴，明显脱水，同时发病急、传播快，但随着仔猪日龄增长，其发病率和死亡率逐渐降低。2周龄以下的仔猪在感染后18～24d内最先呈现呕吐，严重腹泻，随后脱水，死亡率高；5周龄以上猪死亡率很低，病猪的典型症状是短暂呕吐，继而发生水样腹泻，粪便呈黄色、绿色或白色，含有未消化的凝乳块，气味恶臭，病猪极度口渴，明显脱水，体重迅速减轻，患病日龄越小，死亡率越高，病猪通常没有发热的表现，痊愈仔猪生长发育不良。

对其采用的治疗方法：一是采用酶制剂，应用ＩＬ890酶制剂（含纤维素酶系、半纤维酶系、果胶酶系、淀粉酶系和耐酸性蛋白酶系等五大酶系）添加在早期断乳仔猪日粮中，可弥补其内源性消化酶不足，促进营养物质的消化吸收，消除消化不良和减少腹泻的发生。二是应用乳清粉，国外研究表明，在早期断乳仔猪日粮中添加10%～30%乳清粉（含乳糖60%～70%，乳清蛋白12%以上），乳清粉中乳糖发酵产生乳酸，不仅使胃肠道 pH 降低，而且有利于维持肠道微生物平衡，促使乳酸菌增殖，抑制有害微生物繁殖，加强消化道蠕动，帮助消化和防止腹泻。

2 猪轮状病毒性腹泻

猪轮状病毒为 RNA 病毒，呼肠孤病毒科轮状病毒属，培养较困难。所有轮状病毒均有共同抗原。猪轮状病毒能感染各种年龄的猪，以 2～5 周龄的仔猪多发，发病率高（50%～80%），死亡率低（7%～20%）。该病毒有一定的交叉感染性，人轮状病毒可引起仔猪和羔羊发病，犊牛的轮状病毒能感染小猪。感染轮状病毒后主要表现为厌食、呕吐、腹泻、脱水等症状。患猪排黄色或灰暗水样稀粪，症状与传染性胃肠炎相似，但临床变化较大，与仔猪的日龄及有无母源抗体关系密切。据报道，被动免疫母猪对仔猪有良好的保护作用，仔猪口服抗血清有很好的效果。猪传染性胃肠炎与猪轮状病毒性腹泻的区别见下表。

表 猪传染性胃肠炎与猪轮状病毒性腹泻比较

类别		猪传染性胃肠炎	猪轮状病毒性腹泻
病原体		猪传染性胃肠炎病毒	轮状病毒为 RNA 病毒，
流行病学	流行形式	猛烈，流行期短	猛烈，流行期短
	发病日龄	大、小猪均感染发病	7～41 日龄仔猪
	季节性	寒冷季节	寒冷季节
	发病率	仔猪很高	1～14 日龄仔猪较高
	致死率	仔猪较高	1～14 日龄仔猪较高
临床症状		胃肠卡他性炎症，空肠绒毛萎缩明显，结肠内无气体	以拉稀为主，粪便呈黄色或白色，水样至糊状不等，或含片状漂浮物，病程为最急性或急性
病理变化		胃内有内容物，小肠肠壁变薄，肠系膜淋巴结小，扁平	呕吐，排灰色或黄色水样稀粪
治疗效果		无	无

猪沙门氏菌病的防治研究

康登　方希修　李生其　魏彬　李雯雯

（江苏畜牧兽医职业技术学院，江苏 泰州　225300）

　　沙门氏菌是最常见的人和动物的重要病原菌，呈全球性分布。由于猪可受到多种沙门氏菌的感染，进而成为许多猪肉产品的感染源，因而猪的沙门氏菌备受关注。猪沙门氏菌病又称副伤寒。

1　病原学

　　目前认为引起猪副伤寒的主要是猪霍乱沙门氏菌及其变种和鼠伤寒沙门氏菌。沙门氏菌为革兰氏阴性，能运动，不形成芽孢，兼性厌氧，具周身鞭毛的杆菌；最适生长温度为37℃，最适pH为6.8～7.8；沙门氏菌生命力顽强，对干燥、腐败等因素有一定的抵抗力，在7～45℃都能繁殖，冷冻或冻干后仍存活，在适合的有机物中可生存数周、数月甚至数年；沙门氏菌容易被常用的酚类、氯类以及碘类灭菌剂灭活。本病菌在健康猪的肠道和胆囊内也有不同程度的存在，一般不引起发病，一旦饲养管理差、圈内潮湿，使猪的抵抗力降低，常引起发病。

2　流行病学

　　本病常发生于6月龄以下的仔猪，以1～4月龄为多。一年四季均可发生，但以多雨潮湿季节发病较多。饲养管理较好、无不良因素刺激的猪群，很少发病，即使发病，多呈散发性。暴发往往发生于断奶后，饲养良好的仔猪。与全进全出饲养相比，不停流动系统的猪场的沙门氏菌感染概率似乎更高。高密度、运输应激、营养缺乏或其他传染病等，可增强带菌者的排菌及接触的易感性。病菌和带菌者是本病的主要传染源。它们可由粪便、尿、乳汁以及流产的胎儿、胎衣和羊水排出。

3　临床症状与病理变化

3.1　急性型

　　多发生于5月龄以内断奶猪。体温突然升高至41～42℃，精神不振，食欲废绝，四肢末端及腹部发绀。发病后期出现水样、黄色下痢。此病暴发时，大多数死亡率很高，但发病率一般在10%以下。病死猪的耳、脚、尾巴和腹部等处皮肤出现大片蓝紫斑，全身浆膜与黏膜以及内脏有不同程度的点状出血，全身淋巴结尤其是肠系膜淋巴结及内脏淋巴结肿大（见图1）。脾肿大、淤血，被膜有时见有出血点。有的病例在肝上出现粟粒状的白色坏死灶。肺弥漫性充血，常见有小叶间水肿及出血，肺的尖叶、心叶和膈叶的前下部常有小叶性肺炎灶。胃黏膜严重淤血和梗死呈黑红色。肠道常有卡他性肠炎，严重者为出血性肠炎（见图2）。

3.2 慢性型

体温40.5~41.5℃，一般发病不易察觉，以后逐渐消瘦，病初由减食到不食，先便秘后下痢，粪便淡黄色或灰绿色，恶臭，腹泻日久，病猪大便失禁，粪内混有血液和假膜。有些病猪在病的中期、后期皮肤出现弥漫性湿疹，特别是腹部皮肤，有时可见绿豆大、干涸的浆性覆盖物，揭开浅表溃疡。被毛蓬乱、粗糙失去光泽，精神衰竭，皮肤呈污红色、暗紫色，并呈现痂状湿疹，特别是耳尖、耳根、四肢比较突出。腰背拱起，后腿软弱无力，叫声嘶哑，强迫其行走时，则东倒西歪，有时出现咳嗽。尸体极度消瘦，腹部和末稍部出现紫斑，胸腹下和腿内侧皮肤上常见豌豆大或黄豆大的暗红色或黑褐色痘样皮疹。后段回肠和各段大肠发生固膜炎症（见图3）。肠系膜淋巴结、咽后淋巴结和肝门淋巴结等均明显增大，切面呈灰白色脑髓样，并散在灰黄色坏死灶，有时形成有大块的干酪样坏死物。肝脏呈不同程度的淤血和变性，突出的是肝实质内有许多针尖大至粟粒大的灰红色或灰白色病灶。脾脏稍肿大，质度变硬，常见散在的坏死灶。肺的心叶、尖叶和膈叶前下部常有卡他性肺炎病灶，若继发巴氏杆菌或化脓感染则发展为肝变区或化脓灶。

图1 猪沙门氏菌病 急性型 肠系膜淋巴结肿大

4 实验室检验

4.1 镜检

采取病猪的粪、尿或肝、肾、肠系膜淋巴结，流产胎儿的胃内容物，流产病畜的子宫分泌物少许等作涂片镜检或分离培养。将被检材料制成涂片，自然干燥，用革兰氏染色镜检，沙门氏菌呈两端椭圆或卵圆形，不运动，不形成芽孢和荚膜的革兰氏阴性杆菌。

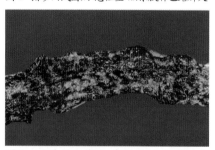

图2 猪沙门氏菌病 急性型 结肠急性出血性纤维素性肠炎

4.2 培养鉴别

将病料直接划线接种在选择培养基（S.S琼脂）和鉴别培养基(麦康凯琼脂)各一平板，置37℃培养24h。沙门氏菌一般为无色透明或半透明、中等大小、边缘整齐、光滑、较扁平的菌落。挑取沙门氏菌可疑菌落接种于双糖铁斜面，置37

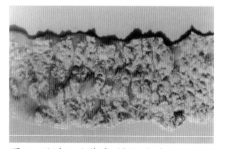

图3 猪沙门氏菌病 慢性型 大肠坏死肠黏膜凝固为糠麸样伪膜

℃培养18~24h，观察底层葡萄糖产酸或产酸产气，产生硫化氢变棕黑色，上层斜面乳糖不分解、不变色则可初步判定为沙门氏菌。

4.3 血清学方法

可以用凝集反应和酶联免疫吸附试验。以酸溶解的方法提取特异O抗原，所获得的抗原成分仅与β群的O因子血清发生反应，用其制备的免疫血清凝集价高达1∶1 600，在ELISA中也为1∶1 600。稀释血清的OD值最高1.60。用这种血清以协同凝集试验效果较好。应用微量快速细菌生化试验法对主要肠道沙门氏菌进行检验。近年来单克隆抗体技术已用来进行本病的快速诊断。

5 治疗方法

如已发病可用猪副伤寒弱毒疫苗紧急预防，剂量加倍；内服磺胺类药物，如复方新诺明(每片含SMZ 0.4g，TMP 0.08g)20~25mg/kg体重，每日2次，每12h一次。磺胺嘧啶(SD)20~40mg/kg体重，加增效剂(TMP或DVD)4~8mg/kg体重，混合2次内服，连用1周；氟苯尼考、喹诺酮类药物对该病有一定疗效；中药可用草原老鹳草20~30g，煎汁内服或白头翁汤(白头翁80g、黄连30g、黄柏60g、秦皮80g，研服)。

6 合格预防措施

（1）在将断奶猪从不同地方混合一起运输到育成猪场之前，要充分准备以尽量减少运输途中的应激。

（2）采取投放同一来源、同一年龄的猪进入饲养栏及育成的管理措施。如发现疑似猪副伤寒病例，应立即将其隔离；将其污染物清除干净并严格消毒；严格控制猪只及工作人员从有污染可能性的地方进入清洁的地方。

（3）改善饲养管理和卫生条件，增强仔猪抵抗力；用具和食槽经常刷洗，圈舍要清洁，经常保持干燥，勤换垫草。及时清除粪便。仔猪提前补料，防止乱吃脏物。断奶猪根据体质强弱分槽饲喂，给以优质而易消化的多样化饲料，防止突然更换饲料。对于1月龄以上或断奶仔猪，用仔猪副伤寒冻干弱毒菌苗预防。

（4）耐过猪不能作种用。本病常发地区仔猪可采用15~20日龄首免，间隔3~4周再免一次。

7 讨论

仔猪副伤寒活菌苗，口服一般没有反应或反应甚微。注射免疫后1~2d内有的猪出现减食、体温升高、局部肿胀、呕吐及腹泻等症状，一般1~2d即自行恢复。严重者可注射肾上腺素急救。免疫一般应用本群和当地分离的菌株制成的单价灭活疫苗效果好，而应用灭活多价苗，效果多不理想。

（注：本文所用图片摘自宣长和等主编的《猪病诊断彩色图谱与防治》）

子宫内膜炎的发生与防治

王河

（内蒙古白塔种猪场，内蒙古 呼和浩特 010074）

母猪子宫内膜炎是规模化猪场生产母猪常见的一种生殖器官疾病。据统计，发情不正常或延迟发情，屡配不孕的母猪70%以上是由于患子宫内膜炎，特别是炎热夏季是其高发季节。此病发生后，如果不及时治疗，将直接影响母猪的受胎率，增加饲料成本，降低母猪饲养的经济效益。如果此病进一步恶化，可能形成败血症、脓毒症，有时会导致母猪死亡，给生产造成更大的损失。

1 发病原因

（1）母猪产仔过程中阴道损伤、污染，母猪难产时胎衣不下、子宫脱出或胎衣碎片残存。

（2）猪舍卫生差，潮湿，污秽不堪，产后受高温及寒冷气候影响。

（3）人工授精消毒不彻底，操作不规范造成配种时生殖道黏膜受到机械性损伤。

（4）自然交配由于卫生不佳，公猪生殖器官带有病原菌。

（5）饲养管理不够完善，母猪体质较差，抵抗力较低，使生殖道内原来的非致病菌致病。

（6）因环境饲料的改变以及产房缺水造成上床母猪便秘，一方面粪便残留在大肠内挤压产道，造成难产。另一方面，母猪排粪不畅，在大肠内停留时间长，有利于细菌在粪便中大量繁殖，增加了母猪被感染的机会。

2 临床症状

（1）急性子宫内膜炎多发生在产后几日或流产后，母猪全身症状明显，体温40℃～42℃，鼻镜干燥，不愿起立，时有饮水，站立不稳，全身发抖，时常努责，努责时从阴道内流出带腥臭味的红褐色分泌物，有的

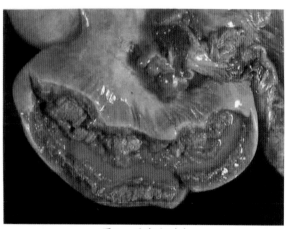

图1 子宫内膜炎

夹有胎衣碎片，母猪时常会奶量下降，精神不振，病猪食欲减退，有的甚至拒食。

（2）慢性子宫内膜炎多由急性内膜炎不及时治疗转化而来，全身症状不明显，不易观察，食欲、泌乳稍有下降，卧地时从阴道流出灰白色、黄色黏稠的分泌物，站立时不见黏液流出，阴户周围可见到分泌物的结痂。母猪常常不能定期发情，或屡配不孕和返情率高。母猪发情时，阴门有少量石灰液状分泌物。有的甚至配种后，从阴道内流出豆腐渣样的分泌物。

3 预防措施

（1）加强种母猪的饲养管理，提供营养均衡的日粮，增强母猪的抗病力，对于体质较差的母猪，应单圈饲养。给予富有营养而易于消化的优质饲料。

（2）搞好产仔舍及猪体的清洁卫生和消毒工作，做好分娩母猪的接产、助产工作。对难产的母猪助产时，手和器械一定要严格消毒，操作要轻巧细心，产后肌注抗生素预防产道感染。

（3）防止母猪便秘，怀孕后期添加适量的青绿饲料（如苜蓿草），或者适量增加母猪日粮中麸皮的含量。

（4）对于流产的母猪肌注5mL缩宫素和400万IU青霉素，缩宫素可以促进子宫的收缩，有利于炎症产物的排出，青霉素可预防炎症的扩散。

（5）母猪在围产期内要用土霉素等抗生素进行预防，以及母猪产仔后应注射前列腺素2～5mg／头，使其尽快排出胎衣和子宫内的污物，消除感染源。

（6）提倡人工授精，减少公母猪直接接触。人工授精最好使用一次性输精管，患有炎症的公猪应及时治疗，以防交配时交叉感染。因此，不管人工授精还是自然交配，都必须用0.1%的高锰酸钾溶液清洗外阴。

4 治疗

（1）对于急性子宫内膜炎可分两步治疗：

首先，用消毒剂清洗子宫，常用的消毒剂可选择0.1%的高锰酸钾、3%的双氧水、1%～2%的小苏打、1%～5%的盐水溶液冲洗子宫，直至排出液透明为止。

其次，用1g土霉素加蒸馏水100mL注入子宫内，也可用青霉素、金霉素、阿莫西林或四环素等抗生素药物。最好肌注20mL安乃近，400万IU青霉素，2～5mL缩宫素。对于治愈的母猪肌注5～10mL鱼腥草，能提高母猪的受胎率及产仔数。

（2）对于慢性子宫内膜炎的病猪，皮下注射垂体后叶素20～40万IU或肌注缩宫素2～4mL，可促进子宫内炎性分泌物排出。子宫内灌注1:2的碘酊石蜡油等，或10%的碘仿醚10～20mL，可促进子宫蠕动。

（3）对于子宫炎症较严重的母猪除了采取以上措施外，还应静脉注射5%葡萄糖溶液500mL。另外，特别注意冲洗子宫完毕后应将冲洗液全部排出。

一起哺乳仔猪渗出性皮炎的诊治报告

乌力吉　陈学风　韩继强

（赤峰农牧职业技术学院牧医系，内蒙古　赤峰　024031）

2007年5月，赤峰市某规模猪场在不到半个月的时间里，连续发生了不明原因的以哺乳仔猪猪群发病死亡为主的急、慢性病例，经流行病学、临诊症状、剖检观察、实验室检验等方面的综合分析，确诊该猪场仔猪群暴发渗出性皮炎。现报道如下：

1　发病情况

养猪户主诉，2007年5月初，发现哺乳猪群表现食欲降低，精神委顿(见图1)，一些猪的颈部、颜面、耳根、腹部出现红斑(见图2)，患病猪发烧，随之全身皮肤疖肿，患病猪在墙壁、圈栏擦痒(见图3)。在约2周的时间内，有82头约10kg体重的哺乳仔猪不同程度发病，共死亡10头，死亡时猪体表全身弥漫性鱼鳞状痂皮(见图5)。病程7～12d，诸多喹诺酮类药物、磺胺类药大剂量交替使用，均无疗效，养猪户束手无策。

2　临床症状

病猪精神不振，体温升高至40.5～41.5℃，被毛逆乱，最初见红褐色眼屎，接着眼睛周围、耳廓、背部、腹部等处皮肤出现红斑，随着病程发展，出现大小水疱，破溃水疱流出浆液或黏液，体表皮肤变得黏湿，呈油脂状。严重病猪有绿

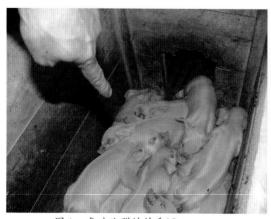

图1　患病猪群精神委顿

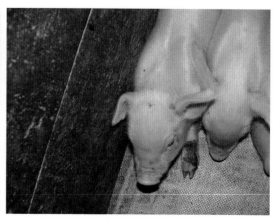

图2　颜面部出现红斑

豆或豌豆大的小脓疱，形成油脂性微棕色的鱼鳞状痂皮，痂皮脱落形成红色溃疡面，皮肤增厚，形成褶皱遍布全身，散发恶臭味。患病猪与墙壁、地面摩擦，擦去痂皮后出现鲜红色创面，重症病例猪只衰弱并出现伴有脱水症状的败血症。病猪畏寒发抖，极度消瘦，贫血，最后衰竭而死亡。

图3　病猪畏寒发抖，消瘦

3　剖检变化

病死猪极度消瘦、脱水，被毛焦而逆乱，全身皮肤呈红褐色，在耳根、颈、胸部两侧的皮肤表面覆盖一层黑色痂皮，睫毛因渗出物而粘连，眼结膜充血、发炎，体表淋巴结有不同程度水肿、充血。肺充血，心包内有多量淡黄色积液，脾脏肿胀、淤血，肝表面有高粱粒大至黄豆大的散在灰白色坏死灶，肠黏膜充血或出血，肾脏苍白、肿胀，髓质切面有尿酸盐结晶物质沉积。

图4　患病猪在圈栏擦痒

4　实验室诊断

4.1　螨虫检查

在猪病变皮肤与健康皮肤交界处，剪毛除去表面痂皮，用外科手术刀片垂直刮取皮屑至皮肤微出血。将刮取的皮屑放入盛有10%的氢氧化钠溶液的试管内，加热煮沸，放入离心机（1 500r/min）离心3min，倾去上层液体，用细菌接种环挑取沉渣涂片，镜检未见螨虫存在。

图5　死亡猪体表全身弥漫性
鱼鳞状痂皮

4.2　细菌检查

无菌采集病死猪的心、肝、脾、肺、肾、淋巴结、脓疱等病料，涂片、染色、镜检发现圆形单个或呈葡萄状排列的革兰氏阳性球菌。将采集的病料分别接种于普通肉汤、普通琼脂、鲜血琼脂、麦康凯琼脂培养基上，37℃培养24h，普通肉汤培养基呈均匀混浊，形成很薄的菌环，管底有少量白色沉淀；在普通琼脂上形成圆形、隆起、边缘整齐，湿润的灰白色中等大小的不透明菌落；鲜血琼脂上长出具有溶血特性菌落。进行纯培养和生化试验，结果该菌能分解葡萄糖、乳糖、蔗糖、麦芽糖，均产酸不产气，过氧化氢试验阳性，不发酵甘露醇。

经过临床症状、病理剖检、微生物学诊断，确诊为表皮葡萄球菌引起的仔猪渗出性皮炎。

5 防治措施

确诊病例以后，我们尝试了以下几方面的措施：

（1）立即隔离病猪，防止继续感染，彻底清扫猪舍、运动场地。

（2）减少各种应激因素的刺激，清除一切可能造成生猪外伤的因素，防止进一步感染；

（3）病猪的分泌物、排泄物污染的用具、场地、垫草及环境彻底清洗，用含碘消毒液消毒和无害化处理。1% 百毒杀对患病猪体表皮肤进行冲洗消毒，每日 2 次。

（4）日粮中补充维生素 E－硒粉，恢复细胞膜的完整性。加速康复。

（5）发病猪群每日饮服维生素 C 适量，发挥其解毒、止血、激活胃肠道多种酶，促进溃疡面愈合过程。

（6）根据药敏试验结果，选用敏感药物。新霉素、双氢链霉素表现出较高的敏感性。注射及皮肤喷洒处理。

6 小结与讨论

（1）采取上述综合治疗措施，经过 5 d 治疗，发病猪群的死亡得到有效控制。发病较轻的 60 余头断奶仔猪全部治愈，有效率占发病总数的 87.8%；发病严重的 10 头断奶仔猪，治愈 7 头，有效率 70%。收到显著疗效。全身表皮出现油脂性黑棕色痂块，皮肤增厚，形成褶皱，已有恶臭味散发的 12 头患猪深层严重感染时，愈后不良，成为僵猪或猪只死亡。

（2）此次断奶仔猪发生渗出性皮炎的主要原因：该猪场猪舍粗糙，未得到很好的修整和处理。猪圈阴暗潮湿，仔猪一天到晚见不到阳光，作为一种不良的应激因素严重影响仔猪生长发育。仔猪渗出性皮炎是由特殊血清型的葡萄球菌引起的，主要发生于仔猪阶段。该病发病率虽然不是很高，但受季节性、饲养管理的影响却很大，对此，国内外尚无有效的实用的免疫预防方法，也无特效的药物制剂及行之有效的治疗方法。应注意改善饲养环境，尽可能减少猪只的应激反应，努力防止猪只体力消耗、下痢等。大量的病原性的葡萄球菌通过皮肤的擦伤部位侵入机体，使仔猪眼睛周围和头部、面颊皮肤出现炎症和红斑。随着时间的推移，病变部位扩展到全身，炎症处不断有组织液渗出，组织液沾上灰尘、皮屑和垢污凝固成龟背样痂块，灰色和黑色。严重感染仔猪像个刺猬，被毛直立，腹泻消瘦，食欲不佳，各组织脏器出现相应的病变。

（3）本病应尽早诊断，尽早使用药物治疗，将病变控制于皮肤浅层，是提高治愈率的关键。在早期诊断的基础上，进行药敏试验，选用敏感的药物结合局部处理，同时改善环境条件，方可控制本病的蔓延，达到较好的治疗效果。

猪痢疾的诊断与防治

王玉田

（北京市兽医实验诊断所，北京 100101）

猪痢疾（swine dysentery）又称血痢，是由猪痢疾密螺旋体引起的一种严重的肠道传染病，它是危害养猪业比较严重的传染病之一。《家畜家禽防疫条例实施细则》和《中华人民共和国动物防疫法》中都将其列为二类传染病，是国际畜产品贸易中重要的检疫项目。主要经消化道感染。主要临床症状以大肠黏膜发生严重的卡他性血痢为特征。

1 病例

2006 年 5 月北京某猪场购入 30 日龄左右的生猪 200 多头，饲养半月后，猪群中陆续出现不同程度的腹泻、血痢，死亡 25 头。通过对该场发病情况进行流行病学调查、病理剖检、实验室检测，确定此次发病是由猪痢疾密螺旋体引起的猪痢疾，及时遂采取了有效的综合防治措施，迅速控制了疫情。

2 临床症状

病猪体温升高 40℃~41℃，精神不振、食欲减少，出现不同程度的腹泻，病程急的没有临床变化突然死亡。病程较长的，一般是先拉软粪，渐变为黄色稀粪，内混黏液或带血。病情逐渐严重时所排粪便呈红色糊状，内有大量黏液、出血块及脓性分泌物。有的拉灰色、褐色甚至绿色糊状粪，有的带有很多小气泡，并混有黏液及纤维伪膜。病猪喜饮水、拱背、脱水、腹部蜷缩、行走摇摆、用后肢踢腹，被毛粗乱无光，迅速消瘦，后期排粪失禁。肛门周围及尾根被粪便沾污，起立无力，最后因极度衰弱而死。有的可以自然康复。

3 病理剖检病变

病猪尸体消瘦，被毛粗乱，有脱水表现，后肢臀部有大量紫黑色黏稠粪便污染。结肠、盲肠、直肠肠管松弛，肠壁水肿增厚，从肠黏膜外即可看到肠壁内有一些灰白色、绿豆大小的淋巴小结。剖开肠腔后发现，内容物呈红色、暗红色，水样或粥状，味恶臭。肠黏膜充血、出血，明显肿胀，失去原有皱褶。病程长的，肠黏膜充血，黏膜表层组织坏死，与渗出的纤维素共同构成一层豆腐渣样的伪膜，覆盖在肠黏膜上。肠系膜充血、水肿变厚，肠系膜淋巴结肿大发炎。肝脏淤血。胃底部黏膜充血与出血。

4　实验室检测

选取有病变的组织开展病原学检测，最好选取急性病例的材料。

4.1　涂片镜检

取病猪新鲜粪便或大肠黏膜涂片，用姬姆萨染色、草酸铵结晶紫染色、镜检，高倍镜下每个视野见3个以上具有3～4个弯曲的较大螺旋体。

4.2　切片镜检

选取有病变的组织作病理组织石蜡切片普通染色（镀银染色）镜检，具体步骤简单介绍如下：

4.2.1　石蜡切片制作程序　将一块病理组织制成一张病理切片标本，须经过一系列的过程，其主要程序为取材→固定→冲洗→脱水→透明→浸蜡→包埋→切片→染色→封固。

（1）取材：选取大肠、直肠等处密螺旋体检出率较高的组织，组织块大小要适当，通常其长、宽、厚以1.50cm×1cm×0.3cm为宜，以便固定液迅速浸透。

（2）固定：新鲜病料用10%福尔马林液浸泡固定。

（3）冲洗：用流水冲洗8～12h，以洗净固定液，停止固定作用，避免组织过度固定，而影响制片效果。

（4）脱水：将组织内的水分彻底脱去，叫脱水。用低浓度至高浓度的酒精，使组织中的水分逐渐脱出，而又不引起组织显著收缩。

（5）透明：二甲苯脱去酒精使组织透明。

（6）浸蜡：使石蜡充分渗入组织内，起填充作用，称为浸蜡。浸蜡后的组织硬度均匀适中，可使切片完整。

（7）包埋：将组织放入包埋框中，加入包埋蜡。

（8）切片：切片是将组织标本制成很薄的片子，以便染色。包括切片、展片、贴片、烤片四个步骤。

（9）染色：染色是用一种以上的染料浸染组织切片，使组织细胞中不同物质，因着色性能不同而染成不同色彩，从而便于显微镜下观察。染色为组织制片技术中重要的一环节。染色适当与否，直接关系到镜检的准确性。镀银染色，肠组织染色呈黄色，密螺旋体呈黑褐色并且有多个（3～4个以上）弯曲。

（10）封固：封固是指在切片上滴加封固剂和盖玻片，将切片密封，以利于观察和保存。

4.2.2　镜检　镜检结果见图1、图2。

5　防治方法

（1）防止接触感染。由于本病主要通过消化道感染，因此，首先要防止从病源场购入带菌猪；其次，购入猪只须隔离观察和检疫，时间一般在2个月以上。

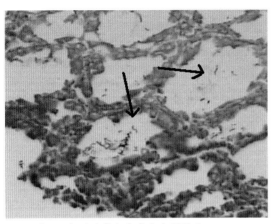
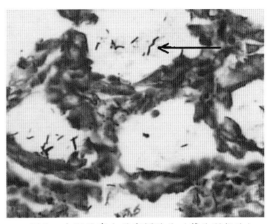

图1 大肠隐窝内有多个密螺旋体   图2 大肠隐窝内的密螺旋体（箭头所指处）

（2）发现病猪要及时治疗，药物治疗，常有一定效果，如痢菌净5mg/kg，内服，每日2次，连服3d为一疗程，或肌肉注射0.5%痢菌净溶液0.5mL/kg；每吨饲料中添加杆菌肽锌300mg、硫酸新霉素300mg，以及二甲硝基咪啶、林肯霉素、四环素族抗生素等多种抗菌药物都有一定疗效。同时由于肠炎导致黏膜吸收机能障碍，体液和电解质平衡失调，容易造成脱水、酸中毒、高血钾，所以应注意对症治疗，补充体液、营养物质、矿物质。需要指出，该病愈后易复发，须坚持疗程和改善饲养管理相结合，方能收到好的效果。

（3）做好猪舍、环境的清洁卫生和消毒工作，处理好粪便。可用消毒药彻底冲刷圈舍，粪便深埋发酵处理。发病圈舍空舍2～3个月，固体火碱消毒。

（4）病猪最好全群淘汰，由于治疗后容易复发，最好不要留作种用。

（5）坚持药物和管理相结合的净化措施，可收到较好净化效果。

猪伪狂犬病研究进展

李杰　杨汉春

（中国农业大学动物医学院农业部预防兽医学重点开放实验室，北京 100094）

伪狂犬病(Pseudorabies，PR)是由伪狂犬病病毒(Pseudorabies virus，PRV)引起的多种家畜和野生动物以发热、奇痒(猪除外)、繁殖障碍、脑脊髓炎为主要症状的一种高度接触性传染病。该病最早发现于美国，后来由匈牙利科学家Aujeszky首先分离出病毒，因而该病又称奥耶斯基病(Aujeszky's disease)。此后本病蔓延至欧洲、美洲的40多个国家和地区，20世纪80年代以来在日本、中东、中国台湾等地也有本病的发生和流行，给养猪业构成很大威胁。我国自1947年首次报道以来，随着养猪业集约化、规模化的发展，已有20多个省、市相继报道过本病。前几年猪伪狂犬病在我国许多省市种猪场呈暴发流行趋势，近年来，随着对该病的认识程度的提高，规模化猪场对该病的免疫预防的重视，疫苗的广泛使用，使该病在规模化猪场得到有效控制，但在一些地区，特别是一些小型猪场或养殖户，仍有散发和零星暴发。

1　病原学

PRV属于疱疹病毒科(Herpesviridae)，甲型疱疹病毒亚科(Alphaherpesvirinae)，猪疱疹病毒1型(Suid Herpes 1)。病毒粒子直径为150~180nm，有囊膜。病毒基因组为双股DNA，大小为150kb，由长独特区(unique long，UL)和短独特区(unique short，US)以及US两侧的末端重复序列(TR)与内部重复序列(IR)所组成。现已知道成熟病毒粒子有50种蛋白质，已发现并命名的有11种糖蛋白，其中与毒力有关的糖蛋白有gC、gD、gE和gI。

本病毒可在猪肾细胞、兔肾细胞、牛睾丸细胞、鸡胚成纤维等原代细胞以及PK-15、Vero、BHK-21等传代细胞中都能很好的增殖，并产生明显的细胞病变和核内嗜酸性包涵体。

该病毒只有一种血清型，世界各地分离的毒株呈现一致的血清学反应，但毒力却有一定差异。

病毒对外界环境的抵抗力较强。55℃ 50min、80℃ 3min或100℃瞬间能将病毒杀灭。在低温潮湿的环境下，pH6~8时病毒能稳定存活；在干燥条件下，特别是有阳光直射时，病毒很快失活；该病毒对各种化学消毒剂都敏感。

2 流行病学

PRV的动物感染谱非常广，是动物感染种类多和致病性强的病毒之一。各种年龄的猪、牛均易感，而且猪是PRV的储存宿主和传染源，尤其耐过的呈隐性感染的成年猪，是该病的主要传染源。在自然条件下本病毒还能使羊、犬、猫、兔、鼠、水貂、狐等动物感染发病。实验动物中家兔、豚鼠、小鼠都易感，但以家兔最敏感。

PR的传播途径主要为消化道和呼吸道，也可通过交配、精液、胎盘传播。PRV通过胎盘传递给胎儿时，由于母猪免疫球蛋白不能通过胎盘屏障，所以病毒对胎儿的感染性是致命的。病毒可直接接触传播，更容易间接传播，如带有病毒的空气飞沫可随风传到9km或更远的地方，使健康猪群受到感染。被污染的饲料、带毒的鼠和羊等动物也可传播。

3 临床症状

病猪的临床症状和病程随年龄和毒株毒力不同而有变化。潜伏期一般3~6d，个别可达10d。哺乳仔猪最为敏感，15日龄以内的仔猪常表现为最急性型，病程不超过72h，死亡率100%，主要表现为出生后第2d开始发病，高热、拉稀、鸣叫、共济失调、流涎、角弓反张、四肢泳动等神经症状（见图1），最后昏迷死亡，第3~7d为死亡高峰；断奶猪也能引起死亡，但主要表现为神经症状、发热以及呼吸道症状；育肥猪则大多数伴有高热、厌食和呼吸困难，偶有神经症状，一般不发生死亡，出现高死亡率常意味着混合感染或继发感染；成年猪常不呈现可见临床症状或仅表现为轻微体温升高，一般不发生死亡，耐过后呈长期潜伏感染、带毒或排毒；母猪妊娠初期，可在感染后10d左右发生流产，在妊娠后期，经常发生死胎和木乃伊胎，且以产死胎为主。感染母猪有时还表现屡配不孕、返情率增高。

4 诊断

由于PR与其他许多引起猪繁殖障碍综合征的疾病存在非常类似的临床症状，加上各猪场间的临床差异极大，尤其是有细菌或病毒性的继发感染或混合感染，更增加了临床诊断工作的难度，因此仅根据临床症状及流行病学特点很难做出诊断。该病的确诊需要进行实验室诊断，故国内外学者建立了各种检测PRV的技术。

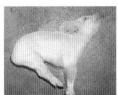

图1 病猪表现神经症状

4.1 血清学诊断技术

对PR的诊断方法主要有病毒分离、动物接种和血清学检测。动物接种试验和病毒分离鉴定是较早用于PR诊断的技术。血清学诊断技术具有简单、快速、敏感的特点，是诊断PR的常用方法。目前诊断PR常用的血清学方法有血清中和试验(SNT)、乳胶凝集试验(LAT)、酶联免疫吸附试验(ELISA)、琼脂免疫扩散试验(AGID)、血凝试验(HA)和血凝抑制试验(HI)等，其中SNT、LAT和ELISA三种方法是美国官方法定的PRV抗体检测方法，现在这三种方法均被列为国际贸易指定实验技术。

4.2 分子生物学诊断方法

分子生物学诊断技术是诊断疾病最敏感和最特异的方法，其敏感性和特异性远远高于现有的血清学方法。当前常用的分子生物学诊断技术有核酸探针技术和聚合酶链式反应(PCR)技术。核酸探针技术不仅可以检测到血清学诊断阳性的病料，还可以检测出呈潜伏感染状态的病毒DNA；PCR技术是80年代建立起来的一项体外酶促扩增DNA新技术，可用于PRV DNA的扩增，也适用于检测PRV潜伏感染猪，并且能快速鉴别PR疫苗毒与野毒。引物和探针可大量合成长期保存，检测速度快，结果可靠，同时还可避免散毒，尤其适合于没有PRV国家的检疫。此外，限制性核酸内切酶分析可用于分子流行病学调查。

4.3 单克隆抗体在诊断中的应用

大多数传统弱毒疫苗的基因工程疫苗不能表达一种或几种糖蛋白，这样的疫苗接种猪对丢失的糖蛋白产生抗体反应。因此，利用糖蛋白特异性的单克隆抗体(McAb)建立的诊断方法能够区别野毒感染猪和疫苗接种猪。但这些McAb必须是用野毒感染的动物体内产生的疫苗株不能表达的蛋白抗体。

5 防制

贯彻执行卫生消毒、防疫管理措施，加强猪群饲养管理，建立猪场的生物安全体系。

搞好猪场的灭鼠工作。

疫苗接种是防制伪狂犬病的重要手段之一。常用的疫苗有灭活疫苗、自然弱毒活疫苗和基因工程缺失活疫苗。推荐的免疫程序是：种猪在产前4~8周进行免疫接种，仔猪在8~10周龄进行接种，后备母猪在配种前4周进行免疫接种。利用基因缺失疫苗免疫并结合gE-ELISA检测抗gE抗体来区分接种血清阳性猪和野毒感染血清阳性猪。这种接种gE基因缺失疫苗结合鉴别性诊断现已用于美国和各欧共体成员国及中国台湾地区推广的PR消除计划，使PR得到很好的控制与扑灭。

治疗发病猪群可用高免血清、猪用免疫球蛋白，有一定的效果，结合使用抗生素控制继发感染。也可用活疫苗对发病猪群进行紧急接种。

综上所述，防制猪伪狂犬病仅用疫苗是不能根除的，应根据猪感染本病的特点，在采用一般防制措施及疫苗接种的基础上，用SNT、IHA、ELISA、PCR等特异敏感的方法进行检疫、隔离和淘汰阳性猪，净化猪群，建立健康猪群，才能达到根除本病的目的。目前，猪伪狂犬病对养猪业的危害已引起各国高度重视，世界各国在执行各自扑灭计划的同时，投入了大量的人力物力进PRV的研究。相信随着研究的深入，关于猪伪狂犬病监测及疫苗方面的研究将有新的发展。

高铜饲料导致猪胃穿孔
病例的诊治报告

陈学风　乌力吉

（内蒙古赤峰农牧职业技术学院，内蒙古 赤峰 024031）

2005年5月，赤峰市某规模猪场在不到半个月的时间里，连续发生以育肥猪群为主，不明原因发病死亡的急慢性病例，经流行病学、临床症状、剖检观察、饲料检测、实验室检验等方面的综合分析，确诊该猪场育肥猪群由于长时间饲喂高铜饲料导致患猪胃溃疡，胃穿孔继而死亡。现报道如下：

1 发病情况

养猪户主诉：2005年5月初，发现猪群（主要是育肥猪群）食欲降低，精神委顿，一些猪发生便秘以及顽固性腹泻，约几日后，症状逐渐加重，猪体表发红，食欲废绝，腹胀，腹泻，并有部分病例尿血严重，并排出煤焦油状血便；在约2周的时间内，有12头约35kg体重的育肥猪不同程度发病，6头死亡，死亡时猪体表全身弥漫性发绀（见图1），其中有3头因严重的胃溃疡，3头因胃穿孔导致广泛性腹膜炎均救治无效死亡。诸多喹诺酮类药物、磺胺类药、氨苄类药大剂量交替使用，均无疗效，养猪户束手无策。

2 临床症状

育肥猪群起初表现食欲不振，精神委顿，严重病例食欲废绝，体表泛红，排暗黑色颗粒状血便，部分病例尿血严重（见

图1 死猪体表弥漫性出血

图 2 病猪尿液成血样

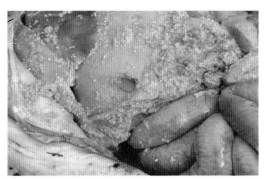
图 3 胃穿孔

图 2），病猪行动蹒跚，易摔倒，有的前肢张开，鼻抵地，临死时呼吸急迫，最终表现体表弥漫性淤血，胃穿孔死亡（见图 3）。病程 7~12 d。

3 剖检病变

剖检 6 头死亡猪，病理变化基本一致：胃溃疡病例，胃内大出血，胃底部大面积溃疡灶（见图 4－6），与周围健康组织界限明显，各段肠道出血严重，似煤焦油状血液。胃穿孔病例，广泛的腹膜炎病变，肝显著肿大，脂肪变性，胆囊膨大，胆汁墨绿，黏稠，肾淤血肿大（见图 7），脾肿大质脆，呈棕色至黑色，胸腔积血严重（见图 8），病程稍长的病例肺胸膜粘连。胃周围淋巴结肿大，腹股沟淋巴结显著肿大。

4 实验室诊断

（1）无菌采集剖检猪的肝、心血分别接种在普通琼脂平板和麦康凯培养基上，37℃培养 24 h，其中有 2 头猪的肝脏在普通琼脂平板上长出了小菌落，经涂片镜检和进一步培养鉴定，没有分离到细菌，从而说明本病不是由细菌引起的。

（2）将育肥猪料送至饲料监测中心检测铜含量，提供的数据是该批饲料铜含量严重超标，达到 400 mg/kg。

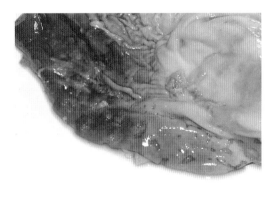
图 4 胃内溃疡灶

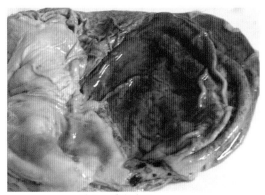
图 5 胃内出血

5 防治措施

确诊以后采取了以下几方面的救治措施：

（1）立即更换该批饲料；

（2）尽量减少饲养管理方面带来的应激因素；

（3）日粮中补充维生素 E —硒粉，恢复细胞膜的完整性的同时，纠正高铜对体内维生素 E 的破坏。

（4）发病猪群每头每日喂服盖胃平或雷尼替丁 20 片，连服 7~10d，同时饲料中加入 0.1%~0.2% 的苏打，有一定的缓解、治疗作用。

（5）发病猪群每日饮服维生素 C 适量，解毒、止血、激活胃肠道多种酶，促进溃疡面愈合，同时降低各种应激因素带来的不利影响。

（6）发病猪群辅以维生素 K、复合维生素 B、铁制剂，起到止血、健胃、纠正贫血等作用。

经过上述治疗后，轻度和中度症状病猪基本痊愈，重度胃穿孔病例预后不良。

6 讨论分析

（1）铜作为机体必需微量元素之一有其正常的代谢及生理功能。它既是多种酶的重要成分，又是造血、防止营养性贫血所必需的微量元素。铜既能催化血红素和红细胞的形成，又能维护细胞结构和功能的完整性。近年来，国内外学者普遍认为高铜饲料作为猪的促生长剂可使猪保持较高的生长速度和饲料利用率，但以 125~200mg/kg 为宜。然而在实际的养猪生产中我们发现，高铜饲料在为猪群带来高长势的同时却极易造成猪群胃溃疡甚至穿孔，或者可以说，高

图 6 病猪胃溃疡

图 7 肾出血肿大

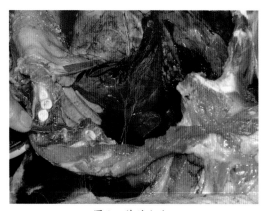

图 8 胸腔积血

铜饲料成为诱发猪胃溃疡、胃穿孔的起因。

（2）日粮中过高的铜长期被胃肠道高效吸收后，大量的可溶性的硫酸铜是蛋白质的凝固剂，具有刺激和腐蚀作用，猪群发生严重的胃肠炎，从而引起猪胃、食道部产生角化—糜烂—溃疡—穿孔等一系列病理变化，临床上引起猪严重的食欲废绝、便血、呕吐、腹胀等一系列症状。

（3）猪是杂食动物，其胃内容物一定要有一定量的粗纤维存在，才能保持胃本来的生理机能，育肥猪群较差的饲养方式如粗纤维极低、高能量饲料、不限量的饲喂方式等均可诱发猪胃溃疡，这一方面加剧高铜的负效应，另一方面猪受上述应激作用的影响引起胃泌素分泌旺盛，形成自体消化，导致胃黏膜发生糜烂、出血、溃疡。猪外观发育良好，但食欲严重废绝，排煤焦油状粪便，表现急、慢性死亡。

（4）日粮中过高的铜长期在小肠部位被吸收后，大量蓄积在肝脏，使体内参与多种代谢的需铜酶的活性受到抑制，导致肝功能障碍并引起肝坏死，使肝脏不能排出贮存的铜。但肝组织不能无限量地贮存铜，于是肝中大量的铜释放入血液中，并在红细胞内保持很高的铜浓度，铜与红细胞内的还原型谷胱甘肽的巯基发生强烈相互作用，致使红细胞内的还原型谷胱甘肽的浓度突然降低，由此，还原型谷胱甘肽不能够保持红细胞的稳定性和完整性，红细胞变的极为脆弱，发生急性溶血，猪尿血严重，最终导致机体严重缺氧，引起机体呼吸困难、气喘、心衰，导致死亡。

断奶仔猪水肿病的诊断与治疗

邢兰君

（邢台市兽医院，河北　邢台　054001）

　　猪水肿病是小猪的一种急性、致死性传染病。本病是由大肠杆菌引起，呈地方性流行，主要发生于断奶仔猪，尤以生长快、体质健康的小猪最常见。本病是仔猪断奶阶段的主要疾病之一。发病季节多为春秋季，尤其是气候骤变、饲料单一的情况下，易诱发本病。其临床特征是突然发病，头部水肿，运动失调，惊厥和麻痹等神经症状。病变主要以胃壁和肠系膜水肿为主，发病急，死亡率高。近年来，邢台市周边地区养猪场一直有该病的发生与流行。今年春季邢台市兽医院曾接诊多起断奶仔猪和新买仔猪发生的猪水肿病。现将一起典型病例介绍如下。

1　发病情况

　　河北省南宫市某养猪场，饲养了100多头猪，3头母猪，产仔32头，均已断奶。2008年3月29日又从集市上买回20头断奶仔猪，新买的断奶仔猪饲养了5d后，猪群突然发病，并死亡3头，新买的仔猪全部发病，而隔壁圈舍内母猪所产的32头断奶仔猪，也相继发病，症状和新买的仔猪一样。当地兽医立即给病猪用青霉素、链霉素、庆大霉素、氨苄西林等药物治疗，未见疗效。新买仔猪死亡11

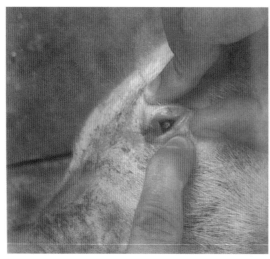

图1　水肿病患猪脸睑水肿

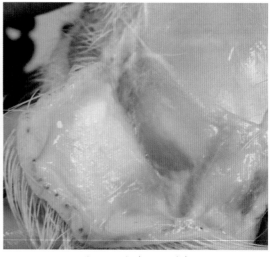

图2　头部皮下胶样渗出物

头，母猪所产仔猪死亡1头，病猪逐渐增多。遂来邢台市兽医院诊治，通过剖检、化验诊断为仔猪水肿病，立即采取综合性的防治措施，除3头症状比较重的仔猪死亡外，其他仔猪全部恢复健康。

2 临诊症状

仔猪突然发病，病猪精神沉郁，食欲减少或绝食，体温38.5～39.5℃，眼睑水肿下垂，下颌及颈部水肿，有的头盖部也出现水肿，眼结膜充血，步态不稳，不久出现反应过敏，共济失调，盲目行走或转圈，肌肉振颤，口吐白沫，触摸皮肤敏感性增强，叫声嘶哑。呕吐，倒地抽搐，心跳疾速，呼吸快而浅，后期倒地不起，四肢呈划水样，最后昏迷死亡。

3 剖检病变

剖检3头病死猪，主要病变为水肿，颈下部、腹部有淤血紫斑，眼睑、颈部肿胀，切开肿胀部皮下流出胶胨样液体。胃壁、肠系膜水肿，切开胃大弯黏膜与肌层之间充满胶冻状物，胃底黏膜呈弥漫性出血，大肠系膜呈胶冻样水肿，小肠黏膜出血。全身淋巴结水肿、充血和出血。心包、胸腔和腹腔有较多积液，喉头、大脑水肿，肺水肿，切面流出大量的粉红色液体。（见图1-5）。

4 实验室检验

4.1 涂片、镜检

取病死猪肝、脾和淋巴结涂片染色镜检，发现有少量散在、两端钝圆的革兰氏阴性短杆菌。

图3 水肿病猪胃切面胃壁水肿增厚，有水样液体渗出

图4 水肿病猪结肠系膜严重水肿

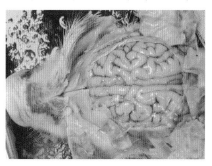

图5 脑水肿

4.2 细菌培养

无菌操作采集病死猪心血、肝、脾，分别接种于普通琼脂培养基和麦康凯琼脂培养基、鲜血琼脂培养基上，37℃恒温培养，24h观察结果：①普通营养琼脂上形成圆而隆起、光滑、湿润、边缘不规则半透明无色菌落。②麦康原琼脂上形成红色菌落。③鲜血琼脂上呈β溶血。取菌落涂片做革兰氏染色，镜检为革兰氏阴性小杆菌。根据细菌形态观察及革兰氏染色定为致病性大肠杆菌引起的水肿病。

4.3 药敏试验

用纸片法进行药敏试验，结果对恩诺沙星、环丙沙星、氟苯尼考、磺胺嘧啶敏感性高，对青霉素、链霉素、氨苄西林、先锋霉素、庆大霉素不敏感。

5 鉴别诊断

本病易与猪瘟、猪伪狂犬病、猪脑脊髓灰质炎、李氏杆菌病、白肌病、食盐中毒混淆，应予以区别。

5.1 猪瘟

发病仔猪可能有神经症状，但有体温升高，不同年龄的猪均可发病，这点可与水肿病区别开。

5.2 伪狂犬病

本病除断奶猪发病外，哺乳猪也可发病，同时有体温升高。

5.3 猪脑脊髓灰质炎

本病体温升高，不同年龄猪均可发病。

5.4 李氏杆菌病

能使不同年龄的猪发病，仔猪常呈败血病，剖检无胃壁与肠系膜水肿。

5.5 白肌病

本病的病变是肌肉似煮熟样，用维生素 E 与亚硒酸钠治疗有效。

6 防治

6.1 加强仔猪断奶前后的饲养管理

饲料配合原料多样化，加喂青绿饲料，补充富含无机盐类和维生素的饲料，断奶时不要突然改变饲养条件。增加多种维生素尤其是维生素 E。并加强对圈舍的卫生消毒工作，对全场环境、圈舍、用具定期用多种消毒药轮换消毒。

6.2 病猪治疗

①肌肉注射恩吉诺（主要成分：恩诺沙星等）按每千克体重 0.2mL，每天 2 次；②肌肉注射息热（主要成分：磺胺嘧啶等），按每千克体重 0.3mL，每天 2 次；③地塞米松注射液 2mg/次，肌肉注射，每天 2 次，以上药物连用 3d。④同时配合中药治疗，方剂：苍术、白术、六曲、猪苓、车前草各 10g，滑石 20g，甘草 25g，加水浓煎，分 2 次拌料或喂服，连用 3d；⑤对病重猪静脉注射 10% 葡萄糖和维生素 C 以解毒，肌肉注射速尿，以利尿消肿，肌肉注射维生素 B_1、维生素 B_{12} 维持营养神经。

6.3 全群仔猪

饲料内添加喘痢刹（主要成分：环丙沙星等），按说明用。

通过采取以上综合性的治疗，只有 3 头症状较重的仔猪当天死亡，第 2 天其余病猪症状大大减轻，第 3 天病猪基本恢复正常，5d 后猪群全部恢复健康。

7 小结

（1）根据发病情况、临诊症状、病理变化和实验室检验，诊断为仔猪水肿病。

（2）猪水肿病是由溶血性大肠杆菌引起的急性散发性传染病。主要发生于断奶仔猪，由于饲料急剧更换、气候剧变而诱发本病。本病的发生可能与致病性大肠杆菌产生的毒素和断奶后特异性抗体消失有关。今年春季仔猪水肿病的发病率较高，主要原因可能是气候剧变造成的，气温忽高忽低，温差大，再加上断奶仔猪突然更换高蛋白、高脂肪的单纯饲料。该养猪场曾滥用抗菌药物，使致病性大肠杆菌对很多药物产生耐药性。因此，正确诊断，合理用药，进行综合性治疗是提高治愈率的关键。

（3）治疗时，不要多次用力抓拿仔猪，过分刺激会使神经症状加重，病情恶化，甚至死亡。

（4）对本病虽无可靠的治疗方法，但笔者通过多年的临床治疗，采取中西医结合治疗本病，见效快，使病猪很快恢复健康。治疗本病的中药方剂具有健脾除湿利水消肿之功效，口服后促使水肿消失，并能迅速将肠道内细菌及其毒物排出体外。中药副作用小、疗效快、安全，值得推广应用。

（5）本次仔猪水肿病的发生，可能是由于从外地买回小猪，突然改变饲养管理方式，饲料与环境突然更换，再加上天气变化无常，促使仔猪发病，新买的仔猪发病后，随后又传染了自养母猪所产的断奶仔猪。造成不必要的经济损失。因此，从外地购回仔猪后，要隔离饲养一段时间，确定无病时再混群饲养。

规模猪场仔猪黄痢的防治体会

曹伟¹　范慧²　孙衍立¹　蔡建军¹　杨烨¹　彭秀君³

（1.内蒙古临河区动物疫病预防控制中心，内蒙古　临河　015000；2.内蒙古巴彦淖尔市农牧业局，内蒙古　临河　015000；3.内蒙古自治区扎赉特旗家畜繁育改良指导站，内蒙古　兴安盟　137600）

仔猪黄痢是由致病性大肠埃希氏菌引起的仔猪哺乳期常见的肠道传染性疾病。以排出黄色稀粪为特征。该病的流行无明显的季节性。无论是初产母猪或者是原产母猪所生仔猪均可发生本病，多发生于新建的猪场以及曾经从疫区引进过种猪的猪场，尤其是新建猪场危害更为严重，几乎每窝都有发生，在猪场内一经流行之后，就会经久不断。7日龄以内的仔猪最容易感染本病，特别是1～3日龄的仔猪，一窝仔猪中，只要有1头发病，1～2d内几乎全窝仔猪均发病，发病率通常在90%以上，死亡率高达100%。发病率随日龄的增加而逐渐降低。对于该病的诊断并不困难，但至今对其所采取的预防和治疗效果均不令人满意，究其原因主要在于：①大肠杆菌血清型种类太多，而不同血清型之间缺乏有效的交叉保护；②抗生素的使用和添加极不规范，造成了耐药菌株的存在和流行；③饲养管理水平差。2007年3月，在内蒙古临河区某猪场发生该病，现将有关情况介绍如下。

1　发病情况

该种猪场有存栏种公猪6头，母猪87头，后备母猪24头，哺乳仔猪48窝459头，其中42窝发病，占总哺乳窝数的87.5%。发病仔猪290头占63%。仔猪在7日龄左右就陆续出现拉黄色稀便，小猪怕冷，常缩在保温箱的一角，皮毛无光泽，开始用青霉素类药肌肉注射无效，陆续死亡30多头。

2　临床症状

病猪精神不振，皮毛无光泽，不愿活动，强赶出来后，不入群、拱背、个体发育缓慢。排黄色稀粪，粪便中含有凝乳小块，有很浓的鱼腥味（见图1）。个别伴有呕吐、吮奶量减少或停食。随着腹泻次数增

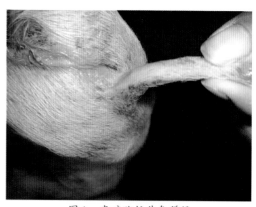

图1　患病猪拉黄色稀便

多，机体迅速消瘦，眼睛凹陷，被毛粗乱，呼吸加快，肛门、阴门呈红色，继而

卧地不起，肛门失禁，严重脱水而昏睡致死。

3　剖检变化

剖检病死猪见严重脱水，颈部、腹部皮下水肿，可视黏膜苍白，胃壁黏膜水肿，表面附有多量黏液，充血，肠道黏膜呈急性、卡他性炎症，肠壁变薄、松弛，肠内有大量气体和黄色或灰白色内容物，以十二指肠最严重，空肠、回肠次之。

4　实验室检查

4.1　涂片镜检

无菌取病死猪的肝、脾、肠系膜淋巴结直接涂片，干燥后经美蓝染色、镜检，发现散在单个或成堆的中等大小的杆菌。

4.2　细菌分离培养

鉴定无菌取病死猪的肝、脾、肠系膜巴结接种肉汤及麦康凯培养基，37℃培养24h，在麦康凯培养基上见红色、圆形、边缘整齐的菌落，肉汤培养基可见混浊，取培养物涂片染色镜检，见革兰氏阴性短杆菌。取麦康凯培养基上粉红色菌落进行纯培养，将其接种各种生化培养基，发现分离菌能分解葡萄糖、乳糖、甘露醇、麦芽糖，产酸产气，吲哚试验阳性，M-R试验阳性，V-P试验阴性，符合大肠杆菌的生化特性。

4.3　药敏试验

按常规法将分离菌用16种药敏纸片做药敏试验。分离菌对头孢氨苄、阿米卡星、阿莫西林、氨苄西林、头孢原拉高度敏感（抑菌圈大于15mm，其中阿莫西林最为明显），对庆大霉素、诺氟沙星、卡那霉素、氧氟沙星、青霉素中度敏感（抑菌圈在10~15mm），对乙酰螺旋霉素、壮观霉素、强力霉素、复方新诺明低度敏感（抑菌圈在10mm以下）。

5　综合防治

5.1　治疗

治疗用阿莫西林肌肉注射，每头15mg，每日2次，连用3d，同时，按每头用白头翁2g、龙胆1g，共研末加水调喂，每日3次，连用2d。先后治疗271头，治愈253头，治愈率为92.8%。在治疗的同时，对污染场地严格消毒。

5.2　预防

5.2.1　加强饲养管理和饲养安全体系的建设　一方面要防止外来疫病的传入，另一方面要加强卫生消毒，以减少生产区内的病原微生物。应实行全进全出制，对固定的圈舍进行全面、定期消毒，并保持清洁、干燥、温度适宜、通风良好、饲养密度合理，以减少感染的机会。保证饲料营养均衡、充足。首先满足猪只的营养需要，哺乳母猪和仔猪应该饲喂优质全价配合饲料，避免饲料原料发霉、变质，避免高植物性蛋白饲料的大量应用；保持动植物性蛋白的合适比例；同时做好仔猪补饲工作，从仔猪出生 1 周起至哺乳期结束，应保证每头仔猪每天摄入饲料量在 0.5kg 以上，让仔猪胃肠功能得到充分锻炼，以增强仔猪自身的抵抗力。

5.2.2　做好疫苗预防接种　中国农业科学院哈尔滨兽医研究所研制的大肠杆菌 K88、K99 双价基因工程活疫苗，妊娠母猪在分娩前 10～20d，耳根深部皮下注射 1mL，保护抗体可通过初乳传递给仔猪，以预防本病的发生。有条件的猪场，可利用本场分离的致病菌制成灭活菌苗或制备抗血清或利用原产母猪的血清，进行注射或口服。

5.2.3　药物控制　在生产过程中，如果在窝内发生 1 头病猪后，立即对全窝仔猪做预防性药物治疗，可减少损失。对本菌有效的药物有头孢氨苄、阿米卡星、阿莫西林、氨苄西林、头孢拉定等，但只能起到减少损失的作用，而且本菌容易产生抗药性，因此必须随时注意更换敏感药品。以上药物按体重规定剂量口服，每天 2～3 次，连用 4～5d。脱水严重的病猪，用 5% 的葡萄糖生理盐水腹腔注射，每头每次 20mL 左右。

6　小结和体会

（1）该猪场此次疫情进行流行病学、临床症状、病理剖检及细菌学检查，确诊为仔猪黄痢。

（2）大肠杆菌对药物易产生抗药性，因此，对由此而引起疾病的治疗应以分离细菌进行药敏试验，选择敏感药物进行治疗，同时结合对环境进行卫生消毒等综合措施，能迅速控制和扑灭疫情。

（3）应用药物控制仔猪腹泻应遵循以下原则：选择敏感性强的药物，要早用药、药量足、疗程短；制订完整的猪群药物保健计划，仔猪在断奶、转群或者其他应激时，除在饲料中添加抗菌药物外，还应加入多种适量的维生素、微量元素等。

猪副黏病毒病家族

毕玉海[1,2]　李志杰[1]　吴昊[1]　丁壮[1]

（1.吉林大学畜牧兽医学院动物重要病原与疫病研究室，吉林 长春 130062;

2.中国农业大学动物医学院，北京　100094）

随着猪病的不断新发，猪副黏病毒病的内容不断被丰富。早在20世纪80—90年代，在世界多个不同的国家或地区相继出现了副黏病毒感染猪的报道，给养猪业带来严重的冲击，造成了较大的经济损失。猪副黏病毒病是由副黏病毒科病毒引起猪的一系列热性传染病，我们将这一系列疾病称之为"猪副黏病毒病家族"。包括20世纪80年代发现于墨西哥的蓝眼病（blue eye disease），20世纪90年代在澳大利亚发现的梅那哥病毒病（menangle virus disease），在印度尼西亚和新加坡发现的尼帕病毒病（Nipah virus disease），以及自1999年以来我国不同地区出现的猪源副黏病毒感染的情况。

1 蓝眼病

蓝眼病是由副黏病毒（又称拉帕丹密考克病毒）感染所引起的一种猪的传染病。临床表现以中枢神经系统紊乱、角膜混浊和繁殖障碍为特征。1980年首先发生于墨西哥中部地区，因病猪在感染病毒后角膜浑浊或变蓝而得名。

1.1 病原

本病病原为拉帕丹密考克病毒（La Picdad Michoacan virus），从形态学和理化特性来看，属于副黏病毒科（Paramyxoviridae），腮腺炎病毒属（*Rubulavirus*），因其最先发现于墨西哥密考克州（Michoacan）的拉帕丹镇（La Piedad），故得名。

该病毒呈球形或多形性，大小不一，直径70~120nm。病毒外部包有脂质囊膜，囊膜上有长6~8nm的纤突，核衣壳呈螺旋对称，位于病毒粒子中央。病毒核酸属单股负链RNA，编码6种蛋白。包括基质蛋白M（40ku），核衣壳蛋白NP（68ku），磷酸化蛋白P（52ku）；具有RNA聚合酶活性的L蛋白（200ku），与血凝素－神经氨酸酶蛋白HN（66ku），形成病毒粒子表面两种较大的纤突；融合蛋白F（59ku），形成较小的纤突。该病毒易被洗涤剂灭活，对温度敏感。

1.2 流行病学

病猪是主要的传染源，通过喷嚏和咳嗽经呼吸道散毒是主要的传播方式，带有病毒的飞沫和灰尘也可传播该病，部分病毒也可通过尿液排出体外，病猪的不合理运输可导致疫情扩散。本病的易感动物主要为猪，2～15 日龄仔猪最易感。实验室通过自然途径接种 3～17 日龄仔猪，可引起严重的神经症状，并可导致死亡，3 日龄仔猪接种后 8 d 即死亡或濒于死亡，17 日龄仔猪接种后有 30% 感染发病。人感染后，可导致脑膜脑炎和睾丸炎。大鼠可实验性感染，但无明显临床症状。该病主要出现在墨西哥，其他国家尚无相关报道。

1.3 临床特征

本病以仔猪脑炎、肺炎、角膜浑浊、水肿和怀孕母猪流产为特征。本病的临床症状因猪年龄不同差异较大。

新生仔猪主要出现脑炎、肺炎、结膜炎和由此引发的角膜水肿、浑浊，最后往往导致失明。

2～15 日龄仔猪最易感，症状出现快，仔猪突然表现平卧，逐渐转为侧卧，有的出现神经症状，常先表现为发热、喷嚏、咳嗽、被毛粗糙、弓背，有时伴有便秘或腹泻，胃、肠道臌气因而腹部臌胀，进而表现共济失调、虚脱、强直（多在后肢）、肌肉震颤，姿势异常呈犬坐样等神经症状。驱赶时，一些患猪异常兴奋，尖叫或划水样运动。其他症状有嗜睡、瞳孔扩大、结膜炎、眼球震颤甚至失明。约有 30% 的病猪表现为眼睑肿胀和流泪，呈单侧或双侧的角膜浑浊。一般会自然康复。先发病的仔猪常在出现症状后 48 h 内死亡，而后发病者 4～6 d 才死亡。

30 日龄内的感染仔猪常死于脑炎，死亡率很高。

30 日龄后的感染仔猪症状轻，病程短，呈一过性，多表现为呼吸道症状（喷嚏和咳嗽）、厌食、发热和角膜浑浊。神经症状少见，可见单侧或双侧角膜混浊和结膜炎，但不伴有其他症状。感染率仅为 1%～4%，很少死亡。

妊娠母猪会出现持续性繁殖障碍（通常约 4 个月），孕猪的返情率增加，空怀率增加，产仔数下降，死胎和木乃伊胎增多，断奶——交配间隔延长，有时可导致母猪不孕，后备母猪和其他成年猪偶尔有角膜混浊。公猪感染后发生急性睾丸炎和附睾炎，精子活力下降，有些公猪性欲丧失。有报道，公猪感染后，急性睾丸炎的发病率为 28%，单侧睾丸萎缩占 66%，附睾炎发生率为 78%，一些病例的精子活力从 50% 下降到 0。成年猪感染后偶尔也出现角膜浑浊，但有些感染猪为隐性，无明显临床症状。组织及病理变化主要包括角膜水肿和前眼色素层炎，中性粒细胞单核化，上皮细胞可能出现胞浆内包涵体。剖检可见肾有出血点、脑脊髓充血，脱水，膀胱肿胀，气管内有渗出，冠状脂肪萎缩及便秘。

2 梅那哥病毒病

梅那哥病毒病（menangle virus disease）是由梅那哥病毒（menangle virus，MenV）引起的一种能导致猪繁殖障碍综合征和人类类似流感症状的人畜共患病。是近年新发现的一个传染病。

2.1 病原学

MenV是副黏病毒科，腮腺炎病毒属（*Rubulavirus*）的新成员，为RNA病毒，具有神经氨酸酶和血凝素活性，1997年首次在澳大利亚新南威尔士商品化猪场发现。该病毒粒子呈圆形或多态性，直径30～100nm，有囊膜及纤突。电子显微镜下可见囊膜内核衣壳较长，呈螺旋体对称。该病毒可在人源、猪源的多种细胞系中生长，可导致显著的细胞病变，导致细胞空泡和合胞体形成。该病毒对人、鸟类等多种动物红细胞均不具吸附性或血凝性。

2.2 流行病学

梅那哥病毒在猪之间有很高的接触传染性，追溯研究表明，感染猪场1997年以前采集的血清样品均为血清学阴性，而1997年4－9月间采集的样品阳性率高达90%以上。澳大利亚其他地区未发现本病毒感染。其传播需要猪只之间的紧密接触，母猪感染病毒后可通过胎盘屏障而损害胎儿，但对成年猪伤害不大。其传播途径现在还不清楚，人们猜测可能是经口传播，MenV在同一猪场内传播，可能通过直接接触病猪的分泌物和排泄物传播。人多数是直接接触受MenV感染的仔猪而感染。感染后10～14d，猪只可产生坚强免疫力。康复猪不向外排毒。MenV的来源尚不清楚，推测MenV的传播方式与Hendra病毒、Nipah病毒和Tioman病毒相似，可能来源于*Pteropus*属的果蝙蝠。目前所有证据表明，果蝙蝠可能是MenV感染的储藏宿主，成为猪场MenV感染的最初来源。

2.3 临床症状

在生长肥育猪未见到任何临床症状，在母猪见到的临床症状是繁殖障碍。感染的母猪所产的胎儿有木乃伊胎、畸形死胎及一些正常的活仔猪。有的死胎发生了自溶。先天性畸形最常见的部位是在大脑，偶尔可见到体腔内有纤维素性渗出物、肺发育不良。常见的胎儿畸形有关节弯曲、短颌、驼背，有的也可见到颅呈圆顶形。组织病理变化主要在中枢神经系统，脑、脊索的灰质或白质发生广泛的变性、坏死，大脑和脊索神经元内可见到核内包涵体和胞浆内包涵体，包涵体有嗜酸性的，也有嗜碱性的，电镜观察表明，这些包涵体内含有大量的衣壳。有些情况下，大脑和脊索完全缺失。同时伴随巨细胞或其他炎性细胞的浸润。在一些病例还可见到非化脓性、多灶性脑膜炎、心肌炎，还偶尔可见到肝炎。

MenV除了感染猪以外，还能感染果蝙蝠、犬、猫和人。人感染呈流感样症状，并发生皮疹，血清学检测呈阳性反应。在发病猪场外有两个相关猪场、邻近的蝙蝠以及与感染猪接触的人也发现了本病感染的血清学证据。流行病学研究表明果蝙蝠可能也是梅那哥病毒的天然宿主及本病的传染源。

3 尼帕病毒病

1998年9月至1999年4月马来西亚和新加坡相继发生的由尼帕病毒（Nipah

virus）引起的人和猪以中枢神经系统、呼吸系统病变为主的急性、高度致死性传染性疾病，被称为尼帕病毒病。

3.1 病原学

该病首先发生在马来西亚的森美兰州的Nipah地区，由此分离的病毒被命名为Nipah病毒。Nipah病毒属于副黏病毒科，是有囊膜的单股RNA病毒，绝大多数为负链，也有正链。病毒颗粒呈多样性，大小差异较大，直径平均为500nm。核衣壳结构呈副黏病毒典型的螺旋形，直径平均为21nm，螺距为5nm，长1.67nm。Nipah病毒在体外很不稳定，对热和消毒药较敏感，加热30min即可将其破坏。尼帕病毒在电镜下的结构特征符合副黏病毒科，其抗原性只与亨得拉病毒有交叉反应，基因组序列与亨得拉病毒的同源性最高，而与副黏病毒科原有3个属有较大的差异，又由于它具有副黏病毒V蛋白的标志性结构———一个保守的富含半胱氨酸域。因此将Nipah病毒划归为副黏病毒科的第4个属，即*Henipah Virus*病毒属或巨副黏病毒属（*Megamyxo Virus*）。在生物安全上属于最危险的第四级（BSL4）病毒。

3.2 流行病学

尼帕病毒病在马来西亚暴发期间半年时间导致116万多头猪被扑杀，265名养猪工人发病，其中105人死亡。2004年初孟加拉的尼帕病毒病疫情至少导致了23人发病，其中17人死亡，在这次疫病流行中猪没有表现出重要作用，患者感染的尼帕病毒可能直接来自野生动物。

尼帕病毒的自然宿主十分广泛，除了猪外，猫、马、山羊、鼠、狗和人类可感染。果蝙蝠在该病的流行中具有重要作用，在野生的果蝙蝠体内可检测到尼帕病毒的中和抗体，K B Chua等认为在1998年马来西亚暴发的尼帕病毒病，是由野生动物（狐蝠）携带的尼帕病毒以微小的概率感染了猪，在猪体内大量增殖，并且迅速感染相互接触的其他猪，但在一个猪场中感染动物呈随机分布而非成群发病。人是通过密切接触这些病猪而被感染。还有研究认为，猪可能经与果蝙蝠、野猪、流浪狗和鼠类等野生动物的接触而感染尼帕病毒。有学者认为，尼帕病毒在猪群间的传播与掠鸟类如掠鸟、八哥等有关。这些鸟通常会在猪场觅食，且常常停留在猪的身上，啄食其背部的蜱，并可在不同的猪群间活动。猪感染病毒后，病毒在猪体内大量繁殖，可通过库蚊等虫媒的叮咬在猪中传播繁殖。病毒可直接经病畜呼吸道和尿液、粪便排出体外，从而感染与之接触的易感猪。病人主要通过伤口与猪的分泌液、排泄物和体液（包括唾液、鼻腔分泌液、血液、尿液和粪便）以及呼出气体等的直接接触而感染，养猪场或屠宰场的工人是高危人群。人—人传播途径目前尚无定论。

3.3 临床症状

病猪多表现为温和型或亚临床感染。在典型病例中，哺乳仔猪张口呼吸，后肢软弱无力并伴有肌肉颤抖、惊厥，死亡率为40%。断奶仔猪和4～6月龄猪，通常表现为急性高热（39.9℃以上），呼吸急促，呼吸音粗厉，但不咳嗽。除呼吸道症状外常伴有1种或几种神经症状，如颤抖、惊厥、肌肉痉挛、抽搐。后肢软弱并伴有不同程度的痉挛，麻痹或者跛行。此外，还伴有神经症状，精神亢奋，头部僵直，破伤风状痉挛，眼球震颤，咽喉部肌肉严重麻痹而出现吞咽困难、口吐泡沫或舌头外伸。

人感染后，其特征症状是患者颈部和腹部痉挛，其他症状与日本脑炎相似。很多病人病情较轻或不明显（亚临床感染），有的病例较严重，包括不同程度的头痛、肌肉痛，呈感冒症状，持续3～14 d。疾病可发展为脑炎，伴有嗜睡、意识混乱、痉挛和颤抖，几天后发展到昏迷不醒，大多数病人会在昏迷中死去。约有半数的病人出现昏迷，而耐过的昏迷患者苏醒后都会出现不同程度的脑损伤。

4　猪副黏病毒病

在20世纪90年代末、21世纪初我国出现了由副黏病毒引起的，以腹泻、呼吸急促、繁殖障碍（怀孕母猪流产）、神经症状和体温升高为特征的猪病，在局部区域内造成严重损失。

4.1　病原学

采集死亡猪的肝、脾、肾、肺组织进行电镜检查，可见有大量副黏病毒存在。血凝试验表明，分离的病毒大多可凝集鸡、小鼠、兔、犬、马等多种动物的红细胞。其凝集鸡红细胞的特异性，能被鸡新城疫标准阳性血清抑制。病毒能在鸡胚中生长繁殖。

4.2　临床症状

1999年初，上海某些猪场发现临床症状类似仔猪黄痢的病情，表现为7～10日龄的仔猪出现黄痢、呼吸急促和体温略有升高的症状，少数仔猪有神经症状。发病率在40%左右，死亡率达15%。使用抗生素治疗无效。病程为一过性，发病一个多月，自然康复。此后同一猪场的新生仔猪不再有同样病例出现。病理剖检主要病变为肺部严重充血、呈肉变，肾脏有零星出血点。

2000年上半年，发生上述病情的同一猪场中的母猪，出现受胎率降低，复配率升高的情况，同时母猪出现轻微的子宫炎症状。个别母猪有神经症状。使用抗生素治疗无效。病程也为一过性，发病一个多月，自然康复。到2001年上半年，时隔一年，此猪场又出现受胎率下降，复配率升高的情况。

2001年下半年，上海、江苏、浙江等地区的猪场，暴发以高热不退、呼吸急促，母猪流产和早产为特征的传染病。各年龄段的猪都有发病表现，有些猪场中的哺乳猪和育肥猪死亡率高达40%～50%，母猪死亡率不高，但流产和早产的症状严重。有些猪群高热症状过后，母猪仍有早产、流产现象持续发生，肉猪有食欲下降和出现零星神经症状的情况。抗生素治疗效果不明显。病理剖检主要病变为肺部严重充血、呈肉变，肾脏有零星出血点。全身淋巴结肿胀，以腹股沟淋巴结肿胀最为严重。

2000年4月，吉林省某猪场，60日龄左右的猪出现被毛粗乱，食欲减少，呼吸困难，逐渐消瘦，后期呼吸频数，行走困难，最后衰竭而死。病程长短不一，发病率50%，病死率达15%。怀孕母猪于妊娠60~100d流产，胎儿呈死胎或出现分解。死亡猪剖检可见实质脏器及淋巴结肿大，肺脏出血、充血，呈肉样变。取其肝、脾、肾等组织细菌学检查为阴性。电镜检查，肺、脾、肾组织有副黏病毒。取肾组织经处理后，分别接种于SPF鸡胚和猪传代细胞，经盲传5代后，将病毒培养物采用口服和肌肉注射等途径接种于50日龄猪6头，分别于接种后6~10d出现类似上述症状，其中3头死亡。

4.3 流行病学

在我国分离的猪源副黏病毒都能凝集鸡红细胞，其血凝性能被鸡新城疫标准阳性血清抑制。因此，在我国发现的猪源副黏病毒与禽1型副黏病毒（APMV-Ⅰ）至少在血清学上关系十分密切，且其F基因序列与标准新城疫毒株具有高度的同源性。马帝等分析猪副黏病毒MP01株F基因与F48E9、与La Sota毒株同源性分别为90%、93%。通过参考已发表的猪源副黏病毒SP13 F基因序列，我们分析发现其核苷酸序列与许多鸡源、鸭源、鸟源NDV具有高度的同源性，与ZJ/2000、88T.00、LaSota、FM1/03、DB5等11株的核苷酸同源性平均为99.7%。MP01株F基因序列与V4毒株核苷酸同源性为95%，SP13与MP01毒株为91%。经过进化树分析SP13、La Sota和88T.00（阿根廷候鸟分离株）毒株同属基因Ⅱ型NDV，MP01与V4 Queensland同属于基因Ⅰ型NDV。我们实验室所分离的猪源副黏病毒，目前已经获得了部分基因序列，与传统新城疫病毒相应基因序列比较发现，也具有较高的同源性。结合马帝等分析结果，我们发现目前我国分离的猪源副黏病毒都具有NDV弱毒株的标志，即F蛋白裂解位点氨基酸残基组成（112G-K/R-Q-G-R-L117）。在我国出现的猪副黏病毒病缺乏流行病学方面的信息，但根据目前的分子流行病学研究分析，推断其与ND弱毒株、不同宿主来源的NDV毒株可能存在密切关系，是否是因为APMV-Ⅰ宿主范围广泛，病毒长期与猪接触，致使猪由不易感到易感，而导致猪的发病，还有待于进一步研究证明。

5 小结

历史事实已经证明，猪副黏病毒病对公共卫生学具有重要意义。那么目前我国发现的猪副黏病毒病究竟与猪副黏病毒病家族其他成员有什么关系？究竟其对人有没有致死性危害？还需要进一步研究。经分析我们发现，我国所分离、报道的猪源副黏病毒部分基因序列与APMV-Ⅰ（即NDV）有着密切的关系。但能否断定就是ＮＤＶ出现了跨种间传播而导致猪发病？还需要进一步研究证明。随着对在我国出现的猪副黏病毒病的流行病学的调查研究，对分离的猪源副黏病毒全基因组序列的获得，对病毒结构及各基因编码蛋白的功能等的研究，这些谜团将会解开。但当前我们不能放松警惕，应积极做好防范工作，防制该病对养猪业的危害，将其危害人类的可能性降低到最低。

在养猪生产中如何合理科学使用药物

策划：杨汉春

在养猪生产中，合理科学用药不仅可促进猪的生长，而且可达到预防保健和治疗疾病的目的。然而，如果使用不当不但达不到防病的效果，反而会带来一些不良后果，如药物中毒、加剧病原菌耐药性的产生以及药物残留等，既贻误病情，造成经济损失，又会产生公共卫生和食品安全问题。因此，在养猪生产中如何正确使用药物，做到既合理又科学，应引起大家足够的重视。

养猪生产中的用药原则与药物特性

贺东生　　李康宁

（华南农业大学兽医学院，广东　广州　510642）

在养猪生产中能否正确、合理、有效地使用药物治疗猪的疾病，既关系到猪肉产品的安全和人民的健康，也与养殖生产者的经济效益密切相关。在保证畜产品安全、提高肉品质量和效益的新形势下，无疫病、无污染、无残留，质量安全的畜产品将成为广大消费者的期待。但是，使用兽药是防治动物疫病的主要措施，而药物都有一定的毒性，使用上稍有不慎，会带来多方面的毒副作用。所以，在保证猪肉品质的前提下，根据药物特性恰当用药可以用最小的投入治愈猪病，确保生产出真正的无公害畜产品。怎样才能在兽医临床上选好药，使之既能达到用药的目的，又能有效避免药物的毒副作用和节省成本呢？"安全、合理、有效"用药是兽医工作者在兽医临床工作中必须遵循的用药原则，笔者着重从这 3 个方面来谈兽医临床用药上应注意的几个问题，以供广大兽医工作者参考。

1　安全用药

1.1　不用禁药

要选择符合兽药生产标准的药物，不使用禁用药物、过期药物、变质药物、劣质药物和淘汰药物，因为这些药物会使病原菌产生耐药性和造成药物残留，危害消费者的健康。选药时从药品的生产批号、出厂日期、有效期、检验合格证等方面着手详细检查，确认无质量问题后才可选用。

农业部曾公布首批《兽药地方标准废止目录》，危害动物以及人类健康的沙丁胺醇、呋喃西林等 6 类药被禁止生产、经营和销售：一是沙丁胺醇、呋喃西林、呋喃妥因、替硝唑、卡巴氧和万古霉素；二是金刚烷胺类等人用抗病毒药移植兽用的；三是头孢哌酮等人医临床控制使用的最新抗菌药物用于食品动物的；四是代森铵等农用杀虫剂、抗菌药用作兽药的；五是人用抗疟药和解热镇痛、胃肠道药品用于食品动物的；六是组方不合理、疗效不确切的复方制剂。

例如，氯霉素已经被禁止使用，原因是其对畜禽的造血系统有毒性，影响动物肝脏的解毒功能，氯霉素在畜禽体内滞留、聚集。其潜在危害是人食用了含有氯霉素残留的食品后，对人的骨髓造血机能有抑制作用，可引起人的再生障碍性贫血和溶血性贫血等疾病。

1.2　用药时要提前预见药物的疗效和不良反应

药物不仅有治疗作用，同时也有不良反应和毒副作用。临床用药时，兽医必须认识到疾病和治疗的复杂性，并做到心中有数，才能做好详细的用药计划。这样，既充分发挥药物的治疗作用，又能有效地避免药物的不良反应，并对可能发生的毒副作用采取有效的防护手段和措施，尽可能达到预期的用药目的。如胃肠动力药大多能引起神经兴奋，能使动物的上呼吸道腺体分泌增加，可能导致动物窒息。兽医在使用毛果芸香碱时常用阿托品作为预防中毒时的解救药。链霉素与庆大霉素、卡那霉素配合使用，在畜体中的药物残留会对消费者的听觉神经中枢造成危害。

1.3　防残留

有些抗菌药物因为代谢较慢，用药后的动物产品可能会对人体造成危害。因此，这些药物都有休药期的规定，用药时必须充分注意动物及其产品的日期，防止药残超标对消费者的健康造成安全隐患。各种药物的休药期最短的是盐酸噻咪唑，按猪每千克体重用药 10～15mg，一次口服，休药期只有 3d；盐酸二氟沙星注射液猪按每千克 5mg，一次肌肉注射，每日 2 次，连注 3d，休药期长达 45d；盐酸左旋咪唑，猪按每千克体重 7.5mg，一次口服，休药期只有 3d，而皮下或肌肉注射使用剂量与口服量相同，休药期长达 28d。

人长期摄入含兽药残留的动物性食品后，药物不断在人体内蓄积，当积累到一定程度后，就会对人体产生毒性作用。如磺胺类药物可引起肾损害，特别是乙酰化磺胺在尿中溶解度低，析出结晶后对肾脏损害更大。

经常食用一些含低剂量抗菌药物的食品还能使易感个体出现过敏反应，这些药物包括青霉素、四环素、磺胺类药物及某些氨基甙类抗生素等。这些药物具有抗原性，刺激机体内抗菌素抗体的形成，造成过敏反应，严重者可引起休克、喉头水肿、呼吸困难等严重症状。呋喃类药物引起人体的不良反应主要是胃肠反应和过敏反应，表现在以周围神经炎、药热、嗜酸性粒细胞增多为特征的过敏反应。磺胺类药物的过敏反应表现为皮炎、白细胞减少、溶血性贫血和药热。抗菌药物残留所致变态反应比起食物引起的其他不良反应所占的比例小。青霉素药物引起的变态反应，轻者表现为接触性皮炎和皮肤反应，严重者表现为致死性、过敏性休克。

2　合理用药

2.1　对症正确选药

不同的疾病使用不同的药物，同一种疾病也不能长期使用某一种药物治疗。当发生某种疾病时，要根据饲养条件（环境、饲料、管理）、生产性能、流行病学、临床症状、剖检变化、实验室检验结果等综合分析，做出准确的诊断，然后有针对性地选择药物，所选药物要安全、可靠、方便、价廉，达到"药半功倍"的效果，彻底杜绝滥用兽药和无病用药现象。切勿不明病情而滥用药物，特别是抗菌药物。

例如对发生传染性胸膜肺炎的猪，选用氟苯尼考、青霉素、氨苄西林、四环素等治疗有良好效果。仔猪黄白痢可用土霉素、磺胺脒等药物。仔猪红痢，治疗可选用痢菌净、泰乐菌素、洁霉素、硫酸新霉素等。对于诸如硝酸盐和亚硝酸盐中毒可用特效解毒药小剂量美蓝（亚甲蓝）进行解毒，注射1%美蓝溶液，猪每千克体重1～2mg。有机磷中毒可使用阿托品结合解磷定进行解毒。

2.2 准确计算药物的剂量，控制药物用量

一般情况下药物的疗效在一定范围内随着剂量的增加而加强。临床用药应杜绝为追求药物疗效，随意增大药物剂量，无视药物的毒副作用的现象。用药时，除应根据《中华人民共和国兽药典》、《兽药管理条例》的规定用药外，兽医还应根据药物的理化性质、毒性和病情发展的需要临时调整剂量，才能更好地发挥药物的治疗作用。此外，还应熟悉各种药物的质量单位和国际单位的换算，做到准确计量。用药剂量过小，达不到治病效果；用药剂量过大，则造成药物浪费，还会引起药害。过量使用抗生素，还会使病原微生物产生耐药性，给以后的防治带来困难。

2.3 选用最合适的剂型

在确定所选用药物后，兽医要根据不同的情况选用不同的药物剂型。因为不同剂型药物吸收的快慢、多少是不同的，其生物利用度、有效血浆浓度、疗效也会有所不同。近几年来，新剂型(如舔剂、嗅剂、透皮剂等)的不断涌现，新制剂(如缓释剂、空释剂、靶向制剂)的不断用于临床，为"准确"用药开创了新的途径。通过这些新剂型、新制剂去改进或提高药物疗效，减少毒副作用和方便使用，从而达到准确用药的目的。

2.4 掌握给药时机

一般来说，用药越早效果越好，特别是微生物感染性疾病，及早用药可以迅速、有效地控制病情。但是对于细菌性痢疾造成的腹泻，则不宜过早止泻，因为过早止泻会使病菌无法及时排除，而在畜禽体内大量繁殖，其结果不但不利于病情好转，反而会引起更为严重的腹泻。一般对症治疗的药物不宜早用，因为早用这些药物虽然可以缓解症状，但在客观上会损害畜禽机体的保护性反应机能，掩盖发病真相，给诊断和防治带来困难。

2.5 合理搭配用药

临床用药时，兽医应根据对因治疗和对症治疗并举的原则。确定何种药物与何种药物搭配，并要明确何种药物是对因的，何种药物是对症的，谁先给、谁后给，

如何配制，剂量各为多少，一定要做到心中有数。只有将所选用的药物合理搭配起来，才能达到事半功倍的效果。在此特别提醒要注意药物之间的配伍禁忌。酸性药物与碱性药物合用会使药效降低或丧失，口服活菌制剂时应禁用抗菌药物和吸附剂，磺胺类药物与维生素C合用会产生沉淀，等等。避免使用多种药物或固定剂量的联合用药，因为多种药物治疗极大地增加药物相互作用的概率，也给患畜增加了危险；要慎重使用固定剂量的联合用药，因为它使兽医师失去了根据动物病情变化去调整药物剂量的机会，达不到最佳的用药效果。

现将常用的抗菌药物的配伍简介如下。

2.5.1　磺胺类　磺胺类药物与抗菌增效剂（TMP或DVD）合用有确定的协同作用。磺胺类药物应尽量避免与青霉素类药物同时使用，因为其可能干扰青霉素类的杀菌作用。液体剂型磺胺药不能与酸性药物如维生素C、盐酸麻黄素、四环素、青霉素等合用，否则会析出沉淀；固体剂型磺胺药物与氯化钙、氯化铵合用会增加泌尿系统的毒性，并忌与5%碳酸氢钠合用。

2.5.2　β-内酰胺类　β-内酰胺类（青霉素类、头孢菌素类）与β-内酰胺酶抑制剂如克拉维酸、舒巴坦钠合用有较好的抑酶保护和协同增效作用，青霉素类和丙磺舒合用有协同作用。与氨基甙类呈协同作用，但剂量应基本平衡。青霉素类不能与四环素类、氯霉素类、大环内酯类、磺胺类等抗菌药合用。例外的是治疗脑膜炎时，因青霉素不易透过血脑屏障而采用青霉素与磺胺嘧啶合用，但要分开注射，否则会发生理化性配伍禁忌。青霉素与维生素C、碳酸氢钠等也不能同时使用。

2.5.3　四环素类　四环素类药物（土霉素、四环素、金霉素、强力霉素等）与本品同类药物及非同类药物如泰妙菌素、泰乐菌素配伍用于胃肠道和呼吸道感染时有协同作用，可降低使用浓度，缩短治疗时间。四环素类与氯霉素类合用有较好的协同作用。土霉素不能与喹乙醇、北里霉素合用。

2.5.4　大环内酯类　大环内酯类（红霉素、罗红霉素、泰乐菌素、替米考星、北里霉素等）与磺胺二甲嘧啶（SM$_2$）、磺胺嘧啶（SD）、磺胺间甲氧嘧啶（SMM）、TMP的复方可用于治疗呼吸道病。红霉素与泰乐菌素或链霉素联用，可获得协同作用。北里霉素治疗时常与链霉素、氯霉素类合用。泰乐菌素可与磺胺类合用，红霉素不宜与β-内酰胺类、林可霉素、氯霉素类、四环素联用。

2.5.5　氨基甙类　氨基甙类（链霉素、庆大霉素、新霉素、卡那霉素、丁胺卡那霉素、壮观霉素、安普霉素等）与β-内酰胺类配伍应用有较好的协同作用。甲氧苄氨嘧啶（TMP）可增强本品的作用。氨基甙类可与多黏菌素类合用，但不可与氯霉素类合用。氨基甙类药物间不可联合应用以免增强毒性，与碱性药物联合应用其抗菌效能可能增强，但毒性也会增大。链霉素与四环素合用，能增强对布氏杆菌的治疗作用；链霉素与红霉素合用，对猪链球菌病有较好的疗效；链霉素与万古霉素（对肠球菌）合用有协同作用。庆大霉素（或卡那霉素）可与喹诺酮药物合用。链霉素与磺胺类药物配伍应用会发生水解失效。硫酸新霉素一般口服给药，与阿托品类药物应用于仔猪腹泻。

2.5.6　氯霉素类　氯霉素类（甲砜霉素、氟甲砜霉素）与四环素类（四环素、土霉素、强力霉素）用于合并感染的呼吸道疾病具协同作用，与林可霉素、红霉素、链霉素、青霉素类、氟喹诺酮类具有颉颃作用。氯霉素类也不宜与磺胺类、氨茶碱等碱性药物配伍使用。

2.5.7　喹诺酮类　喹诺酮类（氟哌酸、恩诺沙星、环丙沙星、氧氟沙星、达氟沙星、二氟沙星、沙拉沙星）与杀菌药（青霉素类、氨基甙类）及ＴＭＰ在治疗特定细菌感染方面有协同作用。喹诺酮类药物与氯霉素类、大环内酯类（如红霉素）合用有颉颃作用。喹诺酮类药物可与磺胺类药物配伍应用，合用对大肠杆菌和金黄色葡萄球菌有相加作用。喹诺酮类慎与氨茶碱合用。

2.5.8　林可酰胺类　林可霉素（克林霉素）可与四环素或氟哌酸配合应用于治疗合并感染，林可霉素可与壮观霉素合用（利高霉素）治疗慢性呼吸道病。此外，林可霉素可与新霉素、恩诺沙星合用。

2.5.9　杆菌肽锌　杆菌肽锌可与黏菌素（多黏菌素）、多黏菌素Ｂ、链霉素及新霉素合用。杆菌肽锌禁止与土霉素、金霉素、北里霉素、恩拉霉素等配合使用。

2.5.10　利福霉素　利福平可与两性霉素Ｂ、链霉素、异烟肼以及其他抗革兰氏阳性菌的药物如万古霉素、大环内酯类、β－内酰胺类配伍使用。

2.6　注意几种饲料原料与兽药的颉颃

2.6.1　麸皮　麸皮为高磷低钙的饲料，在治疗因缺钙引起的软骨病或佝偻病时，应停止饲喂。另外，磷过多会影响铁的吸收，治疗缺铁性贫血时也应停喂麸皮。

2.6.2　大豆　大豆中含有较多的钙、镁等元素，它们与四环素、土霉素等均可结合成不溶于水的络合物，使抗生素药效降低。

2.6.3　高粱　高粱中含有较多的鞣酸，可使含铁制剂变性，治疗缺铁性贫血时不能喂。

2.6.4　棉籽饼　它影响维生素Ａ的吸收，治疗维生素Ａ缺乏时不能饲喂。

2.6.5　菠菜　菠菜中含有较多的草酸，它可与消化道中钙结合成不溶性草酸钙，喂贝壳粉、骨粉、蛋壳粉等钙质饲料时应停喂。

2.6.6　食盐　食盐可降低链霉素的疗效，盐中的钠离子可使水在畜禽体内潴留，引起水肿。在治疗肾炎和使用链霉素时应限喂或停止喂食盐。

2.7　按疗程用药，勿频繁换药

　　有人认为给病猪用一次药就能治愈，便不再继续用药，或更换其他药物。其实，任何疾病都有一定的疗程，治疗用药必须全程用，方可收到良好效果，因此治疗时至少要用药一个疗程，康复后再次给药以巩固疗效。现今的商品药物多为抗生素、抗生素加增效剂、缓释剂，加辅助治疗药物复合而成，疗效确切。一般情况下，首次用量加倍，第2次可适当加量，症状减轻时用维持量，症状消失后，追加用药1~2 d，以巩固疗效，用药时间一般为3~5 d。药物预防时，7~10 d为一疗程，拌料混饲。

3 有效用药

3.1 充分考虑药物的特性

内服能吸收的药物，可以用于全身感染类疾病。内服不能吸收的药物，如磺胺脒等，只能用于胃肠道细菌感染。一般的抗菌药物很少能进入脑脊液，只有磺胺嘧啶钠可以进入，因此，治疗脑部感染，如猪链球菌性脑炎，应首选磺胺嘧啶钠。

3.2 选择合适的给药途径

正确投药，讲究方法。不同的给药途径可影响药物吸收的速度和数量，影响药效的快慢和强弱。静脉注射可立即产生作用，肌肉注射慢于静脉注射，口服最慢。选择不同的给药方式要考虑到机体因素、药物因素、病理因素和环境因素。如内服给药，药效易受胃肠道内容物的影响，给药一般在饲前，而刺激性较强的药物应在饲后喂服。不耐酸碱，易被消化酶破坏的药不宜内服。全身感染注射用药好，肠道感染口服用药好。苦味健胃药如龙胆酊、马钱子酊等，只有通过口服的途径，才能刺激味蕾，提高食物中枢的兴奋性，加强唾液和胃液的分泌，发挥药物的疗效。如果使用胃管投药，药物不经口腔直接进入胃内，则起不到健胃的作用。

3.3 注意药物的有效浓度

肌肉注射卡那霉素，有效浓度维持时间为12 h。因此，连续肌肉注射卡那霉素，间隔时间应在10 h以内。青霉素粉针剂应间隔4~6 h重复用药1次。

3.4 尽量选用效能多样或有特效的药物

如猪发生黄痢、白痢时，应尽早选用黄连素；弓形虫和附红细胞体混合感染时，应尽量选用血虫净（三氮脒、贝尼尔）。

3.5 注意个体差异

用药时要有明确的指征。临床用药时，要针对病猪的具体情况以及个体差异（如怀孕、过敏）选用最可靠、最安全、最方便易得的药物制剂。反对不顾实际情况的滥用药物，尤其是滥用抗生素和激素。孕猪用药一切从保胎原则出发，首先考虑对胎儿有无直接或间接影响，其次对母体有无毒副作用。

3.6 辨证施治、综合治疗

经过综合诊断，查明病因以后，迅速采取综合治疗措施。一方面，针对病原，选用有效的抗生素、抗菌素或抗病毒药物；另一方面，调节和恢复机体的生理机能，缓解或消除某些严重症状，如解热，镇痛，强心，补液等。正确处理对因治疗与对症治疗的关系，两者巧妙地结合将能取得更好的疗效，"治病必求其本，急则治其标，缓则治其本"。例如，对病毒性腹泻一般采取消炎、止泻、补液、防脱水等对症治疗。给予口服补液盐有较好的效果，其配方是：$NaCl$ 3.5g，$NaHCO_3$ 2.5g，KCl 1.5g，葡萄糖20g，常水1 000mL，混合溶解，仔猪每千克体重口服30~40mL，每日2次。

3.7 有针对性地选择药物

不同的疾病使用不同的药物，同一种疾病也不能长期使用某一种药物治疗。当发生某种疾病时，要根据饲养条件（环境、饲料、管理）、生产性能、流行病学、临床症状、剖检变化、实验室检验结果等综合分析，做出准确的诊断，然后有针对性地选择药物，达到"药半功倍"的效果，彻底杜绝滥用兽药和无病用药现象。

总之要做到：诊断疾病要准确，采取措施要及时，药物选择要科学，用药群体要明确，用药方法要合理，用后观察要仔细。在按照以上原则用药治疗的同时，加强饲养管理，搞好环境消毒以及猪舍卫生，只有这样才能取得好的治疗效果。

猪用抗生素类药物的选择及不良反应

郭昌明　孙博兴　张乃生

（吉林大学畜牧兽医学院，吉林 长春　130062）

1　药物选择原则

（1）治疗一般感染尽量不用抗生素。实践证明，应用中草药治疗和预防疾病具有安全、无明显毒害残留、副作用小等特点，而且药源普遍。因此，从全局考虑，为避免药物残留和细菌耐药性，一般感染尽量不用抗生素。

（2）应严格掌握各类抗生素的适应证，不能滥用。即选择用药时，应全面考虑病猪全身情况、临床诊断、致病微生物的种类及其对药物的敏感性等，从而选择对病原微生物高度敏感、抗菌作用最强或临床疗效较好、不良反应较少的抗生素药物[1]。现将抗生素的选用及适应证列表如下（仅供参考）。

（3）抗生素的剂量、用法要适当，疗程应充足，并应注意观察治疗过程中病猪的反应，以便及时修改治疗方案。

（4）对发热原因不明的病猪，除病情严重者外，不宜轻易采用抗生素，以免影响正确诊断和延误正常治疗等。

（5）除主要供局部用的磺胺类和抗生素外，其他抗生素特别是青霉素的局部应用，应尽量避免，以减少过敏反应和耐药菌株的产生。

（6）肝、肾功能有损害时，应用抗生素要特别注意，例如应选用适宜的药物，相应调整药物的剂量及给药间隔时间等，以避免不良反应的发生[2]。

2　注意药物的不良反应

兽医在猪病临床上应用抗生素药物时往往重视其治疗作用，而对其所引起的不良反应多注意不够，加之对其预防感染效果估计过高，因此也就盲目地滥用。应用抗生素药物后的不良反应有毒性反应、过敏反应、二重感染等[3]，应当引起足够重视。

2.1　毒性反应

抗生素药物引起的毒性反应比较多见，主要表现在神经系统、消化系统、肝脏、肾脏、血液循环系统和局部等方面。毒性反应的产生主要是药物对各种组织器官的直接损害或化学性刺激所致，在某些情况下则可由于蛋白质合成或酶系统

表1　药物选择表

病原微生物	所致主要疾病	首选药物	次选药物
金黄色葡萄球菌 (G⁺)	化脓创、败血症、呼吸道或消化道感染、心内膜炎、乳腺炎等	青霉素 G	红霉素、头孢菌素类、林可霉素、四环素、增效磺胺
耐青霉素金葡球 (G⁺)	同上	耐青霉素的半合成新青霉素	红霉素、卡那霉素、庆大霉素、杆菌肽、头孢菌素、林可霉素
溶血性链球菌 (G⁺)	猪链球菌病	青霉素 G、氯霉素类、喹诺酮类	红霉素、增效磺胺、头孢菌素类
化脓性链球菌 (G⁺)	化脓创、肺炎、心内膜炎、乳腺炎等	青霉素 G	四环素、红霉素、氯霉素类、增效磺胺
肺炎双球菌 (G⁺)	肺炎	青霉素 G	红霉素、四环素类、氯霉素类、磺胺类
破伤风梭菌 (G⁺)	破伤风	青霉素 G	四环素类、氯霉素类、磺胺类
猪丹毒杆菌 (G⁺)	猪丹毒、关节炎、感染创等	青霉素 G	红霉素
气肿疽梭菌 (G⁺)	气肿疽	青霉素 G 或甲硝唑	四环素类、红霉素、磺胺类
产气荚膜杆菌 (G⁺)	气性坏疽、败血症等	青霉素 G 或甲硝唑	四环素类、氯霉素类、红霉素类
结核杆菌 (G⁺)	猪各种结核病	异烟肼 + 链霉素	卡那霉素、对氨基水杨酸、利福平
李氏杆菌 (G⁺)	李氏杆菌病	四环素类	红霉素、青霉素、磺胺类、增效磺胺
大肠杆菌 (G⁻)	仔猪黄白痢、猪水肿病、败血症、腹膜炎、泌尿道感染等	环丙沙星或诺氟沙星	庆大霉素、卡那霉素、增效磺胺、多黏菌素、链霉类、氯霉素类、四环素类
沙门氏菌 (G⁻)	仔猪副伤寒	氯霉素类	增效磺胺、氨苄西林、四环素、呋喃类
绿脓杆菌 (G⁻)	烧伤创面感染、泌尿道、呼吸道感染、败血症、乳腺炎、脓肿等	多黏菌素	庆大霉素、羧苄青霉素、丁胺卡那霉素、头孢菌素类、喹诺酮类
坏死杆菌 (G⁻)	坏死杆菌病、腐蹄病、脓肿、溃疡、乳腺炎、肾炎、坏死性肝炎、肠道溃疡等	磺胺类或增效磺胺	四环素类
巴氏杆菌 (G⁻)	巴氏杆菌病、出血性败血病、猪肺疫等	链霉素	磺胺类、增效磺胺、四环素类、喹诺酮类
布氏杆菌 (G⁻)	布氏杆菌病、流产	四环素 + 链霉素	增效磺胺、氯霉素类、多黏菌素
嗜血杆菌 (G⁻)	猪胸膜肺炎等	四环素类、氨苄青霉素	链霉素、卡那霉素、头孢菌素类、喹诺酮类
胎儿弧菌 (G⁻)	流产	链霉素	青霉素 + 链霉素、四环素
钩端螺旋体	钩端螺旋体病	青霉素 G、链霉素	氯霉素类、四环素类
猪痢疾密螺旋体	猪痢疾	痢菌净　单诺沙星、	林可霉素、泰乐菌素
猪肺炎支原体	猪喘气病	乙基环丙沙星	土霉素、泰乐菌素、卡那霉素
放线菌	放线菌肿	青霉 G	链霉素

注：1.G⁺表示革兰氏阳性细菌，G⁻表示革兰氏阴性细菌。2.氯霉素类包括氯霉素、甲砜霉素、氟甲砜霉素（又叫氟苯尼考），现氯霉素已禁用。3.呋喃类中的呋喃西林、呋喃妥因已禁用。

受到抑制而引起。

2.1.1　神经系统　中枢神经系统比较敏感，任何抗生素药物注入鞘内或脑室内，均可引起一定反应，严重者甚至发生抽搐、昏迷、呼吸、循环衰竭等。因此，此类药物均应避免鞘内和脑室内注射[4]。

磺胺类和呋喃类急性中毒时所表现的兴奋、惊厥、麻痹等神经症状，是由于包括神经受损伤等多种因素所引起的，目前尚缺乏有效的治疗措施，因此，必须严格掌握药物的剂量。氨基甙类抗生素对第8对脑神经有明显的毒性作用，当长期或大剂量应用时，应警惕此毒性反应的发生。

氨基甙类、四环素类及多黏菌素类等大剂量静脉注射，或腹腔内放置大量氨基甙类抗生素可引起呼吸抑制等，是因肌肉接点可被这些药物阻断所致。因此，对呼吸机能障碍以及已给予骨骼肌松弛药、麻醉药的家畜，应用上述抗生素时，必须警惕此不良反应的发生。

2.1.2 消化系统 猪是单胃动物，内服大剂量广谱抗生素可降低胃肠蠕动和消化腺的分泌，还可引起呕吐、便秘或腹泻等。上述反应与药物对胃肠黏膜的直接化学性刺激作用和抑制了胃肠道内对机体有益菌群的生长有关[5]，这种反应的产生一般多与药物剂量的大小和用药时间的长短成正比，因此，在用药过程中必须注意。如已发生消化障碍，应停药进行对症治疗。

2.1.3 肝脏 大剂量的四环素类抗生素（尤其是金霉素），能引起肝细胞的变性和坏死，使黄疸指数和转氨酶升高，但一般为可逆性的，停药后可逐渐恢复。此外，新生霉素、红霉素、新霉素、灰黄霉素和磺胺类等，有时也可引起肝脏损害。因此，对肝功异常的家畜，应尽量避免使用上述药物。当连续长期或大剂量用药之后，应立即停药。

2.1.4 肾脏 氨基甙类、多黏菌素类、四环素类、杆菌肽以及两性霉素B、头孢菌素Ⅱ等，对肾脏均有一定毒性，主要影响肾小管。疗程较长或肾功能原有损害时，这一作用也比较明显。尿中溶解度低的磺胺类易引起结晶尿、血尿和尿闭。肾功能减退或衰竭时，抗生素在体内的半衰期显著延长，甚至可在体内大量蓄积而引起中毒，因此应适当减少剂量或延长投药间隔时间。肾功能高度减退时，氨基甙类、多黏菌素B及E、四环素、土霉素和氯霉素类等最好不予选用。抗生素药物对肾脏的损害大多是可逆性的。

2.1.5 血液循环系统 灰黄霉素、新生霉素、磺胺类等，都有引起血液系统损害的可能。因此当连续长期用药时，应定期检查血像，发现有造血机能抑制现象时，应立即停药，并给予复合维生素B、叶酸和维生素B_{12}等[6]，必要时可反复输给新鲜血液。

对麻醉动物静注氨基甙类、四环素类、红霉素和林可霉素等，均能抑制心血管系统机能，使心输出量减少、心动徐缓、血管扩张、血压下降，其中以氨基甙类最明显。静注氯化钙可迅速消除上述抑制作用。

2.1.6 局部 内服抗生素药物对胃肠道黏膜有一定的化学刺激作用。肌注时往往可引起局部发炎、疼痛，或形成硬结及坏死。猪对四环素类和磺胺类钠盐的刺激性反应最强。静脉内注入抗生素药物易导致血栓性静脉炎，故宜适当稀释注射液，并以缓慢速度滴入。对已发生的严重局部反应或血栓性静脉炎，可采用冷敷、热敷或药物外敷等。

2.2 过敏反应

药物的过敏反应是变态反应的一种，主要是由于抗原—抗体的相互作用而引起的。

据某兽医院统计，一年内总共发生药物过敏反应 395 741 例，其中由抗感染药（抗生素和抗寄生虫药）引起的占 31.8%，而由青霉素引起的占抗生素过敏反应25%，临床上家畜的过敏反应一般可分为过敏性休克型、疹块型和局部反应型等。过敏性休克大多于注射青霉素 G 和链霉素后 0.5～1h 左右发生，尤以注射青霉素 G 时常见。以猪为例，表现为肌肉震颤、全身出汗、呼吸困难、虚脱等症状。疹块型除有轻微上述症状外，还出现各种皮疹如荨麻疹等，眼睑、阴门、直肠肿胀和乳头水肿等。局部反应型表现为注射局部疼痛、肿胀，或无菌性蜂窝织炎等。一般的过敏反应可选用抗组胺药、氯化钙等，如出现过敏性休克症状，应立即注射肾上腺素、可的松类进行抢救，但要注意，注射肾上腺素后，有时可兴奋心脏的主要传导经路，引起心室颤动，数小时后心跳突然停止而死亡。为了避免这种危险，最好在应用肾上腺素的同时皮下注射 0.2%～0.3% 硝酸士的宁液 5～10mL，可避免意外事故的发生。对小仔猪也可用安定、解毒敏、扑尔敏分别进行肌注。

2.3 二重感染（菌群交替症）

二重感染是指发生于抗生素应用过程中的新感染。原发疾病严重时机体消耗显著和应用抗生素、特别是广谱抗生素后发生菌群失调现象，是诱发二重感染的重要因素。正常家畜的呼吸道、消化道等处均有微生物寄生，菌群之间在相互颉颃制约下维持平衡的共生状态。在大量或长期应用抗生素，尤其是广谱抗生素后，有可能使这种平衡发生变化，使潜在的条件致病菌等有机会大量繁殖，从而引起二重感染。例如，在应用广谱抗生素治疗中，肠道中普通大肠杆菌、乳酸杆菌等敏感菌，因受到抑制而大大减少，未被抑制的一些原属少数的变形杆菌、绿脓杆菌、真菌以及对该抗生素有耐药性的细菌却乘机大量繁殖，造成严重的菌群失调，进而引起二重感染。给实验动物饲喂广谱抗生素，均能引起二重感染。

2.4 影响机体免疫反应

应用抗生素药物时必须注意它们对机体免疫反应的影响。现已有确实证据表明，磺胺嘧啶及四环素等常用的抗生素，在常用治疗浓度下能影响机体的补体系统，并可抑制调理作用与趋化作用；有些抗生素如四环素，可改变网状内皮系统保留微粒的能力等。这些事实提示抗生素药物可影响机体的免疫反应，引起机体防御机能不全。临床上对猪丹毒、布氏杆菌病、钩端螺旋体病、沙门氏菌病等，过早地应用抗生素药物，都能使血液中抗体推迟或完全不出现。有些活菌菌苗如猪丹毒菌苗、炭疽芽孢苗等，在预防接种时如果同时应用治疗量的青霉素或四环素类，能明显影响菌苗的主动免疫过程。应用抗生素药物治疗传染性疾病时，用药迟早对免疫的产生和治疗效果存在着矛盾。用药愈早、疗效愈高，但不利于抗体形成，容易引起第2次感染；用药时间适当推迟，疗效虽较差，但有利于抗体的形成。对此应进行具体分析，当控制传染病暴发时，当然应该分秒必争，及早治疗，并采取综合防制措施，以杜绝传染扩散。在已扑灭或控制发病后，要进行必要的预防接种。在接种活菌苗前后，应尽量避免使用有效的抗生素药物，以免影响免疫效果。其间隔时间应视抗生素药物在体内维持时间，和注射菌苗后产生足够抗体的必要时间而定，一般是在接种前3 d 到接种后1 周内，以不用抗生素为宜。

2.5　细菌耐药性的产生

细菌在试管中和机体内都可以对抗生素药物产生耐药性，在临床上投予药物的剂量不足、用法不当，以及无明确适应证地滥用抗生素，特别是长期应用时，往往引起耐药菌的出现。目前耐药菌株的出现已日趋严重，不少病原菌对较多的抗生素药物出现耐药，还有交叉耐药现象，这不仅影响畜牧业生产，而且会给人类健康造成极大的危害，细菌产生耐药性的威胁，其严重程度已与工业污染相提并论了，因此必须采取有效措施加以控制[61]。

细菌耐药性能否改变的问题，在临床治疗学和流行病学上都极为重要。一般来说，天然性耐药是不会改变的，因为这是细菌的遗传特征。获得性耐药则不同，是可以改变的。获得性耐药的稳定程度因不同细菌与抗生素药物不同而异。已如前述，链霉素型的耐药性往往极为稳定，而青霉素型的耐药一般不稳定。细菌对四环素类和氯霉素类产生耐药时，其耐药性一般也相当稳定；而对红霉素、新生霉素或庆大霉素产生的耐药性则比较不稳定；细菌对利福平易产生耐药性，而对多黏菌素、杆菌肽等则不易产生耐药性。另一方面就细菌来说，痢疾杆菌、结核杆菌等对抗生素产生耐药性后，其耐药性都比较稳定；葡萄球菌对红霉素、四环素等产生的耐药性不稳定，但其产生青霉素酶则是一种相当稳定的特异性耐药性能。

为防止细菌产生耐药性并控制耐药菌的传播，在使用抗生素时必须注意以下几点。

（1）严格掌握抗生素药物的适应证，防止滥用：治疗时剂量要充足，疗程、用法应适当，以保证得到有效血药浓度，控制耐药性的发展；病因不明者，勿轻易应用抗生素；避免滥用抗生素作预防用药；尽量减少长期用药。

（2）在养猪场内严格执行消毒、隔离制度，以防止耐药菌的传播和引起交叉感染。

（3）一种抗生素可以控制的感染即不采用各种联合，可用窄谱的即不用广谱抗生素。另一方面也应注意合理的联合用药，可以防止或延迟细菌耐药性的产生。

（4）根据细菌耐药的动态和发展趋势，有计划地分期分批交替使用抗生素，可能是一项有价值的重要措施。

参考文献

[1] 王哲，宣华，韦旭斌.兽医手册[M].第4版.北京：科学出版社，2001

[2] 杨本升，刘玉斌，苟仕金等.动物微生物学[M].长春：吉林科学技术出版社，1995

[3] 邓旭明，哈斯苏荣，刘晋平等.兽医药理学[M]. 长春：吉林人民出版社，2000

[4] 陆承平.兽医微生物学[M].第3版.北京：中国农业出版社，2003

[5] 吴清民.兽医传染病学[M].北京：中国农业大学出版社，2002

[6] 苏振环.现代养猪实用百科全书[M].北京：中国农业出版社，2004

临床应用磺胺类药物注意要点

唐式校　孟宪武　舒明刚

（江苏省东海县兽医卫生监督所，江苏　东海　222300）

磺胺类药物是一类化学合成的抗微生物药，临床上应用以来，在控制感染性疾病中发挥了很大作用。它具有抗菌谱较广，性质稳定，便于长期保存，价格比较便宜，制造不需粮食，有多种制剂可供选择等种种优点。因此，虽然近年来抗生素飞速发展，磺胺类药物不但未被淘汰，而且在抗微生物药中仍占有重要的地位。尤其是抗菌增效剂和一些新型磺胺药出现后，使磺胺药的临床应用有了新的广阔前途。但是在临床上应用磺胺类药物必须科学、合理，否则会出现诸多弊端，给养猪生产带来不应有的损失。临床应用磺胺类药物主要应注意以下几点。

1　注意灵活选药

必须对具体问题作具体分析，要针对不同疾病选用不同的药物。

（1）全身性感染，选用肠道易吸收、作用较强而副作用较少的磺胺药。以2-磺胺-6-甲氧嘧啶（SMM）、磺胺甲基异恶唑（SMZ）、磺胺嘧啶（SD）、磺胺甲氧嗪（SMP）、磺胺二甲氧嘧啶（SM_2）等较好，磺胺噻唑（ST）次之。也可选用磺胺嘧啶钠或磺胺噻唑钠等磺胺药的钠盐作静脉注射。

（2）肠道感染选用酞磺胺噻唑（PST）、磺胺脒（SG）等。因内服后极少被吸收，故可在肠道内形成较高的浓度。

（3）治疗创伤时，可外用磺胺（SN）或ST的散剂、软膏剂等。对烧伤创面感染，尤其是绿脓杆菌感染时，选用磺胺嘧啶银盐效果较好。

（4）尿道感染以选用对泌尿道损害小的磺胺异恶唑（SIZ）、SM_2等较好。

2　使用剂量科学

由于磺胺类的浓度必须显著地高于对氨苯甲酸的浓度才能有效，所以首次应采用大剂量（突击量，一般是维持量的倍量），以后每隔一定时间给予维持剂量，五待症状消失后，还应以维持量的$1/2 \sim 1/3$继续投药$2 \sim 3d$，以达彻底治愈。

3　防止细菌产生耐药性

原来对磺胺药敏感的细菌，无论在体外或体内，当长期与不足量的磺胺药接触时，都能获得耐药性。细菌的耐药性主要由适应和突变两种方式形成，而耐药

性发展的快慢和强弱，则取决于
细菌的品种、给药频率、药物浓
度以及作用时间等。细菌对某种
磺胺产生了耐药性后，如换用其
他磺胺药也同样无效，这种现
象称为交叉耐药性。耐磺胺药的细
菌对其他抗菌药则依然敏感。为
了防止耐药性的产生，在应用磺

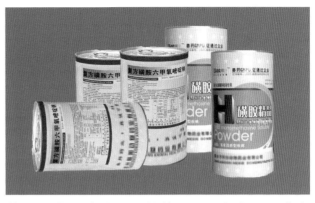

胺药时，必须避免滥用，应有针对性地选药，并给予足够的剂量。如发现细菌有
耐药现象时，应立即改用抗生素或其他抗菌药物。

4 避免不良反应

在合理使用本类药物时，通常不会出现副作用。但大量及长期给药时，往往可
出现副作用。磺胺药引起的副作用，常表现为精神沉郁、食欲减退或废绝、贫血、白
细胞减少、尿少或无尿、血尿和体温升高等，一般在停药后即可消失。
如果配合等量碳酸氢钠，并增加饮水量（必要时可灌水），就可以减少或预防副作用的
发生。副作用严重时，除停止用药外，还应立即内服碳酸氢钠或静脉注射大量碳酸氢
钠注射液、生理盐水或葡萄糖注射液等，以促进磺胺药的排出，同时进行对症治疗。

5 合理配伍

5.1 联合用药

利用药物的协同作用，注意联合用药，以增强作用，提高疗效，例如磺胺合
剂、增效磺胺等。

5.2 配伍禁忌

磺胺类遇 pH 较低的酸性药液，易析出沉淀。磺胺类溶液由于吸收 CO_2，使药
液 pH 下降也会产生沉淀。与各种生物碱盐，如盐酸普鲁卡因、盐酸氯丙嗪、硫酸链霉
素、青霉素 G 钾（钠）、盐酸土霉素、维生素 C、维生素 B_1、复方奎宁、氯化钙、
炭酸氢钠、氢化可的松等多数药物均为配伍禁忌，不可混合应用。

6 使用方法稳妥

外用磺胺类药物时，应彻底清除创面的坏死组织和脓汁，以免影响治疗效果。
静脉注射时不可漏入皮下。全身性酸中毒、肝脏病、肾脏病和重症溶血性贫血等时，应
慎用或禁用磺胺药。

猪场保健用药简述

梁桂　陶佑强

（广西柳州畜牧兽医学校，广西　柳州　545003）

当前猪场新发疫病不断增加，许多猪病往往是多因素引起的混合感染、继发感染，而且发病症状非典型化，隐性感染增多，单凭临床表现和剖检病变不易确诊，而可靠的实验室诊断有时会延误了最佳治疗时机。猪群发病后由于猪体组织器官受损，免疫机能下降，使用药物治疗效果往往不理想，甚至无效。因此猪场生产管理中应树立预防为主、群体保健的观念。

有病用药是治疗，无病用药是保健。保健用药是为使猪群保持健康而使用的预防性用药。保健用的药物一般包括疫苗、消毒药、抗菌素等。

1　猪场保健用药的原则

1.1　根据猪病发生与流行的规律合理用药

要根据猪场与本地区猪病发生与流行的特点，有针对性地选择高效、安全性好的药物用于预防，方可收到良好的预防效果。保健用药一定要严格遵守《兽药管理条例》、《饲料和饲料添加剂管理条例》、《无公害食品—猪肉》等行业标准，要严格执行用药休药期等有关规定，确保猪肉食品的安全。禁止使用违禁药物。

1.2　要防止药物蓄积中毒和毒副作用

有些药物进入机体后排出缓慢，连续长期用药可引起药物蓄积中毒。有的药物会影响疫苗的免疫效果。所以，药物预防时一定要按规定的剂量用药。用药时间长短要适当。要防止耐药性病原体出现，还要注意药物的不良反应以及配合用药的配伍禁忌问题。

1.3　要考虑猪的品种、性别、年龄与个体差异

不同猪群对药物的敏感度不同。幼龄猪、老龄猪及母猪，对药物的敏感性比成年猪和公猪要高，所以药物预防时使用的药物剂量应当小一些。体重大、体质强壮的猪比体重小、体质虚弱的猪对药物的耐受性要强，因此前者的用药剂量要比后者适当多一点。怀孕后用药不当易引起流产，因此要加倍小心。

2　猪场保健用药的类型

2.1　季节性保健用药

猪场一些疫病的发生和流行具有较明显的季节性。因此，在季节更替之前或正处于某个季节之时，某些疫病在疫苗预防的基础上，可以采用全群保健用药，预

防猪群发病。

2.2 阶段性预防用药

处于不同生理阶段、年龄阶段的猪群发病特点不同。在生产上可以根据猪群的各阶段发病特点，有针对性地选择药物来预防一些疫病。

2.3 应激性预防用药

应激往往引起猪群新陈代谢和生理机能的改变，使猪群生长发育迟缓，繁殖性能下降，产品产量及质量下降，饲料利用率降低，免疫力下降，发病率和死亡率升高。在饲养管理上减少应激因素的同时，可以在饲料中适当添加一些抗应激药物，预防猪群发病。

2.4 紧急性预防用药

本地区一旦发生传染病的流行，在加强观察、注意疫情动态的基础上，可以根据疫病的种类和性质，采取相应的血清或疫苗进行紧急预防注射，以提高猪群的免疫力，防止疫病的发生和传播。

3 猪场保健用药的方法

不同的用药方法，可以影响药物的吸收速度、利用程度、药效出现时间及维持时间，甚至还可引起药物性质的改变。保健用药最常用的方法有混饲给药和混水给药。猪场在生产实践中可根据具体情况，正确选择保健用药方法。

3.1 混饲给药法

将药物拌入饲料中，让猪只通过采食饲料达到用药的目的。混饲时应注意药物用量要准确无误；药物与饲料要混合均匀；饲料中不能含有对药效质量有影响的物质；饲喂前要把料槽清洗干净，并在规定的时间内喂完。

3.2 混水给药法

将药物加入饮水中，让猪只饮用达到用药的目的。混水给药时药物必须溶解于饮水。要有充足的饮水槽或饮水器，保证每头猪只在规定的时间内都能饮到足量的水。饮水槽和饮水器一定要清洗干净。饮用水一定要清洁干净，水中不能含有对药物质量有影响的物质。使用的浓度要准确无误。药物饮水之前要给猪停水一段时间，这样可以使猪只在较短的时间内饮到足量的水。

4 猪场保健用药的参考方案

4.1 后备猪

于引入第 1 周及配种前 1 周在饲料中适当添加一些抗应激药物，如速补康、维生素 C、电解多维、矿物质添加剂等；同时饲料中适当添加一些抗生素药物，如泰乐菌素、强力霉素、利高霉素、土霉素等。

4.2 妊娠母猪

于妊娠前第 1 周在饲料中适当添加一些抗生素药物，如氟苯尼考、泰乐菌素、利高霉素等；同时添加亚硒酸钠维生素 E 粉剂。

4.3　母猪

于产前产后 2 周在饲料中适当添加一些抗生素药物，如强力霉素、阿莫西林等；产前肌注一次长效土霉素等。

4.4　哺乳仔猪

仔猪吃初乳前口服庆大霉素、氟哌酸或土霉素。3 日龄内补铁（如血康、牲血素、富来血）、补硒（亚硒酸钠维生素E）。7 日龄左右开食补料前后及断奶前后饲料中适当添加一些抗应激药物、开食补盐、维生素C、维生素D电解多维等。 哺乳全期饲料中适当添加一些抗生素药物，如恩诺沙星、诺氟沙星、氧氟沙星及环丙沙星等。

4.5　断奶保育猪

于第 1 周在饲料或饮水中适当添加一些抗生素药物，如强力霉素、泰妙菌素、泰乐菌素、阿莫西林等。

4.6　生长育肥猪

于第 1 周在饲料中添加抗菌促生长药物，如土霉素预混剂、泰乐菌素等；同时饲料中添加伊维菌素、阿维菌素等驱虫药物进行驱虫。

如何正确使用药物治疗猪病

杨丽梅[1,2]　郭时金[1,2]　沈志强[1,2]　马力[1,2]

（1.山东省滨州畜牧兽医研究院，山东 滨州 256606；2.山东绿都安特动物药业有限公司，山东 滨州 256606）

现代化的养殖业由于高度的集约化，不可避免地带来大量的疾病问题，在疾病防治过程中常有滥用药物现象。一些兽医在治疗疾病中，往往实施"大包围"，一头患猪要用多种抗生素和多种合成抗菌药，致使猪体内蓄积多种药物。大量、违规给猪内服、注射和外用兽药现象较为严重。另一方面，由于不合理用药、非法用药的现象十分严重，以致造成我国动物性食品中兽药和添加剂残留非常严重。为预防疾病和提高猪只的生产水平及生产效率，作为添加剂使用的抗生素、化学合成药物、重金属制剂等，如不按规定限量、限时使用，会使得这些物质在猪肉组织中的残留量超过相应的安全标准。并且在预防、治疗畜禽疾病中使用超剂量药物的情况也很常见，这样药物在动物体内残留的时间会延长，即使按一般的休药期停药也可能造成残留超标。因此本文简单地阐述了一下如何正确使用药物治疗猪病。

1　合理用药原则

治疗猪病合理用药并非易事，必须理论联系实际，不断总结临床用药的实践经验，在充分考虑影响药物作用的各种因素的基础上，正确选择药物，制定出正确的给药方案，应该考虑以下几个用药原则。

1.1　正确诊断

任何药物合理应用的先决条件是正确的诊断，对动物发病过程无足够的认识，药物治疗便无的放矢，非但无益，反而可能延误诊断，耽误疾病的治疗。

1.2　用药要有明确的指征

要针对患病猪的具体病情，选用药效可靠、安全、方便、价廉易得的药物制剂。反对滥用药物，尤其不能滥用抗菌药物。

1.3　了解药物对靶动物的药动学知识

根据药物的作用和对动物的药动学特点，制定科学的给药方案。药物治疗的错误包括用药错误，但更多的是剂量的错误。

1.4 预期药物的疗效和不良反应

根据疾病的病理生理学过程和药物的药理作用特点以及它们之间的相互关系，药物的效应是可以预期的。几乎所有的药物不仅有治疗作用，也存在不良反应，临床用药必须牢记疾病的复杂性和治疗的复杂性，对治疗过程做好详细的用药计划，认真观察将出现的药效和毒副作用，以便随时调整用药方案。

1.5 避免使用多种药物或固定剂量的联合用药

在对病猪确诊以后，主要任务就是选择最有效、安全的药物进行治疗，一般情况下不应同时使用多种药物（尤其抗菌药物），因为多种药物治疗极大地增加了药物相互作用的概率，也给患猪增加了危险。除了具有确实的协同作用的联合用药外，要慎重使用固定剂量的联合用药（如某些复方制剂），不然会失去根据猪的病情需要去调整药物剂量的机会。

2 选择适宜的药物

任何一种药物对某一器官组织的选择作用，与药物的化学结构及组织生化过程的特性有关。一般来说，一种药物在一定的剂量下对某一种疾病疗效最佳，如氟苯尼考对沙门氏菌引起的疾病疗效较好，对大肠杆菌引起的疾病疗效则次之。因此，猪群发病时，应先确诊是什么病，再针对致病的原因确定用什么药物，严禁不经确诊就盲目投药，在给药前应先了解所选药物的内含成分，同时应注意药物内含成分的有效含量，避免治疗效果很差或发生中毒。

3 考虑猪只本身因素

3.1 品种差异

不同品种的猪，对同一药物的敏感性存在一定的差异。如使用伊维菌素、左旋咪唑等驱虫剂驱除猪蛔虫，本地猪的耐受量比外来品种猪大得多。

3.2 生理差异

不同年龄、性别、怀孕或哺乳期猪对同一药物的反应往往有一定差异。如仔猪和老龄猪生物转化途径和有关的微粒体酶系统功能不足，由微粒体酶代谢和由肾排泄消除的药物半衰期将被延长，所以临床用药剂量应适当减少。怀孕猪对拟胆碱药、泻药或能引起子宫收缩加强的药物比较敏感，可引起流产，临床用药必须慎重。

3.3 个体差异

种类相同、体重大致相等的不同猪只，对药物的耐受存在差异，表现为对药物的耐受性和高敏性。具有对某一药物耐受性个体可接受甚至超过其中毒剂量使用，也不引起中毒；而具有高敏性的个体即使小剂量就能产生强烈的反应，甚至引起中毒。如使用头孢类药物时可引起个别猪只过敏甚至休克死亡。

3.4 机体机能状态

一般来说，当机体处于异常状态时，药物作用显著；而在机体正常时，药物作用不明显或无效。如猪只在高热对解热药安乃近敏感，但健康时作用不明显或无效。肝、肾的机能障碍常影响药物的转化和排泄，从而使药物作用加强与延长，容易出现毒性，特别是在连续用药时易发生蓄积中毒。所以，肝功能不正常时，最好配合使用保肝解毒药，如葡萄糖、维生素 C 等；当肾功能不全时，最好配合使用保肾解毒药，尤其是在使用磺胺类药物时，必须同时加喂等量的碳酸氢钠。

3.5 饲养管理水平

饲养管理条件的好坏，均影响药物的作用。加强患猪的护理，提高机体的抵抗力，使药物的作用得到更好的发挥。例如，用镇静药治疗破伤风时，要注意环境的安静，应将患猪放置在黑暗的房舍；在动物麻醉后，要注意保温，复苏后给予易消化的饲料，使患猪尽快康复。

3.6 环境因素

环境生态条件对药物的作用也能产生直接或间接的影响。例如，不同季节、温度和湿度均可影响消毒剂、抗寄生虫药的疗效。环境中若存在大量的有机物可大大减弱消毒药的作用；通风不良、空气污染（高浓度的氨气）可增加动物的应激反应，加剧疾病过程，影响疗效。

4 确定最佳用药剂量和疗程

药物要有一定的剂量，在机体吸收后达到一定的药物浓度，才出现药物的作用。要发挥药物的作用而又要避免其不良反应，必须掌握药物的剂量范围。要根据疾病的类型以及药物的性质和猪群的具体情况来确定用药疗程，一般连续用药 3～5 d，症状消失后再用 1～2 d，切忌停药过早而导致疾病复发。

5 选择最佳给药方法

不同的给药途径不仅影响药物吸收的速度和数量，还与药理作用的快慢和强弱有关，有时甚至产生性质完全不同的作用。如硫酸镁溶液内服起泻下作用，若静脉注射则起镇静作用。猪群常用给药方法有内服给药、注射给药、直肠给药、皮肤给药等，由于不同药物的吸收途径和在体内的分布浓度的差异，对不同种疾病的疗效是不同的。

5.1 内服给药

包括拌料和饮水，药物因受胃肠内容物、胃肠道内酸碱度、消化酶、胃肠道疾患、高热的影响而吸收不规则、不完全，故药效出现较慢，且内服给药，药物吸收后必须经过肝脏才能进入血液循环，部分药物在发挥作用之前即已被肝脏转化而失去活性，使进入体循环的药量减少。因此，肠道感染时，应选用肠道吸收率较低或不吸收的药物拌料或饮水；全身感染时，应选用肠道吸收较高的药物拌料或饮水。猪群发病期间，一般食欲下降，饮水给药可获得有效药量，不溶于水或微溶于水的药物以及在水中易分解降效或不耐酸、不耐酶的药物则禁止以饮水方式给药。

5.2 注射给药

包括皮下注射、肌肉注射和静脉注射等。皮下组织血管较少，吸收较慢、刺激性较强的药物不宜作皮下注射；肌肉注射吸收较快而完全，油溶液、混悬液、乳浊液均可肌肉注射，但刺激性较强的药物要做深层肌注；静脉注射无吸收过程，药效出现最快，适于急救或需输入大量液体的情况，但一般的油溶液、混悬液、乳浊液不可静注以免发生栓塞，刺激性大的药物静注时不可漏出血管。

图1 肌肉注射给药

5.3 直肠给药

是将药物灌注至直肠深部的给药方法，该种方法在治疗便秘、补充营养等方面能发挥较好的作用。

5.4 皮肤给药

通过皮肤吸收药物以达到局部药效的作用，特别适宜治疗体外寄生虫病。但脂溶性大的杀虫药可被皮肤吸收，应防止中毒。

6 注意药物的不良反应

有些药物由于选择性低、作用范围广泛，当某一作用被作为用药目的时，其他作用就成为副作用。当药物用量过大或用药时间过久或机体对某一药物特别敏感时，少数病猪在应用极小量的某种药物时，会出现皮疹、发热、血管神经性水肿、血管扩张、血压下降甚至过敏性休克等过敏现象。

7 合理的用药配伍

7.1 配伍用药

同时使用两种以上的药物称为配伍用药。在配伍用药中，各种药物的作用相似，药效增加，称协同作用。协同作用又可分为相加作用和增强作用，临床上利用药物的相加作用以减少单用某一药物所产生的不良反应。如三溴合剂的总药效等于钾、钠、铵溴化物3种相加的总和。临床上利用药物之间的增强作用以提高疗效。如磺胺类药物或某些抗生素与抗菌增效剂（TMP）合用，其抗菌作用大大超过各药单用时的总和。在配伍用药中，各种药物作用相反、引起药效减弱或互相抵消，称为颉颃作用。如应用普鲁卡因局部麻醉时，若用磺胺类防治创伤感染，则会降低磺胺药物的抑菌效果。但临床上可利用药物的颉颃作用以减轻或避免某药物的副作用或解除某药物的毒性反应。

7.2 重复用药

为了保持血中药物浓度，继续发挥该药的作用，往往重复用药。但重复用药可使机体对某一药物产生耐受性，而使药物作用减弱；也可使病原体产生耐药性，而使药效下降或消失。特别是使用抗菌素时，用药剂量和疗程不足，病原体更易产生耐药性。

7.3 配伍禁忌

在配伍用药中，两种或两种以上的药物相互混合后，有可能产生物理、化学反应，使药物在外观或药理性质上产生变化。相互有配伍禁忌的药物不能混合使用。如某一猪场，饲料中添加有盐霉素的情况下，在猪群发生气喘病时，又使用了泰妙菌素，结果导致泰妙菌素的毒性增强，造成大批猪只的死亡。

8 给药次数与间隔时间

给药次数决定于病情，一般每天 2～3 次。重复用药不见效时应改变治疗方案或更换药物，给药间隔时间取决于药物消除速度。如健胃药宜在饲喂前给药，有刺激性的药物宜在饲喂后给药。

9 防止病原菌产生耐药性

许多猪场反映，用抗菌药给猪治病，给药的剂量越来越大，但疗效越来越差，其原因主要是细菌对药物耐药性增强了。许多饲料厂家在饲料中加入少量抗菌药作添加剂，猪群长期服用后，产生不同程度的耐药性，以致用同类药物治疗猪病的效果就很差了。

10 疫苗接种期内慎用药物

在接种弱毒活疫苗前后 5 d 内，禁止使用对疫苗菌（毒）株敏感的药物、抗病毒药物、激素制剂，并避免用消毒剂饮水，以防止将活的细菌和疫苗病毒杀死或抑制，从而造成免疫失败。在疫苗接种期可选用抗应激和提高免疫能力的药，如免疫增强剂、维生素类、高效微量元素及某些具有免疫促进作用的中药制剂等，以提高免疫效果。

选购保存使用兽药的基本原则

戴香华　王德麟　王忠琛

（山东省胶州市畜牧愕，山东，胶州 266300）

近日到养殖场户调查，发现大多数养殖户存在着选用兽药不规范的现象，严重影响了经济效益的提高。科学、安全、高效地选用兽药，不但能及时预防和治疗畜禽疾病，提高畜牧业经济效益，而且对积极控制和减少药物残留、提高动物产品品质、生产绿色食品等具有重要战略意义。因此，针对目前在兽药选购保管使用上存在的主要问题，笔者认为应注意把握以下基本原则。

1　选购原则

养殖场户对畜禽进行疫病防治时，选购好兽药是第一步，也是关键性的一步。那么，选购质量可靠、疗效确切的兽药应掌握哪些原则呢？

一要了解兽药剂型。兽药可分为原料药、针剂、片剂、水溶剂、生物制剂及药物添加剂。其中生物制剂主要为预防动物疫病用，成本低，效果好，副作用小，如各种疫苗等；针剂分为水针剂和粉针剂，生产成本相对较高，价格较贵，但作用快，效果明显，用药期短；片剂、水溶剂和药物添加剂生产成本相对较低，使用方便，具有特定疗效，乡村农户及养殖散户多用。

二要感官判断优劣。兽药优劣可从外观上初步识别：从商标和标签上看，一般合格兽药生产单位生产的兽药，多带有"R"注册商标，标有"兽用"字样，并有省级以上兽药药政管理部门核发的产品生产批准文号，产品的主要成分、含量、作用与用途、用法与用量、生产日期和有效期等内容；从产品本身看，水针剂和油针剂不合格者，置于强光下观察，可见有微小颗粒或絮状物、杂质等；片剂不合格者，其包装粗糙，手触压片不紧，上有粉末附着，无防潮避光保护等。

三要选购知名品牌。要选购正规和信誉度较高的兽药生产单位的产品，因为这些单位的生产检测设备和手段相对先进，兽药质量比较稳定；与此相反，有的厂家生产设备陈旧，生产工艺简陋，检测手段不健全，所以产品质量难以保证；有的厂家因受利益驱动，挺而走险，有意造售假劣药品，等等。因此，在选购兽药时不能只图便宜而不顾质量，并注意观察兽药包装上有无该药品的生产批准文号、厂家地址、生产日期、使用说明及有效期或保质期等内容。如果以上这些内容不全或不规范，则说明该兽药质量值得怀疑，最好不要购买。

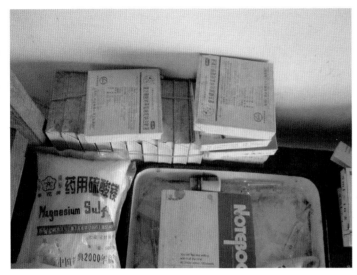

图1　药品随意堆放在猪舍一角　　　　　　　　　图2　变质的兽药

四要了解兽药特性。要充分了解选购兽药的有效成分、作用、用途及注意事项。同一类兽药有多个不同的商品名，购买时要了解该产品的主要成分及含量，掌握其作用、用法及用量等内容。在使用过程中，按照其说明进行选购、使用，尽量避免因过量使用兽药造成药物浪费或机体中毒、量小达不到治疗效果的现象。

2　保存原则

一是在空气中易变质的兽药，如遇光易分解、易吸潮、易风化的药品应装在密封的容器中，于遮光、阴凉处保存。受热易挥发、易分解和易变质的药品，需在3～10℃条件下保存。易燃、易爆、有腐蚀性和毒害的药品，应单独置于低温处或仓库内加锁贮放，并注意不得与内服药品混合贮存。

二是化学性质作用相反的药品，应分开存放，如酸类与碱类药品。具有特殊气味的药品，应密封后与一般药品隔离贮存。有效期药品，应分期、分批贮存，并专设卡片，近期先用，以防过期失效。专供外用的药品，应与内服药品分开贮存。杀虫、灭鼠药有毒，应单独存放。名称容易混淆的药品，要注意分别贮存，以免发生差错。

三是药品的性质不同，应选用不同的瓶塞，如氯仿、松节油，宜用磨口玻璃塞，禁用橡皮塞。另外，用纸盒、纸袋、塑料袋包装的药品，要注意防止鼠咬及虫蛀。

3　使用原则

在用药前，准确判断畜禽疫情十分重要，这是及时治疗，避免因兽药使用不当而造成疫病防治失败的关键。同时要防止人为造成药物浪费而增加饲养成本的现象。因此，根据病因和症状选择药物是减少浪费、降低成本的有效方法。

一是坚持预防为主原则。由于养殖者对畜禽疾病，特别是传染病方面的认识不足，往往出现重治疗、不重预防的现象，这是十分错误和有害的。有的畜禽疫病只能早期预防，无法进行治疗。因此，有计划、有目的适时地使用疫苗或采取其他措施进行预防十分重要。

二是坚持对症适量原则。临床上根据病因和症状选择药物是减少浪费、降低成本的有效方法。不同的疾病用药不同，同一种疾病也不能长期使用一种药物治疗，因为有的病原微生物会产生抗药性。如果条件允许，最好是对分离的病菌做药敏试验，然后有针对性地选择药物，以杜绝滥用兽药现象。在使用剂量上，太小达不到预防或治疗效果，而且容易导致耐药性菌株的产生；太大既造成浪费、增加成本，又会产生药物残留和中毒等不良反应。因此，掌握适量原则，对确保防治效果和提高养殖经济效益也是十分重要的。

三是严格兽药配伍原则。坚持低毒、安全、高效原则，科学配伍兽药。科学配伍使用兽药，可起到增强疗效、降低成本、缩短疗程等积极作用。但如果药物配伍使用不当，将起相反作用，导致饲养成本加大、畜禽药物中毒、动物机体药物残留超标和畜禽疾病得不到及时有效治疗等副作用。

四是合理把握疗程的原则。当确有疾病发生时，治疗用药要在兽医人员指导下规范使用，不得私自用药。用药必须有兽医的处方，处方上的每种药必须标明休药期，饲养过程的用药必须有详细的记录。对常规畜禽疾病来说，一个疗程一般为3～5 d，如果用药时间过短，起不到彻底杀灭病菌的作用，甚至可能会给再次治疗带来困难；如果用药时间过长，可能会加大药物残留和造成药物浪费。因此，在防治畜禽疾病时，要合理把握疗程。

五是使用安全兽药原则。在治疗过程中，只有使用通过认证的兽药，才能较好地避免产生药物残留和中毒等不良反应。畜禽发病时，尽量使用高效、低毒、无公害、无残留的"绿色兽药"，添加作用强、代谢快、毒副作用小、残留量低的非人用药品和添加剂，或以生物学制剂作为治病的药品，控制畜禽疾病的发生发展。

猪场常见用药的误区

肖小勇 白文顺 王礴 杨亮宇

（云南农业大学动物科学技术学院，云南 昆明 650201）

随着集约化规模化养猪业的快速发展，兽药的应用品种和数量也在不断增加。猪场在用药方面应以最少的品种、最合适的剂量、最低的费用、达到最佳的治疗效果为目的。无论何种药，除了它的治疗作用外，绝大部分都存在着不同程度的毒副作用，充分说明"是药三分毒"的道理。猪场出于治疗的需要，权衡利弊，在保证疗效的前提下常常选用毒副作用小、生物利用度高、效果好、应用方便、价格低廉的药物。这就要求能用一种的不要用两种或多种药物，以防药物之间的对抗和毒副作用的叠加，同时也减少了不必要的药物浪费和猪场的经济负担。在实际养猪生产中用药目的不明确、针对性不强，尤其是滥用药物，如抗菌药物的滥用，不仅造成了细菌耐药性的产生，而且导致了菌群失调，产生二重感染或真菌感染，造成难以挽回的损失[1]。为了能提高猪的生产性能，滥用糖皮质激素、生长激素、绒毛膜促性腺激素的现象较多。猪场使用药物防治疾病是目前控制猪疫病的主要手段之一，往往由于兽医技术人员缺乏药理知识，不懂药物之间的相互作用，任意药物联合应用，造成许多养猪场花了大量的医药费却仍是"猪死栏空"。本文就猪场常见用药的误区进行综述。

1 药物使用不当

1.1 使用方法不当

一些养猪场兽医技术人员不懂得药物的药理、药性知识，缺乏对动物的生理和药物抑菌谱了解，滥用药物。在动物疾病的治疗过程中，一定要严格按使用说明书中所提供的方法，同时也要根据动物生理机能和动物病情用药[2]。

许多养猪场都认为病重在于防。可怎样防，如何防，一直是兽医技术人员关注的问题。为预防呼吸道疾病就长期在在饲料中添加阿莫西林、土霉素；为预防肠道感染就添加氟苯尼考等。长期添加药物致使细菌、病毒产生了抗药性，一旦发病，就没有敏感药物可选了。

1.2 使用时间不当

养猪生产中兽医技术人员只注重见症治症。呕吐、咳嗽、腹泻等症状在一定程度上对机体是一种保护性反应。以腹泻为例，掌握好缓泻与止泻的时机，用药适时，既能减少肠道内有毒物质吸收，又可适时控制脱水，是治疗胃肠道病相辅相成的两种措施。如果病猪排粪迟滞时不腹泻，或刚刚腹泻就急于止泻，细菌毒素等有毒物质就会在肠内积滞，既刺激肠壁加剧炎症发展，又可大量被吸收加重机体中毒。反之，如果肠内积粪已基本排除，且泻粪的臭味已不大而仍剧泻不止时不止泻，甚至盲目地投服泻剂，则病猪可因剧泻不止、高度脱水而造成死亡。又如患呼吸道疾病的猪，当其频频咳嗽，呼吸道内有较黏稠的分泌物不易咳出时，也不宜立即止咳，而应先用溶解性祛痰剂；当呼吸道分泌物不多时则应使用镇痛止咳药，同时要配合适当的抗菌消炎药以确保疗效[3]。故掌握好用药时机，是决定治疗效果的重要条件。

1.3 使用次数不当

猪场用药应注意给药次数。由于药物不同，其抗菌机理、药效学和药代动力学不同，用药次数也不相同。如浓度依赖型杀菌药物（氨基甙类、喹诺酮类），其杀菌主要取决于药物浓度而不是给药次数，以通常剂量的2倍，一日只需给药1次，有利于迅速达到血药浓度，缩短达峰时间，既可以提高疗效，又可以减少不良反应，否则即使一日给药多次，也不能达到治疗目的。而抑菌药(如红霉素、林可霉素、磺胺奎恶啉钠等)的作用，主要取决于必要的用药次数，次数不足，即使10倍浓度，也不能达到治疗目的，反而造成细菌在高浓度压力下的相对耐药性产生[4]。

1.4 使用剂量、疗程不当

许多猪场兽医技术人员认为剂量越大、疗效越好。大部分抗菌药物的量效关系呈双向变化。临床上应用抗菌药物治疗感染时，对相关细菌的感染超过一定范围，增大用药剂量会使疗效降低，毒副作用增大。β - 内酰胺类、氨基甙类、喹诺酮类，多以原形从肾脏排泄，局部浓度高，在治疗泌尿道感染时易出现双向效应。用药剂量不足或剂量过大都会造成很大的危害，因用药疗程不足变成慢性病者临床也较常见[5]。因此，掌握适当的用药剂量，使靶组织器官内的药物浓度尽量维持在最佳杀菌浓度范围，对提高疗效，减少不良反应和降低医疗费用具有重要意义。同时要考虑药物有效浓度持续时间，如青霉素粉针剂一般应每隔4~6h重复用药1次，油剂普鲁卡因青霉素则可以间隔24h用药1次。有些养猪场在收到疗效的同时，为了降低治疗成本就停止给药，导致疾病频频复发。

1.5 使用单一固定药方

一些猪场兽医技术人员常用老眼光看问题，遇到病猪只知道使用青霉素、链霉素、地塞米松。在使用这个方剂效果不明显时，往往又不去分析原因，不改变思路选择合适的药物和方剂，而是盲目地任意加大青霉素、链霉素的剂量，有时甚至超出常规用药剂量的几倍、十几倍甚至几十倍。对于不太敏感的微生物，过量使用抗生素，不但不能杀死或抑制，相反会使微生物增加对药物的耐受性和适应性，结果只能使动物感染性疾病更加难治[6]。地塞米松是激素类药物，长期单一过量使用，能扰乱体内激素分泌，降低机体免疫力，造成直接危害（肌肉萎缩无力、骨质疏松、生长迟缓），突然停药后会产生停药综合征（发热、软弱无力、精神沉郁、食欲不振、血糖和血压下降等），导致机体产生药物依赖而不利于后期的防治。

1.6 用药途径不当

不同的给药途径可影响药物吸收的速度和数量，危重病例宜采用静脉滴注，治疗肠道感染或驱虫时宜口服给药。以药物发挥全身作用而言，静脉注射可立即产生作用，其次为肌肉注射，再次为皮下注射。给药途径不同还会影响某些药物的作用性质，如硫酸镁内服具有导泻作用，而静脉注射则有镇静作用[7]。因此，只有合适的用药方法、次数、途径、剂量、疗程，才能发挥药物的最大作用。

2 滥用激素

激素是一种高效能生物调节物质，由内分泌腺细胞和某些神经分泌细胞合成，释放到血液或淋巴液，通过体液循环传送到远距离的特定靶器官，引起特异的生物化学反应[8]。激素药物由于具有抗炎、抗毒、抗过敏及抗休克等多种作用，从而被广泛应用于临床。养猪场为了提高猪的生产性能和治疗效果滥用激素或类激素类药物时有发生，如糖皮质激素、绒毛膜促性腺激素、生长激素、性激素、甲状腺激素、抗甲状腺激素、赤霉醇等激素类药物的广泛用于生产。激素药物又存在有诸多的不良反应，故不可滥用，有的疾病甚至忌用激素药物。值得注意的是许多复方成药也含有激素成分，在给病猪使用时要十分小心[9]。常见于临床应用的激素有以下几种。

2.1 糖皮质激素

①糖皮质激素有抗炎、抗病毒与退热作用、免疫抑制作用、抗休克作用。临床上应用于：严重的感染性疾病，如各种败血症、中毒性肺炎、中毒性菌痢、腹膜炎、产后急性子宫炎，这类疾病通过其抗炎、抗休克等作用可迅速缓解症状，有助于病猪渡过危险期，为对因治疗争取时间，治疗时需与足量的抗菌药合用，以免病灶扩散；②过敏性疾病，如过敏性皮炎、急性蹄叶炎；③引产时对怀孕后期的母猪适当时间肌肉注射地塞米松，一般可在48h内分娩[10]。

糖皮质激素（如地塞米松）具有很好的退热作用，能使发热病猪体温迅速下降，中毒症状改善。因此，不少养猪场把激素作为一种常规退热药，一遇发热病猪就大量使用激素，这是一种错误的做法。糖皮质激素可降低机体对感染中毒或某些变应原的敏感性，使有炎症的局部血管收缩，渗出减少，减轻严重感染的中毒症状，包括降温退热，这是糖皮质激素治疗积极的一面，但从不利的一面讲，糖皮质激素降低了机体防御功能之一的网状内皮系统的吞噬作用，不利于抗体的形成，不能抑制细菌生长。所以，不宜用于细菌感染性疾病的治疗，对中毒症状较重的病猪，必须在抗生素有效控制感染的基础上短程使用激素，而绝不能将其作为退热药来常规应用。

糖皮质激素用于炎症并发细菌感染时，首先应当使用抗菌药物，然后才使用皮质激素，病情控制后，应逐渐减量，缓慢停药，以免复发或出现肾上腺皮质机能不足症状。另外，糖皮质激素只限用于危及生命的严重感染，一般感染不宜选用，否则，有可能使潜在的感染病灶活动和扩散。因此，并不是所有的疾病都能使用，严重肝功能不良、骨质疏松、创伤修复期、疫苗接种、缺乏有效抗菌药物治疗的感染症等均应禁用。

2.2 绒毛膜促性腺激素

母猪繁殖率的高低是影响养猪经济效益的重要因素，养猪场为了提高纯种母猪的繁殖率，应用绒毛膜促性腺激素诱导母猪发情及超数排卵，可大大提高母猪繁殖率。同时，绒毛膜促性腺激素还有提高受胎率、诱导母猪流产、提高公猪性欲及精子活力与数量等作用，因此绒毛膜促性腺激素在临床上应用非常广泛。

规模化养猪场为了让母猪定期发情，任何时期的母猪都使用绒毛膜促性腺激素使其发情，结果造成大量母猪空怀。在使用绒毛膜促性腺激素时一定要针对经产母猪断奶后超期不发情（20d以上）、后备母猪超体重而超期不发情，繁殖周期正常的母猪不可采用任何激素进行促进发情配种。

2.3 生长激素

生长激素是由猪脑垂体前叶嗜酸性细胞分泌的一种单一肽链的蛋白质激素。生长激素是一种具有广泛生理功能的生长调节素，能影响几乎所有的组织类型和细胞，甚至包括免疫组织、脑组织及造血系统；同时也是调控动物生长发育的核心，对动物组织细胞的生长与物质代谢具有极其广泛的调节作用，具有促进蛋白质合成和沉积、加速脂肪降解、抑制脂肪合成等作用，养猪场为了使猪生长速度快、饲料利用率高和提高瘦肉率而大量使用生长激素。

生产上使用生长激素要注意：一是在饲养育肥猪要考虑增加蛋白质含量，以满足应用生长激素后蛋白质合成的需要，同时减少能量饲料配比；二是经过生长激素处理的猪，由于脂肪变薄，隔热性能下降，因而对环境温度的敏感性增强，注意给猪保温；三是生长激素仅限于肌肉注射，一般不存在药物残留，基于安全性考虑，在使用中还需慎重[11]。

2.4 其他激素

性激素、甲状腺激素、抗甲状腺激素等激素的应用也比较广泛，它们能促进动物生长发育、增加体重和育肥、提高日增重、消除性臭。激素在动物产品中的残留，可使人产生急、慢性中毒，致癌作用和激素样作用[12]。雌激素已被证明有致癌作用，许多国家都禁止用于食品动物[13]。然而饲料中添加国家明令禁止药物的现象时有发生，如添加影响生殖的激素、具有雌激素样的物质、催眠镇静药、肾上腺素等药物。有的养猪场为了提高经济效益，甚至在饲料中添加国家禁止的兴奋剂盐酸克伦特罗来提高瘦肉率。这些都是不绝对不允许的。

3 联合用药不当

联合应用抗菌药的目的主要在于扩大抗菌谱、增强疗效、减少用量、降低或者避免毒副作用，减少或降低耐药菌株的产生。养猪生产中遇到用一种药物不能控制的严重感染和混合感染，如败血症、慢性尿道感染、腹膜炎、创伤感染；病因未明而又危及生命的严重感染，先进行联合用药，待确诊后，再调整用药；容易出现耐药性的细菌感染，如慢性乳腺炎、结核病可联合用药；需长期治疗的慢性疾病，为防止耐药菌的出现，可考虑联合用药[14]。常见不当联合用药主要是如下4个方面。

3.1 任意药物联合应用

养猪场在联合用药时存在一些错误的看法，认为多种药物合用，就会增加疗效；不懂药物之间的相互作用，任意药物联合应用。常见的把磺胺类药与喹诺酮类药物合用，其结果造成喹诺酮类药物疗效降低或失效，不仅起不到治疗作用，而且提高了治疗成本。临床上常见的不合理配伍用药很多，如庆大霉素与青霉素、5% 的$NaHCO_3$、链霉素与庆大霉素、卡那霉素、乳酶生与复方新诺明、磺胺脒，20%磺胺嘧啶钠与青霉素G钾、维生素C注射液，林可霉素与氯霉素类药物等不合理的配伍，既导致配伍药物失效或产生毒、副作用，又无故增加了畜主的经济负担，尤其是治疗混合感染性疾病时，很难取得理想的效果。

3.2 作用机理相同的药物

一些养猪场兽医技术人员不懂得药物的作用机理，使用作用机理相同的药物防治疾病，殊不知作用机理相同的同一类药物的疗效并不增强，而可能相互增加毒性，如氨基苷类之间合用能增加对听力神经的毒性，氯霉素类、大环内酯类、林可霉素类，因作用机理相似，均竞争细菌同一靶位，有可能出现颉颃作用[14]。

3.3 作用于同一受体的药物

养猪场兽医技术人员对药物的理化性质缺乏了解，表现在将作用于同一受体的药物联用，如扑尔敏片与特非拉定片等H1受体阻断药，或林可霉素与红霉素（两种药均作用细胞核糖体的50s亚基）联用。这种合用使两种药物竞争结合靶位，产生颉颃作用，导致药物疗效降低。

3.4 速效杀菌剂与速效抑菌剂联用

将青霉素注射剂与乙酰螺旋霉素片，或青霉素注射剂与复方新诺明片联用，其意图是增加疗效。青霉素是杀菌剂，只对繁殖期细菌有效，而乙酰螺旋霉素、复方新诺明片是抑菌剂，阻断细菌蛋白质合成，颉颃青霉素的杀菌作用，使青霉素抗菌效果降低。

　　总之，猪场的兽医技术人员应加强对兽药知识的学习和了解，弄清药物的主要成分、药理作用和药物的作用机理、药物耐药性、药物残留，结合病情制定合理的给药方案，加强疫病监控，加强免疫和管理。有针对性地选择高疗效、安全性好、抗菌谱广的药物用于预防，方可收到良好的预防效果，切不可滥用药物。

参考文献

[1]　傅利民，徐东，张振江.走出用药误区[J].重庆财会.2003(2):40

[2]　张勇，周绪正.关注兽医临床用药误区[J].北方牧业.2007,(4):27

[3]　付保仓，申海燕，李广明.养殖户用药误区[J],中国兽药杂志.2004,38(4):38～39

[4]　张新华.兽药使用的误区及禽病临床合理用药[J].家禽科学.2007,(11):6～9

[5]　乌兰，李玲玲，乌仁其木格.合理用药与用药误区[J].包头医学.2004,28(1):29～30

[6]　王道坤.基层兽医常见用药误区[J].畜牧市场.2006(4):40-41

[7]　章仁林，廖建杉，李明华，等.畜禽用药探析[J].四川畜牧兽医.2007,34(2):56～57

[8]　张守全.生殖激素及其应用[J].养猪.2006,(2):17

[9]　宋章起.滥用激素药危害大[J].农村实用技术与信息,2006,(6):40

[10]　王新，李艳华.兽医药理学[M].北京：中国农业科学技术出版社,2006

[11]　徐光明.农村规模化养猪场如何合理使用生殖激素[J].四川畜牧兽医.2007,34(2):42

[12]　张华.动物性产品中兽药残留的危害及控制措施概述[J].贵州畜牧兽医.2003,27(6):6～9

[13]　肖伦征，曾昭芙，唐文富.我市畜产品的安全问题和对策[J].中国动物检疫.2004(4):12～13

[14]　陈杖榴.兽医药理学[M].北京:中国农业出版社,2001

猪场寄生虫病的防治

策划：杨汉春

寄生虫病是养猪场的常见疾病之一，使大多数猪场蒙受巨大损失，是影响猪场效益的重要因素之一。但是由于寄生虫危害表现不明显，呈现一种慢性、消耗性的过程，对大多数猪场或猪群没有造成明显的大量死亡，所以对其引起的损失往往被忽视。本期将对影响猪群健康的常见寄生虫病及其防制进行详细的介绍，望能对大家有所帮助。

猪体内外寄生虫的危害

朱慧楠　李振会

（青岛农业大学，山东　青岛　266109）

在许多管理良好的大型猪场，场长们都不相信猪群中的寄生虫在减少他们猪场的效益。美国明尼苏达大学的一项调查研究表明：在现代化程度很高、管理良好的猪场里，寄生虫的感染依然存在，即使是轻微的感染，也能引起大量的损失，包括饲料利用率的降低、生长速度的下降、由于蛔虫、鞭虫等内寄生虫的移行造成内脏的损伤和机体免疫系统的损害等方面所引起经济效益的下降，单纯一个猪的体内寄生虫——蛔虫就可以降低饲料报酬12%之多，而动物营养学家经过几十年的努力才能利用营养学的方法将饲料报酬提高12%。

工厂化猪场的猪群，在封闭和良好的饲养管理条件下生活，虽然较少与中间宿主接触，减少了感染寄生虫病的机会，但由于饲养密度大、猪群周转频繁、以及引种等因素的影响，寄生虫病的危害仍然存在。应从改善饲养管理、加强猪群驱虫等方面着手，采取综合性措施，减少猪只寄生虫病的发生，尽量减少猪只的慢性消耗，提高经济效益。

1　寄生虫的危害

寄生虫对猪的危害较大，成虫与猪争夺营养，移行幼虫破坏猪的肠壁、肝脏和肺脏的组织结构和生理机能，造成猪日增重减少、抗病力下降，怀孕母猪胎儿发育不良，甚至造成隐性流产、新生仔猪体重小和窝产仔数少等。体外寄生虫主要有螨、虱、蜱、蚊、蝇等，其中以螨虫对猪的危害最大。除干扰猪的正常生活、降低饲料报酬和影响猪的生长速度以及猪的整齐度外，还是很多疾病如猪的乙型脑炎、细小病毒病、猪附红细胞体病等的重要传播媒介，给养猪业造成严重的经济损失。

图1　患寄生虫病的猪（箭头所示）生长缓慢

2　寄生虫的感染程度及造成的损失

对寄生虫潜在的严重危害认识不足，由于寄生虫感染不像其他传染病那样造成猪

表1　猪粪便检查中各种寄生虫的阳性率

被检猪	头数/头	蛔虫/%	结节线虫/%	鞭虫/%	兰氏类园线虫/%
母猪	600	5	25	6	60
1~3.5月龄	1 500	40	0	16.7	0
哺乳仔猪	300	0	0	0	3.3

表2　屠宰肥猪寄生虫的检查结果

虫体名称	检查部位	样本数量	阳性率/%
蛔虫	小肠	100	14
蛔虫	肝脏	400	87.5
结节线虫	大肠	90	2.2
鞭虫	大肠	80	31
肾虫	肾脏	100	0
后园线虫	肺脏	50	0
旋毛虫	膈肌	50	0

表3　猪体外寄生虫检查的阳性率

被检猪	公猪	母猪	1~3.5月龄猪
检查头数	8	36	550
疥螨/%	75	83	80
血虱/%	12.5	—	—

表4　规模化猪场控制寄生虫感染创造的经济效益

年度	1992	1993	1994
年出栏肥猪/头	10822	13000	1400
总料肉比	1∶4.1	1∶3.91	1∶3.9
平均出栏天数/d	180	171	168
平均出栏体重/kg	—	90	89
平均节省饲料/(kg/头)	—	17.1	17.8
提前出栏天数/d	—	9	12
净增收/(元/头)	—	29.8	42.74

只死亡，通常不被管理者所重视；驱虫具有盲目性，对本场寄生虫的种类、感染程度、危害对象不清楚，也不做这方面的调查，在选择驱虫药上比较盲目，缺乏针对性，驱虫时间比较机械，对驱虫效果也不做检测。

其实，猪寄生虫病是造成饲料报酬和养殖场经济效益不好的一个重要因素，看起来毫不起眼的小小寄生虫一年有可能吃掉您几十万元的利润。下面是韩谦博士等（中国农业大学动物医学院）对北京、天津规模化猪场寄生虫的调查数据(见表)。

3　猪体内寄生虫生活周期及危害

猪的体内寄生虫主要有：蛔虫、兰氏类圆线虫、猪后圆线虫/肺丝虫、红色胃圆线虫、肾虫、结节虫/食道口线虫、鞭虫和猪胃线虫病。

3.1　蛔虫

3.1.1　生活周期(见图2)

3.1.2　危害　最常见的体型最大的线虫，雌虫每天产卵最多达几十万到100万，移行幼虫可造成"乳斑肝"和肺损伤，成虫与猪争夺营养，造成生产性能差。

3.2　鞭虫

3.2.1　生活周期（见图3）

3.2.2 危害 主要见于20~40kg的生长猪，幼虫可严重损伤肠道引起猪血样腹泻，虫卵抵抗力很强，在环境中能存活数年，诊断困难，常与猪血痢或其他肠道疾病混淆，成虫穿透肠壁。造成肠内容物外漏，引起腹腔炎。

3.3 肾线虫

3.3.1 生活周期（见图4）

3.3.2 危害 虫卵、幼虫和带虫蚯蚓经口感染，移行中的第4期幼虫损害肝脏、肾脏等，造成肝硬化，贫血，黄疸和水肿，尿性腹膜炎等；猪只增重差，极度消瘦；肾线虫产生有毒物质，损害肾脏，造成腰萎，出现后肢僵硬和走路摇摆等症状。

3.4 结节虫

3.4.1 生活周期（见图5）

3.4.2 危害 常见于舍外饲养或舍内垫料饲养的大母猪，其幼虫在母猪临产前成熟，引起母猪体重下降，泌乳差，尽管所产小猪未被感染，但窝重差。

3.5 肺线虫

3.5.1 生活周期（见图6）

3.5.2 危害 本病多发生于断奶仔猪与育成猪，主要引起猪慢性支气管炎和支气管肺炎，导致病猪消瘦，发育受阻，甚至引起死亡。

4 猪体外寄生虫的生活周期及危害

猪的体外寄生虫主要有：蜱、猪疥螨、血虱和蚤。

4.1 生活周期

4.1.1 虱的生活周期 卵 9~20 d 若

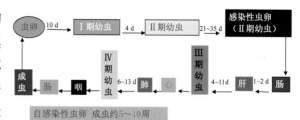

图2 蛔虫生活周期

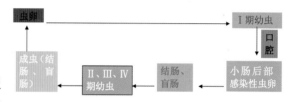

图3 鞭虫生活周期

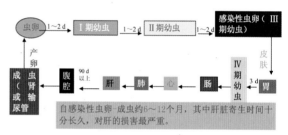

图4 肾线虫生活周期

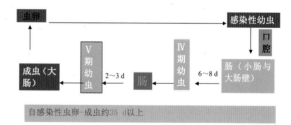

图5 结节虫生活周期

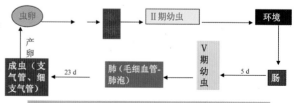

图6 肺线虫生活周期

虫 <u>6~14 d</u> 若虫 <u>6~24 d</u> 若虫 <u>6~34 d</u> 成虫（雌虫产卵2~3周）全部生活周期平均21d。每个雌虫平均一生产卵50~80枚。

4.1.2 疥螨的生活周期

螨的全部生活过程都在猪体上度过，卵、幼虫、若虫、成虫4个阶段约为8~22d，平均15d；雌螨有2个若虫期，生活周期较雄螨长3d。一只雌螨一生可产40~50个卵。

4.2 危害

被寄生或吸血部位受刺激，产生痒感，猪不停地啃咬痒部或躁动不安，在物体上摩蹭，造成皮肤出血与结痂、脱毛等皮肤损伤，渗出性皮炎；分泌毒素，引发其他疾病；造成猪采食减少，消化功能下降。种猪消瘦，商品猪生长速度下降；传播各种疾病，如附红细胞体病（立克次氏体）、支原体病、衣原体病、螺旋体病、线虫病及各种细菌和病毒病等。

5 猪寄生虫的控制

制定恰当的驱虫方案，成功控制蠕虫的两个基本原则，①阻断蠕虫从母猪垂直向仔猪传播。②防止猪在生长肥育阶段再感染。

选择适当的驱虫药，现在市场上推行的驱虫方法一般均为一次用药，希望能同时杀灭体内和体外寄生虫，但实际上效果却很不理想。正确而切实的驱虫方法应该是将体内和体外寄生虫分别采用不同的药物有针对性地进行驱杀。体内和体外寄生虫从生物学分类上差别很大，它们的生活行为存在较大的差别，对它们有药物效能的药物也是不同的。传统方法存在的缺陷，一是使用一种驱虫药对体内外寄生虫同时驱杀，其针对性不强、效率不高、不能标本兼治。二是常用药物主要是伊维菌素，其驱虫谱不够广、安全性差。

理想驱虫药物必须满足的条件：驱虫谱广、驱虫效率高、安全、适口性好、经济效益好，投入产出比最佳。目前市场上对内寄生虫效果较好的驱虫药有上海出的速可胖、英特威公司生产的胖可求，以及杭州新瑞生产的畜必旺等产品，其主要成分是芬苯达唑。对体外寄生虫有效的药物主要是拟除虫菊酯类药物，有英特威公司生产的"倍特"，效果不错；美国辉瑞公司生产的"通灭"属于伊维菌素类驱虫药，因为其独特的增效剂配方，它对驱杀猪体表寄生虫的效果也基本能让人满意。但正因为它是伊维菌素类药品，通过皮下注射效果会更好，这样给操作带来一定难度。

在驱虫过程中，大家往往忽视一个非常重要的环节，那就是环境的驱虫以及猪使用驱虫药后7~10d内对环境的净化；往往很多驱虫药能将猪体内的寄生虫杀灭而不能杀灭虫卵或幼虫，经过7~10d，原猪体内的虫卵或幼虫成长为具有致病作用的成虫又回到环境中，只有此时再对环境进行一次净化，才能达到较好的驱虫效果。

常见驱虫药物的选择与应用

潘保良[1] 张亚峰[2]

（1.中国农业大学动物医学院，北京 100094；2.河北农业大学动物科技学院基础兽医学药理实验室，河北 保定 071000）

寄生虫病是规模化猪场常见的一大类疾病，可以造成重大经济损失。规模化猪场寄生虫病的防治以药物防治为主导。常用于规模化猪场寄生虫防治的药物主要有以下几类。

1 大环内酯类

大环内酯类驱虫药物包括阿维菌素类药物(avermectins，AVMs)和麦比霉素类药物 (milbemycins)，但麦比霉素类药物在我国猪场中很少使用。AVMs 包括爱比菌素 (abamectin，ABA，国内称之为阿维菌素，下文采用此称呼)、伊维菌素 (ivermectin，IVM)、多拉菌素 (doramectin，DOR)、埃普利诺菌素 (eprinomectin，EPR，国内称之为乙酰氨基阿维菌素) 和塞拉菌素 (selamectin，SEL)，前 3 种药物是目前我国规模化猪场常用的驱虫药物。AVMs 是一种广谱驱虫药，对规模化猪场中常见的线虫[红色胃圆线虫、兰氏类圆线虫、猪蛔虫、猪毛首线虫（猪鞭虫）、有齿冠尾线虫（猪肾虫）、食道口线虫、后圆线虫等]和外寄生虫（猪疥螨、猪血虱和猪蠕形螨等）有很强的杀灭作用，广泛应用于这些寄生虫的防治。

目前我国规模化猪场常用的ＡＶＭｓ制剂主要有两种：注射液和预混剂。注射液的品种有阿维菌素注射液、伊维菌素注射液、多拉菌素注射液及乙酰氨基阿维菌素注射液。预混剂的品种主要有阿维菌素预混剂和伊维菌素预混剂。阿维菌素注射液、伊维菌素注射液的浓度一般为1％，给药途径为皮下注射，给药剂量为每千克体重0.3mg，治疗疥螨病时需在给药后7～10d内再给药一次，治疗其他外寄生虫和线虫病时一次给药即可。多拉菌素注射液的浓度为1％，可以进行皮下注射，也可进行肌肉注射，给药剂量为每千克体重0.3mg，治疗线虫病和外寄生虫病均一次给药即可。阿维菌素预混剂和伊维菌素预混剂的浓度多为0.2％，给药剂量为每天每千克体重0.1～0.2mg拌料饲喂，连用7d。

注意事项：

（1）阿维菌素、伊维菌素、多拉菌素注射液和预混剂慎用于哺乳仔猪，特别是不要超剂量使用，否则容易引起中毒；在哺乳期间用阿维菌素、伊维菌素、多拉菌素给母猪驱虫时不要超剂量使用，因为用药后这 3 种药物有相当一部分会通过乳汁排出，容易引起仔猪中毒；在哺乳期间给母猪驱虫可用乙酰氨基阿维菌素注射液，给药剂量为每千克体重0.3mg，给药方式为皮下注射，此药很少通过乳汁排泄，能保证哺乳仔猪的安全。

（2）阿维菌素、伊维菌素、多拉菌素中毒后无特效解救药物，只能采取对症治疗措施缓解。

（3）由于猪蛔虫和疥螨传染性很强，危害大，容易复发，在使用AVMs防治猪蛔虫和疥螨时，提倡全群用药，能提高规模化猪场蛔虫和疥螨的防治效果。

（4）在用阿维菌素、伊维菌素注射液防治疥螨时需在给药后7～14d重复给药一次，在用阿维菌素、伊维菌素预混剂防治疥螨时用药需用足7d，否则容易复发。

（5）阿维菌素、伊维菌素、多拉菌素防治猪鞭虫的效果在80%左右，且波动较大，防治猪鞭虫最好与其他药物（如芬苯达唑）合用，以提高防治效果。

（6）由于阿维菌素、伊维菌素预混剂用量很少，在拌料给药时最好先与少量饲料混合后再与多量饲料混合，否则容易导致饲料中药物不均匀，影响驱虫效果。

（7）阿维菌素、伊维菌素、多拉菌素对虾、水生生物、某些鱼类、蜜蜂有很强的毒性，残留药物的包装不要随意丢弃，以免污染水源和植物，用药后的猪粪便作为鱼、虾饲料时也要考虑这方面的影响。

（8）阿维菌素、伊维菌素、多拉菌素、乙酰氨基阿维菌素的作用机理、抗虫谱很相似，同时使用时毒性有相加作用，没必要同时使用两种或多种药物，以免导致中毒。由于阿维菌素、伊维菌素、多拉菌素的同类产品很多，商品名千变万化，在购买和使用此类产品时应注意其有效成分，防止同时使用两种或多种药物。

2 苯并咪唑类

苯并咪唑类驱虫药包括丙硫苯咪唑（albendazole，丙硫咪唑或阿苯达唑）、芬苯达唑（fenbendazole）、噻苯达唑（thiabendazole）、奥芬达唑（oxfendazole）、氧苯达唑（oxibendazole）、甲苯达唑（mebendazole，甲苯咪唑）。苯并咪唑类驱虫药是一种广谱驱虫药，对规模化猪场中常见的线虫(红色胃圆线虫、兰氏类圆线虫、猪蛔虫、猪鞭虫、有齿冠尾线虫、食道口线虫等)有较强的杀灭作用，可以用于这些寄生虫的预防和治疗。目前在我国规模化猪场常用的苯并咪唑类驱虫药主要是丙硫苯咪唑（albendazole，丙硫咪唑或阿苯达唑）、芬苯达唑（fenbendazole）。制剂主要有预混剂和片剂，其中预混剂更为常用。

芬苯达唑（fenbendazole）预混剂，每千克体重5～7.5mg，拌料饲喂，连用3d，对红色胃圆线虫、兰氏类圆线虫和猪蛔虫的疗效可达92%～100%，对食道口线虫（结节虫）的疗效可达99%～100%，对猪鞭虫的疗效可达94%～100%，对肺线虫（后圆线虫）的疗效可达97%～100%，对猪肾虫的疗效可达100%。

丙硫苯咪唑（albendazole）预混剂，每千克体重5～10mg，拌料饲喂，连用

3～5d，对红色胃圆线虫、兰氏类圆线虫、猪蛔虫、食道口线虫和有齿冠尾线虫有良好效果，对肺线虫、猪鞭虫效果较差。

注意事项：

（1）苯并咪唑类药物对妊娠早期的胎儿有致畸作用，还可能会引起流产、死胎，不要用于妊娠 1 个月内的母猪。

（2）由于苯并咪唑类药物在猪中应用历史很长，加之国内用药不规范，某些猪场的寄生虫可能已产生对此类药物的抗药性，如出现疗效不佳时，可更换其他药物。

3 咪唑噻唑类

应用于猪场的咪唑噻唑类驱虫药主要有左旋咪唑。

左旋咪唑对红色胃圆线虫、兰氏类圆线虫、猪蛔虫、猪鞭虫、有齿冠尾线虫、食道口线虫、后圆线虫均有较强的杀灭作用。左旋咪唑的制剂主要有饮水剂、预混剂、注射液和片剂。左旋咪唑的给药剂量为每千克饲料 7～8mg，拌料饲喂，连用 2～3d，对红色胃圆线虫、兰氏类圆线虫、猪蛔虫的疗效可达 99%～100%，对食道口线虫的疗效可达 80%～100%，对鞭虫的疗效可达 60%～100%，对肺线虫的疗效可达 90%～100%，对有齿冠尾线虫的疗效可达 80%～100%。防治猪鞭虫时注射给药的效果优于饮水给药或拌料给药。

注意事项：

（1）左旋咪唑与有机磷类药物同时使用时会增加相互的毒性，在使用有机磷类药物 14d 内禁止使用左旋咪唑。

（2）左旋咪唑中毒时可以用阿托品解毒。

（3）左旋咪唑的安全范围较窄，在用于猪时，使用剂量不宜超过推荐剂量的 3 倍。

4 四氢噻啶类

应用于猪场的四氢噻啶驱虫药主要有噻嘧啶（pyrantel）。

噻嘧啶对红色胃圆线虫、兰氏类圆线虫、猪蛔虫和食道口线虫有较强的杀灭作用。噻嘧啶的主要制剂有预混剂、片剂。噻嘧啶的给药剂量为每千克体重 20～22mg，拌料饲喂或饮水给药，连用 2～3d，对红色胃圆线虫、兰氏类圆线虫、猪蛔虫的疗效可达 96%～100%，对食道口线虫的疗效可达 88%～100%，对有齿冠尾线虫、鞭虫和肺线虫无效。

注意事项：

（1）噻嘧啶禁止与安定、有机磷类药物同时使用，与左旋咪唑同时使用可增加其毒性。

（2）噻嘧啶在用于猪时，使用剂量不宜超过推荐剂量的 5 倍，每头猪的用量不超过2g。

（3）噻嘧啶禁止用于妊娠及虚弱猪。

（4）噻嘧啶遇光容易失效，将其配制成混悬剂时应及时用完。

5 磺胺类

磺胺类药物是一类化学合成药物，是一种传统的抗菌药物。磺胺类药物种类较多，有磺胺间甲氧嘧啶(SMM)、磺胺甲唑(SMZ)、磺胺嘧啶(SD)、磺胺二甲嘧啶(SM2)、琥磺噻唑(SST)、磺噻唑(PST)、磺胺脒(SG)、磺胺－6－甲氧嘧啶钠等。除了用作抗菌药物外，磺胺类药物可以用于急性猪弓形虫病的治疗，磺胺药与三甲氧苄氨嘧啶（TMP）合用有协同作用。常用于急性猪弓形虫病治疗的药物主要有：

磺胺嘧啶钠（15～20mg/kg），肌肉注射，首次剂量加倍，每天1次，连用3～5d。

磺胺－6－甲氧嘧啶钠（60～80mg/kg），肌肉注射，首次剂量加倍，每天1次，连用5d。

磺胺嘧啶(70mg/kg)+TMP(14mg/kg)，口服，每天2次，连用3～4d。

磺胺－6－甲氧嘧啶(60～80mg/kg)+TMP(14mg/kg)，口服，每天1次，连用4d。

磺胺间甲氧嘧啶（60～100mg/kg），单独口服或与TMP（14mg/kg）同时口服，首次剂量加倍，每日1次，连用4d。

注意事项：

（1）磺胺类药物注射液如磺胺嘧啶注射液，不宜与酸性药物，如青霉素、维生素C、盐酸麻黄碱、四环素等合用，否则会析出磺胺沉淀。

（2）普鲁卡因可使磺胺类药物疗效减弱甚至失效，氧化钙、氯化铵会增加其对泌尿系统的毒性。

（3）磺胺类药物能够抑制抗原活性，使免疫效果下降，因此注射疫苗前后3d内不得应用此类药物。

（4）仔猪、妊娠期和哺乳期母猪慎用。用药期间应给猪充分饮水，保持充分尿量，以防结晶尿的发生。

6 其他

规模化猪场用于猪球虫的防治药物有百球清和氨丙啉，其用法如下：

（1）百球清（5%混悬液）：给3～6日龄的仔猪口服20～30mg/kg，猪等孢球虫病的发病率从71%下降至22%。

（2）氨丙啉：母猪在产前2周和整个哺乳期饲料内添加氨丙啉250mg/kg，对等孢球虫病具有良好的预防效果。

防治猪疥螨的外用药还有双甲脒，其用药方法如下：双甲脒0.1%溶液，喷洒猪体、圈舍，7～10d重复一次。

一起猪弓形虫病的诊疗

熊范明　杨定元

（江苏靖江市畜牧兽医技术服务中心，江苏　靖江　214500）

1　病况简介

2006年7月末，靖江市孤山镇某猪场饲养生猪154头，其中洋二元繁殖母猪12头（已孕母猪4头），30日龄左右的仔猪48头，30kg以上壮猪94头。发病第一日是因1头产后2d的母猪先出现减食、体温升高，呼吸急促等症状。第二日起除仔猪外其余的壮猪也相继患病且出现相似症状，病初住村兽医先按猪流感治疗，使用抗生素、抗病毒等药物治疗无效，发现个别猪耳朵、体表皮肤出现小片状出血斑，第三日下午有1头临产母猪死亡，隔日又有2头壮猪出现病危症状，驻村兽医怀疑是猪瘟，来镇兽医站要求会诊。我中心速派员前往，经现场临床检查，核实猪强制免疫实施和记录情况，并对病猪进行病理剖检。初步确诊为猪弓形体（虫）病，经采用磺胺类药物治疗、来苏儿消毒等一系列措施，7d后患病猪全部康复，并未见复发。现将诊疗经过做一介绍，供同仁们参考。

2　临床症状

病猪发病初期食欲减退，之后普遍食欲废绝，体温在40~41.5℃之间，稽留热型；精神委顿，可视黏膜发绀，仅喝少量清水，先腹泻，后粪便干燥，形如"栗子状"，外表并附有白色黏膜；病猪呈腹式呼吸，急促快速，每分钟多达60~80次，鼻腔流浆液性鼻汁，部分病猪出现咳嗽；病猪耳背、四肢下端、腹下出现暗紫色、斑点小片状、淤血出血或干性坏死；喜卧，不愿走动，如行走后躯摇晃，或长时间卧地不起；一旦出现体温下降，则愈后不良。哺乳仔猪均未见发病。

3　剖检与病理变化

胸、腹腔内有多量黄色透明样的积液，肺部膨胀，间质增宽2~3mm如网格状（见图1），外观及切开肺间质可发现有半透明似胶冻状水肿物；全身淋巴结肿胀、质地硬，尤其是肠系膜淋巴结肿胀明显，凹凸不平呈绳索状，切面内有灰白色渗出液；肝脏发现白色呈放射状的坏死灶，肠黏膜上有多个米粒、黄豆粒大小的浅部溃疡，肠黏膜增厚，表面有麸皮状渗出物覆盖。

4　消毒与治疗措施

4.1　消毒

圈舍全面清扫消毒，经全面清扫粪尿后，用1%来苏儿液彻底消毒，每天2次。

4.2　治疗

当日下午立即对高温、食欲废绝、皮肤有出血的12头病猪，取磺胺－6－甲氧嘧啶钠液按体重计算剂量，给予静脉注射；对减食的64头病猪取磺胺－6－甲氧嘧啶钠液，采取多点肌肉深部注射；第二日下午大部分病猪精神明显好转，体温都在39.9～40.2℃之间，食欲有所恢复，再用磺胺－6－甲氧嘧啶钠肌注，每天2次；第3日猪场所有猪的体温普遍降为39℃

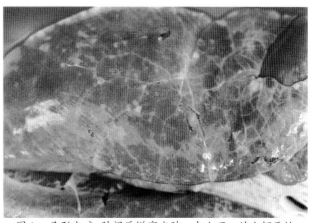

图1　弓形虫病 肺间质增宽水肿、大小不一的小坏死灶

左右，大部分恢复原来食量，皮肤出血斑、片开始逐渐消褪。在进行肌肉注射的同时，在饲料中加入复方新诺明和等量的碳酸氢钠药粉。磺胺类药片内服首次量加倍一日2次。第7日猪群恢复正常。

5　分析与体会

5.1　用药

治疗弓形虫病目前只有磺胺类药物有效，青霉素、链霉素类抗生素药物对本病治疗无效，发病初期，驻村兽医用抗生素3 d 都未能见效，所以本病的诊断用药很重要。

5.2　用量及用法

病重猪用磺胺6－甲氧嘧啶静脉注射，药效快，在暴发期可迅速控制病势发展，用量0.5 mL/kg；待病情缓解后，可减少用药次数，或改为口服疗法。肌肉注射药量大时，一定要采用多点、深部肌注，有利于药物的吸收。

5.3　与猪瘟鉴别诊断

一要了解强制免疫情况与记录，二要对比分析，猪瘟体表出血呈散在点状，弓形虫病出血呈小片状；猪瘟淋巴结出血呈大理石样，弓形虫病淋巴结病理变化为灰白色坏死，本病例剖检无猪瘟剖检典型病理变化。

5.4　猪场不能饲养其他动物

我们在检查饲料质量时发现，场主见老鼠糟蹋饲料就养猫，并任猫在料囤上跑窜，随地便溺，加之7月份在南方系多雨、潮湿、闷热季节，猫（终宿主）排出卵囊，污染饲料，猪食入了被污染的饲料而发病，是本场暴发弓形虫病的主要原因。可见养猫防鼠，在猪场是不可取的。

中兽医学在养猪生产中的应用

中兽医学是以阴阳五行和整体观念为理论指导，以脏腑经络学说、四诊八纲和辨证论治为核心，采用中草药、针灸等自然疗法防治动物疾病和开展动物保健的一门兽医学。中兽医学的主要特点是遵循整体观念，突出辨证论治，坚持预防为主，强调治病求本。在当前猪病多发、肉食品中化学药物残留超标等问题不断出现的情况下，我们想能否利用我国的中兽医理论来防治疾病，并以无毒副作用、无残留的中草药作为添加或治疗药物。为此，我们邀请了这方面的研究专家来共同探讨这个问题，希望能对养猪生产有一定的帮助。

简述中兽医学理论

钟秀会

(河北农业大学中兽医学院,河北 定州 073000)

当前世界各国对于食品安全日益关注。据了解,欧盟国家已经禁止在动物饲料中添加所有抗生素。那么,在养猪生产中,如何保证猪的健康生长?发生疾病怎么办?人们开始把目光投向中兽药,中兽药在养猪生产中应用越来越普遍。中兽药具有低毒、无害、少残留的优势,既可用于治疗各种猪病,还可以用来替代抗生素作为饲料添加剂。具有非常广泛的应用前景。但是,中兽药是在中兽医理论指导下应用的。要正确应用中兽药,必须了解掌握中兽医理论知识。因此,本文简要介绍中兽医理论知识。

中兽医学,在普通人看来,就是用针灸和中药为动物治病。从学术角度讲,中兽医是以阴阳五行理论为指导思想,以辨证论治和整体观念为特点,以针灸和中药为主要治疗手段,理法方药俱备的独特的医疗体系。在中兽医用药过程中,理法方药贯穿始终。具体说,就是针对某个病证,在中兽医理论指导下,确定治疗法则,再根据治疗法则,遣方选药。

中兽医理论包括阴阳五行、脏腑经络、气血津液、病因病机。

1 阴阳五行学说

阴阳五行学说,是我国古代带有朴素唯物论和自发辩证法性质的哲学思想,是用以认识世界和解释世界的一种世界观和方法论。约在2000多年以前的春秋战国时期,这一学说被引用到医药学中来,作为推理工具,借以说明动物体的组织结构,生理功能和病理变化,并指导临床的辨证及病证防治,成为中兽医学基本理论的重要组成部分。其中,阴阳用来说明动物的生理和病理,并且贯穿于诊断治疗过程中。生理状态下,动物体内存在阴阳相对的动态平衡。"阴平阳秘,精神乃治"。内外各种致病因素引起阴阳平衡紊乱,而动物体又不能自行恢复,则为病态。疾病表现阴阳偏盛和偏衰两个方面。治疗原则在于调整阴阳达到新的动态平衡。"调整阴阳,补偏救弊","以平为期"。

五行是指木、火、土、金、水五种物质及其运动和变化形式。在中兽医学中,五行学说主要是以五行的特性来分析说明动物体脏腑、组织器官的五行属性,以五行的生克制化关系来分析脏腑、组织器官的各种生理功能及其相互关系,以五行的乘侮关系和母子相及来阐释脏腑病变的相互影响，并指导临床的辨证论治。

2 脏腑学说

脏腑学说是中兽医学理论的重要组成部分。是中兽医学理论的精髓和核心内容。脏腑学说主要是通过研究动物体外部的征象变化，来了解内脏活动的规律及其相互关系。脏腑学说的内容主要包括：①五脏、六腑、奇恒之腑及其相联系的组织、器官的功能活动，以及它们之间的相互关系。这是脏腑学说的主体内容，五脏包括心、肝、脾、肺、肾。六腑包括小肠、大肠、胃、胆、膀胱和三焦。②气血津液。因为，气血津液是维持脏腑功能活动的物质基础。五脏六腑要发挥正常功能，就要消耗气血津液；同时，气血津液又是脏腑功能活动的产物。通过脏腑正常功能活动，才能产生和补充体内的气血津液。③经络系统。经络系统是联系脏腑、沟通内外，使动物体各脏腑功能协调统一的联络系统。所以，是脏腑组成必不可少的一部分。但是，由于气血津液和经络的独特性，有时在中兽医书籍中，把它们单独列出章节叙述。

脏与腑之间存在着阴阳、表里的关系。即：脏在里，属阴；腑在表，属阳；心与小肠、肝与胆、脾与胃、肺与大肠、肾与膀胱、心包络与三焦相表里。脏与腑之间的表里关系是通过经脉来联系的，脏的经脉络于腑，腑的经脉络于脏，彼此相通。这样，使动物体成为有机整体。这种整体关系表现在：五脏之间按照五行相生相克的关系，存在着相互滋生与制约的关系，六腑之间存在着承接合作的关系；脏腑之间存在着表里相合的关系，五脏与肢体官窍之间存在着归属开窍的关系等，这就构成了机体内外各部功能上相互联系的统一整体。所以说，中兽医学的脏腑，与现代兽医学中"脏器"的概念，虽然名称相同，但其含义却大不相同。中兽医学脏腑不仅仅是一个解剖学脏器的概念，更重要的是一个生理、病理的概念，是一个功能系统。如心和小肠相表里，心主血脉，开窍于舌，这样就组成了由内（心－小肠）到外（血脉－舌）的心的功能系统。中兽医学诊断疾病的特点，是通过外部体表各种征象的观察，来判断内部脏腑是否有病，即"观其外而知其内"。所以，中兽医"望闻问切"四诊以望诊为先，尤其是察口色，是中兽医诊法的特色。之所以能够做到"观其外而知其内"，原因是存在着由内脏到体表的功能系统。内部脏腑的功能活动，机能状态在体表反映出来。其他如肝－胆－筋－目，组成肝系统，脾－胃－肌肉－口唇组成脾系统，肺－大肠－皮毛－鼻组成肺系统，肾－膀胱－骨－耳组成肾系统。这样，就很容易理解为什么中兽医看到猪的眼睛红肿就认为是肝火了。

另外，中兽医有五液、五华、三余之说。五液是指"心之液为汗"（出汗异常跟心功能异常有关，其余同），"肝之液为泪"；"脾之液为涎"；"肺之液为涕"，"肾之液为唾"。五华即"心之华在面"，"肝之华在爪"，"脾之华在唇"，"肺之华在皮"，"肾之华在发"。三余为"发为血之余"，"齿为骨之余"，"爪为筋之余"。

总之，中兽医的脏腑学说是以五脏为核心、脏腑表里相连、内外相应的整体功能系统。

六腑之间主要是水谷食物传化的关系。水谷入于胃，经过胃的腐熟，下传于小肠，经小肠分别清浊，营养物质经脾转输于周身，糟粕则下注于大肠，经大肠的消化、吸收和传导，形成粪便，从肛门排出体外。在此过程中，胆排泄胆汁，以协助小肠的消化功能；代谢废物和多余的水分，下注膀胱，经膀胱的气化，形成尿液排出体外；三焦是水液升降排泄的主要通道。食物和水液的消化、吸收、传导、排泄，是各腑相互协调，共同配合完成的。因六腑传化水谷，需要不断地受纳排空，虚实更替，故六腑以通为顺。一旦不通或水谷停滞，就会引起各种病症，治疗时常以使其畅通为原则，故前人有"腑病以通为补"之说。

3 气、血、津液

气、血、津液是构成动物体和维持生命活动的基本物质。

研究气、血、津液的生成、输布、生理功能、病理变化及其相互关系的学说，称为气血津液学说。中兽医学中所说的气，是构成动物体和维持动物体生命活动的基本物质。

动物体是由天地合气而产生的，还要从自然界吸入清气，经脾胃消化吸收的水谷精微之气，再转化为宗气、营气、卫气、血、津液等，起到营养全身各脏腑器官，维持其生理活动的作用。气的生理功能包括激发、推动和促进机体的生长发育及各脏腑组织器官生理功能的推动作用；温煦机体脏腑组织器官，保持动物体的体温；保护肌表，抗御邪气的入侵；固摄血液和汗液、尿液、唾液、胃液、肠液等以及固摄精液，防止妄泄；促进精、血、津液等的生成、输布、代谢及其相互转化等。

血是一种含有营气的红色液体，它依靠气的推动，循着经脉流注周身，具有很强的营养与滋润作用，是构成动物体和维持动物体生命活动的重要物质。从五脏六腑，到筋骨皮肉，都依赖于血的滋养才能进行正常的生理活动。血来源于水谷精微，脾胃是血液的生化之源。再者，营气入于血脉有化生血液的作用。血具有营养和滋润全身的功能。血在脉中循行，不断地对全身的脏腑、形体、五官九窍等组织器官起着营养和滋润作用，以维持其正常的生理活动。

津液是动物体内一切正常水液的总称，包括各脏腑组织的内在体液及其正常的分泌物，如胃液、肠液、关节液以及涕、泪、唾等。其中，清而稀者称为"津"，浊而稠者称为"液"。常统称为津液。

气的病证很多，临床常见的气病有气虚、气陷、气滞、气逆等。血病有血虚、血瘀、血热、出血等。

经络是经脉和络脉的总称，是机体联络脏腑、沟通内外和运行气血的通路。经络学说是研究机体经络系统的组织结构、生理功能、病理变化及其与脏腑关系的学说，是中兽医学理论体系的重要组成部分。经脉，是经络系统的主干，主要由十二经脉、十二经别和奇经八脉构成。经络能密切联系周身的组织和脏器，在生理功能、病理变化、药物及针灸治疗等方面，都起着重要作用。

4 病因病机学说

中兽医的病因病机学说认为，动物体内部各脏腑组织之间，动物体与外界环境之间，处于相对的平衡状态，维持动物体正常的生理活动则健康无病。疾病是动物体自身的相对平衡状态在病因作用下遭到破坏，又不能自行恢复，就会导致疾病的发生，它是"正邪相争"的结果。"正气"，是指动物体各脏腑组织器官的机能活动，及其对外界环境的适应力和对致病因素的抵抗力；邪气泛指一切致病因素。动物体的正气盛衰，取决于体质和饲养管理等条件。临证治疗时，从动物体的整体出发，考虑五脏六腑的协调关系，还要把动物体与外界环境结合起来，做到因时因地制宜。"审证求因"根据疾病所表现出的症状特征，就可以推断其发生的原因。"审因施治"根据病因来确定治疗原则和方法。

总之，中兽医理论对于临床用药起着指导作用。要做到在养猪生产中正确使用中药，就需要了解和掌握中兽医理论知识。

猪常见病的针灸治疗处方

胡元亮

（南京农业大学动物医学院，江苏 南京 210095）

　　兽医针灸疗法，是我国劳动人民在防治家畜疾病的长期实践中创造出来的独特医疗技术，具有操作简单、节省药品、疗效可靠等优点。现将猪常见病的针灸治疗处方列举如下，供兽医临床工作者参考。读者如对处方中涉及的针灸穴位不熟悉，建议查阅作者主编的《实用动物针灸手册》或杨英主编的《兽医针灸学》等针灸文献。

1　中暑

　　多因气候炎热，阳光暴晒，猪栏狭小，饮水不足；或热天长途运输，车船闷热等引起。表现为高热喘急，口渴喜饮，大便干燥，狂躁不安，或极度沉郁。治疗宜首先将病猪移至阴凉通风处，冷水淋头，继以血针疗法为主，配合中药清热解暑。

1.1　血针

　　尾尖、耳尖、山根为主穴，尾本、涌泉、滴水、蹄头为配穴；或剪耳、劈尾放血。

1.2　白针

　　天门、百会、开关为主穴，蹄叉、尾根为配穴。

1.3　电针

　　百会、大椎为主穴，苏气、蹄叉为配穴。每次通电20～30min。

1.4　水针

　　百会、苏气穴，注射适量安钠咖或樟脑注射液；或天门、太阳穴，皮下注射镇静剂。

1.5　按摩

　　放耳尖、尾尖血后，灌十滴水约10mL，再捋耳尖、尾尖，掐山根，推大椎穴。

1.6　刮灸

　　以旧铜钱或瓷碗片蘸清油，在病猪腕、膝及脊背两侧刮灸，刮至皮肤见紫红斑块为度。

　　配合用药：内服清心益元散（《中兽医方剂大全》）。

2　感冒

　　多因气候骤变，机体感受风寒或风热之邪引起。风寒感冒表现为恶寒、毛乍、鼻流清涕、咳嗽、舌苔薄白，治疗以白针为主，配合中药辛温解表；风热感冒表现发热、出汗、气促喘粗、咳嗽、舌苔薄黄，治疗以血针为主，配合中药辛凉解表。

2.1 白针

百会、苏气为主穴，大椎、七星为配穴。

2.2 血针

山根为主穴，耳尖、尾尖、涌泉、滴水为配穴。

2.3 水针

大椎、苏气、百会穴，注入柴胡注射液、穿心莲注射液或安乃近等。

2.4 电针

百会为主穴，大椎为配穴；或苏气为主穴，蹄叉为配穴。

2.5 巧治

顺气穴插枝。

配合用药：风寒感冒内服麻黄汤，风热感冒内服银翘散。

3 肺热咳嗽

多由于感冒失治、误治引起。表现为咳嗽喘促，鼻流黄涕，口渴贪饮，粪干尿少，食欲减少或废绝，口色赤红。治疗以血针为主，配合中药清热止咳。

3.1 血针

山根为主穴，玉堂、耳尖、尾尖为配穴；或顺气穴快速插枝，使两鼻孔出血。

3.2 白针

苏气、肺俞为主穴，百会、膻中、大椎为配穴。

3.3 水针

苏气、肺俞穴，注射鱼腥草注射液，或青霉素或磺胺类药物。

配合用药：内服麻杏石甘汤。

4 气喘病

多因气候骤变，营养不良，疫毒（猪肺炎支原体）乘虚侵入肺经所致。表现为咳嗽气喘，呼吸困难。治疗以水针为主，配合中药止咳平喘。

4.1 水针

苏气、肺俞、膻中、六脉等穴，任选 1～2 穴注入蟾酥注射液、鱼腥草注射液或卡那霉素注射液（按肌肉注射量的 1／3），每日 1 次，连用 3～5 次。

4.2 埋植疗法

卡耳穴埋入蟾酥片，或肺俞、苏气、膻中穴埋植羊肠线或白胡椒粒。

4.3 白针

苏气、肺俞为主穴，膻中、睛明、六脉为配穴。

4.4 血针

山根为主穴，尾尖、蹄头为配穴。

配合用药：内服平喘散（《中兽医方剂大全》）。

5 脾胃虚弱

多因饲养管理不当，如饲料质量不良、喂饲冰冻饲料、过饮污水、饥饱不均等损伤脾胃所致。表现为食欲减退，粪便粗糙，干稀不定或久泻不止，逐渐消瘦，发育迟滞。治疗以温针、电针为主，配合中药健脾理气。

5.1 温针

百会、脾俞为主穴，海门（肚脐两侧旁开3cm）、后三里为配穴，毫针"得气"后，以艾绒烧针柄。

5.2 电针

两侧关元俞穴，或百会配脾俞穴，或后海配后三里穴，或左右蹄叉穴。任选1组，每次通电10~20min。

5.3 水针

脾俞、耳根、后三里穴，每穴注射5%葡萄糖生理盐水或维生素B_1 2~3mL，隔日1 次，连续2~3次。

5.4 血针

山根、玉堂为主穴，尾尖、耳尖或蹄头为配穴。

配合用药：内服参苓白术散。

6 胃食滞

多因突然更换饲料，贪食过多，或过饥后吃了大量难以消化的饲料，或脾胃素弱又过食等所致。主要表现为少食或不食，口内酸臭或见呕吐，吐出物酸臭难闻，便秘或腹泻，小便短赤，舌苔黄腻。治疗用白针、水针，配合中药消积导滞。

6.1 白针

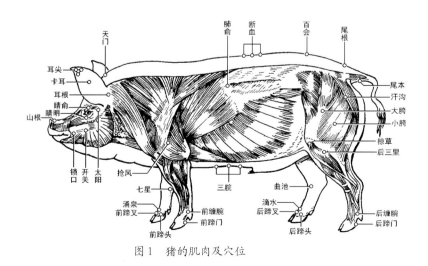

图1 猪的肌肉及穴位

后海、脾俞为主穴，后三里、七星为配穴。

6.2　水针

关元俞、六脉穴，注射维生素 B_1 注射液或穿心莲注射液 2～3mL，隔日 1 次。

6.3　电针

关元俞为主穴，六脉为配穴。

6.4　血针

玉堂、山根为主穴，蹄头、鼻中为配穴。

6.5　按摩

两侧腹壁，由前向后或由后向前反复推按 5～10min，每日数次。也可以掐脾俞、推六脉穴，按后三里穴为主，配合掐山根穴，捋耳尖、尾尖、尾根穴。

配合用药：内服消滞汤。

7　便秘

由于过食不易消化的饲料，缺乏饮水，或饲料中含泥沙太多等引起。表现为食少或不食，腹部膨大，手压有痛感，伏卧不安，粪干难下，或时做排粪动作，但无粪便排出。治疗用白针、电针，配合中药通肠导滞。

7.1　电针

双侧关元俞穴，或百会配后三里穴，或后海配脾俞穴。任选 1 组，每次通电 20～30min。

7.2　白针

脾俞、交巢为主穴，后三里、七星、六脉、关元俞为配穴。

7.3　血针

山根、玉堂为主穴，蹄头、尾本、尾尖为配穴。

配合用药：内服大承气汤加味。同时用肥皂水或盐水灌肠。

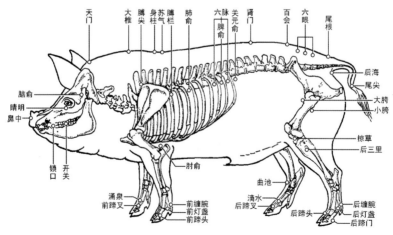

图 2　猪的骨骼及穴位

8 腹泻

由于寒湿、湿热、伤食及脾虚等多种原因引起。表现为食欲不振，排粪稀软，次数增多。寒湿泻粪呈水样，带泡沫；脾虚泻，体瘦毛焦；伤食泻，排粪量多，气味酸臭。治疗以针灸调理脾胃，制止腹泻，同时配合中药对因施治。

8.1 水针

后海穴，注射黄连素注射液、穿心莲注射液或5%葡萄糖注射液2～5mL，每日1次，连用3次。

8.2 激光针

照射后海穴。

8.3 艾灸

海门、脾俞、百会、后三里穴(适用于寒湿泻和脾虚泻)。

9 仔猪下痢

本病多因饲养管理不善、气候骤变、圈栏潮湿阴暗、母猪乳汁过浓或质量不佳等原因引起。表现为泻粪黏腻，腥臭，色黄白或灰白，食欲减退，日渐消瘦。治疗以白针为主，配合中药清热、消食、止痢。

9.1 白针

后海、脾俞、后三里为主穴，六脉、尾根、百会为配穴。

9.2 水针

后海、后三里、脾俞穴，分别注射穿心莲注射液或10%葡萄糖注射液2～3mL，每天1～2次，连用2～3d。

9.3 电针

后海为主穴，后三里或六脉为配穴；或百会为主穴，脾俞、后海为配穴。

9.4 激光针

照射后海、后三里穴。

9.5 埋线

后海为主穴，后三里、脾俞为配穴。

9.6 艾灸

海门、三脘穴，施温和灸或雀啄灸。

配合用药：内服白头翁汤加减。

10 脱肛

多因体质虚弱，中气下陷，肛门肌肉松弛，或强力努责所致。表现为直肠脱出，颜色赤红，久则变为紫黑，严重水肿。治疗以巧治整复为主，配合中药补中益气。

10.1 巧治

莲花穴，整复回纳。

10.2 水针

两侧肛脱穴，在整复后每穴注入75%酒精5～10mL。

10.3 电针

百会穴、后海穴或阴俞穴，或后海穴、肛脱穴，通电20～60min。

配合用药：内服补中益气汤。

11 尿闭

多因湿热邪毒内侵膀胱，或结石阻塞尿道所致。表现为小便淋漓，欲尿不出，甚者肚腹疼痛，卷尾蹲腰，鸣叫不已。治疗用白针、电针，配合中药清热利湿，化石通淋。

11.1 白针

百会、肾门、断血、海门、阳明为主穴，关元俞、大椎、六脉、开风（第三、四荐椎棘突间）为配穴。

11.2 电针

百会、肾门或阴俞穴。

11.3 水针

肾俞、海门、百会、阴俞穴，任取1～2穴注入抗生素，每天1次。

配合用药：内服八正散。

12 不孕症

多种原因引起。表现为发情停滞或中断，或虽发情多次交配不孕。由卵巢静止、持久黄体或慢性子宫炎引起者，针灸有一定的疗效。治疗以电针为主，配合中药催情促孕。

12.1 电针

两侧肾俞穴(直刺5～6cm)；或百会(入针6～8cm)、后海穴(入针9～12cm)；或百会、阴俞穴。任选1组，每次通电20min。

12.2 白针

百会为主穴，后海(入针12～18cm)为配穴，进针后反复行针，使其有明显针感反应。留针15～20min，留针期间行针3～4次，每次1min。

配合用药：子宫内灌注促孕灌注液。

13 阴道脱和子宫脱

多因体质虚弱，中气不足或产后气血亏虚，气虚下陷不能固摄所致；或因难产、胎衣不下，强力努责而脱出。表现为阴道或子宫脱出，脱出物初期呈紫红色，时久呈紫黑色，黏有污物。治疗宜尽早巧治整复，配合针药固定。

13.1 巧治

横卧保定，或提起两后肢，使其体躯前低后高。用消毒药液洗净脱出物，除去异物及坏死组织，涂布明矾粉后，缓缓回纳。脱出物长且水肿严重者，取宽幅绷带，由脱出物末端开始做螺旋形缠绕，直至阴门口，使脱出物呈棒状，然后向阴门内推送，边送入边松解绷带，直至脱出物全部回纳。整复后配合以下针法固定，以防再脱。

13.2 电针

两侧阴脱穴，或百会、后海穴，通电20~60min。

13.3 水针

两侧阴脱穴，注射1%普鲁卡因5~10mL，或75%酒精3~5mL。

配合用药：内服补中益气汤。

14 生产瘫痪

经产或高产母猪因产前产后饲料单纯营养不全所致。表现为食欲紊乱，逐渐消瘦，初期腰脊无力，行走时后躯摇晃，日久则卧地不起。治疗用电针、火针，配合中、西药强筋健骨。

14.1 电针

百会为主穴，大胯、小胯、抢风、开风、三台、肾门、脾俞、后三里、蹄叉等为配穴，根据发病部位选取。

14.2 火针

百会、风门、肾门为主穴，肩井、抢风或大胯、后三里为配穴。针后配合醋酒灸或软烧患处，以增强疗效。

14.3 水针

百会、肾门、三台、开风、风门、肩井、抢风、大胯、后三里等穴，根据发病部位选取，每穴注入0.3%硝酸士的宁注射液0.2~0.5mL，或10%当归红花液2~3mL，每天1次，连用2~3d。

配合用药：静脉注射10%葡萄糖酸钙注射液50~100mL；苍术粉6份、威灵仙粉1份、骨粉3份混合，每天在饲料中添加100~200g，直至治愈。

15 风湿症

多因饲养管理不善，缺乏运动，阳光不足，猪圈潮湿，感受风寒湿邪所致。表现为患肢强拘，卧立困难，行走跛拐，或四肢轮流跛行，有时关节肿大，气候变暖时，症状减缓。治疗以灸熨、火针为主，配合中药祛风除湿。

15.1 灸熨

百会、肾门、三台穴施隔姜灸，腰背部施酒糟灸、醋酒灸，体侧部施软烧术。

15.2 火针

百会、肾门、开风为主穴，肩井、抢风、膊尖、大胯、小胯、后三里为配穴。

15.3 电针

前肢风湿，三台或大椎为主穴，抢风或蹄叉为配穴；后肢风湿，百会或肾门为主穴，大胯、小胯或后三里为配穴；四肢风湿，抢风、大胯为主穴，蹄叉为配穴；腰背风湿，百会为主穴，三台、肾门或开风为配穴。

15.4 水针

前肢取三台、抢风、前蹄叉穴；后肢取百会、后三里、后蹄叉穴；全身取三台、百会、蹄叉穴。每穴注射当归红花注射液或25%醋酸可的松注射液3～5mL，隔日1次，3～5次为1疗程。

15.5 血针

关节肿痛者，针涌泉（滴水）、山根、尾尖、蹄头、缠腕等穴。

配合用药：内服独活寄生汤加减。

16 僵猪

由于饲料单一、营养不全或缺乏某种物质，或寄生虫侵袭，或患有慢性消耗性疾病等导致生长迟滞。表现为食欲不振，被毛粗乱，体格瘦小，弓背吊胗，行动迟缓。有的便秘与腹泻交替发生，结膜苍白。治疗用电针、水针，配合药物驱虫、健胃。

16.1 电针

百会、关元俞、脾俞、六脉、后三里等穴。轮换选用，每次2穴，每次通电20min。

16.2 水针

后三里为主穴，六脉或关元俞为配穴，注射维生素 B_1 注射液或 B_{12} 注射液等。

16.3 血针

带脉、玉堂为主穴，耳尖、尾尖、蹄头为配穴；或以眉刀针挑刺胸腹侧静脉。7～10d 1次，共刺2～3次。

配合用药：内服中西药驱虫。

17 破伤风

多因咬斗、去势或其他创伤后，风邪疫毒（破伤风梭菌）侵入破伤深部所致。表现为初期行动不便、吃食缓慢、口流涎沫、腰腿僵硬，继则牙关紧闭、耳紧尾直、瞬膜外露、腰脊如椽、卧地不起。治疗宜首先处理开放伤口，继用针灸、药物镇静解痉。

17.1 火烙

伤口，彻底清创、开放后施术。

17.2 水针

天门、百会穴，注射破伤风抗毒素0.5万～2万IU，隔日再注1次。

17.3 埋植

小宽针刺破尾根穴，埋入蟾酥1粒，用胶布封闭针孔。

17.4　电针

天门、三台、百会、肾门、开关、风门等穴，每次2穴，轮换选用，每日1次，连针3～5次。

17.5　火针

风门、百会为主穴，开关、尾根为配穴。

配合用药：内服千金散加减。

18　脑黄

多因夏秋暑热季节，烈日暴晒；或长途运输，车船闷热，热毒积于心肺；或温疫毒邪入侵，郁结化热，扰乱心神所致。往往突然发病，表现为狂躁不安，前冲或转圈，口吐白沫，体温升高；或精神沉郁，两眼半闭，状如睡眠，步态不稳，共济失调，躺卧时，四肢抽搐，如划水状。治疗用血针、水针，配合中药清心降火。

18.1　血针

太阳、山根、尾尖为主穴，玉堂、耳尖、蹄头为配穴。

18.2　水针

大椎、天门、百会穴，注射抗生素、磺胺类和镇静类药物。

18.3　白针或电针

天门、百会为主穴，大椎、尾根、肾门为配穴。

配合用药：内服黄石膏汤（《新编中兽医治疗大全》）。

19　癫痫

多因气血亏伤，外感贼风，或三焦积热，内生风疾，痰涎郁滞所致。多突然发病，初期行走不稳，继则头颈歪斜，转圈嚎叫，口吐白沫，倒地不起，四肢抽搐，持续不久即恢复正常，间歇性发作。治疗以水针为主，配合中药镇静解痉。

19.1　水针

天门穴。

19.2　电针

百会配天门穴，或大椎配耳根穴，或六脉配天门穴，任选1组，每天1次，连针2～3次。

19.3　白针

脑俞、天门、百会为主穴，大椎、山根为配穴。

19.4　血针

太阳、耳尖为主穴，玉堂、尾尖为配穴。

配合用药：内服钩藤汤（钩藤、羌活、独活各25g，乌蛇、南星、半夏各15g，防风、白芷、甘草各10g，柴胡35g）。

猪用中草药添加剂的研究进展

刘瑞生

（甘肃省畜牧兽医研究所，甘肃 平凉 744000）

近年来随着人们对绿色食品需求量的不断增加，国内外都在寻求改进和替代抗生素的添加剂。我国中草药多数以天然植物为原料，具有价格低廉，毒副作用甚微，几乎无残留、无抗药性、不污染环境等优点，因而作为猪用添加剂的研究与应用受到国内外的广泛重视。

1 猪用中草药添加剂的作用机理

1.1 营养作用

中草药添加剂具有多种营养成分及活性物质——兼有营养和药物双重性，既可防病治病又可提高生产性能。何国耀[1]等发现党参茎叶中含有 18 种氨基酸，其中有 10 多种是动物生理功能所必需的氨基酸；含有 12 种矿物质微量元素，其中 K、Na、Ca、Mg 4 种常量元素均是机体的必需物质；均含有淀粉和微量生物碱。袁福汉[2]等测定酸枣仁的营养成分，结果粗蛋白为 36.7%，粗脂肪 27.5%，粗纤维 9.5%，钙 0.62%，磷 0.61%。孔庆雷[3]等系统地测定了 619 种中草药的 20 种元素，结果表明，常量和微量元素在中草药中各有一定范围，如钾 1 000～3 000mg/kg、钠 100～1 000mg/kg、钙 1 000～20 000mg/kg、镁 500～4 000mg/kg、铜 1～20mg/kg、铁 100～1 000mg/kg、锌 10～200mg/kg、钴 0.1～1.0mg/kg、硒 0.001～0.4mg/kg、钼 0.1～2mg/kg，有些中草药中某些元素含量超过或低于此范围，如 Pb、As、Cr、Cd 等含量差异较大。

1.2 药理作用分析与研究

目前应用的猪用中草药添加剂有理气消食、益脾健胃、驱虫除积、扶正祛邪、清热解毒、抗菌消炎、镇静安神等作用。健胃中草药神曲、麦芽、山楂、陈皮、枳壳等具有一定的香味，能提高饲料的适口性，促进家畜唾液、胃液和肠液分泌，促进机体对营养的吸收。贯众、槟榔有驱虫作用，可以驱除猪蛔虫、绦虫等寄生虫。当归、益母草、五加皮等有利于气血运行，使猪代谢旺盛，机体强健，膘肥体壮。远志、松针粉、酸枣仁养心安神，使猪在肥育阶段熟睡催肥长膘，提高饲料利用率。试验表明，中草药添加剂能显著改善断奶仔猪生长性能，明显提高消化道淀粉酶、脂肪酶、胰凝乳蛋白酶和黏膜二糖酶的活性。李琦华等测定中草药添加剂对猪饲料养分消化率的影响，与西药组和对照组相比，中药组的粗蛋白消化率均有所提高，粗脂肪和粗纤维消化率有显著或极显著提高，粗灰分、钙的消化率在不同的生长阶段，都与西药组无显著差异，但都比对照组有显著、极显著地提高。磷的消化率在前期和后期的变化与粗灰分、钙的相似，但中期4个组的差异不显著[4]。

1.3 增强免疫机能

中草药免疫有效活性成分主要有多糖、甙类、生物碱、挥发性成分和有机酸。对小鼠经腹腔注射黄芪多糖，能增加小鼠的抗体生成及主要免疫器官脾脏的重量，显著促进小鼠腹脏巨噬细胞的吞噬功能，对小鼠体内淋巴细胞转化率有明显促进作用。金岭梅等研制的抗热应激中草药添加剂，能使试猪血液中血红蛋白浓度、嗜酸性白细胞、血清免疫球蛋白（IgG）和淋巴细胞转化率分别比对照组提高27.8%、41.4%、14.8%和24.1%，对增强猪的抗热应激能力，缓解温热环境对猪的不良影响有一定的积极作用。韩剑众等用中药（由黄芪、当归、茯苓、柴胡、大黄等组成）有效成分抽提物对仔猪饲养试验表明，能显著促进小猪生长，有效调节肠道的微生物区系，明显提高仔猪血液中cAMP含量（+164.07%）及cAMP/cGMP的比值（+55.79%），免疫球蛋白（IgG）含量升高58.7%，嗜酸性白细胞升高437.5%，对于增强仔猪的免疫机能具有重要意义，充分发挥和提高机体本身预防疾病的潜在能力。王自然在给仔猪接种猪瘟疫苗的当天，以1%的剂量添加中药免疫增强剂混饲给药，可显著提高猪的ＩＨＡ抗体效价水平，能使猪只接种猪瘟疫苗后15d，外周血液中Ｔ淋巴细胞百分率比对照组显著提高，表明中草药免疫增强剂提高了猪的体液免疫作用和细胞免疫水平。

2 猪用中草药添加剂的作用

2.1 提高生产性能

中草药添加剂能够增进猪的食欲，增加采食量，提高消化吸收功能，促进生长发育，改善饲料报酬。李志强[5]等分别对哺乳仔猪饲料中添加中药、中药＋西药和西药，结果35日龄断奶仔猪个体重分别比对照组提高9.65%、9.18%和9.64%，日增重分别提高13.5%、12.5%和12.67%。侯万文[6]等在断奶仔猪日粮中添加健长宝添加剂（由三十烷醇和刺五加等多种中草药组成），日增重提高11.8%，饲料利用率提高8.5%，每头仔猪可多收入13.52元。曾代勤[7]等将3种复合中草药添加剂按一定比例加入3个试验组的生长猪的饲料中饲喂，与抗生素组相比，中1组、中2组、中3组头均日增重分别提高60g、130g和110g，饲料报酬分别提高11.76%、5.88%和5.88%，经济效益分别提高33.4%、20.57%和24.45%。和绍禹[8]报道等添加中草药添加剂，能明显改善生长育肥猪的生产性能和饲料利用率，在20～30kg、30～70kg、70～110kg以及全程（20～110kg）饲养试验猪中，日增重分别提高9.28%、1.70%、13.69%和7.44%，料重比分别降低4.44%、9.77%、11.63%和13.69%，并能有效地防止20～30kg仔猪发生腹泻。陈汉忠[9]等给断奶仔猪饲料中添加2%中草药饲料添加剂，增重率提高16.6%～41.1%，饲料转化率提高17.4%～25.6%，并有良好的防病保健作用。田永波[10]在饲粮中添加300mg/kg中草药提取物明显加速了肥育猪生长，改善了胴体组成，并显著提高了肥育猪血清内源性GH和IGF-I的水平。生长激素变化与猪的生长性能及血清中酶活性呈现极强相关性，可见通过添加天然中草药提取物可以提高血清中内源性GH的水平，从而促进猪生长、改善胴体组成。

2.2 改善繁殖性能

有些中草药与公猪激素的合成和分泌密切相关，可改善公猪繁殖性能，提高公猪性欲和配种能力。刘丑生[11]等在种公猪日粮中加入中草药添加剂，试验组和对照组公猪射精量分别为248.3mL、219.4mL，精子活力分别为0.81、0.61，精子密度分别为1.44×10^9～7.61×10^8/mL，精子存活时间分别为115.3h、72.4h，精子顶体正常率分别为89.6%、85.5%。龙翔[12]等给种公猪饲喂12 g/d中草药添加剂后分别在10～18d，19～30d内检测精液量、精子密度、精子存活率与对照组差异极显著，顶体异常率、精子畸形率差异显著；停止使用中草药添加剂后10d，再次检测精子量、精子密度、精子存活率、顶体异常率两组间差异显著。

有些中草药能够诱导母猪发情，增加泌乳量，提高产仔数。喻春元等用松针粉饲喂妊娠母猪，每窝多产仔0.85头，增加产活仔数1.6头，减少死胎0.74头；仔猪初生窝重增加3.08kg，活产仔猪平均初生个体重增加0.1kg。张鹤亮等在产后10d内在母猪日粮中添加2.5%中草药添加剂双连乳泉I号（由黄芪、当归、王不留行等9味中药组成），仔猪20日龄窝重和35日龄断奶重分别提高25.59%和25.90%，仔猪断奶个体重提高18.56%，哺乳期平均日增重提高22.76%，哺乳期仔猪成活率提高8.0%。谷新利等筛选出纯中药制剂"催乳1号"治疗产后缺乳母猪，可使缺乳母猪在产后2周内泌乳量迅速上升，提前1周出现泌乳高峰，日泌乳量提高35%左右。李杰生等用中草药"促情散"加氯前列烯醇处理乏情后备母猪，发情率为97.62%，配种后46 d不返情率为97.56%，平均产仔数为9.93头，产活仔数为9.09头。蔡伟强分别用中草药制剂和促性腺激素对产后乏情母猪进行催情治疗，结果中草药治疗的发情率为93.75%，平均产仔数9.12头；激素治疗的发情率为95.00%，平均产仔数8.01头[13]。

2.3 防治疾病

许多中草药能够提高猪免疫力，增强抗病力，常用于猪病防治中。吴力夫[14]等研究发现中草药具有抗仔猪腹泻作用，主要是其中的生物活性物质，能直接抑菌、杀菌、驱除体内有害寄生虫，而且能调节机体免疫机能，具有非特异性抗菌免疫作用。韩剑众[15]等试验表明，复方中草药抽提物能有效抑制大肠杆菌、沙门氏菌、变形杆菌、链球菌、葡萄球菌、枯草芽孢杆菌等多种肠道疾患的致病菌，并且促进胃肠道双歧杆菌、乳杆菌、乳链球菌、拟杆菌、消化球菌等有益菌的增殖，抑制韦荣氏球菌、大肠埃希氏菌、葡萄球菌、链球菌、肠球菌、梭菌等有害菌的繁殖。黄一帆等在猪饲料中添加0.5%中草药添加剂（钩吻、何首乌、麦芽等组成），猪支原体肺炎发病率降低了45.47%，第1、2个月日增重分别提高2.15%和16.07%，饲料利用率分别提高5.03%和6.07%。杨宝琦等用母仔壮中草药添加剂（由益母草、苦参、艾叶、王不留行、苍术等组成）饲喂哺乳仔猪，仔猪黄痢发病率下降11.78%，白痢发病率下降35.54%，成活率提高19.28%，双月窝重提高23.79%。孙志良等研制的中西复方制剂双连消肿二苓（由环丙沙星和猪苓、茯苓提取液制成）对猪大肠埃希氏菌的最低抑菌浓度明显优于环丙沙星，对实验性猪水肿病的治愈率为100%，高于环丙沙星药物对照组，与感染对照组相比差异显著。张晓驷等在哺乳仔猪日粮中添加中草药提取物"福乐宝Ⅰ号"，能较好地预防哺乳仔猪腹泻，促进哺乳仔猪生长，改善饲料效率，特别在仔猪断奶期间，其增重与防腹泻效果优于抗生素，是目前首选的抗生素替代品。王自然[16]经体外抑菌试验证明，采用茜草、苦参等13味中药组方对耐药大肠杆菌株和非耐药大肠杆菌株都有较好的抑菌作用，对抗生素有耐药性的大肠杆菌或无耐药性的大肠杆菌引起的腹泻都有极好的治疗作用，治愈率90%以上，有效率达100%。李庆华[17]等在断奶仔猪饲粮中添加中草药提取物双连止泻灵，日增重优于添加3 000mg/kg氧化锌的对照组，每千克常规饲料中添加50～70mg止泻灵可以控制腹泻。与添加氧化锌的对照组比较，添加止泻灵可明显提高仔猪饲养的经济效益。

2.4 改善猪肉品质

试验表明，中草药能够提高猪胴体瘦肉率，降低胴体脂肪，改善胴体品质和肉质特性。杨宝琦[18]等通过试验表明，使用中草药添加剂的试验组屠宰率、瘦肉率均高于对照组，膘厚、失水率均有所降低，表明肉质与对照组无差异；试验组肝、脾、肾等组织无异常变化，表明中草药添加剂系列产品安全、无毒性作用。田允波[19]等从中药麻黄、枇杷叶、防风、细辛等提取有效成分研制成"瘦肉多"猪用添加剂，对于改善猪肌肉组织沉积，减少脂肪合成有显著功效，可提高生长速度10%以上，降低耗料8%～10%，提高饲料报酬，提高猪瘦肉率8%～10%，背膘厚度下降30%以上。田允波等用添加中草药提取物饲喂生长肥育猪，与对照组相比，胴体瘦肉率提高5.79%，脂肪率降低31.41%，板油重减少22.16%，眼肌面积增加10.92%，平均背膘厚下降28.21%，失水率降低5.03%，贮存损失下降20.35%，熟肉率提高4.74%，肌肉间脂肪含量提高52.77%。嫩度、滋味、多汁性和香味都有提高，具有肉质细嫩、肉味浓郁、汤味鲜美的特点。惠晓红等试验证明，用中草药提取物"绿益康"饲喂肥育猪，可显著增加猪肌肉中糖原和脂肪等含量，减小猪肌纤维直径，增强猪肉的风味、多汁性与嫩度。对猪肉的食用品质和货架寿命等有积极作用。

3 猪用中草药添加剂存在的问题

3.1 剂型单一，质量不稳定

目前投放市场的猪用中草药添加剂，大多数为原料粉碎搅拌后制成的粉剂或散剂，精确提炼高效的产品尚属空白。生产工艺落后，品种单调，加工简单、粗糙，科技含量低，给生产和运输带来不便。使用剂量普遍偏大，一般都在1%～2%，不仅增加了产品成本，而且也影响了饲料的营养配比。由于中草药原材料来源广，不同地区、不同季节采收的中草药成分和功效差异很大，作用效果不稳定，没有统一的质量配方标准，很难对中草药及其产品作出准确的药效评定和质量监控，致使重复试验或推广应用时出现偏差。

3.2 毒副作用问题有待研究

人们普遍认为中草药在畜禽体内残留量甚微，对畜禽健康无影响，但却缺乏明确的理论依据。目前对中草药作用效果的研究报道很多，但对中草药的安全性、毒性、残留量、耐药性以及添加后是否影响饲料本身的成分等问题探讨很少，仅杜绍范等在基础日粮中添加4%中草药添加剂饲喂育肥猪，肉品品质测定8项指标均为优良，肉品安全性检测未检验出重金属、抗生素、呋喃唑酮和β－兴奋剂，认为是合格产品，达到安全肉标准。但实践证明，在有些情况下中草药使用不当，也会出现毒副作用。

3.3 作用机理尚未完全弄清

中草药成分复杂，作用广泛，既能抗菌、抗病毒、抗寄生虫等，又能调节机体的免疫机能。单味中草药添加剂成分简单，药效单一。选择多组方或多成分或多功能的中草药组方的复方添加剂，可以获得药效互补、疗效增强、而不良作用减少的优点。也有的中草药单用无药效，组方后则有好的疗效。无论单方还是复方中草药添加剂，作用于猪后常对整体发挥综合作用，有的呈双向调节作用。人们还未弄清其免疫调节作用的机理。

4 猪用中草药添加剂的发展趋势

4.1 产品微量化

除寻找用量小、效果好的中草药外，要适应现代饲料生产工艺的要求，改变目前这种粗制方法和剂型，针对复方或单方中草药，采取不同的方法分离提纯、萃取或精制，获得有效成分或生物活性物质，使用微量添加剂可获得满意效果。如用松针作饲料添加剂，需在饲料中添加5%～10%，而用松针提取物，只需在饲料中添加0.03%～0.05%即可。

4.2 质量检测标准化

没有稳定的质量，中草药添加剂就很难走向国际市场。因此，有关研制、生产和检查部门应根据中草药添加剂的特点制定定型产品的质量标准，使其有法规可循。必须打破传统中草药鉴定的单一模式，建立和发展多种质量控制方法，从而控制中草药添加剂的质量。积极开展产品的毒理安全性研究。

4.3　加强作用机理研究

结合现代医药学、营养学和免疫学的方法，从体内营养物质的代谢利用途径、免疫调节机理和激素分泌调控等方面深入探讨，研究中草药添加剂如何调节猪体内平衡、改善肠道微循环和微生物区系以及免疫反应性和体内其他生理生化反应。

综上所述，猪用中草药添加剂具有广阔的应用前景，应该加强研究工作，研制开发作用广泛、取材方便、价格便宜的猪用中草药添加剂，以期代替抗生素和化学药物添加剂，为生产无药残的安全猪肉，提高肉品质量开辟新的途径。

参考文献

[1]　何国耀，夏安庆，孟聚成等.党参茎叶的化学成分分析[J].中兽医医药杂志.1987,（2）：12～16
[2]　袁福汉，赵发苗，许彩萍，等.酸枣仁作蛋鸡饲料添加剂试验[J].中国兽医杂志.1991,（1）：40
[3]　孔庆雷，齐志明，孔繁钢等.619种常用中药的元素分析（第一报）[J].中兽医医药杂志.1995,（1）：8～10
[4]　王自然.中药免疫增强剂提高仔猪免疫功能试验[J].中国兽医杂志，2006，42（10）：30～32
[5]　李志强，葛长荣，田允波等.中草药添加剂对哺乳猪生长性能的影响[J].云南农业大学学报，2002，17（1）：59～62
[6]　侯万文，宋新安，程远国等.健长宝饲料添加剂对仔猪促生长作用的研究[J].畜牧与兽医，1994，26（4）：163～164
[7]　曾代勤，曹国文，戴荣国等.中草药饲料添加剂饲喂生长猪的效果[J].黑龙江畜牧兽医，2003，（6）：11～12
[8]　和绍禹，田允波，张静兴等.中草药添加剂对生长育肥猪生长性能的影响研究[J].云南农业大学学报，2002，17（1）：75～80
[9]　陈汉忠，蒋荣华，庞宏凌等.中草药饲料添加剂对仔猪生长的影响[J].饲料研究，2005，（5）：37～39
[10]　田永波.中草药提取物对肥育猪生产性能和生长激素相关指标的影响[J].养猪业，2006，5（4）：29～32
[11]　刘丑生.中草药复合饲料添加剂对公猪精液品质影响的研究[J].黑龙江动物繁殖，1994，2（1）：22～23
[12]　龙翔，郜秀林.中草药添加剂对公猪精液品质的影响[J].四川畜牧兽医，1998,（3）：23
[13]　蔡伟强.中草药制剂与促性腺激素对比治疗乏情母猪观察[J].中兽医学杂志，2005，（5）：13～14
[14]　吴力夫，卿晓红，陈燕等.几中中草药的抗腹泻作用治疗仔猪白痢及其作用机理的研究[J].畜牧兽医学报，1998，26（6）：551～559
[15]　韩剑众，胡永金，田允波等.中草药有效成分抽提物体外抑菌试验及其对仔猪生长和肠道微生物区系的影响[J].云南农业大学学报，2002，17（1）：56～58
[16]　王自然.重要组方对猪大肠杆菌病的抑菌及临床治疗试验[J].中国兽医杂志，2006，42（2）：33～34
[17]　李庆华，梁伟明，高克勇等.断奶仔猪饲粮中添加"止泻灵"替代高剂量氧化锌的效果试验[J].饲料广角，2006，（22）：49～50
[18]　杨宝琦，关俊秀，冯延科.中草药饲料添加剂系列产品饲喂育肥猪的试验[J].中兽医医药杂志，1996，（5）：8～10
[19]　田允波，葛长荣，韩剑众等.绿色饲料添加剂的研制与开发[J].饲料工业，2003，20（4）：43～46

规模化养猪场的消毒措施

策划：杨汉春

随着养猪业的迅速发展，疾病的流行也越来越复杂，这些疾病主要是由于外界病原微生物的侵入及扩散或场内猪群本身存在的条件病原微生物扩散造成的，消毒是控制疾病发生的一个非常重要的措施，通过消毒工作可以达到杀灭和抑制病原微生物扩散或传播的效果。但是，如果在消毒过程中药物选择不当或方法不当，常导致消毒失败。本期将详细介绍一下猪场的消毒措施。

消毒的种类及其应用

崔尚金　　岳丰雄

(中国农业科学院哈尔滨兽医研究所 兽医生物技术国家重点实验室 猪传染病研究室，哈尔滨 150001)

消毒，是指杀灭物体中的病原微生物的方法。消毒只要求达到消除传染性的目的，而对非病原微生物及其芽孢、孢子并不严格要求全部杀死。消毒是贯彻"预防为主"方针的一项重要措施。消毒的目的就是消灭传染源，切断病原体的传播途径，达到预防疾病继续蔓延的目的。

根据消毒的目的，可以分为预防性消毒、随时性消毒和终末消毒。下面介绍一下物理、化学、机械以及生物学因素对微生物的抑制及杀灭作用以及常用消毒灭菌的方法。

1 物理消毒法

对微生物影响较大的物理因素包括温度、辐射、干燥、声波、微波、滤过等方法。下面介绍一下常用的物理方法。

1.1 火焰灭菌

即火焰的烧灼和焚烧，是最简单而又有效的方法。灼烧主要用于极少的物品，而焚烧常用于患传染病的畜禽和试验感染动物的尸体、病畜禽的垫料以及其他废弃物的灭菌。金属制品也可用火焰灼烧和烘烤的方式进行消毒。使用该方法时应注意周围环境的安全，防止火灾。

1.2 热空气灭菌

利用干热灭菌器，以干热空气进行灭菌的方法。用于那些高温下不损坏、不变质的物品，如玻璃器皿、金属器械等。干热灭菌需在 $160\,℃$ 维持 $1\sim2h$，才能有效杀死所有的微生物及其芽孢。灭菌时，要使温度逐渐的升高，切忌太快。

1.3 煮沸消毒

大部分的非芽孢病原微生物在 $100\,℃$ 的沸水中可迅速死亡。大多数的芽孢在煮沸后 $15\sim30min$ 内亦能杀死。煮沸 $1\sim2h$ 可以有把握地消灭所有的病原微生物。各种金属、木质、玻璃器具、衣物等都可以通过煮沸的方式进行消毒，在煮沸过程中，加入少许的苏打（$1\%\sim2\%$）、肥皂或苛性钠（0.5%），可促使蛋白质、脂肪溶解，提高沸点，增强灭菌的效果。

1.4 湿热蒸气灭菌

是应用的最广泛、最有效的灭菌方法。通常在 $121\,℃$ 的温度下维持 $15\sim20min$，即可杀死包括细菌芽孢在内的所有微生物，适用于金属器械、橡胶手套、工作服以及小动物的尸体等的消毒。这种方法与煮沸消毒的方法类似，在养殖场可利用大铁锅或蒸笼进行。如果与蒸气和易挥发的化学消毒药品并用，将大大地提高杀菌能力。

1.5 紫外线

紫外线的波长是从40~400nm。按波长分为A波段、B波段、C波段和真空紫外线，C波段的波长为200~275nm。紫外线在波长为240~280nm范围内最具有杀菌作用，尤其在波长为253.7nm时杀菌作用最强，其杀菌原理是通过紫外线对细胞、病毒等单细胞微生物的照射，以破坏其生命中枢（DNA）的结构，使构成该微生物的蛋白质无法形成，使其立即死亡或丧失繁殖能力。一般紫外线在1~2s内就可达到灭菌的效果。目前已证明，紫外线能杀灭细菌、霉菌、病毒和单胞藻。事实上，所有的微生物对紫外线都很敏感。紫外线的穿透力不强，只能用于物体表面的杀菌作用，常用于微生物实验室、无菌室、手术室等室内空气消毒，或者应用于不能高温或化学物品的表面的消毒。

细菌受致死量的紫外线的照射后，3h若给以可见光的照射，部分的细菌又能恢复活力，细菌的这种特性称为光复活作用。细菌的光复活作用是在光复活酶的作用下完成的，缺乏该酶的细菌，则不具有光复活的能力。光复活作用最有效的可见光的波长为510nm。革兰氏阴性菌对紫外线最敏感。应用紫外线杀菌时，室内必须清洁，最好先湿式打扫。对污染表面消毒时，灯管距表面不超过1m，灯管周围1.5~2m处为有效杀菌范围。消毒时间为1~2h。当空气相对湿度为45%~60%时，照射3h可杀灭80%~90%的病原体。若灯下装一小吹风机，能增强消毒效果。

1.6 臭氧

臭氧的杀菌原理主要是靠强大的氧化作用，使酶失去活性导致微生物死亡。

图片提供／茶棚种猪场

图1　场区喷雾消毒

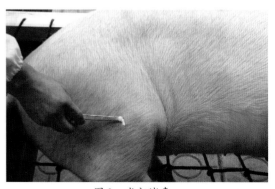

图2　术部消毒

臭氧是一种广谱杀菌剂，可杀灭细菌繁殖体和芽孢、病毒、真菌等，并可破坏肉毒杆菌毒素。

对诊疗用水消毒，一般加臭氧0.5～1.5mg/L，作用5～10min，水中保持剩余臭氧浓度0.1～0.5mg/L。对于质量较差的水，加臭氧量应在3～6mg/L。用臭氧处理污水的工艺流程是：污水先进入一级沉淀池，净化后进入二级净化池，处理后进入调节储水池，通过污水泵抽入接触塔，在塔内与臭氧充分接触10～15min后排出。臭氧对空气中的微生物有明显的杀灭作用，采用30 mg/m³浓度的臭氧，作用15min，对自然菌的杀灭率达到90%以上。臭氧在常温下为爆炸性气体，特臭，在水中的溶解度较低（3%），稳定性差，在常温下可自行分解为氧。用臭氧消毒空气，必须是在人畜不在的条件下，消毒后至少经过30min才能进入，可用于手术室、无菌室和畜舍等场所的空气消毒。

1.7 可见光

指红外线和紫外线之间的肉眼可见的光线，波长400～800nm。可见光对微生物一般无多大影响，但长时间的作用也能妨碍微生物的新陈代谢和繁殖。可见光具有微弱的杀菌作用，若将某些染料，例如结晶紫、美蓝、伊红等加到培养基或涂在外伤的表面，能增强可见光的杀菌作用。这一现象称"光感作用"。革兰氏阳性菌对光感作用较敏感。

2 化学消毒法

选择适当的、有效的消毒剂必须参考许多重要的标准，具体包括如下几个方面：没有强烈或刺激性的气味；无腐蚀性；使用后无残留毒性和刺激气味；易与水混合，稀释液在常温下有效；便于运输、容易混合、经济适用；即使在重疫病区，也能够高效、快速杀灭病原体。单一的消毒剂很难满足以上要求，因此消毒剂的选择应该兼顾各种因素，例如要清洗的表面类型、如何清洗（机械清洗还是擦洗）以及引起疾病的病原微生物等方面。下面简要介绍一些常用消毒剂的使用方法。

化学消毒剂种类繁多，根据对菌体的作用机制可分为：①使菌体蛋白质变性或凝固，如酚类、表面活性剂、醇类、重金属盐、酸碱类、醛类；②使菌体胞浆膜损伤，如酚类、表面活性剂、醇类等脂溶剂；③干扰细菌的酶系统和代谢，如重金属盐、某些氧化剂；④改变核酸

图3　体表皮肤擦拭消毒

的功能，如染料、烷化剂等。作为一个理想的化学消毒剂，应具备杀菌谱广、使用有效浓度低、杀菌作用速度快、性能稳定、易溶于水等优点。下面介绍一些常用的化学消毒剂。

2.1 戊二醛

醛类消毒剂对微生物的杀灭作用主要依靠醛基，此类药物主要作用于菌体蛋白的巯基、羟基、羧基和氨基，可使之烷基化，引起蛋白质凝固造成细菌死亡。戊二醛属高效消毒剂，具有广谱、高效、低毒、对金属腐蚀性小、受有机物影响小、稳定性好等特点。适用于医疗器械和耐湿忌热的精密仪器的消毒与灭菌。

其灭菌浓度为2%，市售戊二醛主要有2%碱性戊二醛和2%强化酸性戊二醛两种。碱性戊二醛使用前应加入适量碳酸氢钠（0.3%），摇匀后，静置1h，测定pH。pH在7.5~8.5时，戊二醛的杀菌作用最强。2%强化酸性戊二醛是以聚氧乙烯脂肪醇醚为强化剂，有增强戊二醛杀菌的作用。它的pH低于5，对细菌芽孢的杀灭作用碱性戊二醛弱，但对病毒的灭活作用碱性戊二醛强，稳定性碱性戊二醛好。

灭菌处理时，将清洗、晾干待灭菌处理的物品浸入2%的戊二醛溶液中，加盖，浸泡10h，无菌取出，用灭菌水冲洗干净，用无菌纸巾擦干后备用。消毒处理时将被消毒处理的物品浸入2%戊二醛溶液中，加盖，一般细菌繁殖体污染时浸泡10min，病毒污染时浸泡30min，取出后用灭菌蒸馏水冲洗干净并擦干。也可用2%的戊二醛溶液擦拭细菌繁殖体污染的表面，消毒作用10min；病毒污染表面，消毒作用30min。

2%酸性戊二醛对金属有腐蚀性，2%中性戊二醛对手术刀片等碳钢制品有腐蚀性，使用前应先加入0.5%亚硝酸钠防锈。戊二醛杀菌效果受pH影响大，用酸性或强化酸性戊二醛浸泡医疗器械时，应先用0.3%碳酸氢钠调pH到7.5~8.8，pH超过9.0时，戊二醛迅速聚合则失去杀菌能力。2%碱性戊二醛室温下只可保存2周，其余剂型可保存4周。戊二醛对皮肤黏膜有刺激性，接触溶液时应戴手套，防止溅入眼内或吸入体内。配制戊二醛要用蒸馏水，盛放戊二醛溶液的容器要干净，用戊二醛消毒或灭菌后的器械一定要用灭菌蒸馏水充分冲洗后再使用。

2.2 过氧乙酸（过醋酸）

过氧乙酸的杀菌原理有两点：①依靠强大的氧化作用使酶失去活性，造成微生物死亡；②通过改变细胞体内的pH，从而损伤微生物。过氧乙酸属高效消毒剂，市售浓度为16%~20%。过氧乙酸能杀灭一切微生物；杀菌效果可靠，杀菌快速、彻底，适用于耐腐蚀物品、环境、皮肤等的消毒与灭菌。

使用时将被消毒或灭菌物品放入过氧乙酸溶液中，加盖。细菌繁殖体用0.1%（1 000mg/L）浸泡15min，病毒用0.5%（1 500mg/L）浸泡30min，细菌芽孢用1%（10 000mg/L）消毒5min，灭菌30min。对一般污染表面的消毒

用 $0.2\% \sim 0.4\%$（$2\,000 \sim 4\,000\mathrm{mg/L}$），喷洒作用 $30 \sim 60\mathrm{min}$。病毒的污染用 0.5%（$5\,000\mathrm{mg/L}$），喷洒作用 $30 \sim 60\mathrm{min}$。

配制溶液时，忌与碱或有机物相混合。稀释液使用前配制，对金属制品与纺织物浸泡消毒后，应及时用清水冲洗干净。谨防溅入眼内或皮肤黏膜上，一旦溅上，及时用清水冲洗。消毒被血液、脓液等污染的物品时，需适当延长作用时间。此外，过氧乙酸应贮存于通风阴凉处，贮存过程中易分解，遇有机物、强碱、金属离子或加热分解更快。高浓度稳定但浓度超过 45% 时，剧烈振荡或加热可引起爆炸，使用时需注意。

2.3 含氯消毒剂

含氯消毒剂的杀菌机理有三点：①次氯酸的氧化作用；②新生态氧的作用，由次氯酸分解形成新生态氧，将菌体蛋白质氧化；③氯化作用，氯通过与细胞膜蛋白质结合，形成氮氯化合物，从而干扰细胞的代谢，最后引起细菌的死亡。

凡能溶于水，产生次氯酸的消毒剂统称含氯消毒剂。通常所说的含氯消毒剂中的有效氯，并非指氯的含量，而是指消毒剂的氧化能力，即相当于多少氯的氧化能力。该消毒剂分为以氯胺类为主的有机氯和以次氯酸为主的无机氯。前者杀菌作用慢，但性能稳定；后者杀菌作用快速，但性能不稳定。含氯消毒剂杀菌谱广、作用迅速、杀菌效果可靠、毒性低，通常能杀灭细菌繁殖体、病毒、真菌孢子及细菌芽孢。常用试剂的使用如下：

漂白粉：其主要成分为次氯酸钙，有效氯的含量为 $25\% \sim 30\%$。当有效氯的含量低于 16% 时不能用于消毒，所以在使用漂白粉前应测定其有效氯的含量。常用的有粉剂、乳剂和澄清液。其 5% 的浓度可杀死一般性的病原菌，$10\% \sim 20\%$ 的溶液可杀死芽孢。常用的浓度为 $1\% \sim 20\%$。一般用于畜舍、地面、水沟、粪便、运输车船、水井等的消毒，对金属及衣服、纺织品有破坏力，使用时应加以注意。

氯胺（氯亚明）：为结晶粉末，含有效氯 11% 以上。性质稳定，在密闭的条件下可长期保存。消毒作用缓慢而持久，可用于饮水消毒（0.0004%）和污染器具、畜舍的消毒（$0.5\% \sim 5\%$）等。

次氯酸钠：广谱的消毒剂，容易分解。现有国产次氯酸钠消毒发生器，利用特制的电机电解氯化钠溶液（4%）制备次氯酸钠，有效氯的含量为 $1\% \sim 5\%$ 左右。对细菌、病毒、真菌均有较强的杀灭作用。以 0.3% 的浓度可用于舍内带猪气雾的消毒。

二氯异氰脲酸钠：为新型广谱高效的安全消毒剂。含有效氯 60%，对细菌、病毒均有显著的杀灭效果。含有此主要成分的有"强力消毒灵"、"灭菌净"、"抗毒威"等。$1:100$ 或 $1:200$ 的水溶液可用于喷洒畜舍地面和笼具等消毒，$1:400$ 用于浸泡消毒器皿等。

三氯异氰脲酸钠：该药的性质与效果与二氯异氰脲酸钠相似，含有效氯85%~90%，但消毒效果优于二氯异氰脲酸钠。类似的药物有溴氯异氰脲酸钠。

二氯海因、溴氯海因、二溴海因：为新型的高效广谱的卤素类消毒药，广泛用于畜禽养殖场和水的消毒。对细菌、真菌、病毒具有杀灭作用，尤其对病毒的消毒效果好。

2.4 二氧化氯

二氧化氯具有很强的氧化作用，能使微生物蛋白质中的氨基酸氧化分解，导致氨基酸链断裂，蛋白质失去功能，使微生物死亡。二氧化氯是一种新型高效消毒剂，具有高效、广谱的杀菌作用。它不属于含氯消毒剂，实际上为过氧化物类消毒剂。目前国内已有多个厂家生产稳定性二氧化氯。

使用时将洗净、晾干待消毒或灭菌处理的物品浸于二氧化氯溶液中，加盖。对细菌繁殖体的污染，用100mg/L浸泡30min。对肝炎病毒和结核杆菌的污染，用500mg/L浸泡30min。对细菌芽孢消毒用1 000mg/L浸泡30min。对一般污染的表面用500mg/L二氧化氯均匀喷洒，作用30min。对肝炎病毒和结核杆菌污染的表面用1 000mg/L二氧化氯均匀喷洒，作用60min。饮水消毒时，在饮用水源中加入5mg/L的二氧化氯作用5min即可。

消毒前将二氧化氯用10:1的柠檬酸活化30min才能使用，一般要活化后当天使用。配制溶液时，忌与碱或有机物相接触。

2.5 环氧乙烷

环氧乙烷的杀菌原理是通过对微生物蛋白质分子的烷基化作用，干扰酶的正常代谢而使微生物死亡。环氧乙烷气体和液体都有杀菌作用，但一般作为气体消毒剂使用，杀菌谱广，杀菌力强，属高效灭菌剂。

由于环氧乙烷易燃、易爆，且对人有毒，所以必须在密闭的容器内灭菌。常用的灭菌容器有两种：即环氧乙烷灭菌器和环氧乙烷灭菌袋。目前使用的环氧乙烷灭菌器种类很多，大型的有数十立方米，中等的有1~10m³，小型的1m³以下。它们各有不同的用途。

2.5.1 环氧乙烷灭菌器 ①大型灭菌器，一般用于大量处理物品的灭菌，一般用药量为0.89~1.2mg/m³，在55~60℃下作用6h。②中型环氧乙烷灭菌器，一般用于一次性诊疗用品的灭菌。这种灭菌器设备完善，自动化程度高，可用纯环氧乙烷或环氧乙烷和二氧化碳混合气体。一般要求灭菌条件为：浓度800~1 000mg/L，相对湿度60%~80%，温度55~60℃，作用时间4h。灭菌物品常用塑料薄膜密闭包装，环氧乙烷穿透力强，可以穿过薄膜而进入灭菌物品。如果在小包装上带有可过滤空气的滤膜，则灭菌效果更好。③小型环氧乙烷灭菌器，多用于医疗卫生部门处理少量医疗器械和用品，为了安全，多采用环氧乙烷和二氧化碳或氟利昂混合气体。这类灭菌器自动化程度也比较高，可自动抽真空，自动加药，自动调节温度和相对湿度，也可自动控制灭菌时间。用于灭菌时要求环氧乙烷气体用800mg/L，温度为55～60℃，相对湿度60%～80%，作用时间6h。用于消毒时可减少气体浓度至450mg/L。

2.5.2　环氧乙烷灭菌袋　用丁基橡胶尼龙布制成，容积有数升至数十升，大小不等，大者可用于消毒棉被、棉衣等大件物品，小者用于灭菌手术器械、敷料等小件物品。使用时先将物品装入袋内，然后扎紧袋口。从袋下角的排气口挤出袋内的气体，将环氧乙烷出气口与消毒袋的通气管接通，加温环氧乙烷瓶，使气化的环氧乙烷进入袋内，加药后塞牢通气管口。在要求的温度下，作用一定时间。消毒后打开袋口，通风散气，取出消毒物品。灭菌时环氧乙烷用量及灭菌时间分别为：440mg/L，温度大于30℃，12h；800mg/L，温度25～30℃，6h；1 000～1 500 mg/L，温度25～30℃，2h。

环氧乙烷存放处应无火源，无转动马达，无日晒，通风好，温度低于40　℃，但不能将其放于冰箱内。环氧乙烷遇水后，易形成有毒的乙二醇，故不可用于食品的灭菌。

2.6　碘伏

碘伏起杀菌作用的主要是碘元素本身，它可卤化菌体蛋白质、使酶失去活性，导致微生物死亡。碘伏是以表面活性剂为载体的不定型络合物，其中表面活性剂兼有助溶作用。该消毒剂中的碘在水中可逐渐释放，以保持较长时间的杀菌作用。碘伏为中效消毒剂，能杀灭细菌繁殖体、结核杆菌及真菌和病毒，但不能杀灭细菌芽孢。适用于皮肤、黏膜的消毒。

常用消毒方法有浸泡、擦拭、冲洗等方法。浸泡时将清洗、晾干待消毒的物品放入装有碘伏溶液的容器中，加盖。对细菌繁殖体污染物品的消毒，用含有效碘250mg/L的消毒液浸泡30min。对皮肤、黏膜用擦拭法消毒。消毒时，用浸有碘伏消毒液的无菌棉球或其他替代物品擦拭被消毒部位。对卫生洗手消毒，用含有效碘500mg/L的消毒液擦拭2min；对外科洗手，用含有效碘3 000～5 000mg/L的消毒液擦拭3min。对于手术部位及注射部位的皮肤消毒，用含有效碘3000～5 000mg/L的消毒液局部擦拭2遍，作用2min；对口腔黏膜创面消毒，用含有效碘500mg/L的消毒液擦拭，作用3～5min；对黏膜及伤口黏膜创面的消毒，用有效碘250mg/L的消毒液冲洗3～5min。

2.7　乙醇

醇类消毒剂杀灭微生物依靠3 种作用：①破坏蛋白质的肽健，使之变性；②侵入菌体细胞，解脱蛋白质表面的水膜，使之失去活性，引起微生物新陈代谢障碍；③溶菌作用。乙醇属中效消毒剂，能杀灭细菌繁殖体、结核杆菌及大多数真菌和病毒，但不能杀灭细菌芽孢，短时间不能灭活乙肝病毒。适用于皮肤、环境表面及医疗器械的消毒。

常用消毒方法有浸泡法和擦拭法。将待消毒的物品放入装有乙醇溶液的容器中，加盖。对细菌繁殖体污染医疗器械等物品的消毒，用70%的乙醇溶液浸泡10min以上。对外科洗手消毒，用75%的乙醇溶液浸泡5min。对皮肤的消毒，用75%乙醇棉球擦拭。勿用于手术器械的消毒灭菌。勿用于涂有醇溶性涂料表面的消毒。浸泡消毒时，物品勿带过多水分，同时应将表面黏附的有机物清除。

2.8　洗必泰（氯己定）

洗必泰的杀菌作用有3点：①吸附于细胞表面，破坏细胞膜，造成胞浆组分渗漏；②抑制脱氢酶的活性；③高浓度时，可凝聚胞浆组分。洗必泰为双胍类化合物，该药属低效消毒剂，可杀灭革兰氏阳性与革兰氏阴性的细菌繁殖体，但对结核杆菌，某些真菌以及细菌芽孢仅有抑制作用。可用于皮肤、黏膜创面及环境物体表面的消毒。

常用消毒方法有浸泡、擦拭和冲洗等方法。将待消毒的双手浸泡于装有0.5%洗必泰乙醇（70%）溶液或4%葡萄糖酸盐洗必泰溶液的容器中：对卫生洗手，浸泡1～2min；对外科洗手，浸泡3min。对于手术部位及注射部位的皮肤消毒，用浸有0.5%洗必泰乙醇（70%）溶液的无菌棉球或其他替代物品局部擦拭2遍，作用2min。伤口创面消毒，用浸有0.5%洗必泰水溶液的无菌棉球擦拭创面2～3遍，作用2min。对于伤口黏膜创面的消毒，用0.01%～0.1%洗必泰水溶液冲洗3～5min，至冲洗液变清为止。

2.9　新洁尔灭

该消毒剂杀菌作用机制主要有：①改变细胞的渗透性，使细菌破裂；②使蛋白质变性；③抑制细菌体内某些酶，使之失去活性；④因其有良好的表面活性，可高浓度聚集于菌体表面，影响细胞的新陈代谢。新洁尔灭属季铵盐类消毒剂，它是一种阳离子表面活性剂，在消毒学分类上属低效消毒剂。新洁尔灭对化脓性细菌、肠道菌及部分病毒有一定的杀灭能力；对结核杆菌、真菌的杀灭效果不好；对细菌芽孢仅能起抑制作用。本消毒剂对革兰氏阳性菌的杀灭能力一般较对革兰氏阴性菌强，抑菌浓度远低于杀菌浓度。适用于皮肤、黏膜的消毒及细菌繁殖体污染的消毒。

对污染物品的消毒：可用0.1%～0.5%浓度的溶液喷洒、浸泡或抹擦，作用10～60min。如水质过硬，可将浓度提高1～2倍。对消毒皮肤，可用0.1%～0.5%的浓度涂抹、浸泡。对黏膜消毒，可用0.02%的溶液浸洗或冲洗。

新洁尔灭为低效消毒剂，易被微生物污染，必须及时进行更换。配制水溶液时，应尽量避免产生泡沫，影响药物的均匀分布。此外，因本药不能杀灭结核杆菌和细菌芽孢，不能作为灭菌剂使用，亦不能作为无菌器械保存液。

2.10　氢氧化钠（苛性钠、烧碱）

对细菌和病毒有强大的杀伤力，能够溶解蛋白质，常用1%～2%的热水消毒被细菌和病毒污染的畜舍、地面和用具等。在1%～2%的热氢氧化钠溶液中加入5%～10%的食盐，能够有效地提高对炭疽杆菌的杀菌力。本品对皮肤和黏膜有刺激性，消毒时应注意。

2.11　碳酸钠（粗碱）

常用于洗刷或浸泡衣服、用具、车船和场地等，常用的浓度为4%。在外科器械的煮沸消毒中加入本品（1%），可促进黏附在器械表面的污染物溶解，并且具有防止器械生锈的作用。

2.12　福尔马林

为甲醛的水溶液，它的主要功能是消毒杀菌，还可以使蛋白质变性。目前市面上常见到的福尔马林，甲醛含量大约在24%～40%之间。在医药上，福尔马林的定义多指浓度35%或37%以上的甲醛水溶液。福尔马林具有很强的消毒作用，常用作畜舍等的熏蒸消毒。按12.5～50mL/m²的剂量，加等量的水一起加热蒸发，以提高相对的湿度。无热源时，也可加入高锰酸钾（30g/m³）即可产生高热蒸发。福尔马林对皮肤、黏膜刺激强烈，可引起湿疹样的皮炎、支气管炎，甚至引起窒息，使用时需注意。

2.13　石灰乳

用于消毒的石灰乳是生石灰一份加水一份制成的熟石灰，然后用水配制成10%～20%不等的混悬液用于消毒。如果熟石灰存放过久，吸收空气中的二氧化碳，则变成碳酸钙而失去杀毒的作用。石灰乳有相当强的消毒作用，但不能杀灭细菌的芽孢，使用于粉刷墙壁、栅栏，消毒地面、沟渠等。生石灰1kg加水350mL化开而成的粉末，将它撒布在阴湿的地面和粪池周围等也可用于消毒。

2.14　高锰酸钾

高锰酸钾为强氧化剂，具有杀菌和防腐作用。0.05%～0.1%的水溶液可用于口腔等黏膜方面的消毒，也可用于饮水消毒。

2.15　草木灰水

草木灰水即由新烧制的干燥草木灰10kg加清水50kg，煮沸30kg除渣过滤而制成的。煮沸时要边煮边搅拌。30%的热草木灰水可用于畜舍、畜栏、地面的消毒。有人认为20%的热草木灰水与10%的苛性钠溶液消毒作用相似。

2.16　来苏儿

为钾皂制成的甲酚液（煤酚皂溶液），含有不少于47%的甲酚。皂化较好的来苏儿易溶于水，对一般的病原菌具有良好的杀菌作用，但对芽孢和结核杆菌的作用小。常用的浓度为 3%～5%，用于畜舍、护理用具、日常器械、洗手等消毒。

2.17 克辽林

是皂化的煤焦油产物，带焦油芳香气味，又名臭药水。杀菌作用不强，常用其 5%～10% 水溶液消毒畜舍、用具和排泄物。

2.18 氨水

消毒用的氨水即为化肥厂生产的农用氨水的稀释液。据研究表明：5% 的氨水（用含氨量18% 的农用氨水2.5kg 加6.5kg 的水即可）喷洒消毒，在8～9℃的室温下，可在 3h 内杀灭猪瘟病毒，在6h 内杀灭巴氏杆菌及疱疹病毒，在12h 内可杀灭猪丹毒杆菌等，24h 内杀灭沙门氏菌和大肠杆菌等。氨水对黏膜有刺激，喷洒时应注意安全。

2.19 菌毒敌（农乐）

是一种复合酚类新型消毒剂，抗菌广谱，对细菌、病毒均有较高的杀灭效果，安全稳定。可用于喷洒和熏蒸消毒，喷洒用 1∶100～1∶200 的稀释液，熏蒸用 2g/m³ 的用量配制。除此之外，还有农福、菌毒灭等。

2.20 过氧化氢（双氧水）

双氧水是一种强氧化剂，当遇重金属、碱等杂质时，则发生剧烈分解，并放出大量的热，从而起到杀灭病菌的作用。主要用于创面清洁，尤其对厌氧菌感染创面特别有效。3% 溶液用于清洗创面、溃疡和耳内脓液，尤其用于厌氧菌感染，以及破伤风、气性坏疽的创面，可清除创口中脓块、血块及坏死组织。1% 溶液用于扁桃体炎、口腔炎及白喉等的含漱。0.5%～1% 溶液做低压灌肠，每次用30～60mL，用于蛔虫性肠梗阻。

3 生物热消毒法

生物热消毒法主要用于污染的粪便的无害处理。在粪便堆垩的过程中，利用粪便中的微　生物发酵发热，可使温度高达70℃以上。经过一段时间，可以杀死病毒、病菌（芽孢除外）、寄生虫卵等病原体，同时保持了粪便的良好肥效。在疫病发生的地区，使用该方法能够很好的防止病原体通过粪便散播，但这种方法不适用于产芽孢的病菌引起的疫病的粪便消毒。

4 清洗和消毒的简要步骤

主要步骤为：①拿走所有的粪便、垃圾和未使用的饲料。②彻底清洗所有物品表面，包括喂养的器具，使用优质的洗涤剂通过高压洗涤器（蒸气更好）。③所有物品表面采用大量的消毒剂进行喷雾。④在某些情况下，有必要对消过毒的表面进行清洗。⑤如果用喷雾的形式不能充分的进行消毒，考虑使用熏蒸消毒的方法。⑥在重新储存设备之前，让这些设备干燥并且放置一段时间。

规范猪场消毒

周栎　曹进

（江苏省靖江市农业委员会,江苏　靖江　214500）

猪场外病原微生物的侵入和猪场内病原微生物的繁殖、扩散都会造成猪场疫病的发生，当猪场本身成为病原理想栖息场所时，疫病的发生也就在所难免。通过调查，笔者发现目前有的经营者对消毒的重要性认识不够，有的猪场没有形成制度化消毒，消毒工作表面做的不错，但留下很多死角；有的猪场消毒方法与消毒程序不科学，且随意配制浓度，没有彻底清扫、冲洗干净猪舍，就喷洒消毒药液，达不到理想的消毒效果；还有的猪场算"小账"，购进的药品质量不过关，使用后不但没达到消毒目的，反而影响生产，造成经济损失。实践已经证明：良好的消毒灭源措施可以很好地切断病原微生物的侵入、繁殖、传播之路，能为猪群健康生长提供良好的环境保证。因此，规范猪场消毒行为极为重要。

1　规范消毒行为

1.1　日常消毒

（1）脚踏消毒槽至少深　15cm，内置2%～3%的碱水，消毒液深度大于3cm。药液3～4 d 更换一次，换液时必须先将槽池洗净再换装消毒液，雨天或热天时可酌情增加浓度或提早一天换液。进入猪场者脚踏时间至少15 s。

（2）车辆入口消毒池池长至少为轮胎周长的1.5倍，池宽与猪场入口相同，池

图1　进入猪舍时鞋的消毒

图2　出入车辆消毒

内药液高度不小于15cm，同时，配置低压消毒器械，对进场车辆喷雾消毒。消毒池内放置3%烧碱或1∶300菌毒灭。车身、车轮可使用1∶800消毒威喷雾。有重大传染病疫情时，严禁车辆进入，不可避免要进入的，可用0.5%～1%碱水对车辆全面喷雾。

图3　进场消毒

（3）工作人员进入生产区前，必须在消毒间经紫外灯消毒5min，并更换工作衣帽。

有条件的猪场可以先淋浴、更衣后进入生产区。外来参观者也同样必须按这个程序进行，并提前确定参观路线，参观时绝不随意更改路线。

（4）进入场区的所有物品，要根据物品特点选择使用消毒形式进行消毒处理。如紫外灯照射30～60min，消毒药液喷雾、浸泡或擦拭等。

（5）猪舍消毒。空栏时，猪舍清洗干净后以2%～3%碱水浸渍2h以上，先用硬刷刷洗，再用清水冲洗。放干数日后，关闭猪舍门窗，用速灭5号或过氧乙酸熏蒸12h。最好再用1∶300菌毒灭或1∶800消毒威喷洒消毒一次。雨季，放干后建议用火焰消毒。猪在圈时，清洗后用0.1%过氧乙酸、0.5%强力消毒灵溶液、0.015%百毒杀溶液喷雾或1∶1 200消毒威药液对猪圈、地面、墙体、门窗以及猪体表喷雾，一般每平方米用配制好的消毒液300～500mL，每周1～2次。对产房，先将地面和设施用水冲洗干净，干燥后用速灭5号或福尔马林熏蒸2h，再用1∶300菌毒灭或1∶1 200消毒威溶液消毒一次，事毕用干净水冲去残药，最后用10%石灰水刷地面和墙壁。对母猪体表消毒，可以用1∶500强效碘或1∶1 500的速灭5号消毒。进入产房前先把猪全身洗刷干净，再用1∶500菌敌消毒全身，下腹、会阴部、乳房可用0.1%的高锰酸钾溶液抹拭。

1.2　疫病发生时紧急消毒

1.2.1　猪舍　空圈后先用3%碱水充分消毒后，放干，再用次氯酸钠100倍复式消毒，注意地面、天花板、柱梁、墙窗、沟道均要消毒。对器械、衣物、废弃物，可焚烧的尽可能烧毁，也可用3%碱水浸泡24h后丢弃。对还能使用的器材，可用湿热灭菌(煮沸或高压蒸气灭菌)消毒，也可浸于1∶200次氯酸钠或0.5%～1%碱水，至少12h。

1.2.2　运动场、放牧场　每批猪出圈后，地面洒生石灰1kg/m²，1周后洗刷、清理，待疫情稳定后再进猪。

1.2.3　堆肥尿沟、尿池　可以洒生石灰或2%～3%碱水。粪便可用发酵池法或堆积法进行消毒，或用 5% 氨水喷洒；污水可用含有效氯 25% 的漂白粉消毒。

1.2.4　死猪　最好焚烧，否则用深埋。深埋时穴深 1m 以上，尸体先浸消毒水（如 3% 碱水），掩埋时要洒一厚层生石灰。运尸器具最好焚烧，如还要使用，用次氯酸钠 200 倍液浸泡至少 12h。运尸车辆用 0.5%～1% 碱水喷雾。

2　规范药物的选择和使用

消毒药物种类很多，有氯制剂、碘制剂、过氧化物、醛、季铵盐、酚、强碱及复合类型等，选择消毒药品时，注意一要考虑猪场的常见疫病种类、流行情况和消毒对象、消毒设备、猪场条件等，选择适合自身实际情况的 2 种或 2 种以上不同性质的消毒药物；二要充分考虑本地区猪群疫病的流行情况和疫病可能的发展趋势，选择储备和使用 2 种或 2 种以上不同性质的消毒药物；三是定期开展消毒药物的消毒效果监测，依据实际的消毒效果来选择较为理想的消毒药物。

（1）选用消毒药品时，要选效力强，效果广泛，生效快且持久，不易受有机物及盐类影响，渗透性强，不易受酸碱度影响，可消毒污物且能抑臭，毒性低，不污染水源，刺激性及腐蚀性小的。特别是在疫病发生期间，更应精心选择和使用消毒剂，特别是对病毒性传染病，更要选用权威部门鉴定和推荐的产品，使用中注意作效价比较。

（2）使用前应充分了解消毒剂的特性，提前定好消毒计划，结合季节、天气，充分考虑适用对象、场合。

（3）消毒药物一般稳定性比较差，药品从出厂至使用时，经过了很多中间环节，其有效成分由于各种原因已经丧失不少，所以，建议按药品说明配制浓度稍高的标比配制。稀释后一次用完，并将原液储存于冷暗处。

（4）实践证明，消毒液温度每升高 10℃，消毒效果可增加 2～3 倍。但碘福乐、次氯酸钠等的消毒力在 20℃ 左右最高，超过则有效成分会逸失。

（5）不混合使用不同消毒药。混合使用只会使消毒效果降低，若需要用数种，则单独使用数日后再使用另一种消毒剂。

（6）消毒不是万能的。完整的防疫措施，必须配合卫生管理、免疫及药物防治，才能控制疾病发生。

（7）工作人员要注意做好自我保护，以免消毒药液刺激手、皮肤、黏膜和眼等。同时也要注意消毒药液对猪群的伤害及对金属等物品的腐蚀作用。

3　规范日常管理

（1）在场区入口和生产区入口设置合理分布的紫外线灯，最好保持 24h 不间断亮灯，紫外线灯管一般要每 45d 更换一次。

（2）重点防疫期内，可适当增加带猪消毒时的消毒次数和药液用量。当猪群出现死亡增高或存栏密度较大时，有必要适当提高带猪消毒时的药液用量和药液浓度。

（3）对于无法空舍的妊娠舍和配种舍等，应至少每半年彻底清理一次舍内整体的环境卫生，包括屋顶灰尘、门窗等平时不易清扫的地方。

（4）当空舍内安装有独立的加药饮水系统时，必须定期对此系统进行清洁和消毒工作。

由于各个猪场条件不一，病原种类各异，所以在制定消毒计划和实施消毒措施时不应随意跟从或模仿，只有切实掌握了猪场的实际情况，有针对性地实施消毒行为才是最理想的。

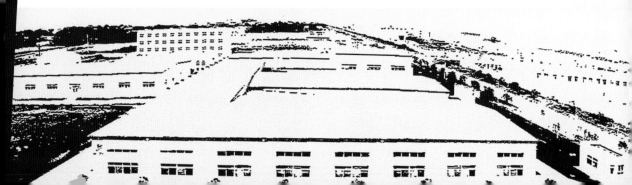

ISSN 1673-5358
CN 12-1384/S

猪业科学
SWINE INDUSTRY SCIENCE

邮发代号：6-149　　　　月刊

汇聚行业精英观点　期待您关注与支持

《猪业科学》依托养猪学会的优势背景，同时与养猪相关的遗产育种学会、传染病学会、环境工程分会、营养学分会的专家以及生产一线技术精英、管理精英建立起良好的互动关系，为养猪产业链中的官、产、学、研构建了良好的交流、互动平台。

传播猪业文化

报道猪业动态

关注猪业发展